新一代产品几何技术规范（GPS）及应用图解

图解产品几何技术规范 GPS 数字化基础及应用

赵凤霞　张琳娜　明翠新　等编著

机　械　工　业　出　版　社

本书着重以示例、图解及对照分析等形式图文并茂地诠释了新一代GPS的数字化理论基础及关键技术。本书内容包括：GPS概述、新一代GPS标准体系的矩阵模型图解、新一代GPS标准体系的基本原则和规则图解、新一代GPS的数字化建模理论基础图解、新一代GPS的通用概念及应用图解、工件与测量设备的测量检验及应用图解、GPS测量设备及校准标准图解，以及新一代GPS的几何公差数学建模和几何误差检验中的不确定度分析。

本书主要适用于从事机械设计（包括机械CAD、机械制图）的设计人员，从事加工、检验、装配和产品质量管理的工程技术人员。本书也可作为产品几何特征的规范设计与检测验证相关国家标准的宣贯教材、大学毕业生岗前培训的参考资料和高等工科院校机械类及相关专业的教学参考书。

图书在版编目（CIP）数据

图解产品几何技术规范GPS数字化基础及应用/赵凤霞等编著. —北京：机械工业出版社，2023.11

（新一代产品几何技术规范（GPS）及应用图解）

ISBN 978-7-111-74004-9

Ⅰ.①图…　Ⅱ.①赵…　Ⅲ.①工业产品-几何量-技术规范-中国-图解
Ⅳ.①TG8-65

中国国家版本馆CIP数据核字（2023）第208978号

机械工业出版社（北京市百万庄大街22号　邮政编码100037）

策划编辑：李万宇　　责任编辑：李万宇　杜丽君

责任校对：张昕妍　李　杉　闫　焱　　封面设计：马精明

责任印制：任维东

三河市骏杰印刷有限公司印刷

2024年1月第1版第1次印刷

184mm×260mm · 17.25印张 · 426千字

标准书号：ISBN 978-7-111-74004-9

定价：89.00元

电话服务
客服电话：010-88361066
010-88379833
010-68326294

网络服务
机　工　官　网：www.cmpbook.com
机　工　官　博：weibo.com/cmp1952
金　　书　　网：www.golden-book.com
机工教育服务网：www.cmpedu.com

丛书序言

制造业是国民经济的物质基础和工业化的产业主体。制造业技术标准是组织现代化生产的重要技术基础。在制造业技术标准中，最重要的技术标准是产品几何技术规范（geometrical product specification，GPS），其应用涉及所有几何形状的产品，既包括机械、电子、仪器、汽车、家电等传统机电产品，也包括计算机、航空航天等高新技术产品。20 世纪，国内外大部分产品几何技术规范，包括极限与配合、几何公差、表面粗糙度等，基本上是以几何学为基础的传统技术标准，或称为第一代产品几何技术规范，其特点是概念明确、简单易懂，但是不能适应制造业信息化生产的发展和 CAD/CAM/CAQ/CAT 等的实用化进程。1996 年，国际标准化组织（ISO）通过整合优化组建了一个新的技术委员会 ISO/TC 213——尺寸规范和几何产品规范及检验技术委员会，全面开展基于计量学的新一代 GPS 的研究和标准制定。新一代 GPS 是引领世界制造业前进方向的新型国际标准体系，是实现数字化设计、检验与制造技术的基础。新一代 GPS 是用于新世纪的技术语言，在国际上特别受重视。

在国家标准化管理委员会的领导下，我国于 1999 年组建了与 ISO/TC 213 对口的全国产品几何技术规范标准化技术委员会（SAC/TC 240）。在国家科技部重大技术标准专项等计划项目的支持下，SAC/TC 240 历届全体委员共同努力，开展了对新一代 GPS 体系基础理论及重要标准的跟踪研究，及时将有关国际标准转化为我国相应国家标准，同时积极参与有关国际标准的制定。尽管目前我国相关标准的制修订工作基本跟上了国际上新一代 GPS 的发展步伐，但仍然存在一定的差距，尤其是新一代 GPS 标准的贯彻执行缺乏技术支持，“落地”困难。基于计量学的新一代 GPS 标准体系，旨在引领产品几何精度设计与计量实现数字化的规范统一，系列标准的规范不仅科学性、先进性强，而且系统性、集成性、可操作性突出。其贯彻执行的关键问题是内容涉及大量的计量数学、误差理论、信号分析与处理等理论及技术，必须有相应的应用指南（方法、示例、图解等）及数字化应用工具系统（应用软件等）配套支持。为了尽快将新一代 GPS 的主要技术内容贯彻到企业、学校、科研院所和管理部门，让更多的技术人员和管理干部学习理解，并积极支持、参与研究相应国家标准的制定和推广工作，作者团队编撰了这套“新一代产品几何技术规范（GPS）及应用图解”系列丛书。这套丛书反映了编著者十余年来在该领域研究工作的成果，包括承担的国家自然科学基金项目“基于 GPS 的几何误差数字化测量认证理论及方法研究（50975262）”、国家重大科技专项及河南省系列科技计划项目的 GPS 基础及应用研究成果。

“新一代产品几何技术规范（GPS）及应用图解”系列丛书由四个分册组成：《图解

GPS 几何公差规范及应用》《图解 GPS 尺寸精度规范及应用》《图解 GPS 表面结构精度规范及应用》《图解产品几何技术规范 GPS 数字化基础及应用》，各分册内容相对独立。该套丛书由张琳娜教授（SAC/TC 240 副主任委员）任主编，赵凤霞教授（SAC/TC 240 委员）任副主编。

“新一代产品几何技术规范（GPS）及应用图解”系列丛书以“先进实用”为宗旨，面向制造业数字化、信息化的需要，跟踪 ISO 的发展更新，以产品几何特征的规范设计与检测验证为对象，着重通过示例、图解及对照分析等手段，实现对 GPS 数字化规范及应用方法的详细阐述，图文并茂、实用性强。全套丛书采用现行国家（国际）标准，体系完整、内容全面、文字简明、图表数据翔实，通过详细的应用示例图解，力求增强可读性、易懂性和实用性。

“新一代产品几何技术规范（GPS）及应用图解”系列丛书可供从事机械设计（包括机械 CAD、机械制图）的设计人员，从事加工、检验、装配和产品质量管理的工程技术人员使用；也可作为产品几何公差的规范设计与检测验证相关国家标准的宣贯教材，以及大学毕业生岗前培训的参考资料和高等工科院校机械类及相关专业的教学参考书。

SAC/TC 240 主任委员　强　毅

SAC/TC 240 秘书长　明翠新

前　言

产品几何技术规范（GPS）的系列标准是国际标准中影响最广的重要基础标准之一，是所有机电产品设计、制造、计量与认证的重要依据，是制造业信息化的基础。近年来，随着CAD、CAM、CAPP 等技术的不断发展，机械产品自身的要求不断提高，GPS 标准也在不断发展和更新。新标准的贯彻实施是提升制造水平的一个重要方面。本书是《新一代产品几何技术规范（GPS）及应用图解》系列丛书分册之一，着重通过示例、图解及对照分析等手段，对 GPS 数字化基础中的基本概念及应用进行详细阐述，图文并茂、实用性强。本书是国家重点研发计划科技专项“产品质量精度测量方法标准研制”（2017YFF0206501）项目的研究成果之一，全书采用现行国家（国际）标准，体系完整、内容全面、文字简明、图表数据翔实，通过详细的应用示例图解，力求增强可读性、易懂性和实用性。

本书共 8 章：第 1 章介绍了新一代 GPS 标准体系的形成过程、特点、发展趋势和我国发展新一代 GPS 标准体系的战略；第 2 章介绍了新一代 GPS 标准体系矩阵模型的构成规律，给出了制定 GPS 标准的规则和要求；第 3 章介绍了新一代 GPS 标准体系的基本原则和规则；第 4 章介绍了表面模型、几何要素和特征等的定义及应用；第 5 章介绍了操作、操作集、不确定度、被测要素等新一代 GPS 的通用概念及应用；第 6 章介绍了工件与测量设备的测量检验及应用；第 7 章介绍了 GPS 测量设备及校准标准；第 8 章介绍了新一代 GPS 的几何公差数学建模和不确定度分析实例。

本书主要由全国产品几何技术规范标准化技术委员会（SAC/TC 240）专家和多年来从事该领域研究及有关标准制、修订的专业技术人员负责编撰。本书由赵凤霞（SAC/TC 240 委员）、张琳娜（SAC/TC 240 副主任委员）、明翠新（SAC/TC 240 主任委员）任主编。参加本书编写的人员有：方东阳、郑鹏（SAC/TC 240 委员）、俞吉长（SAC/TC 240 委员）、王庆海、韩思蒙、潘康华（SAC/TC 240 秘书长）、王玉霞。另外，赵晨、姚松臣、王吉庆、郑晨晨、费文倩、郑嘉琦等参与了本书图表及相关内容的整理工作。

由于编著者水平有限，书中难免存在不当之处，欢迎读者批评指正。

编著者

目 录

第1章 GPS概述

产品几何技术规范（Geometrical Product Specification，GPS）是ISO/TC 213针对几何产品的设计与制造而规定的一个几何技术标准体系，它覆盖了产品从宏观到微观的几何特征，贯穿于产品开发、设计、制造、验收、使用维修、报废等产品生命周期的全过程。它是一套关于产品几何参数的完整技术标准体系，包括工件的尺寸、形状、位置和表面结构等诸方面的标准。GPS覆盖领域极为广泛，适用于所有几何产品，既包括汽车、机床、家用电器等传统机电产品，也包括计算机、通信、航天等高新技术产品。GPS不仅是产品信息传递与交换的基础标准，也是产品市场流通领域中合格评定的依据和工程领域必须依据的技术规范。在国际标准中，GPS标准体系是影响最广、最重要的基础标准体系之一，与质量管理（ISO 9000）、产品模型数据交换（STEP）等重要标准体系有着密切的联系，还是制造业信息化、质量管理、工业自动化系统与集成等工作的基础。随着新世纪知识的快速扩张和经济全球化，基于“标准和计量”的新一代GPS标准体系的重要作用日益为国际社会所认同，其水平不但影响一个国家的经济发展，而且对一个国家的科学技术和制造业水平有决定作用。

1.1 GPS标准体系的形成过程

1.1.1 GPS概念的提出

GPS标准原隶属国际标准化组织（ISO）三个技术委员会（TC）所负责的标准领域，分别有着不同的历史背景：

1）ISO/TC 3“极限与配合”负责的尺寸公差与配合标准，源自20世纪40年代国际标准化协会（ISA）的公差系统。

2）ISO/TC 57“表面特征及其计量学”负责的表面特征等标准，源自20世纪50年代的ISO标准。

3）ISO/TC 10/SC 5“几何公差注法”涉及的形状和位置公差，其ISO标准始于20世纪70年代。

由于三个TC分别建立了各自的标准体系，多年来，因各自工作的独立性，各技术委员会之间的工作项目出现了重复、空缺和不足，同时也产生了术语定义的矛盾、基本规定的不同，以及综合要求的差异，使得相关标准之间出现很多不协调和矛盾之处，约50%的标准不适用或与其他技术委员会制定的标准相矛盾。随着现代制造技术发展、工艺水平的提高，这些问题显得越来越突出。1993年，丹麦科学家P. Bennich在进行大量科学调查后认为，只有将产品的几何规范与认证集成一体才能解决彼此之间的根本矛盾。同年3月，在ISO/TC 3的建议下，成立了ISO/TC 3-10-57/JHG（联合协调工作组），该工作组的任务是对ISO/TC 3、ISO/TC 10/SC 5和ISO/TC 57三个技术委员会所属范围的尺寸和几何特征领域内的标准化工作进行协调和调整，以避免各TC颁布的标准之间产生矛盾并对各TC相关标准的制定提出建议。ISO/TC 3-10-57/JHG经过两年的工作，在丹麦专家提出的标准链概念的基础上，于1995年ISO/TC 3颁布了ISO/TR 14638“GPS总体规划（masterplan）”，正式提出GPS概念和标准体系的矩阵模型。在协调和调整的过程中，JHG认为，对于GPS这样基础性、综合性非常强的标准规范，最好且彻底的解决办法就是成立一个新的技术委员会，将分散的尺寸、形位和表面特征等产品几何技术规范的制定工作统筹考虑，以全面统一GPS方面的工作。ISO技术管理局（ISO/TMB）采纳了JHG的建议，于1996年撤销了TC 3、TC 10/SC 5和TC 57，将三个TC合并成立了新的技术委员会“产品尺寸和几何规范及检验/认证（dimensional and geometrical product specifications and verification）”技术委员会（ISO/TC 213），全面负责构建GPS国际标准体系。

1.1.2 第一代GPS语言

ISO/TC 213的最初目标仅仅是对前三个TC已有的标准体系进行衔接、补充与修订，按照ISO/TR 14638的框架，建立一套GPS体系，即为尺寸公差、几何公差和表面特征标准体系的调整组合，形成初期GPS标准体系（见图1-1）。它包括1996年之前原三个TC颁布的和ISO/TC 213成立初期制修订的约60多项国际标准，如几何产品从毫米到微米级的尺寸、几何公差、表面特征、测量原理、测量设备及仪器标准等。这些初期的GPS标准也称为第一代GPS语言，是一套基于传统公差理论的GPS标准体系。这些标准统一了产品几何精度的设计与制造规范，使产品的互换性生产水平得到提高，从而促进了生产的发展。

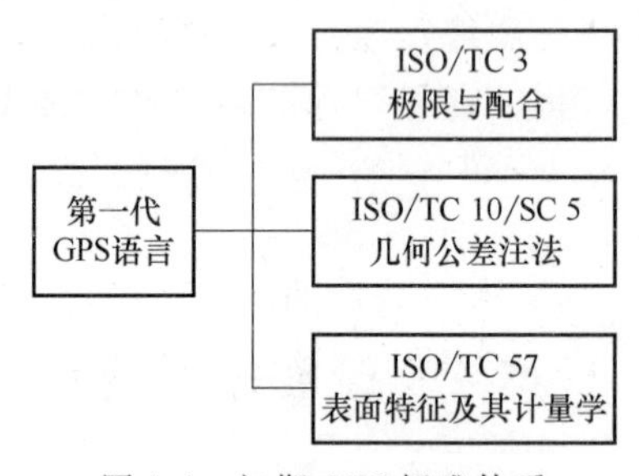

图1-1 初期GPS标准体系

第一代GPS语言以几何学为基础，所建立的标准体系存在的主要问题有：

1）标准的定义基础不科学，致使误差的定义、表达与控制的可操作性差，科学与规范性的不足必然导致产品精度设计与控制过程中操作的随意性大。图1-2a所示为第一代GPS规范给出的图样标注，规范中未明确被测要素的测量方向，未能充分地反映实际误差的控制要求，沿不同的测量方向将会得到不同的直线度检测结果，具有歧义性。图1-2b和c所示为新一代GPS规范给出的图样标注，采用相关平面框格清晰明确地规范了被测要素的测量方向。

2）由于是尺寸、形位和表面结构三部分标准体系的简单组合，体系结构不完整，没有反映全部几何特征内在要求的综合规范，体系缺乏统一规范的原则。

3）基于传统检测原理的单一几何特征检验规范不适合以三坐标测量机为代表的数字化

综合测量的评估要求；标准仅适于手工设计环境，不便于计算机的表达、处理和数据传递，以及 CAD/CAM/CAQ 的集成。

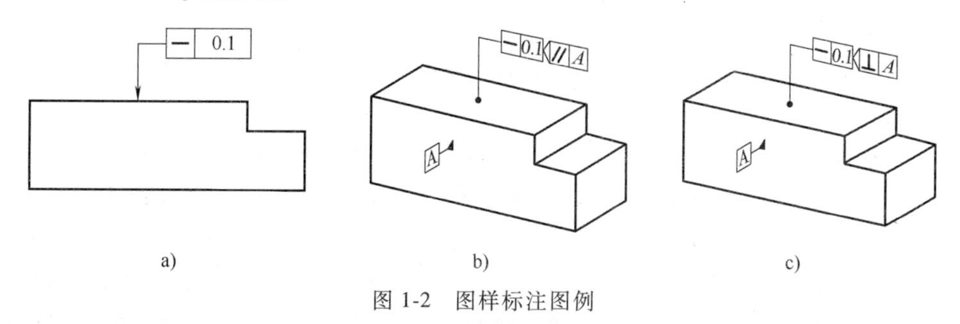

图 1-2　图样标注图例

1.1.3　新一代 GPS 语言

随着全球科学技术的进步，先进制造方法和技术、CAD/CAM/CAQ 及数字化测量仪器的发展和普及应用，使得基于几何学的第一代 GPS 语言的缺陷日见显现；由功能、规范与计量认证不统一带来的矛盾日益突出。同时，以生产、市场、贸易、金融和国际交流为标志的经济全球化，加剧了国家之间、区域之间的经济竞争。因此，提供可靠的工业交流与评判的全球一致的工具，也成为满足全球化工业竞争的急需。

ISO/TC 213 在 GPS 领域标准化研究的进展中，对解决以几何学为基础的第一代 GPS 语言所带来的问题，应建立一套新的 GPS 语言的设想逐渐达成共识。1999 年 6 月，在 ISO/TC 213 第七次全会上，正式将制定新一代 GPS 语言列入工作日程，提出了新一代 GPS 语言应实现的目标。

1）为设计、生产、检测人员之间建立一个交流、沟通的平台。

2）为采用数字化技术检验的工件验收建立综合的评定准则。

3）为软件设计、数据传递和应用提供完整的数学工具。

4）为全球性的商业贸易提供统一、全面、明确、具有约束力的技术条款。

5）为企业实施 ISO 9000 质量管理体系提供必不可少的技术标准。

ISO/TC 213 针对第一代 GPS 语言的问题，基于“系统、规范、科学、实用”的基本思想，建立了新一代 GPS 标准体系。新一代 GPS 标准体系并非独立于现行的 GPS 体系，是在其基础上的继承、发展和创新，但在基础理论和体系结构上有根本性的变革。

新一代 GPS 语言的核心是以计量学为基础，利用扩展后的“不确定度”的量化统计特性和经济杠杆作用，将产品的功能要求、设计规范与计量认证集合成一体，统筹优化过程资源的配置，在解决上述矛盾中实现了“质”的突破。新一代 GPS 语言将着重于提供一个更加丰富、清晰的交流工具和一套更大范围的评定工具，以满足产品几何功能的要求，促进产品质量的提高、成本的降低和产品更新换代速度的加快，适应全球经济发展的需求。

新一代 GPS 标准体系的形成与发展，无疑是对传统公差设计与控制思想的挑战，是标准与计量领域的一次大变革。该体系的建立与应用，对于加速制造业信息化的进程，提升产品几何技术规范及应用领域的技术水平，促进产品几何技术规范领域的自动化、智能化及信息的集成化有重要的意义。它将成为信息时代集产品功能、规范和计量认证于一体的全球化标准体系。目前，ISO/TC 213 正在致力于发展和充实基于新一代 GPS 语言的国际标准体系，已颁布了151项新标准（截止到2021年12月），在研标准47项。

1.1.4 ISO/TC 213的组织结构

ISO/TC 213的成立时间为1996年，第一任主席（1996年6月至2008年1月）是丹麦的Per Bennich博士，现任主席（2008年1月接任）是丹麦的Henrik S. Nielsen博士，秘书是丹麦的Mrs Sarah Kelly（BSI）。ISO/TC 213现有成员国53个，其中P（参与）成员国26个，O（观察）成员国（地区）27个，中国为P成员国（截止到2021年12月）。

ISO/TC 213为了减少决策至实施的环节，便于管理、利于合作、提高工作效率、实行并行的组织结构，没有设分技术委员会（SC），在技术委员会（TC）下直接设咨询组（AG）和工作组（WG）。AG的主要任务是进行标准立项前的研究，提出立项建议；WG的主要任务是进行立项标准的制定和修订工作。目前，ISO/TC 213共有4个咨询组（AG）、1个联合咨询组（JSG）、11个工作组（WG），组织架构如图1-3所示。

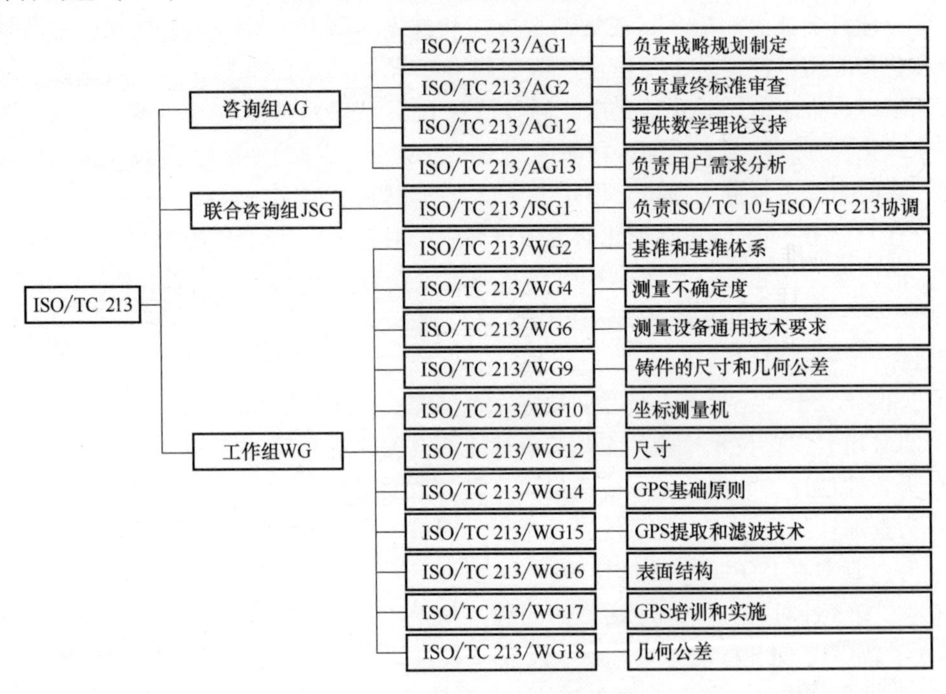

图1-3 ISO/TC 213的组织架构

1.1.5 ISO/TC 213的工作范围

ISO/TC 213负责产品几何技术规范（GPS）的国际标准化工作。几何产品的技术规范包括尺寸和几何公差、表面结构及其相关检验原则、测量仪器和校准要求、基本表达和图样标注（符合）的解释，以及不确定度的评定和控制。

（1）GPS标准涉及的内容

1）GPS的基本规则、原则和定义、几何性能规范及其检验认证。

2）从宏观到微观的几何特征，如线性尺寸、角度尺寸、形状、位置、方向、表面波纹度、表面粗糙度等。

3）制造工艺（如机械加工、铸造、冲压等）不同的加工公差等级分类和典型零件（如螺纹、键、齿轮等）的公差等级。

4）生产过程的各个环节包括设计、制造、计量、质量保证等。

（2）GPS 标准体系应用的主要体现

1）产品设计和制造间相互交流的工具，即信息交换的中介。

2）在 CAx 技术中应用。

3）配合 ISO 9000 质量认证体系进行工业监督。

4）产品商业贸易中契约和合同制定的依据。

1.1.6 ISO/TC 213 的商业计划

根据 ISO 中央秘书处的要求，各 ISO/TC 应分析各自标准化领域在全球经济环境中的位置和作用，并制定相应的商业计划和工作的战略方针。

1. ISO/TC 213 标准工作涉及的商业环境

1）GPS 是任何符合机械工程规律的几何形体的规范，它的市场范围是不可预测的，全球 60 亿人几乎均是 GPS 标准的用户或间接用户。

2）绝大多数的企业在设计产品时都会考虑几何特征的公差，并使用测量仪器以保证产品的可用性。这些产品都需要 GPS 标准的支持，使用 GPS 对其进行设计、加工、检验和质量管理，而这些标准多半是由 ISO 制定的。

3）基于标准使用的广泛性和频繁性，很难评估有多少标准被购买、使用和援引，根据美国对全球制造业市场的调查表明，与 GPS 标准相关的开支每年有 640 亿美元之多，其中与测量仪器及测量活动相关的开支达到 179 亿美元。

2. ISO/TC 213 制定的商业计划

（1）方针政策

ISO/TC 213 致力于提出一整套的国际标准来统一各种工业制造，尤其是不同国家、不同地区的产品设计及安全管理。

（2）法律地位

在全球经济环境下，GPS 文件可作为具有法律约束力的合同和仲裁的依据。在 GPS 框架内，不同地区的合作双方都会有统一的行为规范。

（3）经济利益

在商业环境下，GPS 是保证产品几何精度方面唯一可靠的交流工具。GPS 的应用至关重要，错误和不明确的 GPS 技术要求将给企业带来巨大的损失。经验数据表明，产品成本的 80%是用于设计阶段和产品初始阶段的开支。

（4）技术支持

基于计算机技术的不断发展，减少了产品设计过程中的人为因素，模型信息被直接输入 CAD/CAM/CAQ 系统中。这些技术相应地应用到 GPS，这就要求 GPS 的定义准确无误。GPS 的长期用户是工业企业及其子公司，这些用户使用国际通用的 GPS 进行通信和交流。为便于软件设计、数据传递和应用，几何符号及表面结构的符号要考虑等效的字母数字记号及公差和定义的公式化。

（5）国际环境

在国际贸易的大环境下，与GPS研究同时进行的还有一些地区性的标准化工作（如欧洲标准化委员会CEN/TC 290）。因此，ISO/TC 213虽具有权威地位，但也要协调好与CEN/TC 290的GPS研究工作，并且按照市场的需要开展标准化工作。

（6）工作的方向和目标

1）为设计者、产品工程师和计量测试人员，提供能达到产品功能要求的信息交流工具。

2）为软件设计、数据传递和CAD/CAM/CAQ系统的应用，提供数字化的规范表达。

3）在全球经济的大环境下，作为有法律约束力的合同和仲裁的依据，在GPS框架内，为国际经济运作提供可靠的评判工具。

3. ISO/TC的发展方向

ISO/TC 213要组织所有的ISO成员及合作组织开展一些与GPS的制定、修订和贯彻标准有关的公开讨论会，以促进全球经济长期的发展，为合作行业提供标准化的沟通工具，促使新技术和新知识尽快应用到实践当中。工作重点将放在新一代GPS语言上，使其成为提高产品开发和制造效率的工具。

GPS体系的发展目标就是要使其成为一种产品控制的经济管理工具：要求设计人员细致准确地在图样上描述产品功能，并能在设计、生产、计量人员之间明确地交流。GPS体系适应当前的市场需要，体现出了与ISO其他委员会的合作成果。例如，与三维（3D）、CAD/CAQ/CAM系统的集成。

GPS的发展要兼顾新兴技术和传统技术，应有机地结合现行标准和新制定的标准，达到平稳过渡的目的。

1.2 新一代GPS标准体系的特点与发展趋势

1.2.1 新一代GPS标准体系的特点

新一代GPS标准体系的突出特点概括起来主要有系统性强、理论性强、可操作性强和集成性强四点。

（1）系统性强

在标准体系（矩阵）的构成上，新一代GPS标准体系从产品功能要求、规范设计到认证（检验），整个系统过程的各主要链环（节）统筹考虑、协调统一，实现整个过程的规范统一。

在GPS系统模型的关联机制上，理论与技术两个层面的联系相辅相成。新一代GPS标准体系以“规范”为主线，以“不确定度”和“操作算子”为纽带，其理论基础和共性技术协调统一，充分体现出其先进性和系统性。例如，新一代GPS通过“不确定度”理论的拓展，将产品功能、规范、认证（检验）统筹优化，实现了GPS标准体系在理论层面上的量化统一、规范；基于对偶性建立起了共性“操作”技术，通过共性“操作”的有序集合（操作算子），将产品几何技术规范的设计、制造、计量/认证有机地统一起来。

在设计的图样表达上，已不仅仅是给出公差要求，还必须同时给出检验的规范要求。例如，一般情况下，按照我国现行国家标准或 ISO 第一代 GPS 要求，就一个简单的圆柱直径尺寸精度设计的图样标注而言，设计工程师只需给出公差值的设计要求（如 $\phi30\pm0.1$mm），而未给出任何关于加工、测量和评定的信息，这必然导致工艺师和计量师只能根据自己的经验选择，随意性大。而新一代 GPS 中关于线性尺寸的规范（ISO 14405）则要求设计师应根据产品的功能要求，给出了一整套的从加工、测量到评定的规范和方法。由表 1-1 可见，圆柱直径的尺寸有不同的定义及规范要求。显然，就线性尺寸的规范而言，实现了从功能要求、规范设计到计量认证的有机统一、明确清晰。

表 1-1 线性尺寸的标注比较

传统公差标准	新一代 GPS 标准	
$\phi30\pm0.1$	$\phi30\pm0.1$ Ⓛⓟ (LP)	两点直径
	$\phi30\pm0.1$ (LS)	由球定义的局部直径
	$\phi30\pm0.1$ (GG)	最小二乘直径
	$\phi30\pm0.1$ (GX)	最大内接直径
	$\phi30\pm0.1$ (GN)	最小外接直径
	$\phi30\pm0.1$ (CC)	圆周直径
	$\phi30\pm0.1$ (CA)	区域直径
	$\phi30\pm0.1$ (CV)	体积直径
	$\phi30\pm0.1$ (SN)	最大直径
	$\phi30\pm0.1$ (SX)	最小直径
	$\phi30\pm0.1$ (SA)	平均直径
	$\phi30\pm0.1$ (E)	包容要求

（2）理论性强

数学基础的强化体现于 GPS 的全过程。从要素几何特征的定义到规范设计，直至生产过程中为评定测量结果而进行的各项操作，整个 GPS 系统中数学的描述、定义、建模及信息传递“无所不在”，例如，实现 GPS 过程统一的数学描述及系统建模，理想要素定义中的参数化几何模型，规范设计时需涉及的基于并行工程的仿真模型，工件偏差检验评定时所涉及的基于计量数学的滤波、拟合等操作的数学模型及优化算法，以及支持 CAx 集成而给出的规范统一的数学符号及定义等。

共性“操作”技术中涉及大量基于应用数学的信号分析与数据处理技术。GPS 基于对偶性的共性“操作”技术，即分离、提取、滤波、拟合、组合、构建和评估，是系列工程数学与 CAD/CAM 实体造型、几何特征建模、信号分析及数据处理等技术有机结合的具体体现。

“不确定度”理论及其拓展应用，实现了GPS体系的系统优化、量化统一。“测量不确定度”的理论及评定技术相对已比较成熟，新一代GPS基于GUM（guide to the expression of uncertainty in measurement）及系统量化统一的新思路，通过制定ISO 14253（GB/T 18779）系列标准，进一步完善了“测量不确定度”的概念和含义，规范了“测量不确定度”的评定过程，并在此基础上，将“测量不确定度”的概念拓展，利用扩展后“不确定度”的统计、量化特性，将产品的功能、规范与认证过程量化统一，通过“不确定度”的杠杆调节作用，实现过程资源配置的统筹优化，提高产品的综合效益。

（3）可操作性强

在理想要素的定义与体现上，新一代GPS标准体系由原来的基于“几何学”发展为基于“计量学”，使得在实际测量及误差评定中“理想要素”的体现科学、规范、统一，操作性强。传统的公差体系中，“理想要素”的定义是几何学意义上的点、线、面，实际测量时“理想”的评定基准无法体现，测量过程不统一也不规范；而新一代GPS标准体系中，则承认“误差”的存在，基于计量学，运用现代技术，以“拟合理想要素”体现评定基准，进一步将测量过程的系列操作规范化。

在图样标注上，图样标注的清晰化、系统化和规范化，也使得在实际加工中的认证（检验）操作规范统一，减少了随意性。

（4）集成性强

新一代GPS标准体系中，从系统模型的规划、特征描述的方法到规范、认证（检验）过程的共性“操作”，充分考虑与CAx集成的需要，基于应用数学，借鉴CAD及CAD/CAM中表面/实体的几何造型技术概念与思路，实现功能描述、规范设计、图样表达和评定操作全过程的数学表达和统一规范，这不仅有利于GPS系统内部各环节之间信息的传递，而且对进一步实现GPS与CAx之间的信息集成与共享具有重要的意义。

1.2.2 新一代GPS标准体系的发展趋势

（1）一体化

功能、规范、加工和检验一体化的解决方案将更加有利于GPS标准体系与CAD/CAM/CAQ系统集成应用。随着经济全球化趋势的加快，越来越多的企业争先采用新技术、新材料和新工艺来开发高新技术产品。新一代GPS标准体系的建立，将会给企业的产品开发提供一套全新的工程工具，满足企业发展和市场竞争的需求。这套全新的工程工具将产品的规范、加工、认证和检验作为一个整体来考虑，通过对“不确定度”的管理，为产品功能需求的表达提供更为精确的方法，达到功能、效益的和谐统一，可使企业在全球竞争的环境中受益。

（2）控制功能

GPS标准体系的基本原则是通过控制设计阶段的几何和材料特性来控制工件的设计功能。第一代GPS标准体系仅用于控制几何特性，新一代GPS标准体系的任务是不断丰富GPS标准体系，使之能够表达更为广泛的产品功能。这就要求新一代GPS标准体系建立在可计算的数学函数和明确的逻辑基础之上。

（3）简单化

新一代GPS标准体系要比现在更为丰富、精确和详细，为降低图样标注的复杂性，有必要在保证逻辑一致性的前提下，简化一般技术问题的标注。因此，在丰富规范语言的同时，要建立一套基于简单和最小成本并得到国际认可的“全球缺省规范（不需任何附加说明的全球认可通用规则）”，在缺省的规则下使标准的应用简单明了。对于面向经济全球化环境中的企业，了解并正确应用“全球缺省”至关重要。

1.3 国内外 GPS 标准体系的现状

1.3.1 国外 GPS 标准体系的现状

世界上主要工业国家都在积极参与新一代 GPS 国际标准的制定，这些国家中有直接将 ISO/GPS 标准作为自己的国家标准使用的，如欧盟国家。但也有许多国家除直接采用 ISO 标准，还有等同或等效采用 ISO/GPS 标准，即将 ISO 标准转化为各自的国家标准，如中国、日本。还有一些国家吸收了 ISO/GPS 标准的基本思想，但还采用与 ISO 标准略有不同的国家标准，如美国。

（1）GPS 国际标准与美国的 ASME 标准

美国虽然是 ISO/TC 213 的主要参与国，但目前仍采用自己的标准。美国的尺寸与几何公差有关标准由美国机械工程学会（ASME）制定，每十年更新一次，以产品功能作为建立制图规范的基础。ASME Y14 系列标准主要有：

1）ASME Y14.5-2018 *Dimensioning and Tolerancing*（尺寸和公差标注）。

2）ASME Y14.5.1M-2019 *Mathematical Definition of Dimensioning and Tolerancing Principles*（尺寸和公差原则的数学定义）。

3）ASME Y14.43-2011 *Dimensioning and Tolerancing Principles for Gages and Fixtures*（检具与夹具的尺寸与公差标注原则）。

4）ASME Y14.8-2022 *Castings, Forgings, and Molded Parts*（铸件、锻件和成型件）。

ASME Y14.5 标准和 GPS 国际标准的区别主要是在标准文件的形式和尺寸的标注、符号、尺寸要素的基本原则及术语等方面。

（2）GPS 国际标准与苏联的 SEV 标准

第二次世界大战之后，以苏联为首的东欧国家建立了经济互助委员会（SEV），总部设在莫斯科，从事标准化领域——特别是关于众多 GPS 标准的研究工作，该组织于 20 世纪 90 年代初解散。关于几何公差的基本文件 SEV 301 于 1976 年颁布，被众多的 SEV 成员国作为国家标准采用。迄今为止，有些标准还在使用。建立在 ISO 1101 和 SEV 301 基础之上的几何公差体系相当类似，但也有一些区别，特别是位置公差，尽管标注相同（符号和图样），ISO/GPS 标准和 SEV 标准对其解释却不尽相同。

俄罗斯也是 ISO/TC 213 组织的 P 成员国，参加了多项 GPS 国际标准的制定工作，ISO/GPS 标准也逐渐转化为其国家标准。

（3）GPS 国际标准与欧洲各国的 GPS 标准

欧洲标准化委员会 CEN/TC 290 负责 GPS 标准化工作，所制定的 GPS 标准体系与 ISO/TC 213 制定的 ISO/GPS 标准完全一致。有些新的 ISO/GPS 标准就是从欧洲国家标准（如德国的 DIN 标准、英国的 BS 标准等）或欧洲行业标准（飞机、航空、汽车、钢铁等）中演化而来的。按照欧洲的法律，欧洲各国的国家标准更新始终与ISO保持一致。欧洲各国使用国际标准时所谓的转化只是在国际标准前加上国家标准的标志，如国际标准为ISO 4287，欧洲标准即EN ISO 4287，英国与之对应的标准则为BS EN ISO 4287，德国标准为DIN EN ISO 4278，瑞典标准为SS EN ISO 4278。

英国是ISO/TC 213组织的P成员国，是制定GPS国际标准的主要国家。英国在积极参与新一代GPS标准体系研究的基础上，正按部就班地将新一代GPS标准更新为国家标准。英国国家标准的研究与制定工作基本上保持了与ISO标准的同步，并直接将已颁布的ISO标准，加上BS EN ISO编号转为英国国家标准。

在GPS领域，欧洲标准等同采用ISO标准。

(4) GPS国际标准与日本的GPS标准

日本作为ISO/TC 213的P成员国，一直积极参与GPS国际标准体系的建立。从TC 213成立之初就参加了TC 213的所有工作组（WG）的工作，几乎等同或等效采用了TC 213成立后颁布的所有GPS标准。日本已将新一代GPS领域的发展定位为国家标准化未来的四大重点领域之一。

1.3.2 我国GPS的标准体系的发展与现状

我国从20世纪70年代末开始，由全国公差与配合标准化技术委员会和全国形位公差标准化技术委员会负责，将我国的公差体制由苏联ГОСТ制转换为ISO公差制。1999年，在这两个标委会和ISO/TC 57国内归口工作的基础上成立了与ISO/TC 213对口的全国产品几何技术规范标准化技术委员会（CSBTS/TC 240，现在代号为SAC/TC 240）。经过对公差及表面结构体系的不断完善和修订，到2003年，建立了由78项标准组成的参照或等效ISO或国外先进标准的我国第一代产品尺寸和技术规范（GPS）标准体系。

2006年，我国参照ISO/TR 14638制定了GB/Z 20308—2006《GPS总体规划》[该标准现行版本为GB/T 20308—2020《产品几何技术规范（GPS） 矩阵模型》]，总体规划是标准体系的纲领性文件，也是GPS标准体系的建立及协调发展不可缺少的技术指南。近年来，我国积极参与GPS国际标准体系建立的同时，也将我国的标准逐步过渡到了新一代GPS标准体系框架中。新一代GPS标准主要由SAC/TC 240负责归口，标准名称均有主标题——产品几何技术规范（GPS）。

1.4 我国新一代GPS标准体系建立的必要性及意义

1.4.1 新一代GPS标准体系发展的必要性

制造业是国民经济的基础，GPS标准体系是制造业所有几何产品标准的基础，其技术水平的高低，影响的不仅是一个产品、一个企业或一个行业，而是整个国家的工业化水平和国家制造业的竞争力。

新一代GPS标准体系发展的必要性：

1）要使产品性能满足市场发展的要求，生产者就应不断地提高产品的功能。这就要求设计人员能细致准确地在图样上描述产品功能，并在设计、生产、计量人员之间进行交流、沟通。新一代 GPS 将为设计、生产、计量人员之间建立一个交流、沟通的平台。

2）随着先进制造技术的发展和应用，为使产品的质量得到保证和提高，需要采用先进的计量技术。新一代 GPS 标准体系为工件的检验提出了一个综合可靠的评定准则。

3）随着信息技术和网络技术的发展，CAD/CAM/CAQ 技术已高度实用化，需要新一代 GPS 为软件设计、数据传递和应用提供完整的数学工具。

4）随着对外经济合作和经济全球化越来越普遍，在全球性的商业环境中，统一、全面、明确的 GPS 是合同中具有约束力的技术条款，它是确保达到工件指定功能和完成产品功能的必要条件。

5）企业实施 ISO 9000 系列标准，制定管理标准体系，GPS 将是不可缺少的重要技术标准。

1.4.2 建立我国新一代 GPS 标准体系的重要意义

（1）参与全球的经济竞争，进入国际市场

GPS 标准体系已成为国际经济运作大环境中唯一可靠的交流与评判工具。GPS 系统是产品质量、国际贸易及安全等法规在世界范围内保持一致的重要支撑工具。建立我国新一代 GPS 标准体系将使我国的经济直接与国际接轨，为企业参与全球的经济竞争、进入国际市场提供技术前提和保证。

（2）促进企业采用先进制造技术，提高我国产业竞争力

GPS 标准体系融合了最新的研究成果，是实现几何精度从设计、制造到检验评定过程的自动化、智能化、集成化的基础。GPS 系列标准将给我国制造业的产品设计、生产过程质量控制和产品验收带来新的观念。产品的功能要求将更好、更确切地体现在图样上，生产过程、质量控制和产品验收将会更规范，更能体现出产品的功能要求和最终质量目标及成本目标。ISO/TC 213 在商业计划中保守地估计，GPS 标准体系的应用至少能减少 10%～20%的成本，将大幅度提高企业和产品的竞争力。我国的工程设计、制造、质量管理和检测认证也将提高到更高的水平。

（3）推动制造业信息化进程，实现生产力跨越式发展

当今信息技术已经成为推动科学技术和国民经济高速发展的关键技术。GPS 标准体系涉及与 CAD/CAM/CAQ 的应用兼容，GPS 标准体系的建立，将解决制造业信息化中几何公差信息模型的自动建立、传输与共享问题。我国在该领域工程软件的开发可把握先机，在 CAD/CAM/CAQ 软件产品中尽早采用 GPS 系列标准。其推广应用将推动数字化制造技术的应用和发展，对实现用先进的信息技术来提升、改造我国的传统制造业，实现生产力跨越式发展的战略结构调整具有重要现实意义。

（4）促进新的测量原理、技术和数字化量具量仪的发展

以计量学为基础的 GPS 规范的应用，必将为我国量具量仪产业研究开发体现 GPS 标准要求的功能化和智能化测量设备提供广阔的市场需求和机遇，必将推动我国包括三坐标测量机在内的数字化量具量仪的生产和应用，从而对我国的量具量仪行业产生重大影响。

综上，新一代 GPS 标准体系的建立，将会给企业的产品开发提供一套全新的工程工具，以满足企业发展和市场竞争的需求。这将促进我国标准与计量领域的发展，由此产生的经济效益是极其巨大的。

1.5 建立和发展我国新一代 GPS 标准体系的实施战略

1.5.1 建立我国 GPS 新体系所面临的主要问题

(1) 新体系的建立任务艰巨

我国现行 GPS 标准体系中，ISO 标准转化为国标（GB）的有 62 项，但其中有相当一部分的标准由于采用的是 ISO 旧版标准而有待修订；要采用的新一代 GPS 标准，还缺乏许多配套的标准，即标准链环缺失，无法真正完全实施。按照新一代 GPS 标准体系框架，要完成新体系的建立，至少还要制定两百余项新的相应标准。对应此框架标准体系的建立还有大量的工作要做。

(2) 理论基础研究薄弱，标准应用技术落后

我国与 ISO 主要 P 成员国的差距，关键不在于已转化的 ISO/GPS 标准数目少，而在于我国围绕新一代 GPS 标准体系及关键技术的基础性研究薄弱。虽然我国已进入 GPS 体系研究，但 ISO 标准中具有我国自主知识产权的原创性技术极少，缺少制定国际标准的技术人才。与发达国家相比，我国对 GPS 基础理论的研究还相当薄弱，尤其是标准的应用技术远落后于发达国家。

(3) 制造业技术水平低，GPS 市场需求滞后

我国虽然是制造业大国，但因设计和制造水平相比发达国家还有较大的差距，尤其是高精度、高技术含量的产品，自主开发能力和先进制造技术的应用比较落后，对新一代 GPS 标准的市场需求也落后于工业先进发达国家，许多企业对 GPS 新体系的应用缺乏前瞻性意识和紧迫感，对建立新体系的动力不足。

1.5.2 我国 GPS 标准体系构建的原则

(1) 等同 ISO 同步建立

建立面向国际化的技术标准体系是满足我国市场经济长远发展的战略需求。我国 GPS 标准体系应与 ISO/GPS 总体规划一致，具备科学性、有效性、现实性和前瞻性的要求。

由于历史的原因，我国在传统公差标准化领域，长期处于被动“采标”的地位，在国际上没有发言权，更谈不上参与、负责制定国际标准。新一代 GPS 标准体系的提出，对我国制造业标准化领域，既是严峻的挑战，又是难得的机遇。在 ISO/GPS 领域，尚有许多需要研究的课题和标准的空白地。我们不能再以“拿来主义”的心态对待 ISO/GPS，而应在第一时间积极有效参与 ISO/GPS 新体系的建立，在此基础上同步建立我国科学、先进、操作性强的 GPS 新体系。

按照科学发展观，与 ISO 同步尽快建立起一个既符合市场经济和国际贸易基本规则，又能促进我国经济发展、保护我国企业利益、增强国际竞争能力，同时还能积极应对经济全球化和信息化挑战的 GPS 国家标准体系，是提高我国制造业竞争力的迫切需要，也是维护国家经济发展的战略需要。

(2) 立足国内面向国际

在建立新一代 GPS 标准体系的过程中，要切实结合我国国情，注意与国内实际相结合，采取积极稳妥的推进步骤，要兼顾新兴技术和传统技术、兼顾新旧技术设备，应有机地结合现行标准和新制定的标准，注重标准的应用配套，制定相关对策措施，处理好新旧体系的交替和衔接关系，积极稳妥地建立面向国际化的我国 GPS 标准体系。

1.5.3　我国 GPS 标准体系构建和实施应对策略的建议

(1) 增加研究经费，注重实施投入

标准化研究经费的投入不足，一直是制约我国技术基础标准水平的主要原因。虽然我国已经开展标准化专题研究，明显加大了投入，但仍满足不了标准化科研工作的长远需求。新一代 GPS 标准体系先进、科学、可操作性强，其优越性毋庸置疑，但因其涉及计量学、数学、“不确定度”理论、信号分析与数据处理，以及与 CAx 集成的接口技术等，其理论性、系统性和先进技术的综合性较强，标准体系的建立需要有雄厚的理论基础和先进的应用技术基础作支撑。转化和推广应用也会遇到前所未有的困难，标准规范决不再是“等同或等效”翻译过来即可应用那么简单。因此，建议以新一代 GPS 标准的研究与实施作为突破口，发挥产、学、研、管四结合的优势，建立标准的研究、制定、发行、合格评定等资金共享机制，谁受益谁出资，用标准的发行和使用收益来支持标准的持续研究。同时加强扩大国际和地区合作，采取多种渠道，争取对新一代 GPS 标准研究和实施的经费投入力度。

(2) 实质参与国际标准的研究和制定工作

我国要实现与 ISO 基本同步建立新一代 GPS 标准体系，就要实质参与 ISO/TC 213 GPS 标准体系的关键技术及其重要标准的研制，更多地承担 ISO 重要标准的制修订工作，在 ISO 标准中更多反映我国的研究成果和自主创新技术，提高 ISO 标准采用我国提案的比率，对新一代 GPS 标准体系的建立做出与中国国际地位相当的贡献，并带动国内制造业赶上国际 GPS 标准体系的前进步伐。

(3) 遵循 GPS 标准体系规律，全面协调发展

我国 GPS 标准体系的建立以体系框架中的主要矩阵展开，包括基础、通用和补充三大类，200 多项国家标准、国家标准指导性技术文件。基础类标准用于确定公差的基本原则、通用原则和定义；通用类标准包括不同几何特征关于功能、规范与认证（检验）形成的标准链，提供从功能、设计、加工到测量及仪器标定的完整标准内容。

(4) 优化标准转化策略，抓住重点区别对待

GPS 涉及产品开发、设计、制造、测量、验收、使用、维修、报废等产品生命周期的全过程，是一套关于产品几何参数的完整技术标准体系。新一代 GPS 标准体系的最大特点之一就是将设计、加工和认证检验规范一体化，标准的制定和转化要抓重点环节和各环节中的重点，优化标准转化策略，做到轻重缓急区别对待。

结合我国生产实际情况，应优先制定与国际一致的检验标准；同时，符合新一代 GPS 标准体系的检验器具要先行，为标准的推广应用奠定基础，提供可靠的技术保证。

(5) 注重新旧体系衔接，实现标准平稳过渡

新体系的建立和实施应注重新旧体系衔接，实现平稳过渡。制定的新一代 GPS 标准体系将与现代技术相结合，是相对于传统几何精度设计和控制思想的一次大变革。它涉及产品设计、制造、认证（检验）的各个环节，技术人员观念的更新，管理方式方法的改变等，新体系将对我国制造业产生重大影响。但在应用中这个进程是连续的，更是系统和科学的。

因此，必须统筹安排，强化配套，分步实施。

（6）重点行业试点先行，带动应用全面提升

新一代 GPS 标准体系是随着经济的发展和科技的进步提出的，其市场化的需求也首先反映在率先采用高新技术的行业和企业，涉及的往往是精度高、技术含量高的产品。新一代 GPS 标准的推广应用也应以高新技术的企业和技术含量及精度高的产品为突破点，以带动其他行业的标准应用。一些发达国家的实践已经证明，新一代 GPS 标准体系可给企业带来可观的经济效益，其应用也必将推动传统制造业的升级，全面提升我国制造业应用高新技术的水平。

（7）建立标准应用平台，注重贯标实效

新一代 GPS 语言强调经济管理、优化资源，因此标准与标准之间的衔接相当严谨，涉及种类繁多的精确技术规范定义、大量的严格数学算法、全面的新型测量技术及现代校准、量值溯源方法，其结果使得新一代 GPS 标准体系与计量体系成为最先进、庞大、复杂的知识库之一。要求设计、制造和计量工程师具有设计、标准和计量知识背景，能理解与应用交叉学科的技术。在我国，如果采用常规的方法来贯彻实施新一代 GPS 标准体系，那将需要耗费巨大的经费来训练专门的技术人才。特别是对于中小型企业，专门的技术人才缺乏，新一代 GPS 标准体系将难以实现。基于这种状况，需要全面完整地研究标准计量的基础理论与方法，研究、开发、建立一个以智能控件为依托的新一代 GPS 标准与计量信息集成系统。它将使用新型范畴论（category theory）来实现智能知识结构，将新一代 GPS 标准转化为一个大型的集成智能知识库和应用技术系统，为企业的应用提供一个方便、灵活的平台，引导设计工程师、制造工程师、计量测试工程师及技术管理工程师尽快进入 GPS 标准体系运作轨道。

第2章 新一代GPS标准体系的矩阵模型图解

2006年，我国参照ISO/TR 14638：1995制定了GB/Z 20308—2006《产品几何技术规范（GPS）总体规划》，该指导性技术文件是GPS标准体系的纲领性文件，是GPS标准体系的建立及协调发展不可缺少的技术文件。2020年，我国对该指导性技术进行了修订，等同采用了ISO 14638：2015，发布了GB/T 20308—2020《产品几何技术规范（GPS）矩阵模型》。GPS矩阵模型以标准框架结构确定了各标准在GPS标准体系中的位置和作用，该标准解释了产品几何技术规范（GPS）的基本概念，并从总体上给出GPS标准的体系框架，包括一系列现行的和未来的GPS标准在GPS体系中的分布情况。本章将对GPS矩阵模型进行介绍。

2.1 GPS标准的类型

GB/Z 20308—2006中规定，GPS标准的类型有GPS基础标准、GPS综合标准、GPS通用标准和GPS补充标准，如图2-1所示。

在GB/T 20308—2020中，删除了GPS综合标准类型，原来归类到GPS综合标准中的标准归类到GPS基础标准或GPS通用标准。即GB/T 20308—2020中规定的GPS标准类型有GPS基础标准、GPS通用标准和GPS补充标准，GPS矩阵模型如图2-2所示。

各类GPS标准的功能及示例如图2-3所示。

2.1.1 GPS基础标准

GPS基础标准是协调和规划GPS体系中各标准的依据，定义的规则和原则适用于所有类别（几何特征类别和其他类别）和GPS矩阵中的所有链环。如GB/T 4249—2018定义的原则和规则适用于所有的GPS标准，所有的GPS标准都可在GB/T 20308—2020的GPS体系框架中找到各自的位置。

2.1.2 GPS综合标准

GPS综合标准给出的综合概念和规则涉及或影响所有几何特征标准链的全部链环或部分链环的标准，起着统一各GPS通用标准链和GPS补充标准链技术规范的作用。

注意：由于GPS综合标准与GPS基础标准或GPS通用标准区分不明显，在GB/T

GPS基础标准	GPS综合标准(global GPS standards)						
	GPS通用标准(general GPS standards)						
	链环	1	2	3	4	5	6
	几何特征	产品文件表示(图样标注代号)	公差定义及其数值	实际要素的特征或参数的定义	工件偏差评定	测量器具	测量器具校准
	尺寸						
	距离						
	半径						
	角度						
	与基准无关的线形状						
	与基准相关的线形状						
	与基准无关的面形状						
	与基准相关的面形状						
	方向						
	位置						
	圆跳动						
	全跳动						
	基准						
	粗糙度轮廓						
	波纹度轮廓						
	原始轮廓						
	表面缺陷						
	棱边						
	GPS补充标准(complementary GPS standards)						

图 2-1　GB/Z 20308—2006 的 GPS 矩阵模型

GPS基础标准	GPS通用标准(general GPS standards)							
	几何特征	链环						
		A	B	C	D	E	F	G
		符号和标注	要素要求	要素特征	符合与不符合	测量	测量设备	校准
	尺寸							
	距离							
	形状							
	方向							
	位置							
	跳动							
	轮廓表面结构							
	区域表面结构							
	表面缺陷							
	GPS补充标准(complementary GPS standards)							

图 2-2　GB/T 20308—2020 的 GPS 矩阵模型

20308—2020 中，删除了 GPS 综合标准类型，原来归类到 GPS 综合标准中的标准要么撤销，要么归类到 GPS 基础标准或 GPS 通用标准，如图 2-3 中的 GB/T 24637.1～4—2020、GB/T 38760—2020、GB/T 38761—2020 标准全部归类为 GPS 综合标准。

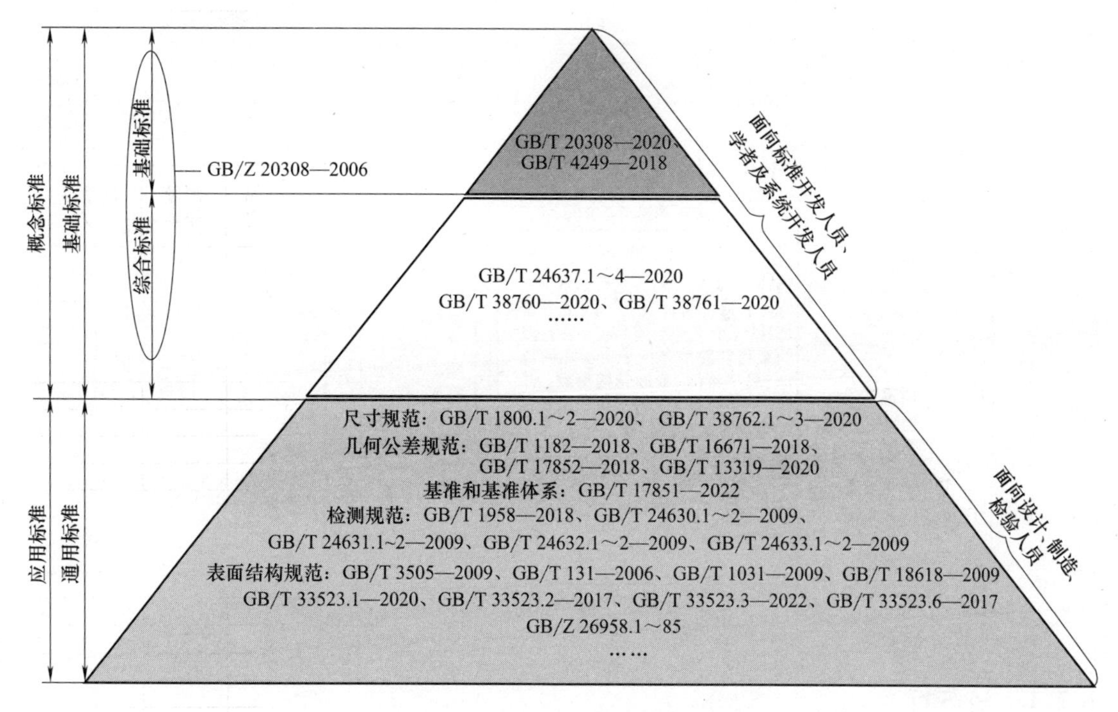

图 2-3　各类 GPS 标准的功能及示例

2.1.3　GPS 通用标准

GPS 通用标准是 GPS 标准体系的主体部分，包括确立产品几何特征从图样标注、参数定义、检验原则到仪器校准的一整套标准（即标准链）。从通用 GPS 标准矩阵的标准构成可以看出，对应某一几何特征有一条特定的标准链；标准链中的每一个标准在 GPS 体系中均有其确定的位置和作用。GPS 通用标准是面向设计、制造、检测人员的应用标准。

2.1.4　GPS 补充标准

GPS 补充标准是针对特定的加工过程或典型的机器零部件的 GPS 标准。特定加工过程的公差标准，如机械加工、铸造、锻造、焊接、高温加工、塑料模具等；典型零部件的公差标准，如螺纹、齿轮、键、花键、轴承等。补充的 GPS 标准大部分由各自的 ISO 技术委员会制定，只有极少部分由 ISO/TC 213 负责。与 GPS 通用标准矩阵的构成模式类似，GPS 补充标准也可以排列成矩阵形式。

2.2　GPS 通用标准矩阵

GPS 通用标准矩阵是由一系列 GPS 通用标准排列组成的标准矩阵，GB/Z 20308—2006 的 GPS 通用标准矩阵如图 2-1 所示，GB/T 20308—2020 的 GPS 通用标准矩阵模型如图 2-4 所示，它由矩阵行和矩阵列组成。

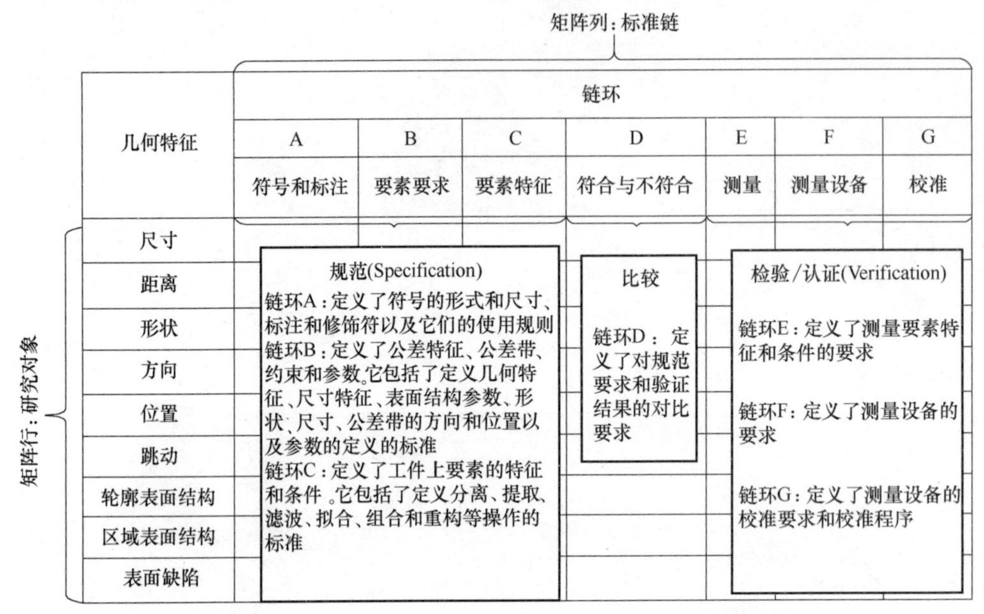

图 2-4　GB/T 20308—2020 的 GPS 通用标准矩阵模型

2.2.1　矩阵行

矩阵行是 GPS 的研究对象，表征几何特征类别。GB/Z 20308—2006 涵盖了尺寸、距离、半径、角度、与基准无关的线形状、与基准相关的线形状、与基准无关的面形状、与基准相关的面形状、方向、位置、圆跳动、全跳动、基准、粗糙度轮廓、波纹度轮廓、原始轮廓、表面缺陷、棱边共 18 种几何特征（见图 2-1）。GB/T 20308—2020 中涵盖了尺寸、距离、形状、方向、位置、跳动、轮廓表面结构、区域表面结构、表面缺陷共 9 种几何特征（见图 2-4）。

2.2.2　矩阵列

矩阵列是标准链的链环，标准链是影响同一几何特征的一系列相关标准。标准链按其规范要求分为多个链环，每个链环至少包括一个标准，它们之间相互关联，并与其他链环形成有机的联系，缺少任一链环的标准，都将影响该几何特征功能的实现。GB/Z 20308—2006 中给出的链环有 6 个（见图 2-1）。GB/T 20308—2020 中给出的链环有 7 个（见图 2-4）。可以看出，矩阵列从系统的角度统筹考虑，给出了从产品功能要求、规范设计到检验/认证整个系统过程的各主要链环的规范。

图 2-5 以直线度（形状几何特征）为例给出了一个标准链之间的关系。可以看出，每一个标准链分别包含了产品设计、制造及检验认证的过程。链环 A、B、C 用于规范过程，链环 E、F、G 用于检验/认证过程。规范过程将产品功能要求转换为规范算子并用图形语言表达，是得到规范特征值的过程；检验/认证过程是将规范算子转换为检验算子进行操作，是得到特征测量值的过程。链环 D 是将检验/认证过程的测量值与规范过程的特征值进行一致性比较。可见，GPS 矩阵模型将零件的功能要求、规范设计及检验认证规范关联在一起，提供了统一的数学理论基础和统一的规范模式（见图 2-6）。

功能描述	规范设计			一致性比较	检验/认证		
几何特征	A	B	C	D	E	F	G
	符号和标注	要素要求	要素特征	符合与不符合	测量	测量设备	校准
直线度	GB/T 1182 — 0.02	GB/T 1182 0.02	GB/T 1182 提取 拟合	GB/T 18779 $f \leq t$?	GB/T 11336 GB/T 1958	GB/T 16857	GB/T 24635

图 2-5　以直线度为例的 GPS 通用标准链之间的关系

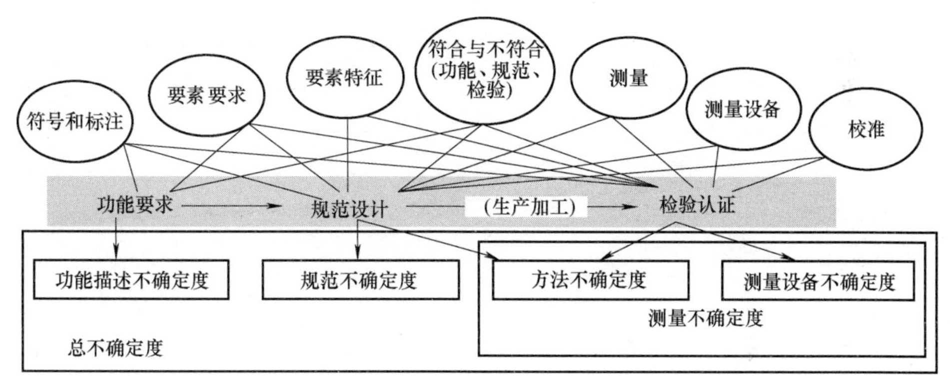

图 2-6　标准链/GPS 系统结构模型

2.3　制定 GPS 标准的规则和要求

2.3.1　制定 GPS 标准的规则

制定 GPS 标准时应考虑以下几点：

1）GPS 标准的每一个链环都应该是明确的、完整的。每个标准链都应确保所使用的符号和标注之间、要素的特征和条件之间、从工件取得的测量值和国际标准测量单位之间的溯源性。完整是指每个链环包含所有必要信息，其中包括 GPS 缺省信息等。

2）GPS 标准或标准链不应该与其他 GPS 标准或标准链冲突。

3）每个由 SAC/TC 240 制定的 GPS 标准都应该包含一个资料性附录，该附录是文档中的最后一个附录，用来说明其与 GPS 矩阵模型的关系。推荐使用以下内容：“GB/T 20308 中的 GPS 矩阵模型对 GPS 体系进行了综述，本标准是该体系的一部分。”

2.3.2　GPS 标准最后一个附录的要求

GPS 标准最后一个附录用来说明标准与 GPS 矩阵模型的关系，该资料性附录应该包括一张解释 GPS 矩阵的表，见表 2-1，且推荐使用如下内容解释标准在 GPS 矩阵模型中的位置：

对于基础标准，“本标准是一项 GPS 基础标准。本标准中给出的规定和原则适用于 GPS 矩阵中的所有 GPS 通用标准和补充标准。如表××所示”。

对于通用标准，“本标准是一项 GPS 通用标准。本标准中给出的规定和原则适用于 GPS 矩阵中所有标有实心点（·）的部分。如表××所示。”

对于补充标准，“本标准是一项 GPS 补充标准。本标准中给出的要求适用于 GPS 矩阵中所有标有实心点（·）的部分。如表××所示。”

表 2-1　标准在 GPS 矩阵模型中的位置（本表以 GB/T 20308—2020 标准为例）

几何特征	链环						
	A	B	C	D	E	F	G
	符号和标注	要素要求	要素特征	符合与不符合	测量	测量设备	校准
尺寸	·	·	·	·	·	·	·
距离	·	·	·	·	·	·	·
形状	·	·	·	·	·	·	·
方向	·	·	·	·	·	·	·
位置	·	·	·	·	·	·	·
跳动	·	·	·	·	·	·	·
轮廓表面结构	·	·	·	·	·	·	·
区域表面结构	·	·	·	·	·	·	·
表面缺陷	·	·	·	·	·	·	·

2.4　GPS 矩阵模型的应用示例

例 2-1：与尺寸几何特征相关的标准矩阵见表 2-2。需要说明的是，矩阵中仅列出了部分标准。

表 2-2　GPS 标准矩阵模型示例 1

几何特征	链环						
	A	B	C	D	E	F	G
	符号和标注	要素要求	要素特征	符合与不符合	测量	测量设备	校准
尺寸	GB/T 1800.1	GB/T 1800.1	GB/T 1800.1	GB/T 18779.1	GB/T 18779.2	GB/T 34881	GB/T 24635.3
		GB/T 1800.2	GB/T 26958 系列标准	GB/T 18779.2	GB/T 18779.3	GB/T 18779.2 GB/T 18779.3	GB/T 24635.4
			GB/T 18779.4	GB/T 18779.3	GB/T 18779.6	GB/T 18779.5 GB/T 18779.6	GB/T 26958 系列标准
				GB/T 18779.4		GB/T 16857 系列标准	GB/T 18779.3 GB/T 18779.6

例 2-2：与轮廓表面结构几何特征的测量设备链环相关的标准的矩阵见表 2-3。

例 2-3：与要素特征链环相关的标准矩阵见表 2-4。

表 2-3　GPS 标准矩阵模型示例 2

几何特征	链环						
	A	B	C	D	E	F	G
	符号和标注	要素要求	要素特征	符合与不符合	测量	测量设备	校准
轮廓表面结构						GB/T 6062	

表 2-4　GPS 标准矩阵模型示例 3

几何特征	链环						
	A	B	C	D	E	F	G
	符号和标注	要素要求	要素特征	符合与不符合	测量	测量设备	校准
尺寸			GB/T 1800. 1 GB/T 26958 系列标准				
距离							
形状			GB/T 1182 GB/T 17852 GB/T 15754 GB/T 24630. 1 GB/T 24630. 2 GB/T 24631. 1 GB/T 24631. 2				
方向			GB/T 1182 GB/T 17852 GB/T 16671				
位置			GB/T 1182 GB/T 17852 GB/T 16671 GB/T 13319				
跳动			GB/T 1182				
轮廓表面结构			GB/T 3505 GB/T 10610 GB/T 18618 GB/T 18778				
区域表面结构			GB/T 33523. 601				
表面缺陷							

例 2-4：GPS 基准标准在 GPS 矩阵中的表示。

由于“基准”已经从几何特征类别列表中删除，所以 GPS 基准标准 GB/T 17851 在 GPS 矩阵中的表示可能会出现困惑。

表 2-5 给出了 GB/T 17851 如何在矩阵中表示：

“本标准是一项 GPS 通用标准，本标准中给出的规定和原则适用于 GPS 矩阵中所有标有实心点（·）的部分。”

表 2-5　GB/T 17851 标准的 GPS 矩阵模型

几何特征	链环						
	A	B	C	D	E	F	G
	符号和标注	要素要求	要素特征	符合与不符合	测量	测量设备	校准
尺寸							
距离							
形状							
方向	·	·	·				
位置	·	·	·				
跳动	·	·	·				
轮廓表面结构							
区域表面结构							
表面缺陷							

2.5　GB/T 20308—2020 的主要变化

与 GB/Z 20308—2006 相比，GB/T 20308—2020 的主要变化如下：

1）标准名称由“总体规划（masterplan）”更改为“矩阵模型（matrix model）”。

2）删除了“GPS 综合标准”GPS 标准类型，因为它与 GPS 基础标准或 GPS 通用标准的区分不明显，原来被归类到 GPS 综合标准中的标准，目前被归类为 GPS 基础标准或 GPS 通用标准。

3）GPS 矩阵模型中的几何特征由原来 18 个更新为 9 个，具体变化为：

① 删除“角度”几何特征，归类在“尺寸”和“距离”几何特征中。

② 删除“半径”几何特征，归类在“尺寸”几何特征中。

③ 合并“与基准无关的线形状”和“与基准无关的面形状”几何特征为“形状”几何特征。

④ 删除“与基准相关的线形状”和“与基准相关的面形状”，因为在方向和位置特征中已包含。

⑤ 合并“圆跳动”和“全跳动”为“跳动”几何特征。

⑥ 删除“基准”，因为基准不是几何特征，增加第 4 章“基准”的内容，用来解释如何在 GPS 矩阵模型中涵盖 GPS 基准。

⑦ 合并“粗糙度轮廓”“波纹度轮廓”和“原始轮廓”几何特征为“表面结构”几何特征。

⑧ 增加了“区域表面结构”几何特征。

⑨ 删除了“棱边”，因为其不属于几何特征。

4）GPS 矩阵模型中的链环数由原来 6 个变为 7 个。其中：

① 增加了“符合与不符合”链环。

② 链环序号用描述性的标题和字母 A、B、C、D、E、F、G。删除了以前使用的链路数

字序号。

③ 原 GPS 矩阵模型中的链环“产品文件表示、公差定义及其数值、实际要素的特征或参数定义、工件偏差评定、测量器量和测量器具校准”更改为“符号和标注、要素要求、要素特征、符合与不符合、测量、测量器具、校准”。

5）删去了“现行 GPS 国家标准在 GPS 矩阵模型中的位置”。

6）重新编制了原来为编制 ISO GPS 标准而列出的原则：

① 重写了“明确性原则”，作为第一个原则。

② 删除了“全面性原则”。

③ 删除了“互补性原则”，因为其含义不明确。

④ 增加了第二项原则，以避免不同的 GPS 标准之间发生冲突；这是原来“互补性原则”背后的意图。

⑤ 增加了第三项原则，规定了解释每个 GPS 标准如何适合 GPS 矩阵模型的资料性附录，该附录将出现在 SAC/TC 240 未来制定的所有的 GPS 标准中。

7）GPS 矩阵目前仅以单一格式 GPS 基础标准（见表 2-1）或 GPS 通用标准（见表 2-5）出现，GB/Z 20308—2006 采用的是图 2-1 复合格式。

第3章 新一代GPS标准体系的基本原则和规则图解

GB/T 4249—2018 修改采用 ISO 8015：2011《产品几何技术规范（GPS） 基础概念、原则和规则》，规定了对所有 GPS 标准、技术文件等均有效的基本概念、原则和规则，为所有 GPS 标准提供指导。该标准是一个 GPS 基础标准，它影响 GPS 标准体系中所有的标准，以及 GPS 矩阵模型中的任何类型的文件。本章将对 GPS 基本概念、原则和规则进行介绍。

3.1 GPS 基本概念和基本原则

3.1.1 GPS 基本概念

GPS 基本概念涉及的术语、定义及解释见表 3-1。

表 3-1 GPS 基本概念涉及的术语、定义及解释

术　语	定义及解释
ISO GPS 体系 (GPS 体系) (ISO GPS system)	ISO/TC 213 制定的产品几何技术规范与验证的标准体系 GB/T 20308 规定的 ISO GPS 体系包括 GPS 基础标准、GPS 通用标准和 GPS 补充标准三个部分(见 2.1 节)
缺省 GPS 规范 (default GPS specification)	在标准或技术文件中规定的规范操作集的 GPS 规范 在定义缺省规范时,通常有引导语“除另有特殊规定……” 示例:图 a 采用了两点尺寸的缺省规范,其含义与图 b 相同。图 b 中符号(LP)表示两点尺寸 $\phi10\pm0.1$　　$\phi10\pm0.1$(LP) a)　　b)

（续）

术　　语	定义及解释
ISO 缺省 GPS 规范 （ISO default GPS specification）	ISO 标准中规定的缺省 GPS 规范 示例：独立原则为缺省的 GPS 规范。图 a 中，尺寸公差与直线度之间的关系遵守独立原则，图样上无相应的修饰符。图 b 中，尺寸公差与直线度之间的关系遵守最大实体要求，该要求不是缺省 GPS 规范，图样上具有表示二者相互关系的修饰符Ⓜ 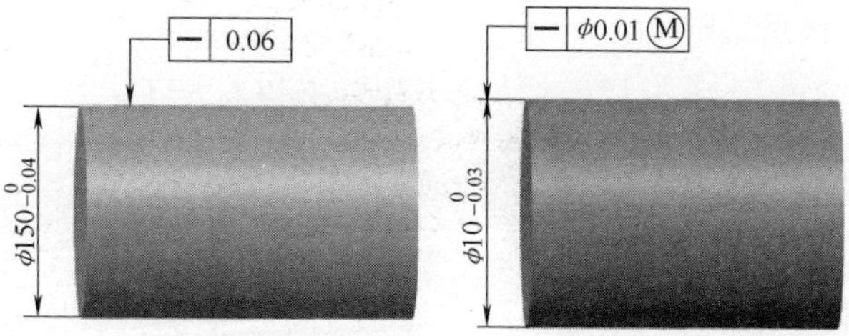 — 0.06　　— ϕ0.01 Ⓜ $\phi150^{\ 0}_{-0.04}$　　$\phi10^{\ 0}_{-0.03}$ a) 独立原则示例　　b) 最大实体要求示例
其他缺省 GPS 规范 （altered default GPS specification）	通过其他途径规定的缺省 GPS 规范 如果企业规范 ABC12345：2020 规定了其他（变更的）缺省 GPS 规范，可通过图样标注所示方法对缺省 GPS 规范进行变更，如下图所示 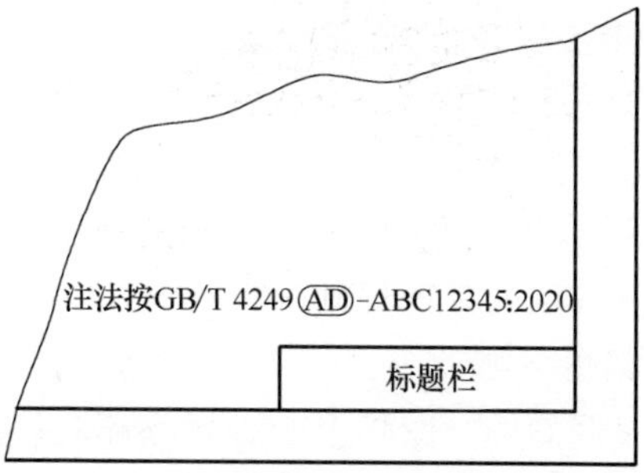 注法按GB/T 4249 (AD)-ABC12345:2020 标题栏
ISO 缺省 GPS 规范操作集 （ISO default GPS specification operator）	由 ISO 标准规定的、按照缺省顺序的、仅包含缺省规范操作的规范操作集 示例：*Ra* 1.6 规范表明： 1）从一个肤面模型中分离非理想表面 2）在多个位置从非理想表面分离非理想线 3）采用 GB/T 10610 中的评定长度和采样间隔进行提取 4）采用 GB/T 10610 中规定的截止波长和探针半径的高斯滤波器进行滤波 5）按 GB/T 3505 和 GB/T 10610（16%规则）的规定评估 *Ra* 值 由于这些操作中的每一个都是缺省规范操作，当它们以缺省的顺序组合时，规范操作集是一个缺省规范操作集

3.1.2　图样上读取规范的基本假设

针对公差限解释的假设是 GPS 体系中所有规则的基础。图样上注明的一般规范和单独规范均缺省遵守表 3-2 中的假设。

3.1.3　GPS 基本原则

所有类型图样上 GPS 标注应遵守以下 13 项 GPS 基本原则。

表 3-2 图样上读取规范的基本假设

基本假设	解　释
功能限假设	假设功能限的解释已经做过充分实践和/或理论的研究，因此认为不存在功能限不确定度
公差限假设	假设公差限的解释与功能限完全一致
工件功能水平假设	假设工件在公差限内 100%满足功能，在公差限外不满足功能

(1) 采用原则

除非文件中另有注明（如“引用其他相关文件”），一旦在机械工程产品文件中采用了 ISO GPS 体系的一部分，就相当于采用了整个 ISO GPS 体系。

“除非文件中另有注明”的意思是文件中注明了所引用的区域标准、国家标准或企业标准，那么应该采用这些标准而不是采用 ISO GPS 体系来解释标准中所规定的规范元素。

“采用了整个 ISO GPS 体系”的意思是，例如，假设采用了 GPS 基础标准，那么除非另有规定，GB/T 19765—2005 规定的参考温度和 GB/T 18779. 1 规定的判定规则都被采用。

“注法按 GB/T 4249”可选择性地标注在标题栏内或标题栏附近，但并不需要调用 GPS 体系。

采用 ISO GPS 体系最常见的方法是在图样中使用一个或几个 GPS 规范。

(2) GPS 标准层级原则

ISO GPS 体系是有层级的，其标准种类按层级包含 GPS 基础标准、GPS 综合标准、GPS 通用标准和 GPS 补充标准，它们之间的关系见 2. 1 节。

GPS 基础标准所给出的规则适用于所有情况，除非在一个层级较低的特定标准中明确地给出了适用于其范围的其他规则。

(3) 图样明确性原则

图样标注应是明确的。图样上所有规范都应使用 GPS 符号（不论有无规范修饰符）明确标注出来，相应的缺省规则或特殊规则以及相关文档的引用部分均适用，如区域标准、国家标准或企业标准。因此，图样上没有规定的要求不能强制执行。

图样所含的规范可能与产品完工所需的多个阶段有关。除最终阶段，应注明各标注所对应的阶段。图 3-1 所示的图样明确性原则示例为车加工阶段的表面结构要求。

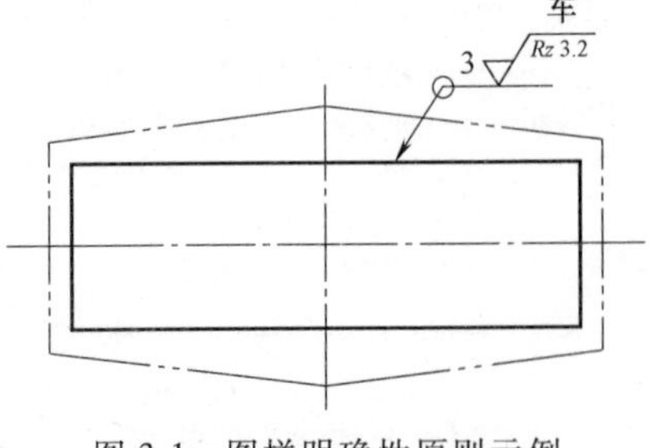

图 3-1 图样明确性原则示例

(4) 要素原则

一个工件可以被认为是由多个用自然边界限定的要素组成。缺省情况下，每个要素的 GPS 规范或要素间关系的 GPS 规范都适用于整个要素，每个 GPS 规范仅适用于一个要素或要素间的一种相关性关系。如需改变该缺省规定，须在图样上进行明确标注。

示例：图 3-2a 中被测要素为左边整个上表面，图 3-2b 中的被测要素为长粗点画线部分的表面。

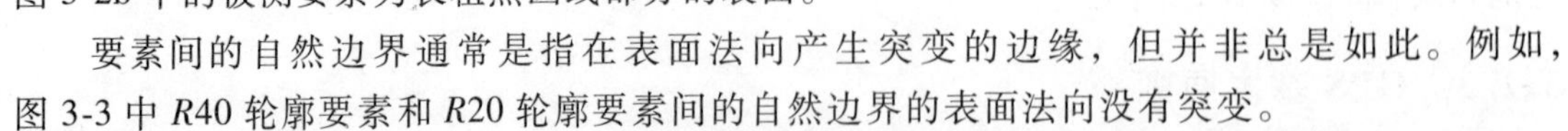

要素间的自然边界通常是指在表面法向产生突变的边缘，但并非总是如此。例如，图 3-3 中 $R40$ 轮廓要素和 $R20$ 轮廓要素间的自然边界的表面法向没有突变。

有些标注不适用于整个要素，如要素的部分区域标注了长粗点画线或标注了 ACS（任

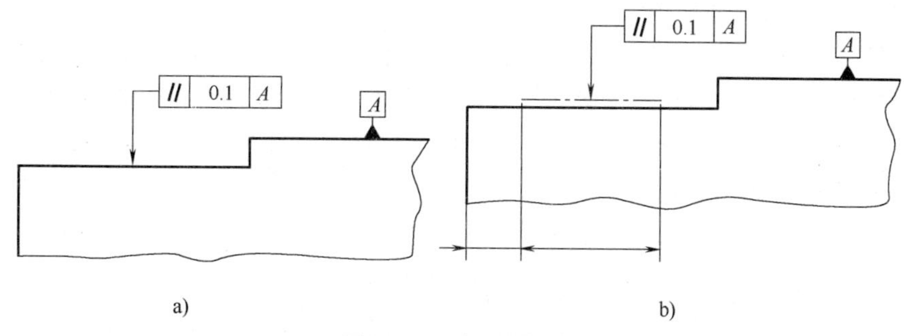

图 3-2　要素原则示例

意横截面），如图 3-2b 所示。

有些标注适用于多个要素，如图 3-4 中的 CZ（组合公差带）是对两个孔的方位要求。

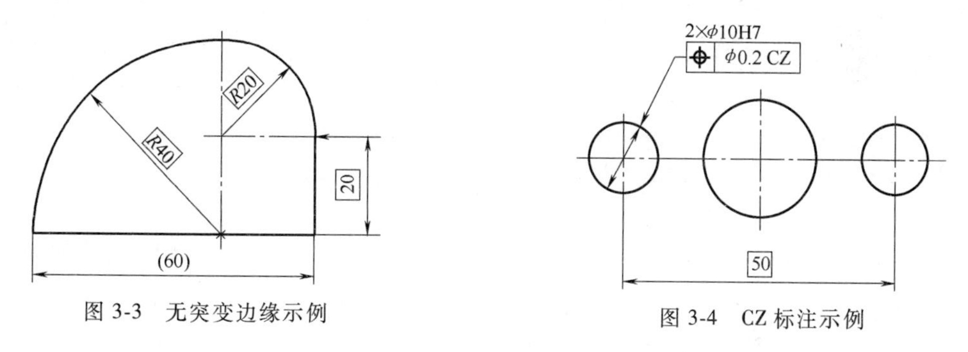

图 3-3　无突变边缘示例

图 3-4　CZ 标注示例

除非另有规定，GPS 一般规范被认为是一系列 GPS 规范，每个 GPS 规范只适用于要素或要素间关系的一个特性。

（5）独立原则

缺省情况下，每个要素的 GPS 规范或要素间关系的 GPS 规范与其他规范之间均相互独立，应分别满足，除非产品的实际规范中有其他标准或特殊标注（如 GB/T 16671 中的Ⓜ修饰符、GB/T 1182 中的 CZ、GB/T 38762.1 中的Ⓔ）。

（6）小数点原则

公称尺寸和公差值小数点后未注明的数值均为零。这个原则适用于图样，也适用于 GPS 标准。

例 1：0.2 等同 0.200000…

例 2：10 等同 10.000000…

（7）缺省原则

一个完整的规范操作集可采用 ISO 基本 GPS 规范来标明。ISO 基本 GPS 规范标明的规范要求是基于缺省的规范操作集。

ISO GPS 标准为每个 ISO 基本 GPS 规范都定义了 ISO 缺省 GPS 规范操作集，该缺省的规范操作集在图样中不是直接可见的。例如，尺寸规范“ϕ30H6”隐含应用 GB/T 38762.1—2020 中的缺省规范操作集（局部尺寸）。

GPS 特殊规范可在产品技术文件中采用修饰符和/或简化符号标注，这些标注内容在图样上是可见的。例如，尺寸规范“ϕ30H6 (GG)”不是应用缺省原则，而是应用了 GB/T

38762.1中的最小二乘尺寸规范。

当不应用缺省规范操作集时，应使用改变规范操作集的修饰符，如 ϕ30H6 Ⓖⓖ。

使用图样特定缺省GPS规范或公司特定缺省规范可改变缺省GPS规范，这些特定规范可直接标注在图样上，也可引用其他文档，如区域标准、国家标准或企业标准。

(8) 参考条件原则

缺省情况下，所有GPS规范在参考条件下应用，这些条件包括GB/T 19765中规定的标准参考温度为20℃、工件应清洁。如有任何额外的适用条件（如湿度条件），应在图样中明确注明。

(9) 刚性工件原则

缺省情况下，工件应被视为具有无限的刚度，且所有GPS规范适用于在自由状态下、未受包括重力在内的任何外力作用而产生形变的工件。任何应用于工件的其他刚性附加条件应当在图样中明确注明。例如，GB/T 16892中规定，非刚性零件采用带有自由状态条件的符号Ⓕ按照GB/T 1182的规定注在公差框格中的几何公差值后面，如图3-5所示。

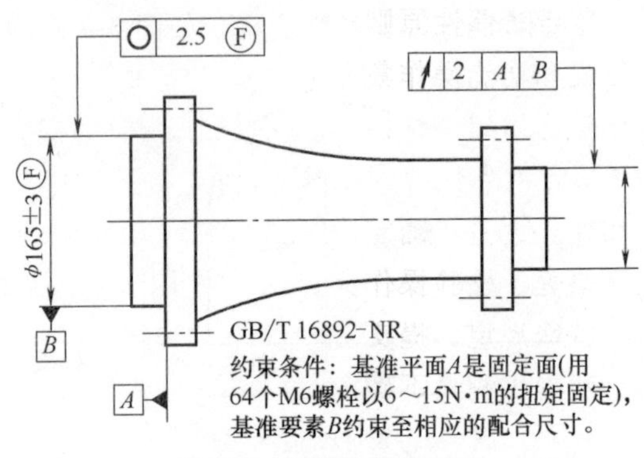

图3-5 非刚性零件示例

(10) 对偶性原则

所谓“对偶性”主要是指产品规范设计过程与检验认证过程的研究对象及目标存在着必然的联系。而“联系”的关键主要体现于两个方面（见图3-6）：两个过程所涉及的非理想表面模型具有“对偶性”（物象映射关系）；对模型的“操作”技术具有共性。

(11) 功能控制原则

每个工件的功能由功能操作集来表述，并且能够由一系列规范操作集进行仿真，这些规范操作集再次定义了一系列被测量和相关公差。

当工件的所有功能要求都已表述清楚并由GPS规范所控制，这样的规范是完整的。大多数情况下，由于某些功能表述/控制的不完善，所以规范可能是不完整的。因此，功能和一系列GPS规范之间的相关性可能有优有劣。

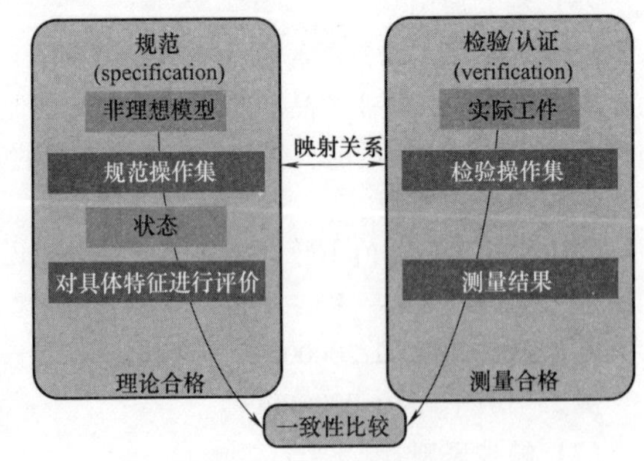

图3-6 对偶性原则示例

任何功能要求和GPS规范要求之间的相关性缺失都会导致功能描述的不确定度。

(12) 一般规范原则

对于具有相同类型且没有明确注明GPS规范的每个要素和要素间关系的各个特征，一般GPS规范将分别适用。除另有特殊规定，一般GPS规范被认为是一组规范，分别适用于每个要素和要素间关系的各个特征。

如果在标题栏内或附近未标注一般 GPS 规范，那么仅有在产品技术文件中单独明确注明的 GPS 规范适用。

如果在标题栏内或附近标注了两个或多个相互矛盾的一般 GPS 规范，应增加补充说明，用于解释每个一般 GPS 规范适用于哪些特征，以避免在规范中产生歧义。

如果同一特征的两个或多个一般 GPS 规范存在矛盾，规范不确定度的一般规则仅要求一个一般 GPS 规范适用，即最宽松的那个规范适用。

图样中单独注明的 GPS 规范可以比一般 GPS 规范更松或者更严。

示例：直径为 ϕ10mm 的轴，直径公差为一般公差，尺寸公差等级为 m 等级，极限偏差为±0.2mm，如图 3-7 所示。

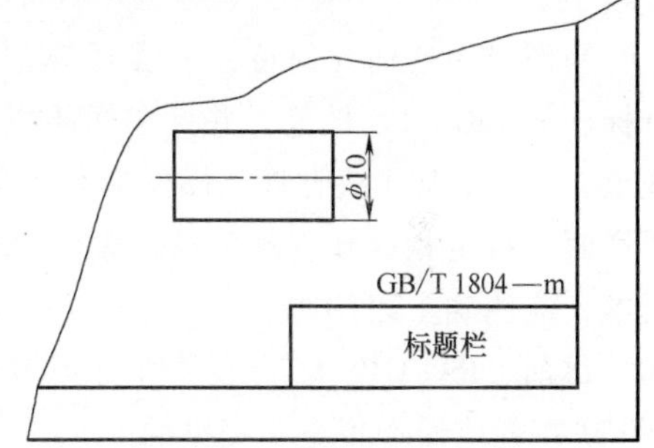

图 3-7　一般规范原则示例

（13）归责原则

鉴于对偶性原则和功能控制原则，应描述规范操作集和功能操作集之间，以及规范操作集和检验操作集之间的一致性。功能描述的不确定度和规范的不确定度共同描述了规范操作集与功能操作集的一致性。这些不确定度由设计人员负责。测量不确定度量化了检验操作集和规范操作集的符合性，除另有特殊规定，提交合格或不合格证明的一方，同时负责提供测量不确定度，见 GB/T 18779.1。

示例：如图 3-8a 所示，由于图样标注没有明确基准和被测要素，该尺寸规范存在歧义（规范不确定度），该规范可能导致工艺工程师、测量工程师等产生诸如图 3-8b～d 等不同解读。该不确定度由设计人员负责提供。

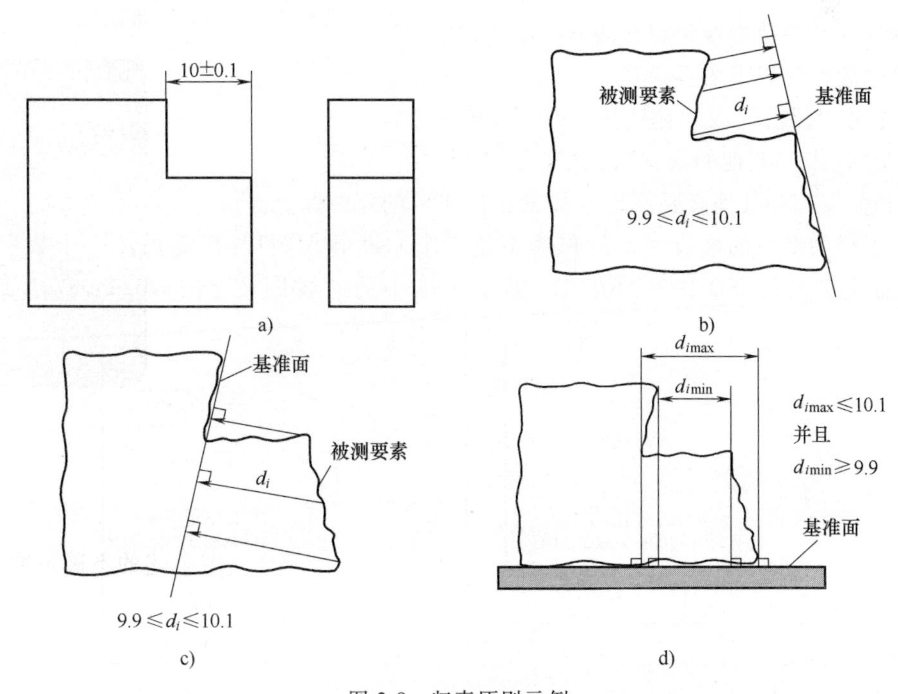

图 3-8　归责原则示例

a）图样标注　b）图样理解Ⅰ　c）图样理解Ⅱ　d）图样理解Ⅲ

实际检验采用 CMM 多点扫描后按照最小二乘全局拟合方法进行评价，由于评价方法与规范存在差异，测量不确定度由提交产品合格与否证明的一方负责提供。

3.2 GPS 缺省规范操作集的标注规则

缺省 GPS 规范一般用于简化技术图样的公差标注。缺省规范操作集可由下面两种方法之一进行说明。

3.2.1 ISO 缺省 GPS 规范的一般规范

当图样中任何几何特征的实际规范都是依据 GB/T 1182、GB/T 131、GB/T 17851 等进行标注的 ISO GPS 规范，并且在标题栏内或标题栏附近未标注变更的缺省 GPS 规范的一般规范；那么，ISO 缺省规范操作集是由当前 ISO 标准定义缺省规范操作集所要求的。在创建图样时，规定相应缺省规范操作集的 ISO 标准应是最新版本。如需采用 ISO 标准的其他早期版本，应明确予以注明。

目前，ISO GPS 标准未对所有规范操作集中的全部规范操作给出缺省规定，所以某些 ISO 缺省规范操作集是不完整的。

3.2.2 其他的缺省 GPS 规范

一个其他的缺省规范操作集应在相关文档中进行定义。

作为一个完整的规范操作集的一部分，其他的缺省规范操作集应严谨、明确、完整地进行定义。

其他的缺省规范操作集应在图样标题栏内或标题栏附近进行标注。当应用非 ISO GPS 标准时，至少应标注以下内容：

1）注明“注法”或“注法按 GB/T 4249”。

2）AD 代表“其他的缺省”，符号为ⒶⒹ。

3）相关文档和其他必要信息（如发布日期）的完整标识。

如果图样中变更的缺省规范操作集不止一个，每个ⒶⒹ符号后需加注一个数字。一些 ISO 标准提供了其他 ISO 缺省的方式，如图 3-9a 中的“线性尺寸按 GB/T 38762.1 ⒼⒼ”。

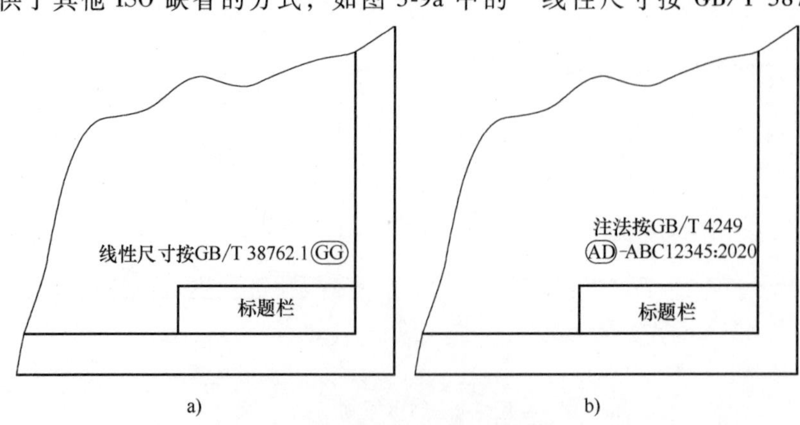

图 3-9 其他缺省规范操作集标注

Ⓐ符号只用于非 ISO GPS 标准，如图 3-9b 所示。

3.3 特定规范操作集的标注规则

任何几何特征的特定规范操作集都应通过对 ISO 基本规范增加补充信息（要求）来进行标注。增加的补充信息改变了缺省规范操作集中所定义的操作。增加的补充信息（要求）的类型由规范修饰符进行定义（见 GB/T 24637.2 中 3.4.2 节）。

依据 ISO 基本规范，在所标注的特定规范操作集中，对于补充规定未指定的操作，仍由缺省的规范进行定义。

目前，ISO GPS 标准未对所有规范操作集中的全部规范操作给出缺省规定，所以某些 ISO 基本规范是不完整的。

3.3.1 ISO 基本规范的附加补充信息（要求）

必要时，ISO 基本规范的附加补充信息（要求）可改变 ISO 基本规范的缺省操作，如拟合规则、滤波器类型、传输带、探测针尖和提取策略。

当为特定的设计需求而改变这些缺省规范时，ISO 基本规范应采用下面的方式进行更改：

1）针对 GB/T 1182 而言，在公差标注框格的第二部分中加注信息，如图 3-10 所示。

2）针对 GB/T 131 而言，在表面结构完整图形符号的 $a \sim e$ 区加注信息，如图 3-11 所示。

3）针对 GB/T 38762.1 而言，在公差值后增加修饰符，如图 3-12 所示。

目前，ISO GPS 标准未对所有必要的规范修饰符进行定义。

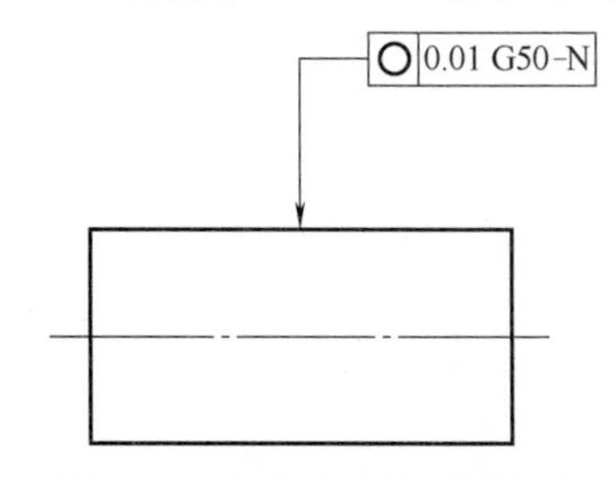

图 3-10　几何公差使用滤波与最小外接参照要素示例

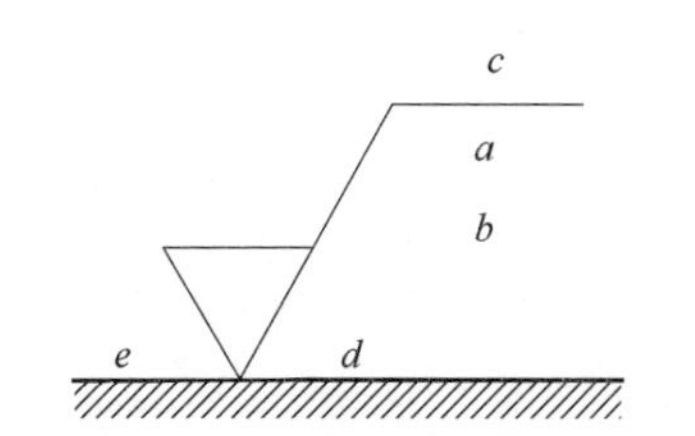

图 3-11　表面结构完整图形符号

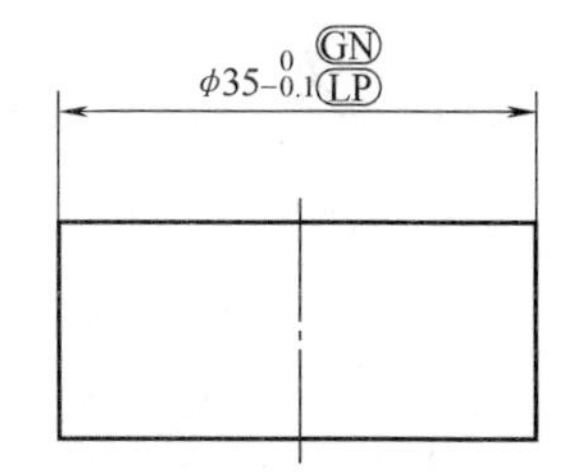

图 3-12　线性尺寸公差附加补充信息标注示例

3.3.2 括号中表述的规则

括号中的标注仅仅是辅助解释，不作为规范/要求的内容。例如，图 3-13 括号中尺寸

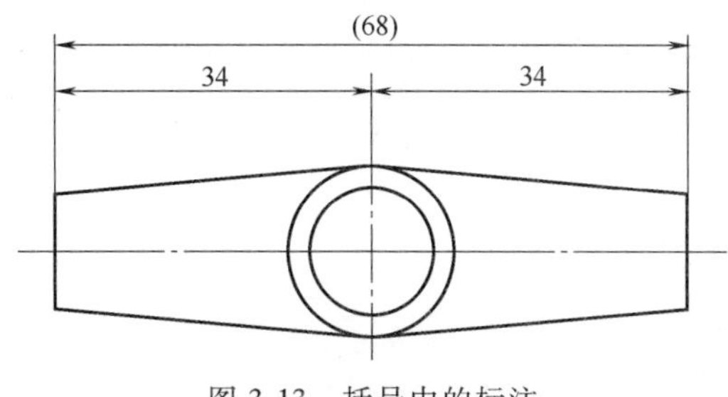

图 3-13　括号中的标注

68，仅作为参考辅助信息，不用于指导生产或检验。

3.4 GB/T 4249—2018 的主要变化

GB/T 4249—2018 代替了 GB/T 4249—2009，它与 GB/T 4249—2009 相比主要变化如下：

1）标准的名称发生了改变。标准名称由《产品几何技术规范（GPS） 公差原则》更改为《产品几何技术规范（GPS） 基础概念、原则和规则》。

2）标准的范围和内容发生了实质性改变。GB/T 4249—2009 的范围是规定确定尺寸（线性尺寸和角度尺寸）公差和几何公差之间相互关系的原则，GB/T 4249—2018 的范围是规定了所有与产品尺寸和几何技术规范（GPS）相关的国际标准、技术规范、技术报告制定、解释的基本概念、原则和规则。

第4章

新一代GPS的数字化建模理论基础图解

新一代 GPS 系统为实现几何产品的功能描述、规范设计及检验认证建立了一个一致性的表达模型——表面模型。表面模型（surface model）是指工件和它的外部环境物理分界面的几何模型，它是实现 GPS 系统各阶段规范表达的基础。几何要素（geomitrical feature）是构成零件的点、线、面、体或它们的组合。由于零件是以要素为边界的，因此在新一代 GPS 中，几何要素扮演了重要的角色。特征（characteristic）是从一个或多个几何要素中定义的几何属性，是对几何要素属性的表达。

本章将对表面模型、几何要素和特征的定义及其应用进行介绍，内容体系及涉及的标准如图 4-1 所示。

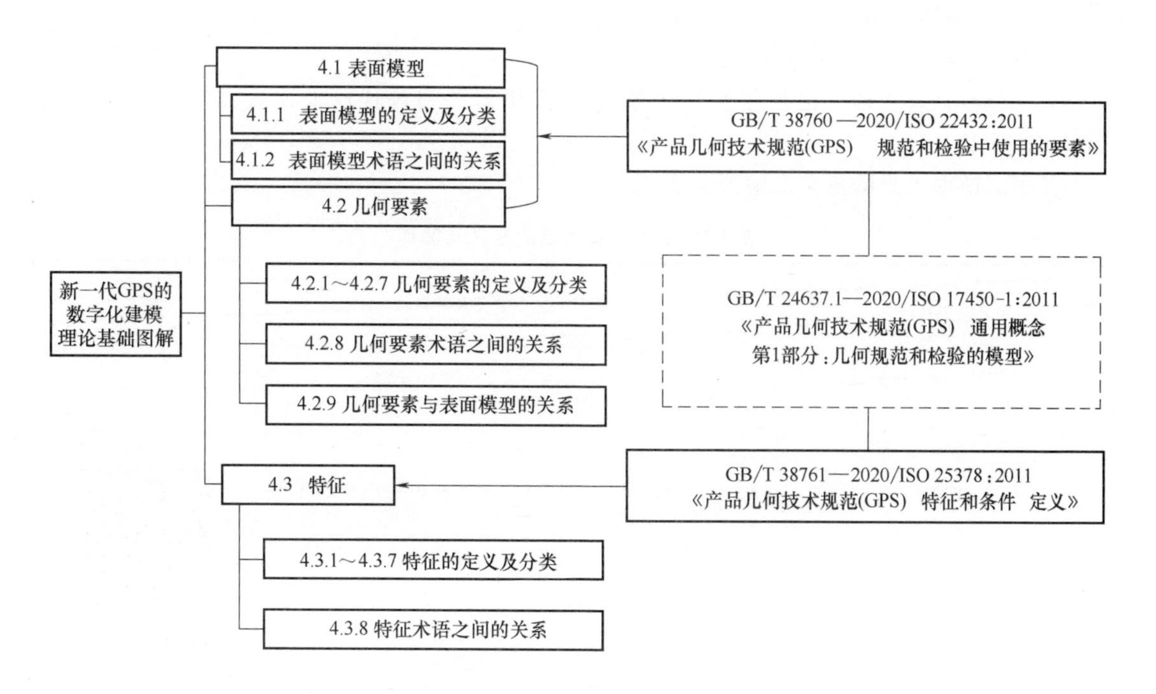

图 4-1 本章内容体系及涉及的标准

4.1 表面模型

4.1.1 表面模型的定义及分类

表面模型是虚拟的或实际工件的物理极限集的模型，适用于所有封闭表面。

表面模型的分类如图 4-2 所示。

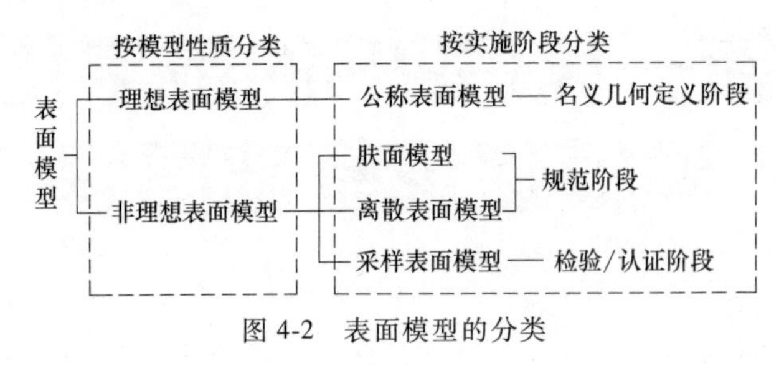

图 4-2　表面模型的分类

(1) 按模型性质分类

按模型性质分为：理想表面模型（ideal surface model）和非理想表面模型（non-ideal surface model）。

(2) 按实施阶段分类

按实施阶段分为：

1）名义几何定义阶段，由设计工程师定义的工件的理想表示：公称表面模型（nominal surface model）。

2）规范阶段，由设计工程师想象的未来工件的表示：肤面模型（skin model）和离散表面模型（discrete surface mode）。

3）检验/认证阶段，由测量程序识别出的实际工件的替代：采样表面模型（sampled surface model）。

各表面模型术语的定义及解释见表 4-1。

表 4-1　表面模型术语的定义及解释

序号	术语		定义及解释	图例
	按模型性质	按实施阶段		
1	理想 表面模型 (ideal surface model)	公称 表面模型 (nominal surface model)	由设计者定义的具有理想形状的工件模型 公称表面模型是一个理想要素，是由无限个点组成的连续表面	

（续）

序号	术语		定义及解释	图例
	按模型性质	按实施阶段		
2	非理想表面模型（non-ideal surface model）	肤面模型（skin model）	工件与其周围环境的物理分界面模型 注1:肤面模型是用来表示连续表面的规范操作集和检验操作集的一个虚拟模型 注2:肤面模型是一个由无限点组成的连续表面,是一个非理想要素 注3:肤面模型上的任何要素包含连续的无限个点	
3		离散表面模型（discrete surface mode）	从肤面模型中提取得到的表面模型 注1:离散表面模型用于表述考虑有限点的规范操作集和检验操作集 注2:离散表面模型是非理想要素	
4		采样表面模型（sampled surface model）	从实际工件模型中通过物理提取得到的表面模型 注1:采样表面模型在坐标计量检验时采用,用量规检验时不用,因为没有测量点。用量规进行检验时,直接考虑的是工件的实际表面 注2:采样表面模型是非理想要素	

4.1.2　表面模型术语之间的关系

在产品设计阶段，设计工程师在产品技术文件上首先定义一个满足产品功能需求、具有理想形状和尺寸的“工件”，该“工件”即为公称表面模型（见表4-1序号1）。

仅以公称值建立一个工件的表达是不能直接用于制造或检验的，因为每个制造或测量过程都有一定的可变性和不确定性。因此，基于公称表面模型，设计工程师需要设想工件实际表面的一个模型，该模型表达了实际表面预期的变动，是工件的非理想表面模型（肤面模型，见表4-1序号2）。肤面模型在概念上模拟了实际表面的变动。在这个模型上，设计工程师在确保功能的前提下优化出了工件的最大允许极限值，这些最大允许极限值即确定了工件每一特征的公差值。此阶段的表面模型称为规范表面模型。

检验表面模型是利用测量器具对实际工件进行采样所确定测点的集合表示的表面模型（采样表面模型，见表4-1序号4）。检验表面模型是非理想表面模型，它来源于对实际表面模型的检验操作，是一系列有限测量点集合的体现。通过对检验表面模型进行操作，可以获得实际工件要素的几何特征值，从而评定所获得的特征值或实际偏差值。最后对实际工件与表面模型进行一致性比较，从而确定实际工件是否符合规范要求，以及能否满足产品的功能需要。

由此可见，表面模型解决了产品在“功能描述—规范设计—检验/认证”中规范表达统一的难题。

4.2 几何要素

几何要素是点、线、面、体或它们的组合。GB/T 38760—2020 等效采用 ISO 22432：2011《产品几何技术规范（GPS）规范和检验中使用的要素》，规范了几何要素通用术语的定义和要素类型。

新一代 GPS 延伸了要素的含义，并重新对其进行了分类，要素的类型如图 4-3 所示。

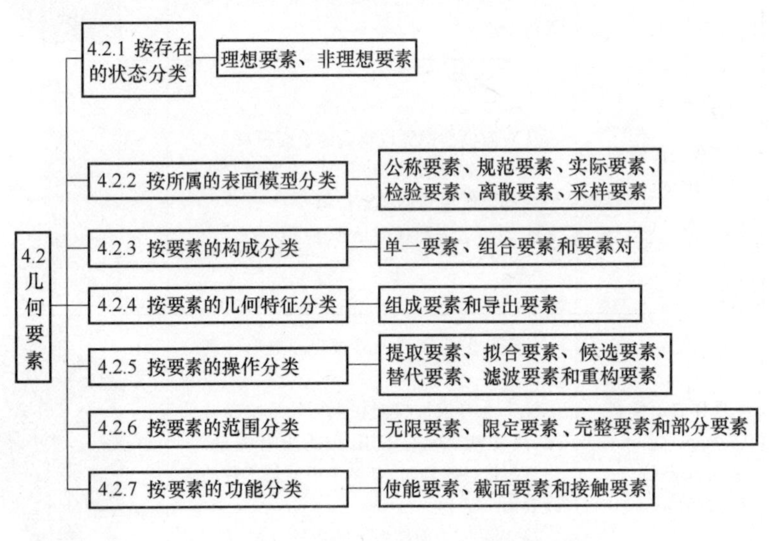

图 4-3 要素的类型

4.2.1 理想要素和非理想要素

几何要素按存在状态分为理想要素（deal feature）和非理想要素（non-ideal feature）。理想要素具有形状参数、尺寸参数、方位要素、骨架要素四种属性。各术语的定义及解释见表 4-2。

表 4-2 理想要素和非理想要素的定义及解释

术语	定义及解释
理想要素 (ideal feature)	由参数化方程定义的要素 注 1：参数化方程的表达取决于理想要素的类型（类型的示例见表 5-2、表 5-3）及其本质特征（见 4.3.1.1 节）。一般用类型来命名一个理想要素，例如：直线、平面、圆柱面、锥面、球面、圆环面等 示例：一个圆柱面理想要素，如下图所示，其类型为圆柱面，其本质特征为直径 D，该理想要素可用参数化方程 $x^2+y^2=\left(\frac{D}{2}\right)^2$ 表示 注 2：缺省情况下，理想要素是无限的。如果要改变这一性质，可以通过增加“限定”术语来规定，例如：限定理想要素（定义见 4.2.6 节）

（续）

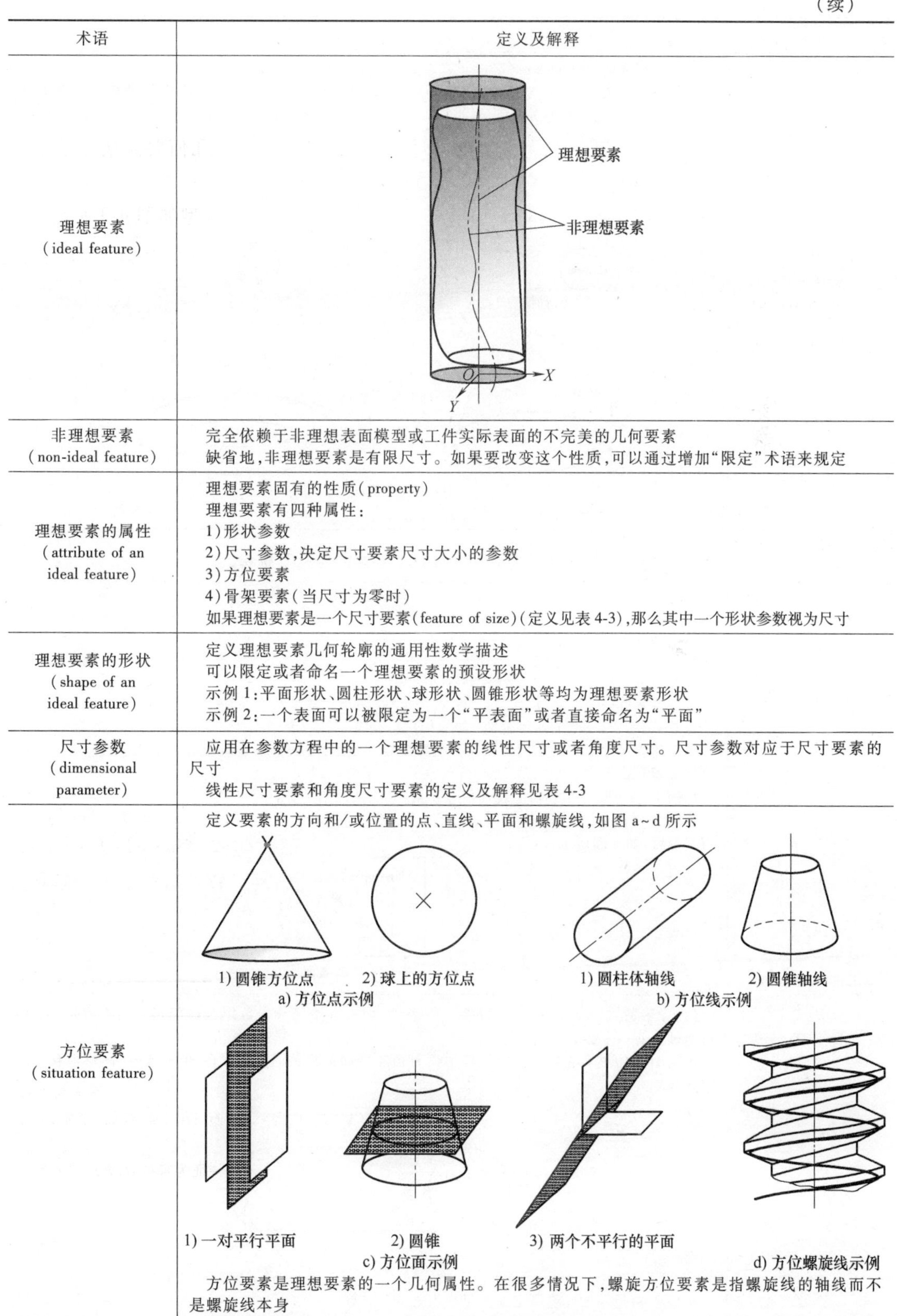

术语	定义及解释
理想要素 (ideal feature)	理想要素 非理想要素 O　X　Y
非理想要素 (non-ideal feature)	完全依赖于非理想表面模型或工件实际表面的不完美的几何要素 缺省地，非理想要素是有限尺寸。如果要改变这个性质，可以通过增加“限定”术语来规定
理想要素的属性 (attribute of an ideal feature)	理想要素固有的性质(property) 理想要素有四种属性： 1)形状参数 2)尺寸参数，决定尺寸要素尺寸大小的参数 3)方位要素 4)骨架要素(当尺寸为零时) 如果理想要素是一个尺寸要素(feature of size)(定义见表4-3)，那么其中一个形状参数视为尺寸
理想要素的形状 (shape of an ideal feature)	定义理想要素几何轮廓的通用性数学描述 可以限定或者命名一个理想要素的预设形状 示例1：平面形状、圆柱形状、球形状、圆锥形状等均为理想要素形状 示例2：一个表面可以被限定为一个“平表面”或者直接命名为“平面”
尺寸参数 (dimensional parameter)	应用在参数方程中的一个理想要素的线性尺寸或者角度尺寸。尺寸参数对应于尺寸要素的尺寸 线性尺寸要素和角度尺寸要素的定义及解释见表4-3
方位要素 (situation feature)	定义要素的方向和/或位置的点、直线、平面和螺旋线，如图a~d所示 1)圆锥方位点　2)球上的方位点 a)方位点示例 1)圆柱体轴线　2)圆锥轴线 b)方位线示例 1)一对平行平面　2)圆锥　3)两个不平行的平面 c)方位面示例 d)方位螺旋线示例 方位要素是理想要素的一个几何属性。在很多情况下，螺旋方位要素是指螺旋线的轴线而不是螺旋线本身

（续）

术语	定义及解释
骨架要素 (skeleton feature)	当尺寸要素的尺寸为零时，由尺寸要素减小所产生的几何要素 注1：在公称模型中，骨架要素是公称组成要素的一个几何属性。公称组成要素和它的骨架要素属于相同的恒定类别（定义见5.1.1节），具有相同的方位要素 注2：在非理想要素中，相同的组成要素存在几个可能的骨架要素 示例：如下图所示，对于一个圆环，它有两个尺寸参数，其中一个是尺寸（圆环的小径），其骨架是一个圆，它的方位要素是一个平面（包含圆）和一个点（圆心）。对于一个球，直径为零时，其骨架是一个点 直径 骨架：一点 球 中心要素 圆环 直径 骨架：一个圆 方位要素

表 4-3　线性尺寸要素和角度尺寸要素的定义及解释

术语	定义及解释
线性尺寸要素 (feature of linear size)	具有线性尺寸的尺寸要素 有一个或者多个本质特征的几何要素，其中只有一个可以作为变量参数，其他的参数是"单参数族"中的一员，且这些参数服从单调抑制性 尺寸要素可以是一个球体、一个圆、两条直线、两个相对平行平面、一个圆柱体、一个圆环等 当有不是只有一个本质特征时（如圆环），就会有一些约束 用于建立尺寸要素的几何要素是其骨架要素。例如，球的直径是线性尺寸要素的线性尺寸，其骨架要素是一个点 示例1：一个圆柱孔或轴是线性尺寸要素，其线性尺寸是其直径 示例2：由两个单一平行平面（如凹槽或键）组成的组合要素是一个线性尺寸要素，其线性尺寸为其宽度，如下图所示 两平行对应面 表面
	（1）单参数族（one-parameter family）　由一个或者多个尺寸参数定义的理想几何要素集，其成员通过改变一个参数生成 示例1：一组具有相同的固定圆环中径 D 值和不同的横截面直径 d 值的O形环（圆环形状）是单参数族 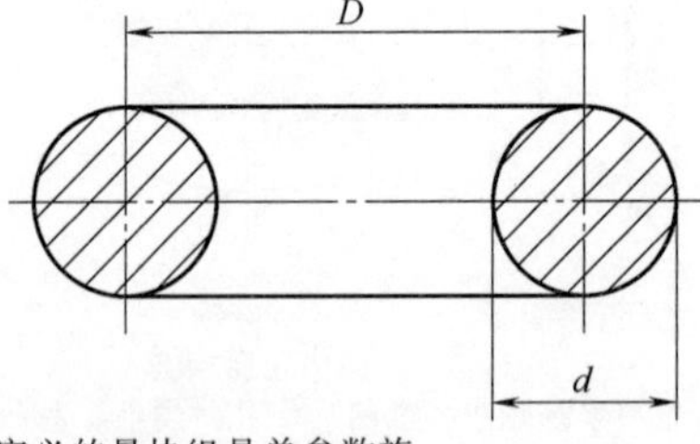 示例2：由量块的厚度所定义的量块组是单参数族

（续）

术语	定义及解释
线性尺寸要素 (feature of linear size)	(2)单调抑制性(monotonic containment property)　单参数族的特性(property),具有给定尺寸的成员包含任何具有较小尺寸的成员 示例1:一个属于单参数族的圆环,对应于具有相同固定的圆环中径和不同的横截面直径的O形环(圆环形状)组,遵守单调抑制性,理想状态下,较大的族成员完全包含较小的族成员 示例2:一个属于单参数族的圆环,具有不同的圆环中径和相同的固定横截面直径的O形环(圆环形状)组,不遵守单调抑制性,因此不能认为是同一个尺寸要素
角度尺寸要素 (feature of angular size)	属于旋转恒定类别的几何要素,其母线名义上倾斜一个不等于0°或90°的角度,或属于棱柱面恒定类别,两个方位要素之间的角度由具有相同形状的两个表面组成 示例:一个圆锥和一个楔块是角度尺寸要素

4.2.2　公称要素、实际要素、离散要素、采样要素、规范要素和检验要素

几何要素按其存在的表面模型分为公称要素、实际要素、离散要素、采样要素、规范要素和检验要素，定义见表4-4。

表4-4　公称要素、实际要素、离散要素、采样要素、规范要素和检验要素的定义

术语	定义及解释
公称要素 (nominal feature)	由设计者在产品技术文件中定义的理想要素 公称要素可以是有限的或者无限的。缺省时,它是有限的 示例:在图样中,按照特定的数学公式定义的一个理想圆柱是一个公称要素,其尺寸参数与之相关联,且在与方位要素相关的一个坐标系中定义。圆柱的方位要素是其轴线,将该轴线作为笛卡儿坐标系的一个轴,得到公式:$x^2+y^2=\left(\frac{D}{2}\right)^2$,其中$D$是直径参数。一个圆柱就是一个尺寸要素,其尺寸就是其直径D
实际要素 (real feature)	对应于工件实际表面部分的几何要素
离散要素 (discrete feature)	对应于离散表面模型部分的几何要素
采样要素 (sampled feature)	对应于采样表面模型部分的几何要素

（续）

术语	定义及解释
规范要素 (specification feature)	由规范算子定义的、从肤面模型或离散表面模型中通过操作获得的几何要素。如图 4-10 所示 示例 1:在规范过程中,从肤面模型中通过拟合操作确定的理想圆柱体是理想规范要素 示例 2:在规范过程中,从肤面模型中通过分离操作确定的非理想圆柱的表面是非理想规范要素
检验要素 (verification feature)	由检验算子定义的、从肤面模型、离散表面模型或者采样表面模型中通过操作获得的几何要素或者实际要素。如图 4-11 所示 在检验阶段,数学算子不同于物理算子。物理算子基于物理过程,通常是机械的、光学的、电磁的。完整的规范算子包括规范应用的物理属性的类型 从肤面模型或离散表面模型中识别几何要素用来定义检验算子。从采样表面模型和实际要素中识别几何要素用来实现检验算子。表面模型的应用见表 4-5 示例 1:在检验过程中,从工件中通过拟合操作确定的理想圆柱是一个理想检验要素 示例 2:在检验过程中,从工件中通过分离操作确定的非理想圆柱表面是一个非理想检验要素

表 4-5　表面模型的应用

应用领域	表面模型				实际表面
	公称表面模型	肤面模型	离散表面模型	采样表面模型	
产品技术文件	适用	不适用	不适用	不适用	不适用
规范算子	不适用	适用	适用	不适用	不适用
检验算子	不适用	适用	适用	适用	适用

4.2.3　单一要素、组合要素和要素对

几何要素按要素的构成分为单一要素、组合要素和要素对。单一要素又包括单点、单线、单面、复合线、复合表面。它们的术语定义及解释见表 4-6。

表 4-6　单一要素、组合要素和要素对的定义及解释

术语	定义及解释
单一要素 (single feature)	单一要素是一个单点、一条单线或者一个单面 单一要素可以没有、有一个或者有多个本质特征 示例:平面是单一要素,没有本质特征;圆柱只有一个本质特征;圆环有两个本质特征 (1)单点(single point)　从单面或从单线中获得的点 (2)单线(single line)　名义上是一条直线、一个圆或者一条复合线的连续线 下图所示的圆弧是一个单线。单线不能与自己相交 R　R

（续）

术语	定义及解释
单一要素 (single feature)	(3)单面(single surface)　连续表面,名义上是一个平面、一个圆柱面、一个球面、一个锥面、一个圆环面、棱柱恒定类别的一个表面、一个螺旋面、复合恒定类别的一个表面或这些表面的一个有限部分 注1:如果回转面的母线是单线,则它是一个单面 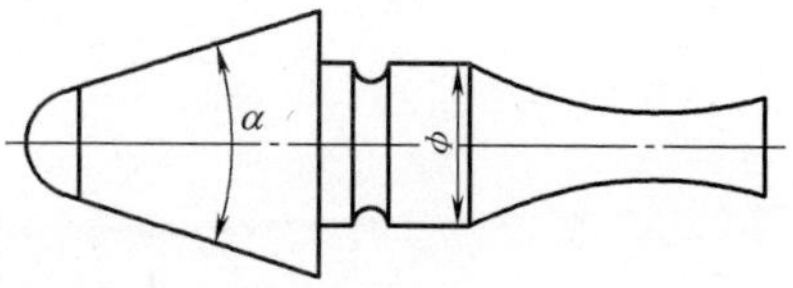 注2:如果一个表面包含一个比其自身具有更大恒定度的部分表面,那么它不是一个单面。下图根据是否可以相互包含给出了部分单面类型的排序 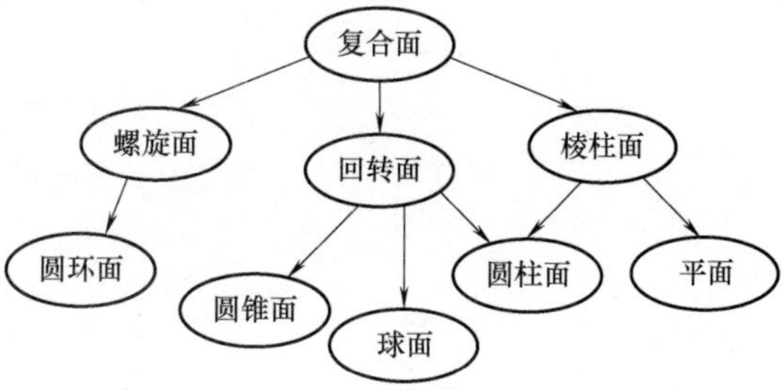 示例:一个平面是单一要素,而由两个相交的平面组成的表面组不是单一要素,因为一个平面的恒定度等于3,两个相交平面组成的表面的恒定度等于1 (4)复合线(complex line)　不是直线或者弧线的连续线,其形状和延伸由设计者根据书写规则定义和标注 示例:B样条曲线 (5)复合表面(complex surface)　不是平面、圆柱面、锥面、圆环面或球面的连续表面,其形状和延伸由设计者根据书写规则定义和标注 示例:B样条曲面
组合要素 (compound feature)	由几个单一要素组合的几何要素 注1:一个组合要素可能没有、有一个或者有多个本质特征。例如,两平行平面组是组合要素,但并没有本质特征 注2:构成组合要素的要素个数可以是有限个(可数的),也可以是无限个(连续的)(见表4-7) 示例1:由两平行圆柱面组成的表面集是组合要素(见表4-8) 示例2:由两组平行平面组成的几何要素是组合要素
要素对 (coupled feature)	要素对是从分离操作中同时获得的理想或非理想要素的特殊组合。有面对、线对和点对。要素对示例见表4-9 (1)面对(surface pair)　对几何要素用截面体分离而获得的两个及以上表面的集合 (2)线对(line pair)　对几何要素用截面分离而获得的两条及以上线的集合 (3)点对(point pair)　对几何要素用截线分离而获得的两个及以上点的集合

表 4-7　有限个或无限个单一要素组成的组合要素示例

项目	公称要素	规范要素		检验要素	
有限个单面要素组成的组合要素示例					
无限个单线组成的组合要素示例	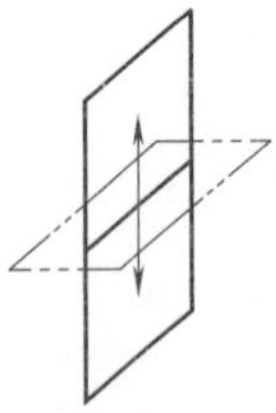	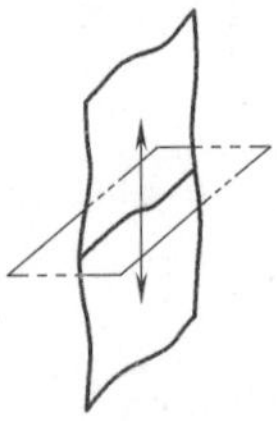	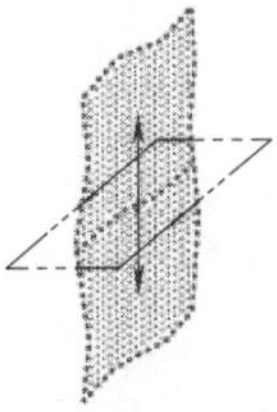		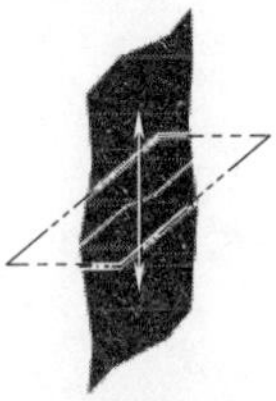
来源	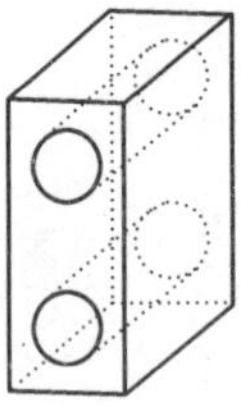 公称表面模型	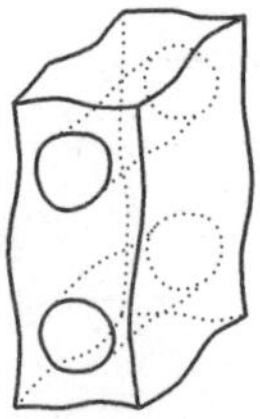 肤面模型	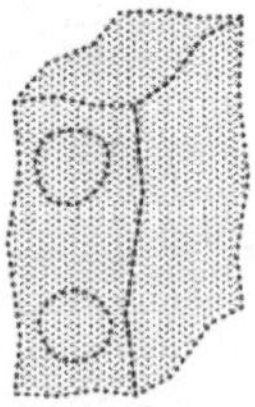 离散表面模型	 采样表面模型	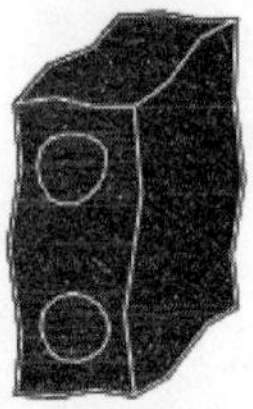 实际工件表面

表 4-8　组合要素示例

项目	公称要素	规范要素		检验要素	
两个面组成的组合要素示例	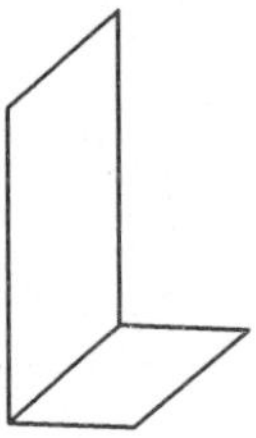	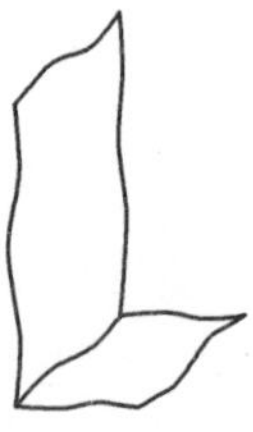	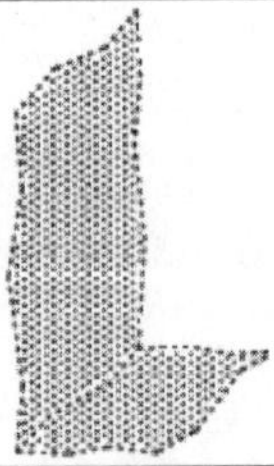		
两个圆柱面组成的组合要素示例	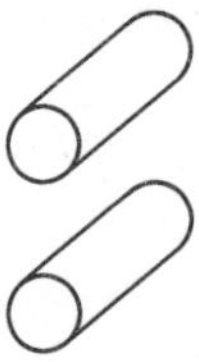	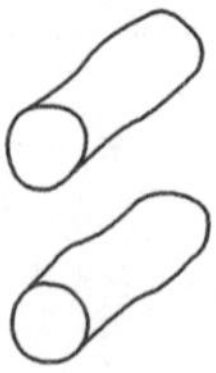			
有限多个点对组成的组合要素	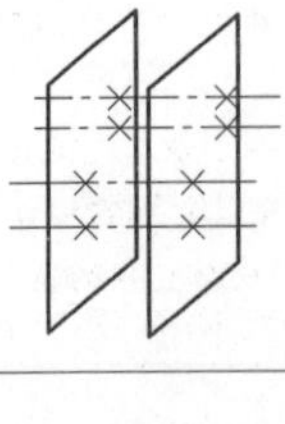	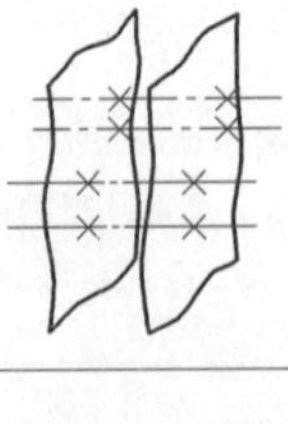	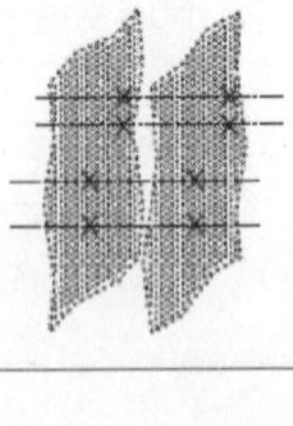	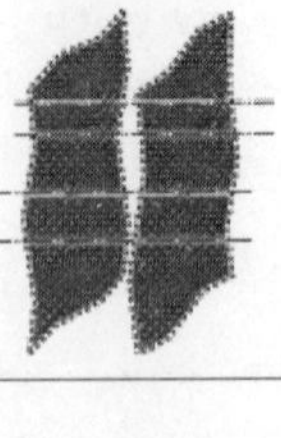	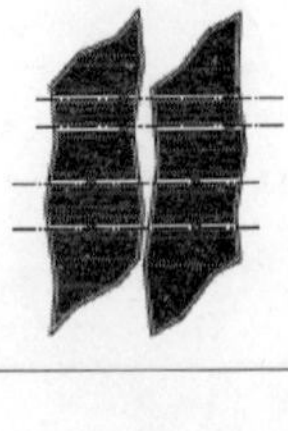

（续）

项目	公称要素	规范要素		检验要素	
来源	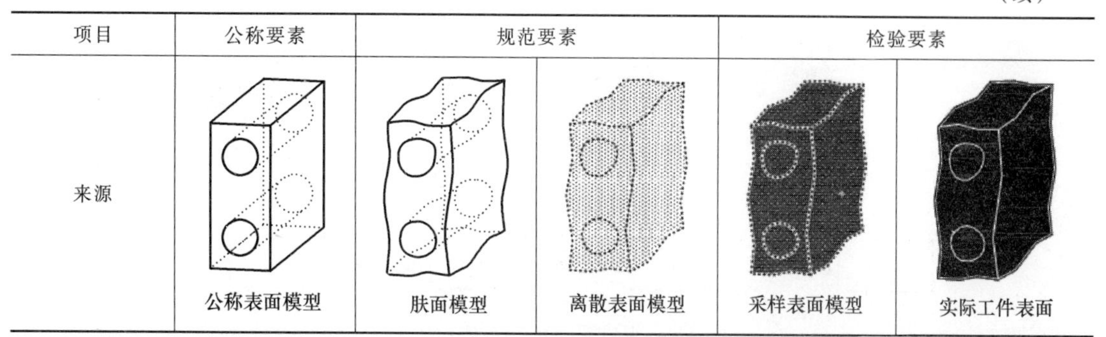				
	公称表面模型	肤面模型	离散表面模型	采样表面模型	实际工件表面

表 4-9　要素对示例

项目	公称要素	规范要素		检验要素	
点对示例					
有限点对的组合要素示例					
两平行平面面对示例					
两平行环线线对示例					
来源					
	公称表面模型	肤面模型	离散表面模型	采样表面模型	实际工件表面

4.2.4　组成要素和导出要素

几何要素按其几何特征分为组成要素（integral feature）和导出要素（derived feature），

应用在不同阶段的组成要素和导出要素示例如图 4-4 所示。

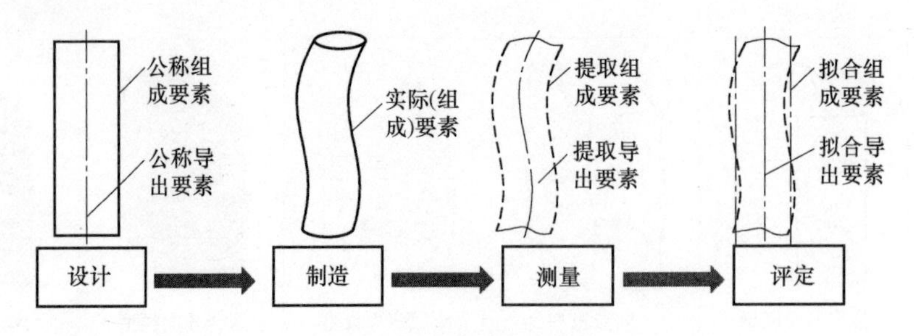

图 4-4　组成要素和导出要素示例

（1）组成要素

属于工件的实际表面或表面模型的几何要素称为组成要素。

为规范陈述，定义从工件实际表面或表面模型上分离获得的几何要素为“组成要素”，它们是工件不同物理部位的模型，特别是工件之间的接触部分，它们各自具有特定的功能。

组成要素可以是单一要素或者组合要素（见图 4-5）。可以通过要素操作识别一个组成要素，例如：表面模型的分离或一个组成要素的分离（见图 4-5a）或组成要素的组合（见图 4-5b）。

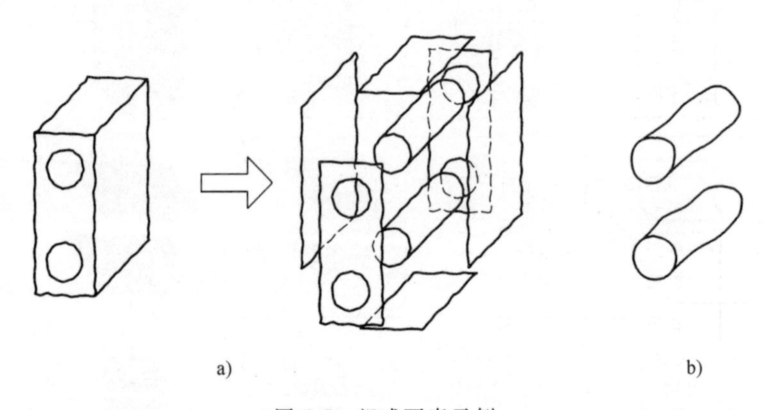

图 4-5　组成要素示例

（2）导出要素

导出要素是对组成要素或滤波要素进行一系列操作而产生的中心的、偏移的、一致的或镜像的几何要素。

操作要么保留了原始要素的本质，此时导出要素与原始要素具有相同的形状；要么改变了原始要素的本质，此时导出要素变为原始要素的中心要素。

图 4-6 所示为公称导出要素示例。图中，1 为公称组成要素，2 为从公称组成要素导出的公称中心要素，3 为从公称组成要素中偏移一定距离产生的公称偏移要素，4 为公称组成要素绕中心旋转一定角度产生的公称回转要素，5 为公称组成要素沿一个方向平移一定距离的公称平移要素，6 为公称组成要素绕一定的镜像角映射出的公称镜像要素。

导出要素又包括中心要素、偏移要素、一致要素和镜像要素。导出要素的分类如图 4-7 所示，各要素术语的定义及解释见表 4-10。

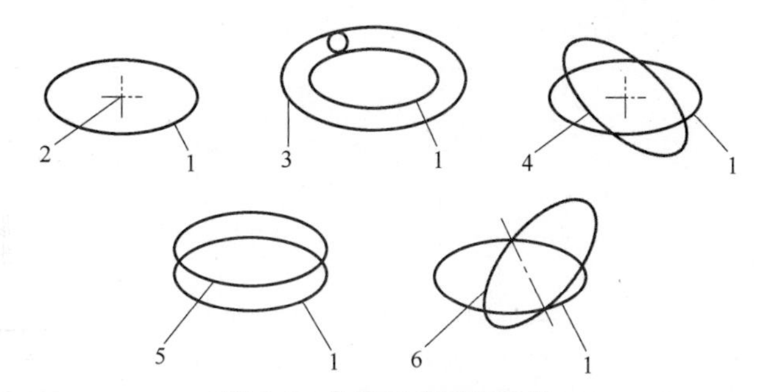

图 4-6　公称导出要素示例

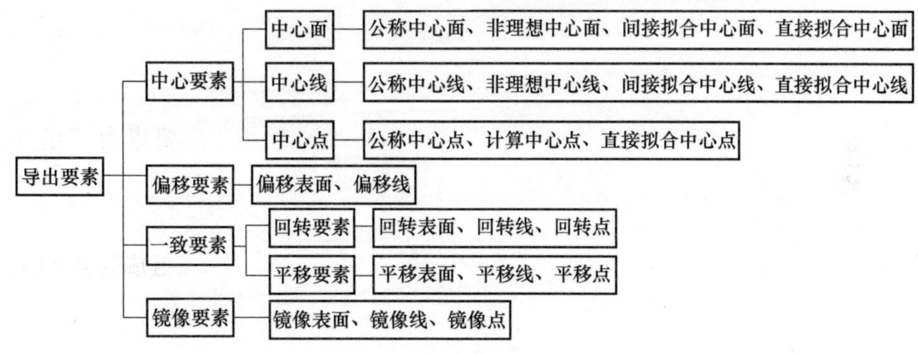

图 4-7　导出要素分类

表 4-10　中心要素、偏移要素、一致要素和镜像要素的定义及解释

术语	定义及解释
中心要素 (median feature)	中心点,理想或非理想的中心线或中心面 实际工件的中心要素的类型不一定与公称中心要素的相同 示例 1:中心要素是一条线,在工件上可能是一条线或者一个表面 示例 2:中心要素是一个点,在工件上可能是一个点或者线或者面
中心面 (median surface)	有公称中心面,非理想中心面,间接拟合中心面或者直接拟合中心面。示例见表 4-11 (1)公称中心面(nominal median surface)　由一组无限个公称组成表面的点对中心集组成的表面 (2)非理想中心面(non-ideal median surface)　由一组无限个非理想组成表面或者滤波表面的点对中心集组成的表面 (3)间接拟合中心面(indirectly associated median surface)　非理想中间面的替代要素 (4)直接拟合中心面(directly associated median surface)　由一组无限个替代表面的点对中心集组成的表面
中心线 (median line)	有公称中心线,非理想中心线,间接拟合中心线或者直接拟合中心线。示例见表 4-12 (1)公称中心线(nominal median line)　由无限个截面的中心,或公称组成表面或线的点对的中心组成的线 (2)非理想中心线(non-ideal median line)　由无限个截面的中心,或非理想组成表面或滤波表面或线的点对的中心组成的线 (3)间接拟合中心线(indirectly associated median line)　非理想中心线的替代要素 当间接或者直接拟合的中心线不是无限的时候,有必要将其定义为间接或直接拟合中间线的一部分 (4)直接拟合中心线(directly associated median line)　组成或滤波表面或线的方位要素或替代要素的部分要素 直接拟合中心线由一组无限个截面的中心组成

（续）

术语	定义及解释
中心点 （median point）	包括公称中心点或者计算中心点或者直接拟合中心点。示例见表 4-13 （1）公称中心点（nominal median point）　公称组成表面或者线的无限点或者点对的计算中心 （2）计算中心点（calculated median point）　非理想组成表面或者滤波表面或者线或者点对的有限个点的计算中心 （3）直接拟合中心点（directly associated median point）　点对或替代表面或者线的有限个点的计算中心
偏移要素 （offset feature）	包括偏移表面、偏移线。示例见下图 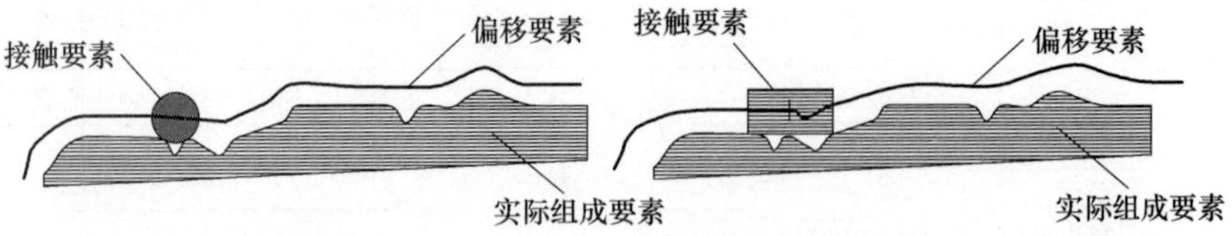 a）使用圆盘接触要素得到的偏移要素　　b）使用矩形接触要素得到的偏移要素 （1）偏移表面（offset surface）　在预定方向上与原始表面横向接触时，由接触要素（定义见 4.2.7 节）的预定点的轨迹定义的表面 （2）偏移线（offset line）　在预定方向上与原始线横向接触时，由接触要素的预定点的轨迹定义的线
一致要素 （congruent feature）	回转要素或者平移要素 一致要素可以通过有序排列的平移一致要素和回转一致要素得到
回转要素 （rotated feature）	有回转面、回转线或回转点 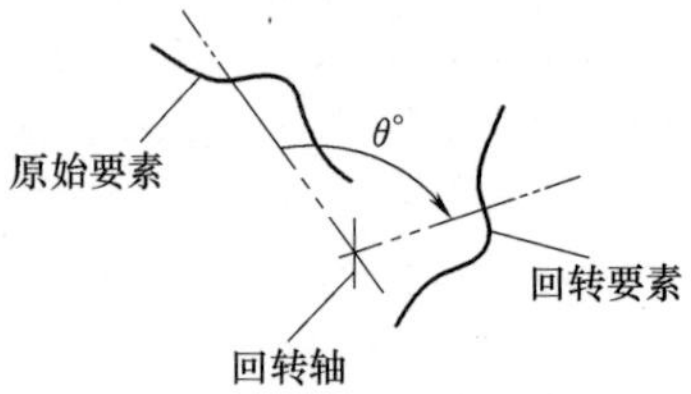 （1）回转面（rotated surface）　一个表面围绕一个确定的轴线回转规定的量而产生的表面 （2）回转线（rotated line）　一条线围绕一个确定的轴线回转规定的量而产生的线 （3）回转点（rotated point）　一个点围绕一个确定的轴线回转规定的量而产生的点
平移要素 （translated feature）	有平移的表面、线或点 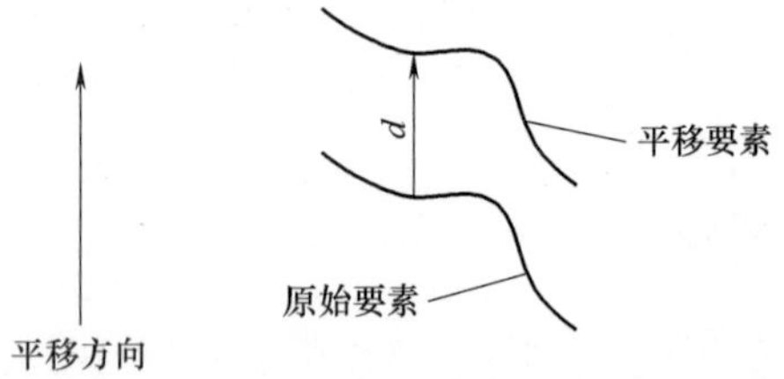 （1）平移表面（translated surface）　一个表面沿一个确定的方向平移规定的量而产生的表面 （2）平移线（translated line）　一条线沿一个确定的方向平移规定的量而产生的线 （3）平移点（translated point）　一个点沿一个确定的方向平移规定的量而产生的点

（续）

术语	定义及解释
镜像要素 (reflected feature)	有镜像面、线或者点 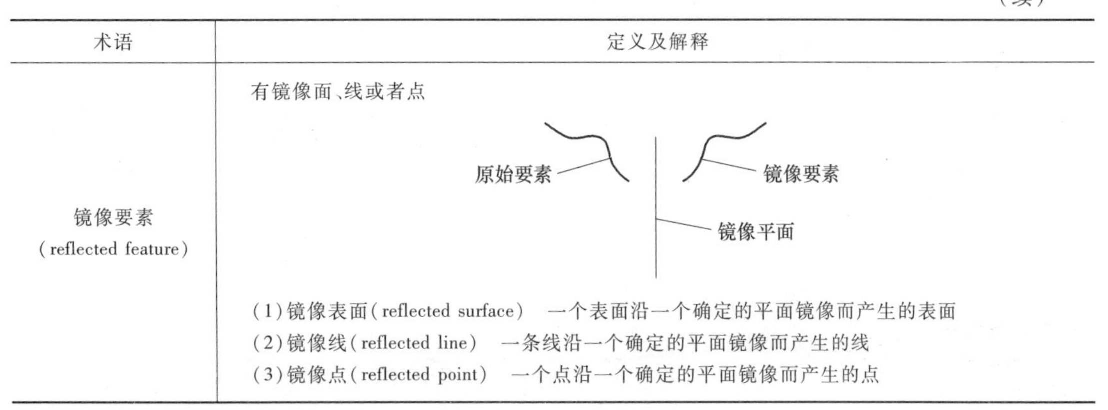 (1)镜像表面(reflected surface)　一个表面沿一个确定的平面镜像而产生的表面 (2)镜像线(reflected line)　一条线沿一个确定的平面镜像而产生的线 (3)镜像点(reflected point)　一个点沿一个确定的平面镜像而产生的点

表 4-11　中心面示例

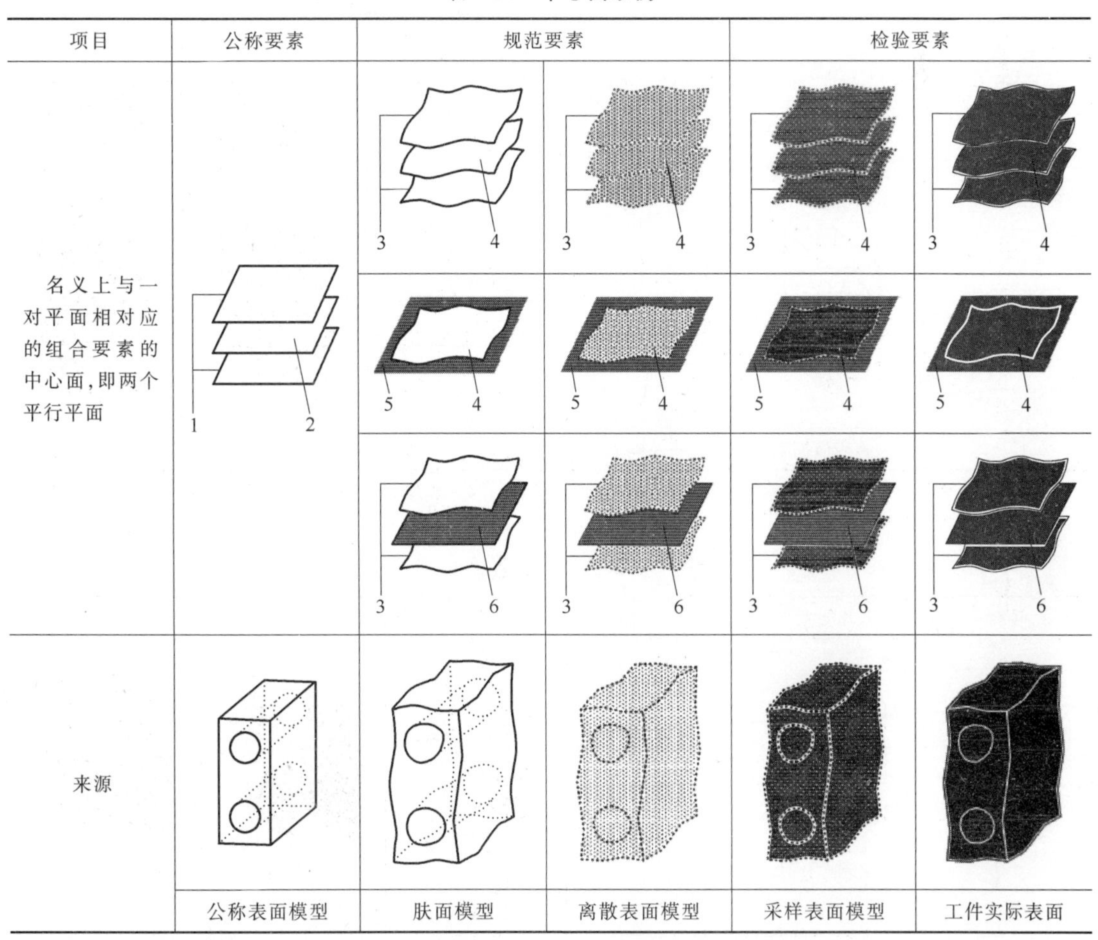

项目	公称要素	规范要素		检验要素	
名义上与一对平面相对应的组合要素的中心面，即两个平行平面					
来源	公称表面模型	肤面模型	离散表面模型	采样表面模型	工件实际表面

注：1—公称组成表面；2—公称中心面；3—非理想面对；4—非理想中心面；5—间接拟合中心面；6—替代面。

4.2.5　提取要素、拟合要素、候选要素、替代要素、滤波要素和重构要素

几何要素按要素操作（定义见 5.1.2.1 节）得到的要素有：提取要素、拟合要素、候选要素、替代要素、滤波要素和重构要素，各术语的定义及解释见表 4-14。

表 4-12 中心线示例

项目	公称要素	规范要素		检验要素	
中心线的示例，一条公称圆柱轴线	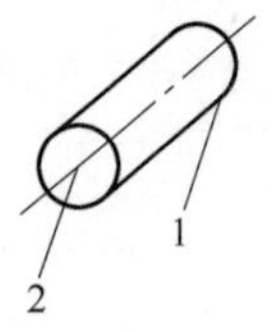	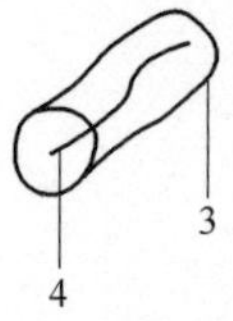	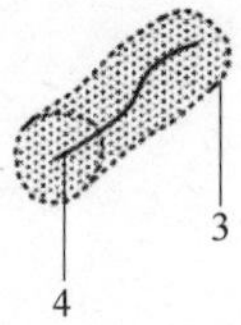	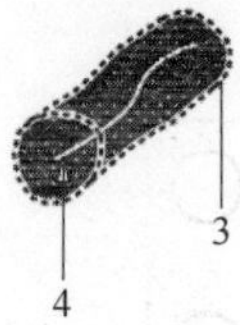	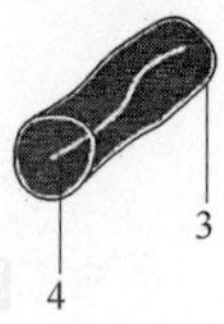
		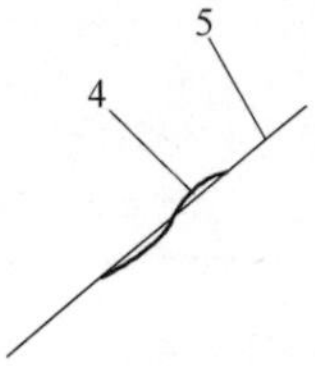	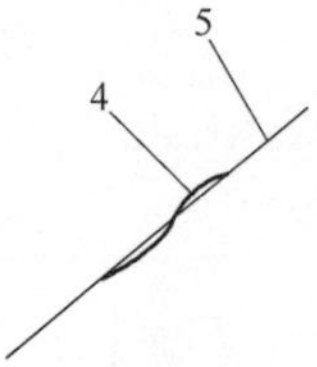	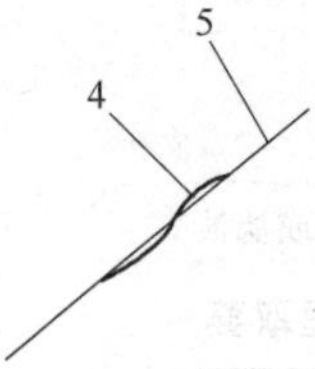	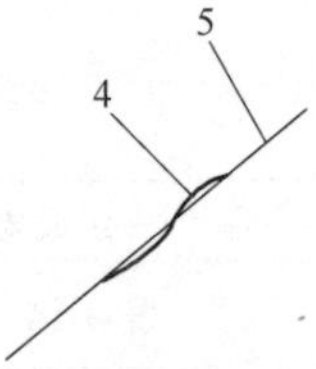
		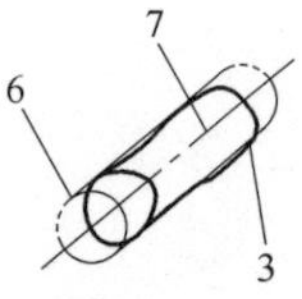	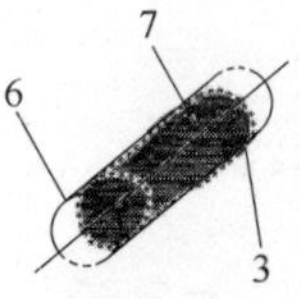	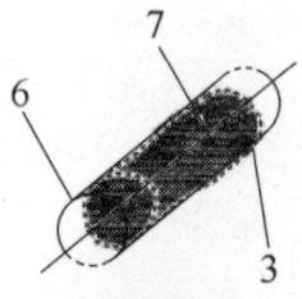	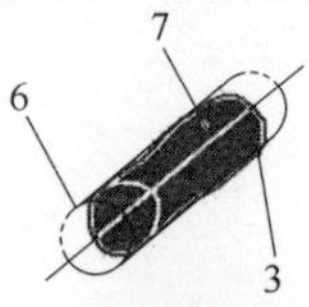
来源	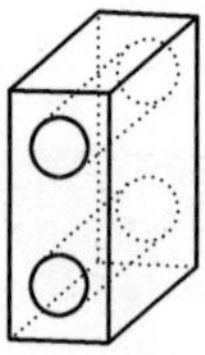	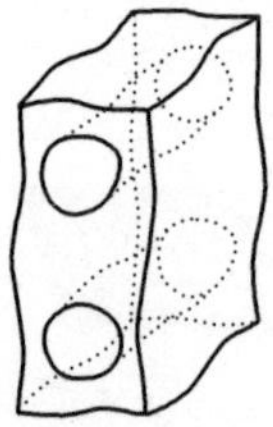	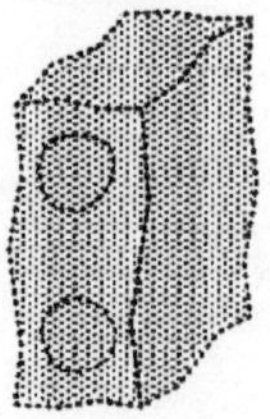		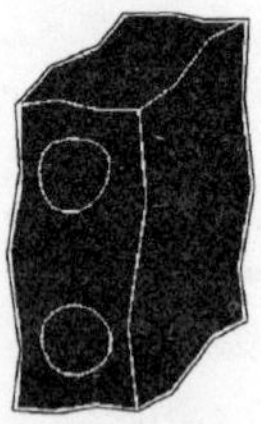
	公称表面模型	肤面模型	离散表面模型	采样表面模型	工件实际表面

注：1—公称组成表面；2—公称中心线；3—非理想组成表面；4—非理想中心线；5—间接拟合中心线（替代线）；6—直接拟合组成表面；7—直接拟合中心线。

表 4-13 中心点示例

项目	公称要素	规范要素		检验要素	
两个点的中点示例	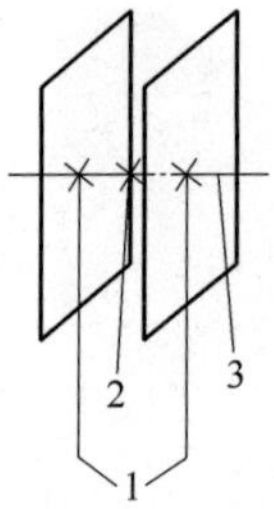	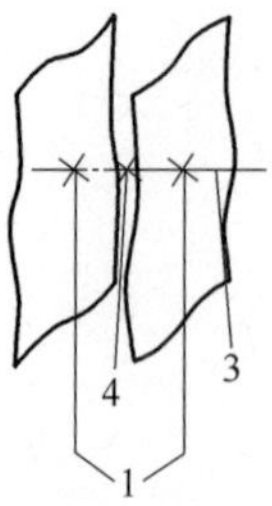	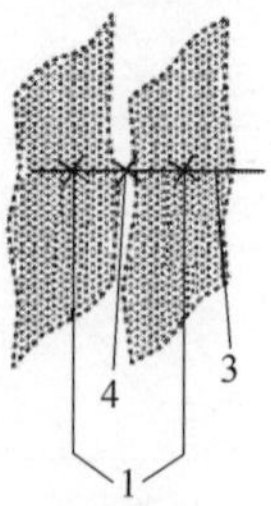	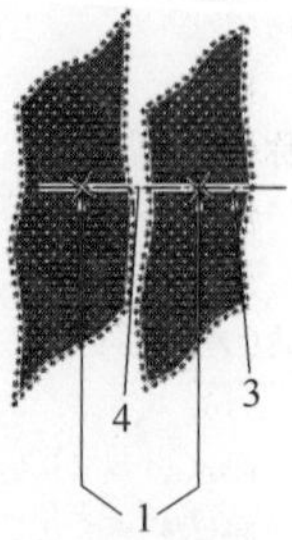	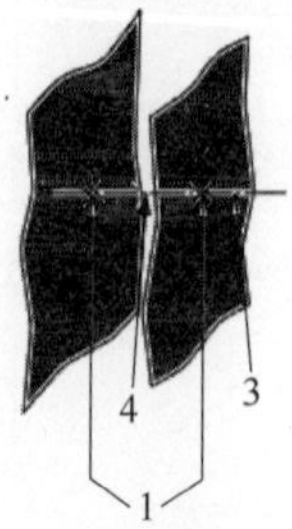
圆心示例	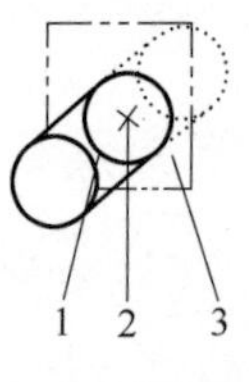	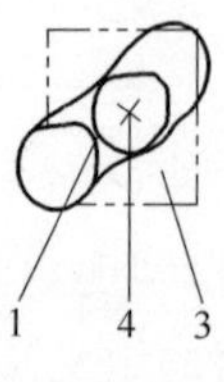	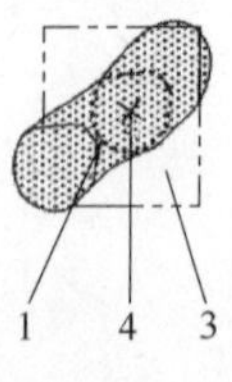	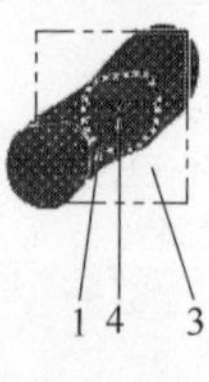	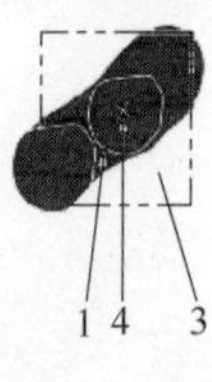

（续）

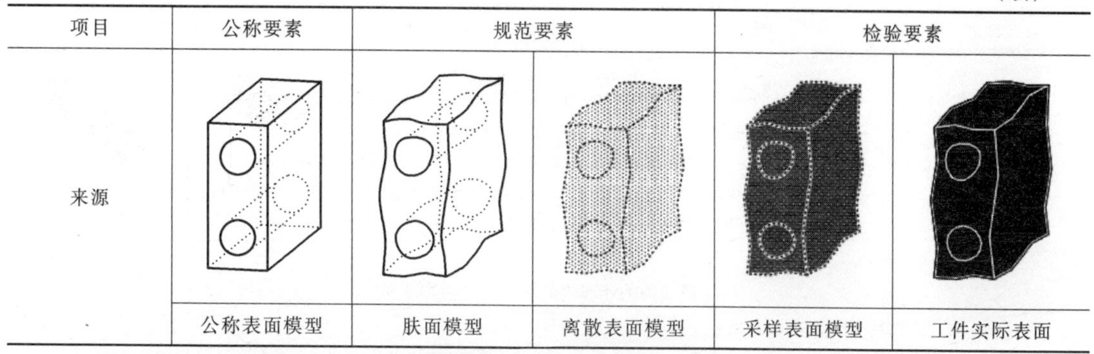

项目	公称要素	规范要素		检验要素	
来源					
	公称表面模型	肤面模型	离散表面模型	采样表面模型	工件实际表面

注：1—组成要素或滤波要素；2—公称中心点；3—截面线或者截面；4—计算中心点。

表 4-14　提取要素、拟合要素、候选要素、替代要素、滤波要素和重构要素的定义及解释

术语	定义及解释
提取要素 （extracted feature）	由有限个点组成的几何要素 “提取”术语可以应用于组成要素或导出要素。缺省情况下，一个组成要素用一个无限点集表示，而一个提取的组成要素用一个有限点集表示，且按照规定的约定执行 提取要素
拟合要素 （associated feature）	通过拟合操作，从非理想表面模型中或从实际要素中建立的理想要素 拟合要素可以是替代要素或者候选要素 拟合要素可以是有限的或者无限的，缺省是无限的。当是有限时，称为部分拟合要素 一个几何要素可以有多个候选要素，但是只能有一个替代要素，见表 4-15
候选要素 （candidate feature）	在一个集合内，满足非理想要素相关几何约束的任何理想要素。几何约束可以是实体外、实体内、正切等 候选要素是一个规范或者检验候选要素，取决于它所定义的模型来源（见表 4-15）。不存在公称候选要素 候选要素主要用于模拟装配中工件之间的配合功能 候选要素表示满足一个或多个约束的一组理想要素，这些约束关系到候选要素和组成要素之间的方位特征。还可以定义与其他理想要素的补充约束，以限制来自其他拟合要素的约束（如方向） 候选要素可以根据不同的拟合准则对非理想要素进行拟合得到，例如，实体外相切 候选要素可以与相应的公称要素的类型不同（如用 V 形块拟合一个球）
替代要素 （substitute feature）	对一个非理想要素拟合的唯一理想要素 替代要素可以是规范替代要素或者检验替代要素，没有公称替代要素（见表 4-15） 用来建立替代要素的拟合准则（如最小二乘、切比雪夫、最大距离最小化、最小外接和最大内切等）将提供一个唯一的解

（续）

术语	定义及解释
滤波要素 （filtered feature）	对一个非理想要素滤波而产生的非理想要素。对表面滤波后产生的表面称为滤波表面（filtered surface），对线滤波后产生的线称为滤波线（filtered line） 滤波要素是一个规范滤波要素或检验滤波要素，取决于其所定义的模型。不存在公称滤波要素。关于功能，所考虑的要素通常不是直接的组成要素，而是滤波后的组成要素。为了描述滤波器，有时有必要使用其他要素类型，如拟合要素、偏移要素、使能要素（截面要素、构造要素） 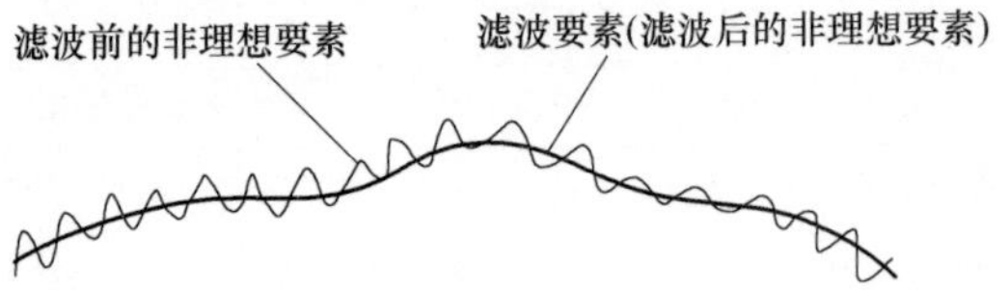 滤波前的非理想要素　滤波要素(滤波后的非理想要素) 示例：对原始轮廓使用长波截止滤波器去除长波和形状，得到粗糙度轮廓。粗糙度轮廓是滤波要素族中的一个轮廓。原始轮廓是组成要素中的一个轮廓 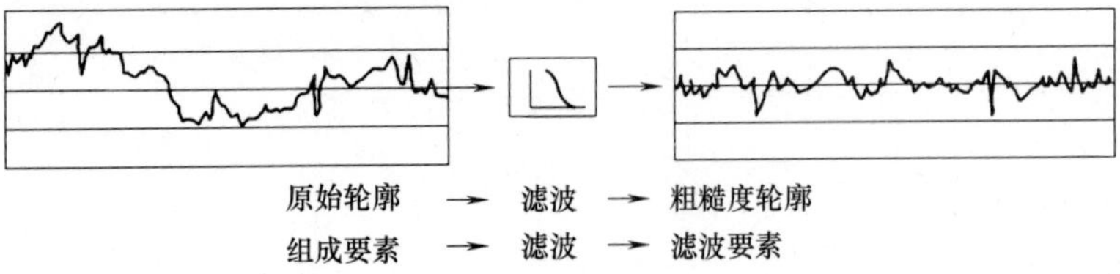 原始轮廓 → 滤波 → 粗糙度轮廓 组成要素 → 滤波 → 滤波要素
重构要素 （reconstructed features）	通过重构操作，由一组提取要素点集建立的连续几何要素 “提取”可以应用于组成要素或导出要素；缺省情况下，一个组成要素用一个无限集表示，而一个提取的组成要素用一个有限集表示，且按照规定的约定执行  提取要素　重构要素

表 4-15　拟合要素示例

项目	公称要素	规范要素		检验要素	
从非理想要素中建立的名义平面候选要素示例	—	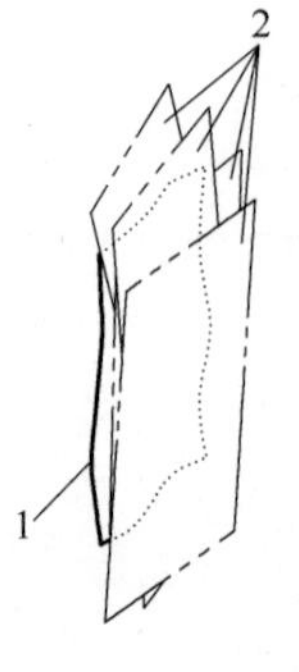 1　2	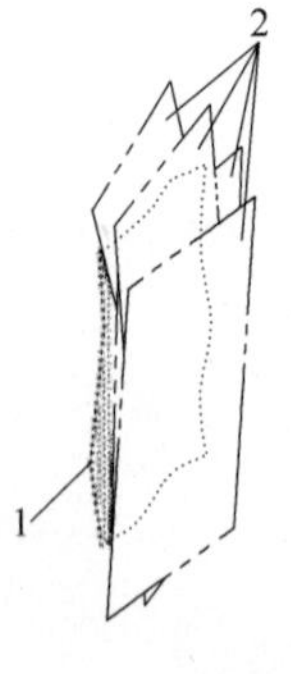 1　2	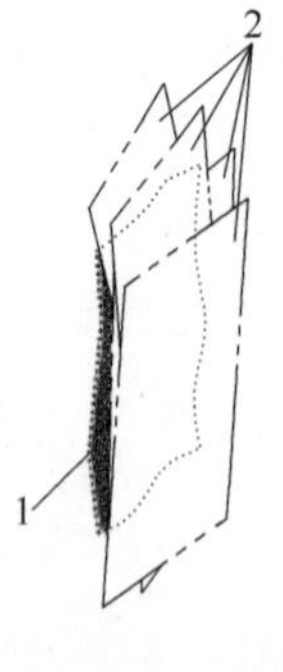 1　2	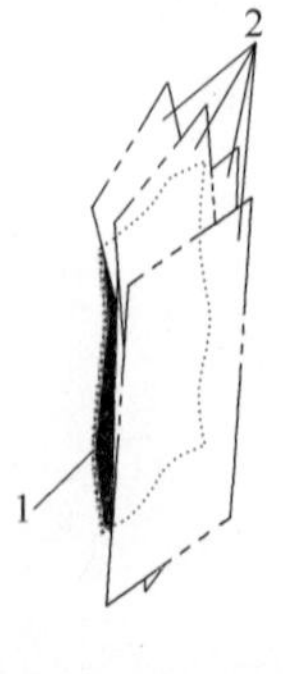 1　2

（续）

项目	公称要素	规范要素		检验要素	
从非理想要素中建立的一个名义平面替代要素示例	—	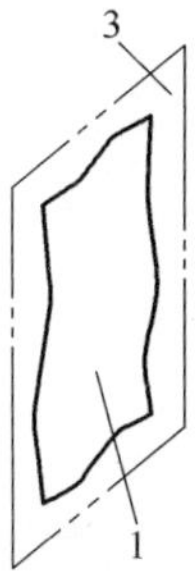	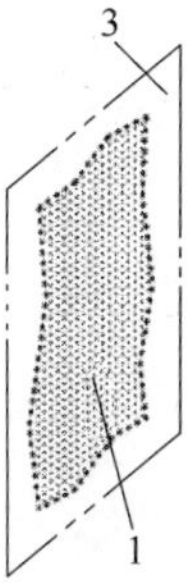	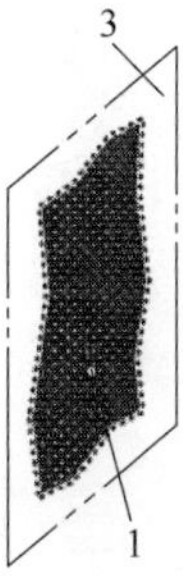	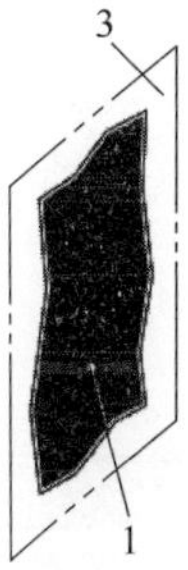
来源	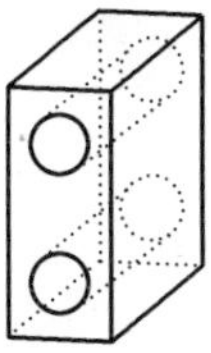	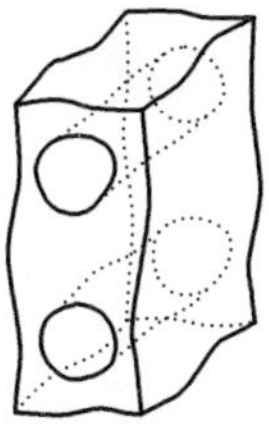	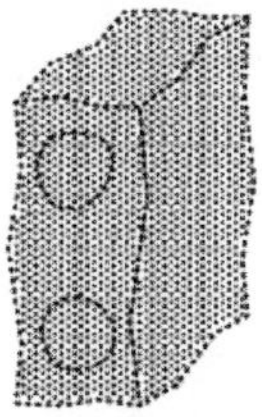		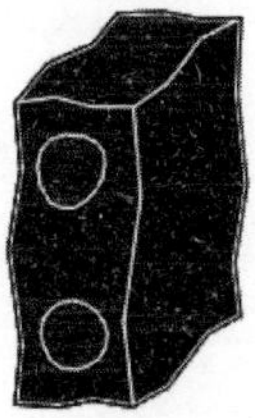
	公称表面模型	肤面模型	离散表面模型	采样表面模型	工件实际表面

注：1—非理想要素；2—候选要素；3—替代要素。

4.2.6　无限要素、限定要素、完整要素和部分要素

几何要素按要素的范围分为：无限要素、限定要素、完整要素和部分要素，各术语的定义及解释见表4-16。

表4-16　无限要素、限定要素、完整要素和部分要素的定义及解释

术语	定义及解释
无限要素 (infinite feature)	由无限多个点组成的几何要素
限定要素 (restricted feature)	对应于完整/全部非理想要素的一部分，或者是（理想）无限要素的一部分的几何要素。见表4-17
完整要素 (complete feature) 全部要素 (total feature)	包含与一个或多个单一几何要素相对应的全部点，且与表面模型有关的几何要素
部分要素 (feature portion) 有界要素 (bounded feature)	包含在有限半径球体内的理想要素或者非理想要素 理想要素可以是导出要素、拟合要素或者公称要素。非理想要素可以是导出要素或者组成要素 部分要素可以是规范或者检验部分要素，取决于它所定义的模型来源（见表4-18） 部分要素可以定义为规范理想要素的特定部分（如镜像要素），或者非理想要素的特定部分（如基准目标）

表 4-17　限定要素示例

项目	公称要素	规范要素		检验要素	
从矩形截面体中获得的限定组成表面示例	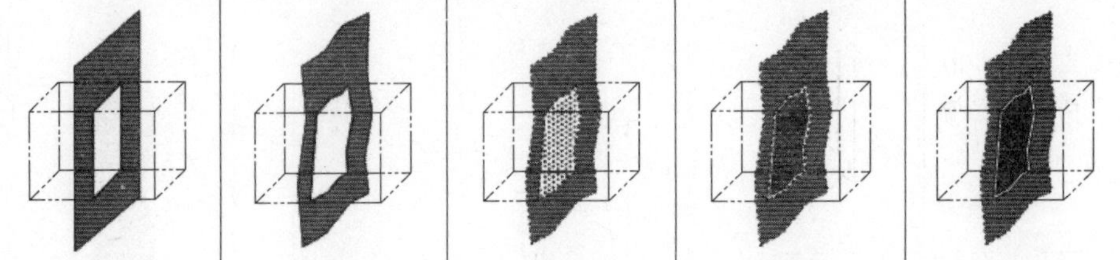				
从圆柱形截面体中获得的限定组成表面示例	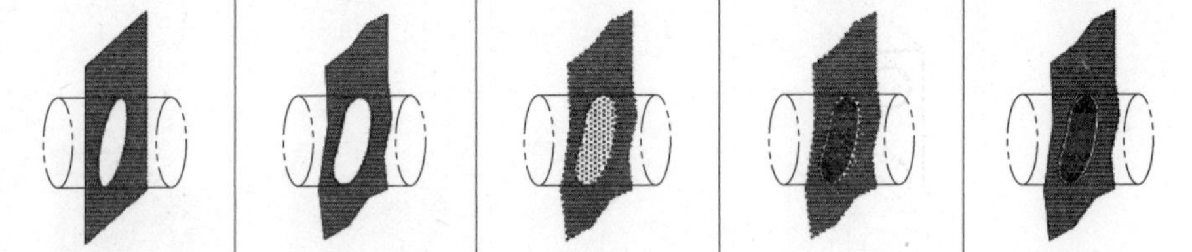				
截面区域由两个平行平面限制的限定线示例	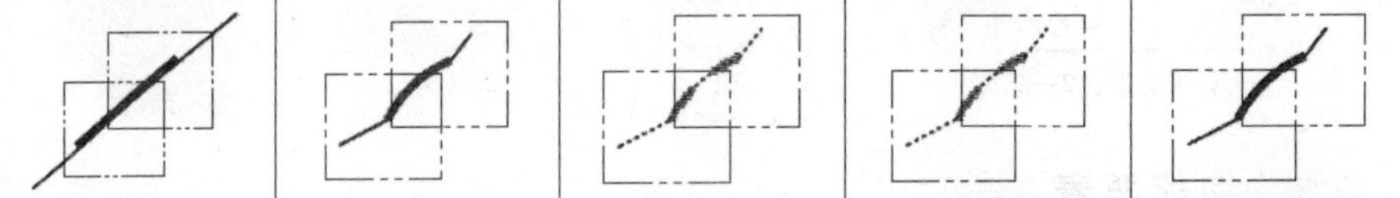				
来源	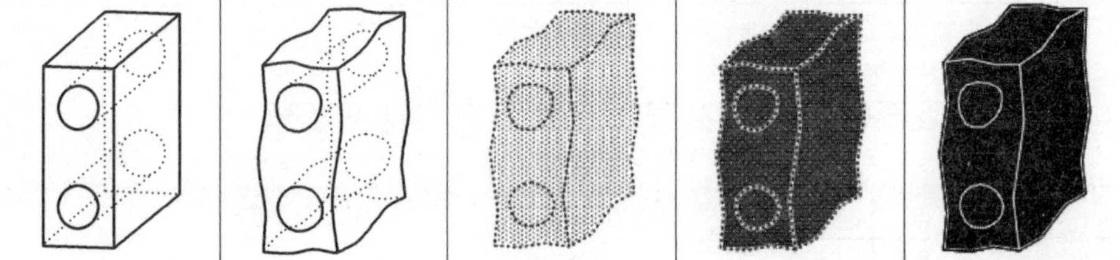				
	公称表面模型	肤面模型	离散表面模型	采样表面模型	工件实际表面

表 4-18　部分要素示例

项目	公称要素	规范要素		检验要素	
导出要素的一部分（轴线）作为部分要素的示例	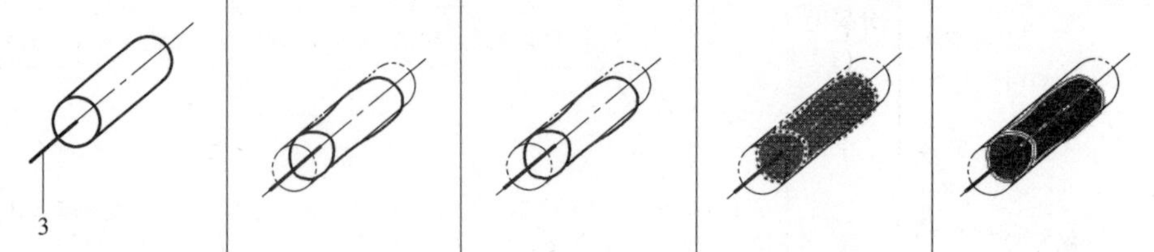 3				
	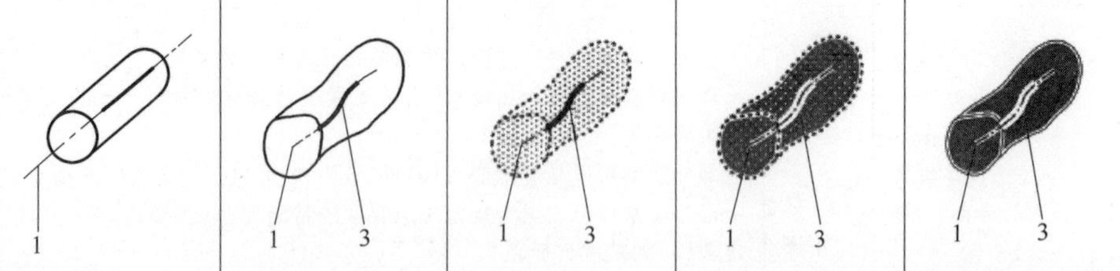 1	1　3	1　3	1　3	1　3

（续）

项目	公称要素	规范要素		检验要素	
组成要素的一部分作为部分要素的示例	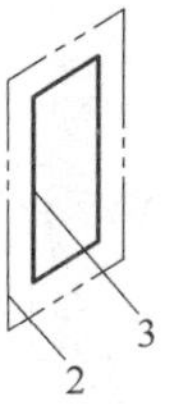	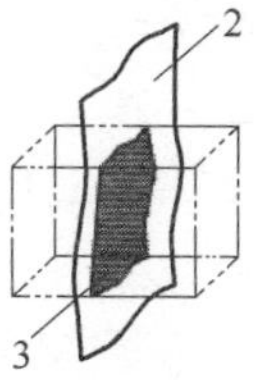	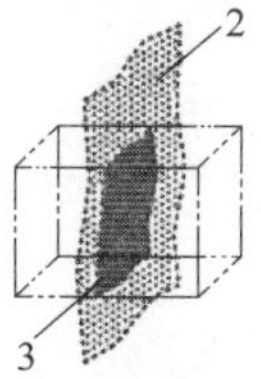	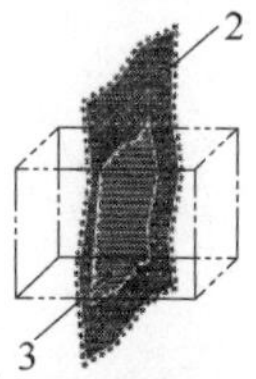	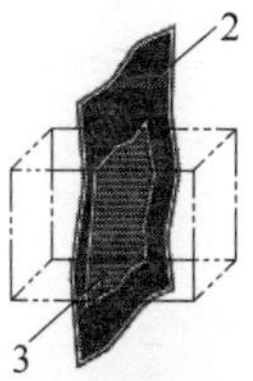
来源	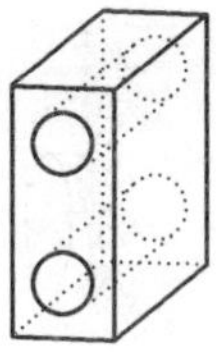	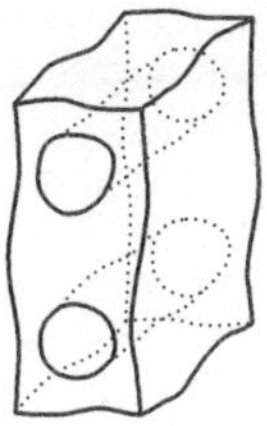	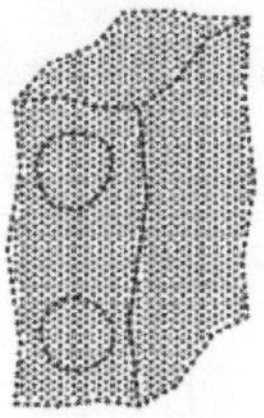		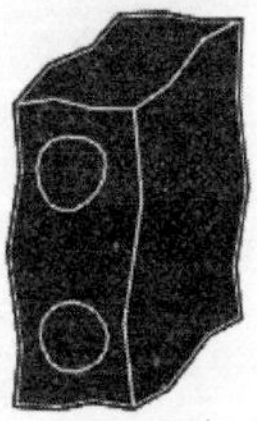
	公称表面模型	肤面模型	离散表面模型	采样表面模型	工件实际表面

注：1—导出要素；2—组成要素；3—部分要素。

4.2.7　使能要素、截面要素和接触要素

几何要素按其功能划分为：使能要素、截面要素和接触要素。各术语的定义及解释见表4-19。

表4-19　使能要素、截面要素和接触要素的定义及解释

术语	定义及解释
使能要素 (enabling feature)	使能要素可以是方位要素或者截面要素或接触要素 使能要素用于通过操作建立其他要素的理想要素。使能要素用于滤波、构建或者分离操作。使能要素可以是圆柱体的轴线、一个截面、回转轴线、平移的方向或镜像平面。使能要素是公称、规范或者检验使能要素，取决于它所定义的模型来源(见表4-20)
截面要素 (section feature)	截面要素有截面体、截面或者截线截面要素用于分离。截面要素是便于定义组成要素或者部分要素的理想要素 (1)截面体(section volume)　由一组一个或者多个理想要素定义的区域，用于定义部分要素。截面体是由极限定义的空间的一部分。这些极限是由理想要素产生的理想表面 下图所示为截面体示例，图中1为组成要素，2为截面，3为部分面(结果) 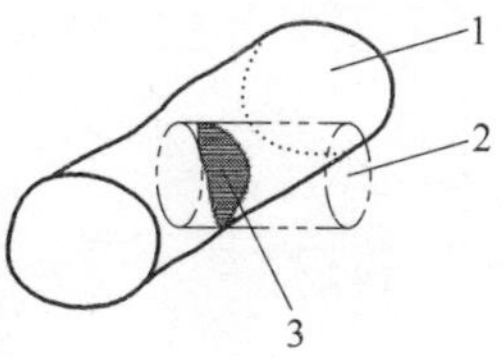 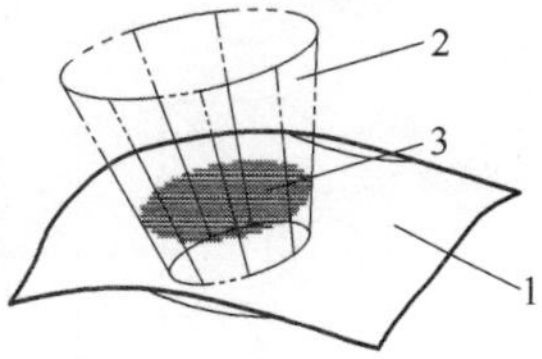 (2)截面(section surface)　由一组一个或者多个理想要素定义的表面，用来定义组成线或者线对。截面是理想要素 下图所示为截面示例，图中1为组成要素，2为截面，3为部分线(结果)

（续）

术语	定义及解释
截面要素 (section feature)	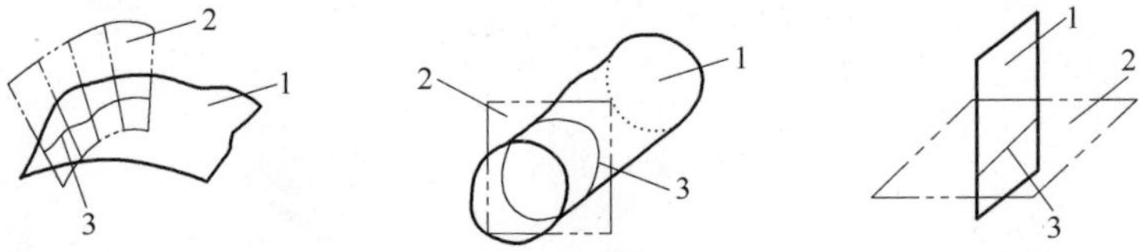 a) 规则型截面　b) 圆柱截面　c) 平面的截面 （3）截线(section line)　用于定义一个组成要素点或点对的直线。截线是由理想要素产生的理想线 下图所示为截线示例，图中 1 为组成要素，2 为截线，3 为组成点(结果) 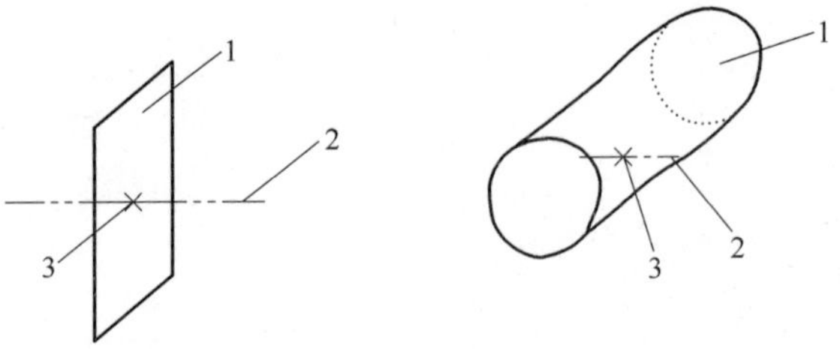 a) 垂直于平面的直线类型截线　b) 垂直于圆柱体的直线类型截线
接触要素 (contact feature)	有限范围的理想要素，模拟一个工件或一个表面模型的可能接触界面，其属性和接触约束是预先定义的

表 4-20　使能要素示例

项目	公称要素	规范要素		检验要素	
使能要素 (截面要素)	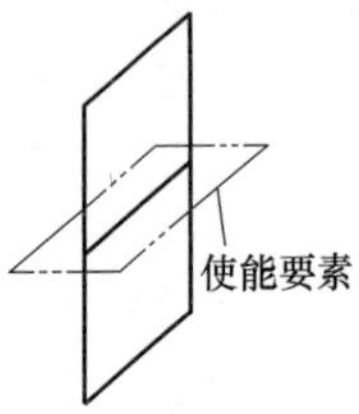 使能要素	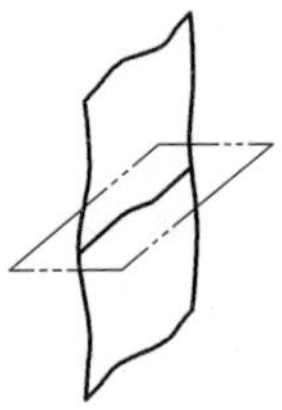	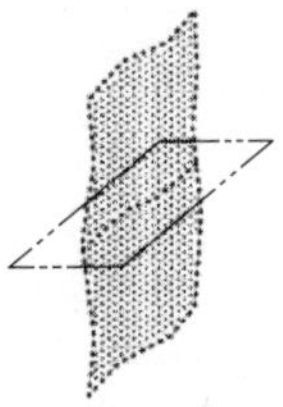	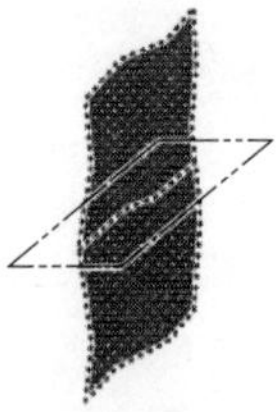	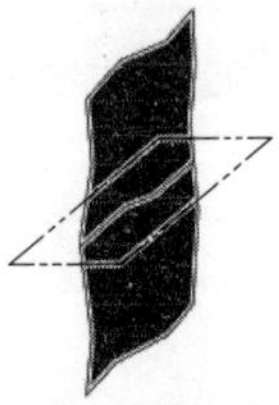
使能要素 (方位要素)	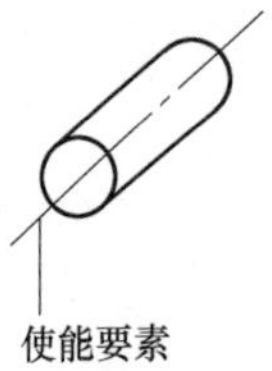 使能要素	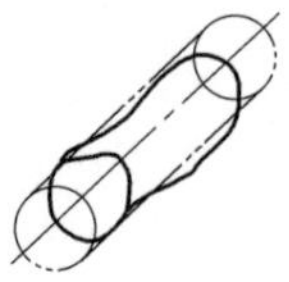	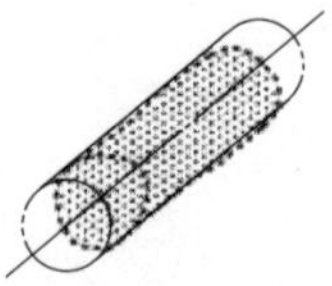	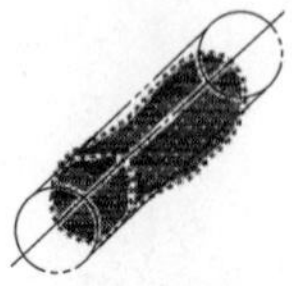	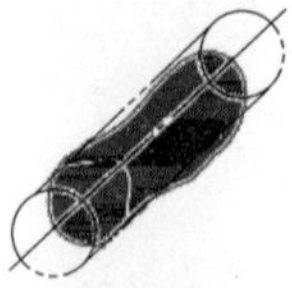
来源	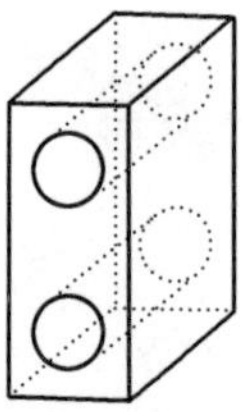	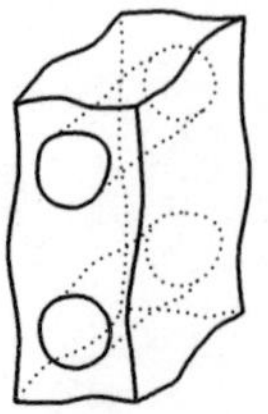	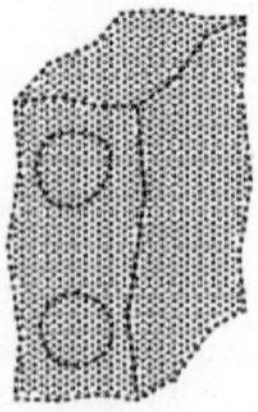		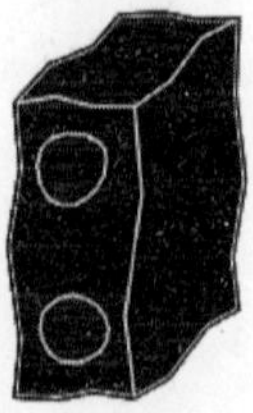
	公称表面模型	肤面模型	离散表面模型	采样表面模型	工件实际表面

4.2.8　几何要素术语之间的关系

下面将以圆柱为例，说明各几何要素术语之间的关系，如图 4-8 所示。图 4-9～图 4-11 给出了不同类型要素的联系的示例。表 4-21 和表 4-22 给出了几何要素术语之间可能的关系。

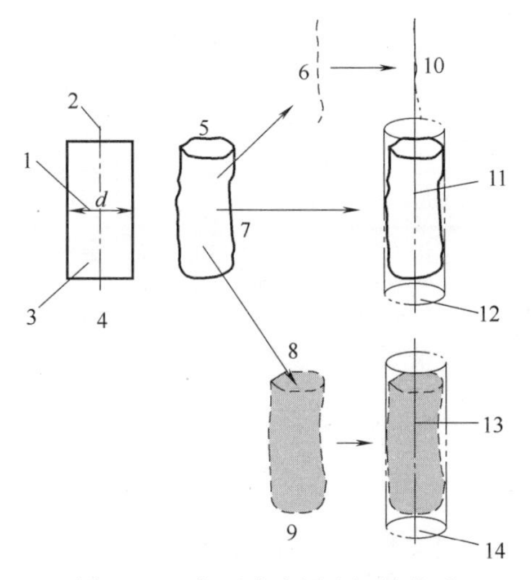

图 4-8　几何要素术语之间的关系

1—尺寸要素的尺寸　2—公称中心要素　3—公称组成表面　4—公称表面模型　5—工件实际表面的非理想表面模型　6—非理想中心要素　7—非理想组成表面　8—提取　9—非理想提取组成表面　10—间接拟合中心要素　11—直接拟合中心要素　12—理想的直接拟合组成表面　13—直接拟合中心要素　14—理想的直接拟合组成表面

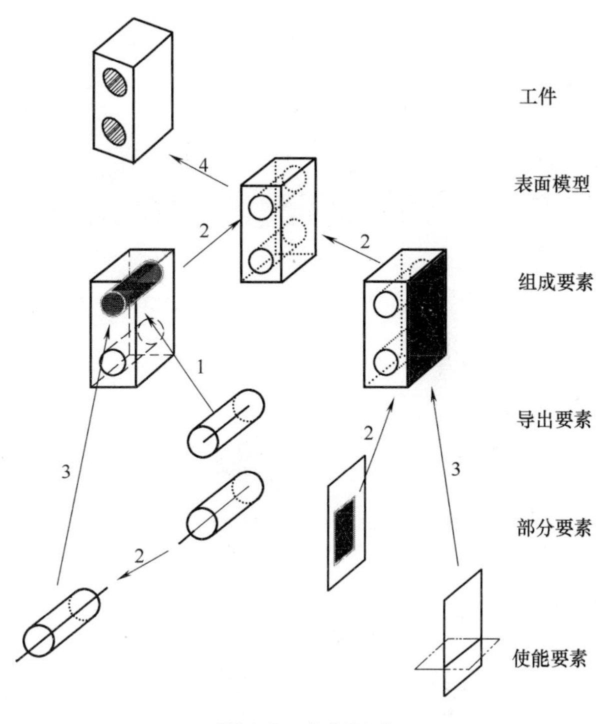

图 4-9　公称要素

1—操作集　2—部分　3—定位　4—建模

表 4-21　组成要素和导出要素之间的关系

项目		组成要素		导出要素				
		未滤波	已滤波	中位	一致			偏移
					平移	旋转	镜像	
实际工件	实际表面	适用	适用	适用	适用	适用	适用	适用
表面模型	公称表面模型	适用	不适用	不相关				
	肤面模型	适用	适用					
	离散表面模型	适用	适用					
	采样表面模型	适用	适用					
要素的范围	无限要素	不适用	不适用	适用	适用	适用	适用	适用
	完整要素/全部要素	适用	适用	适用	适用	适用	适用	适用
	限定要素	适用	适用	适用	适用	适用	适用	适用
要素的表示	提取要素	适用	适用	适用	适用	适用	适用	适用
	非提取要素	适用	适用	适用	适用	适用	适用	适用

（续）

项目		组成要素		导出要素				
		未滤波	已滤波	中位	一致			偏移
					平移	旋转	镜像	
要素的构成	单一要素	适用	适用	适用	适用	适用	适用	适用
	组合要素	适用	适用	适用	适用	适用	适用	适用
	要素对	适用	适用	适用	适用	适用	适用	适用
要素的运用	规范阶段	适用	适用	适用	适用	适用	适用	适用
	检验阶段	适用	适用	适用	适用	适用	适用	适用
要素的性质	面	适用	适用	适用	适用	适用	适用	适用
	线	适用	适用	适用	适用	适用	适用	适用
	点	适用	适用	适用	适用	适用	适用	适用

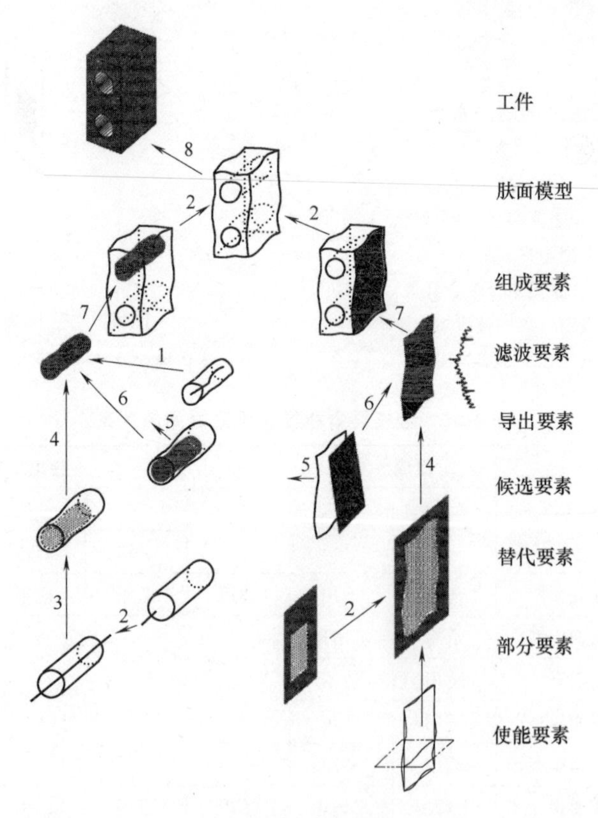

图 4-10　规范要素

1—操作集　2—部分　3—定位　4—表示　5—材料　6—与约束相关　7—滤波　8—非理想表示

4.2.9　几何要素与表面模型的关系

几何要素与表面模型的关系见图 4-12～图 4-17。

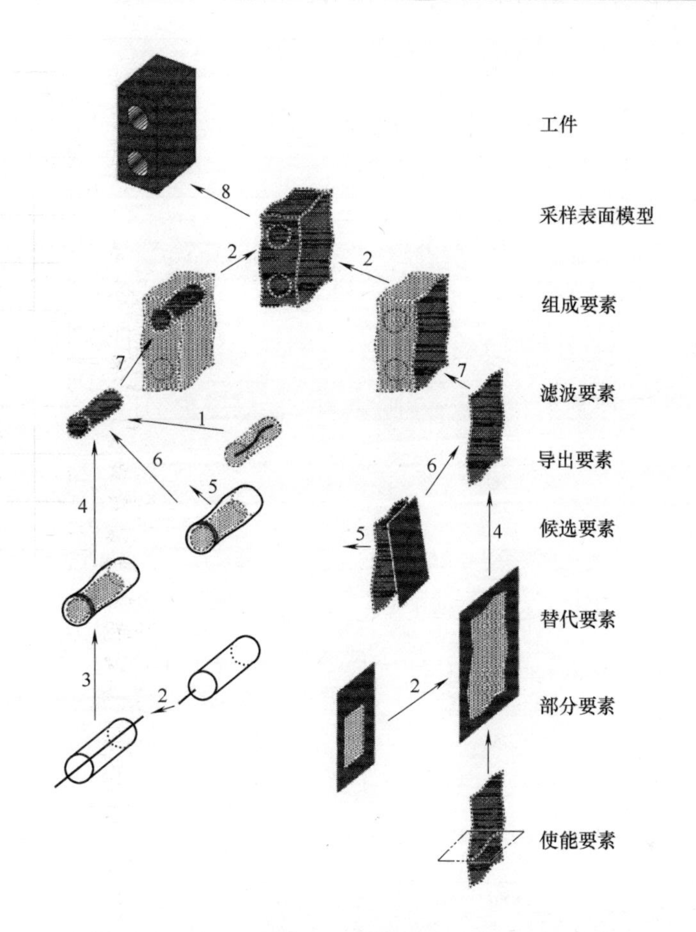

图 4-11　检验要素

1—操作集　2—部分　3—定位　4—表示　5—材料
6—相关的约束条件　7—滤波　8—测量

表 4-22　非理想要素和理想要素之间的关系

几何要素		非理想要素		理想要素				
		未滤波要素	已滤波要素	公称要素	拟合要素			计算要素
					替代		候选要素	
					直接拟合要素	间接拟合要素		
要素的性质	组成要素	适用	适用	适用	适用	不适用	适用	不适用
	导出要素	适用	适用	适用	适用	适用	适用	适用
要素的范围	无限要素	适用	适用	适用	适用	适用	适用	不适用
	完整/全部要素	适用	适用	适用	不适用	不适用	适用	适用
	限定要素	适用	适用	适用	适用	适用	适用	适用

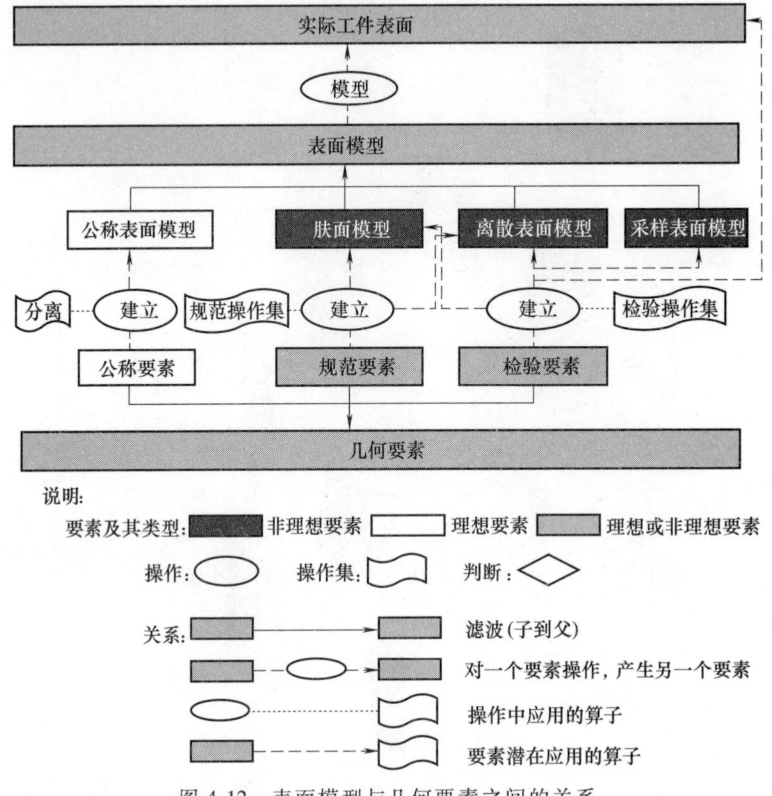

图 4-12　表面模型与几何要素之间的关系

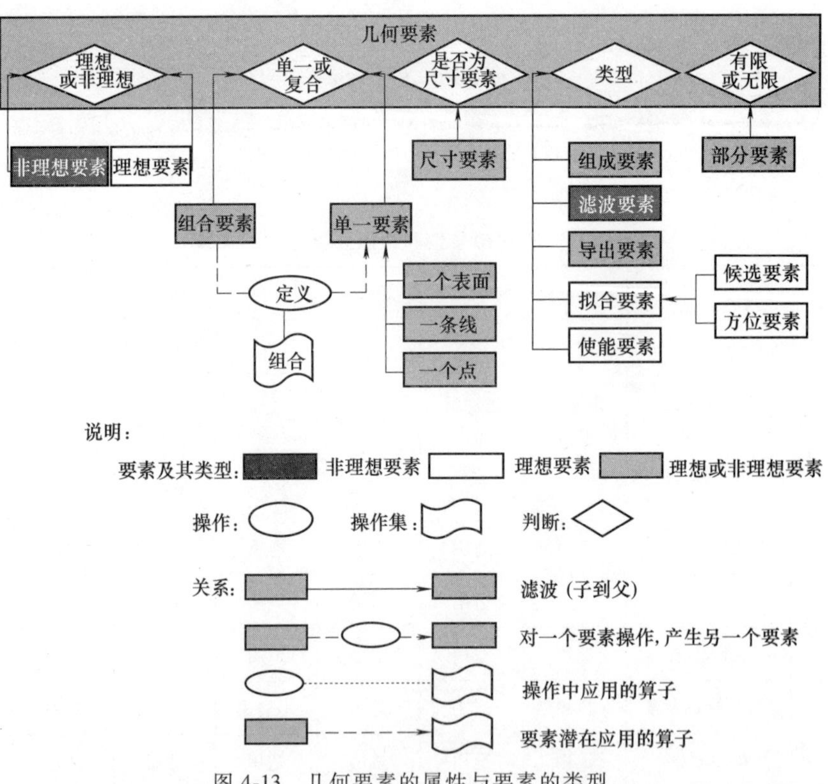

图 4-13　几何要素的属性与要素的类型

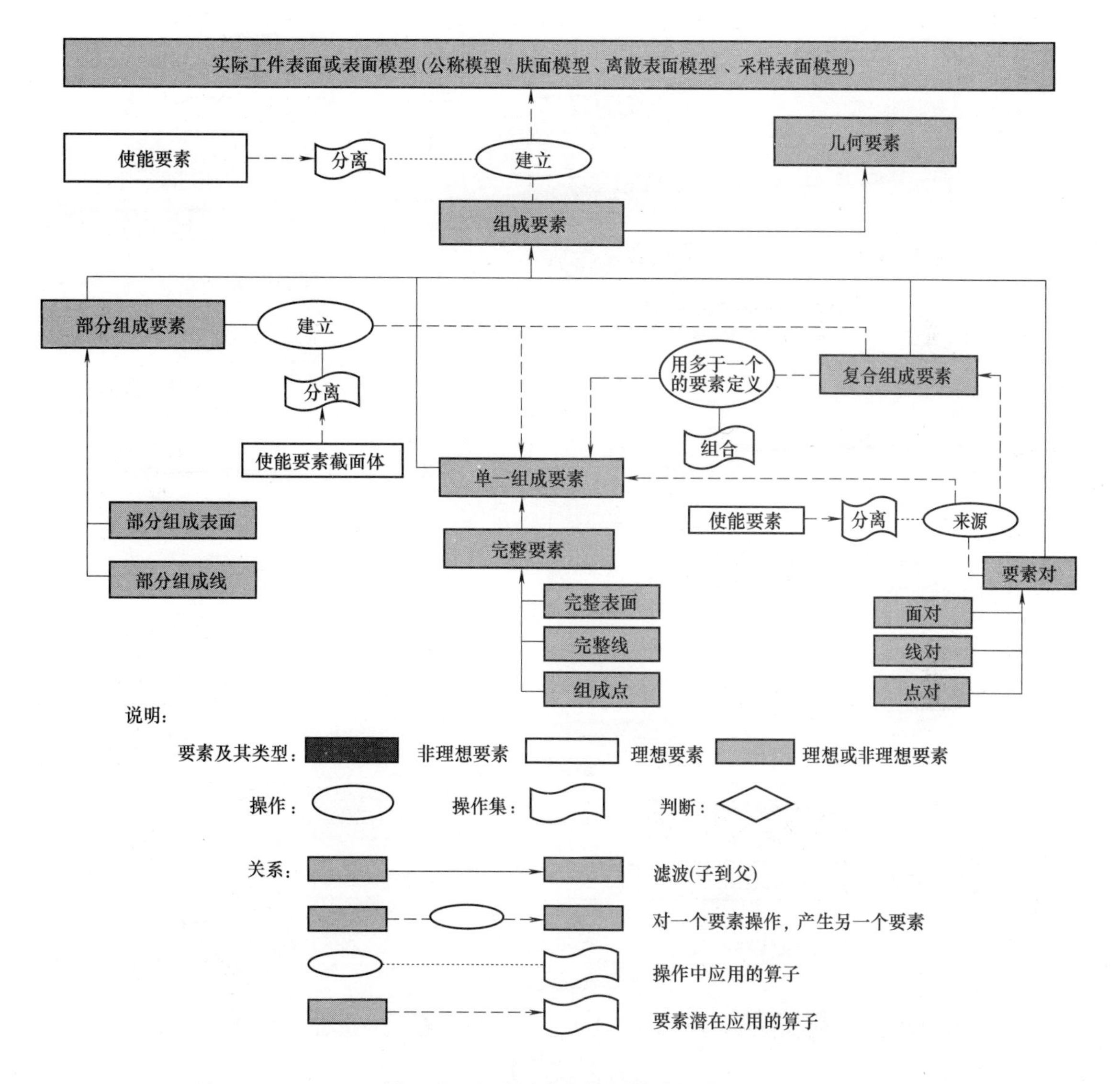

图 4-14　组成要素与表面模型的关系

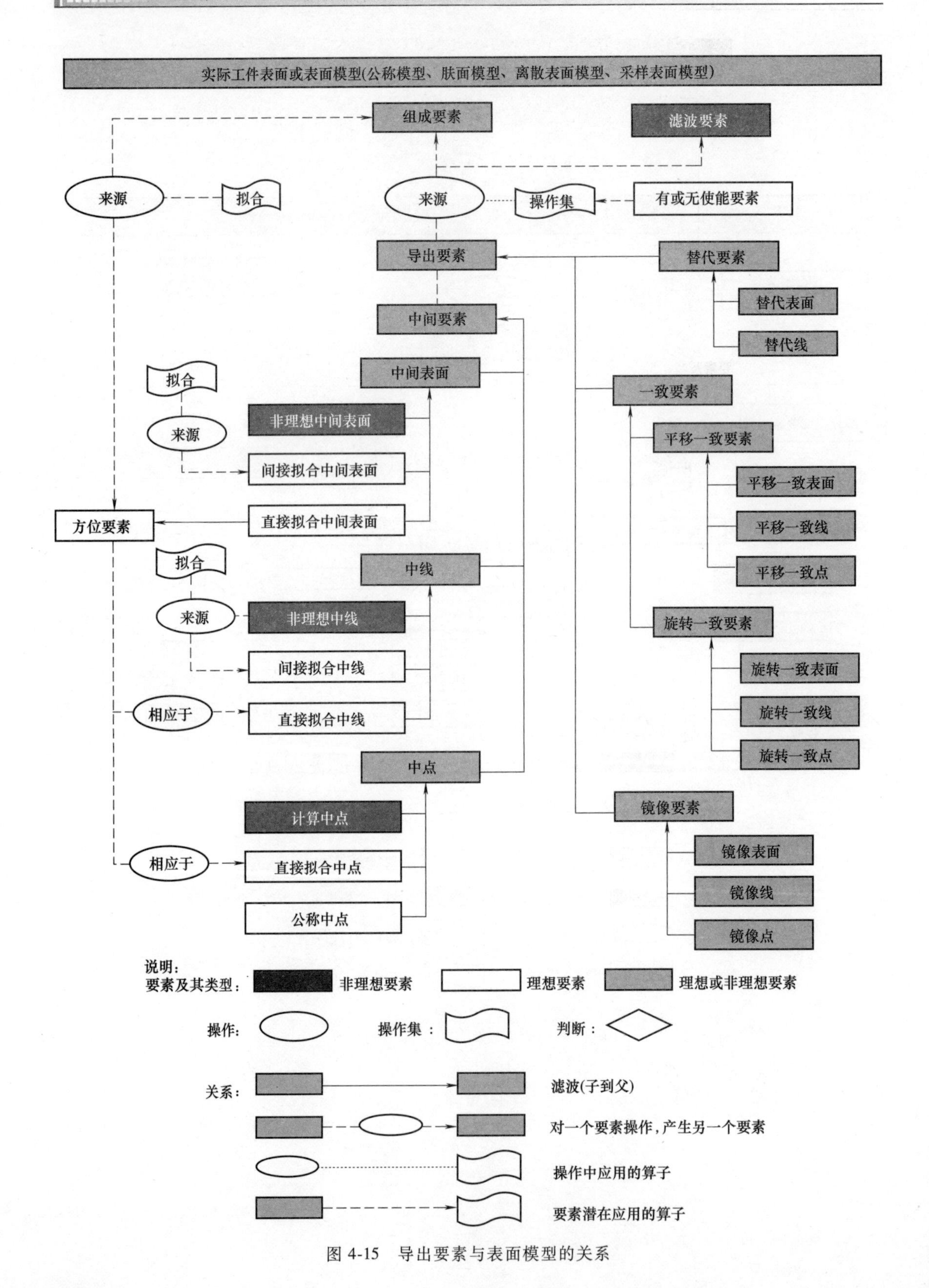

图 4-15　导出要素与表面模型的关系

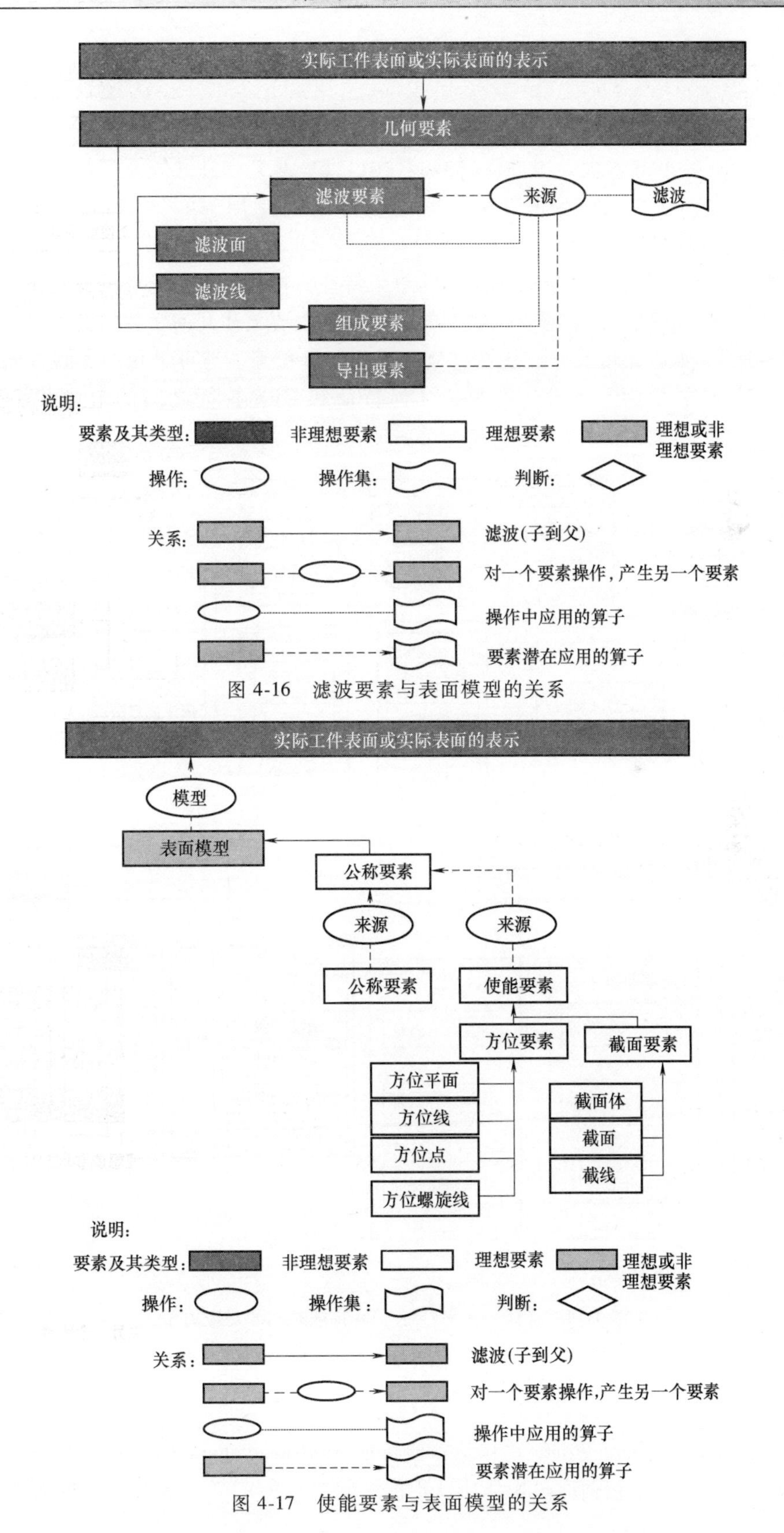

图 4-16　滤波要素与表面模型的关系

图 4-17　使能要素与表面模型的关系

4.3 特征

GB/T 38761—2020 等效采用 ISO 25378：2011《产品几何技术规范（GPS） 特征和条件 定义》，规范了几何特征的术语和类型，这些术语即适用于单个工件或单个装配体，也适用于批量工件或批量装配体。

特征是从一个或多个几何要素中定义的单一特性，特征可以是定性的或是定量的，其类别可以是机械的、电的、化学的、生物学的……本书主要关注几何学领域的特征，因此也称为“几何特征”，如：角度尺寸、线性尺寸、面积、体积等。与可量化的微观或宏观几何相对应的几何特征称为 GPS 特征。特征、几何特征和 GPS 特征之间的对应关系如图 4-18 所示。

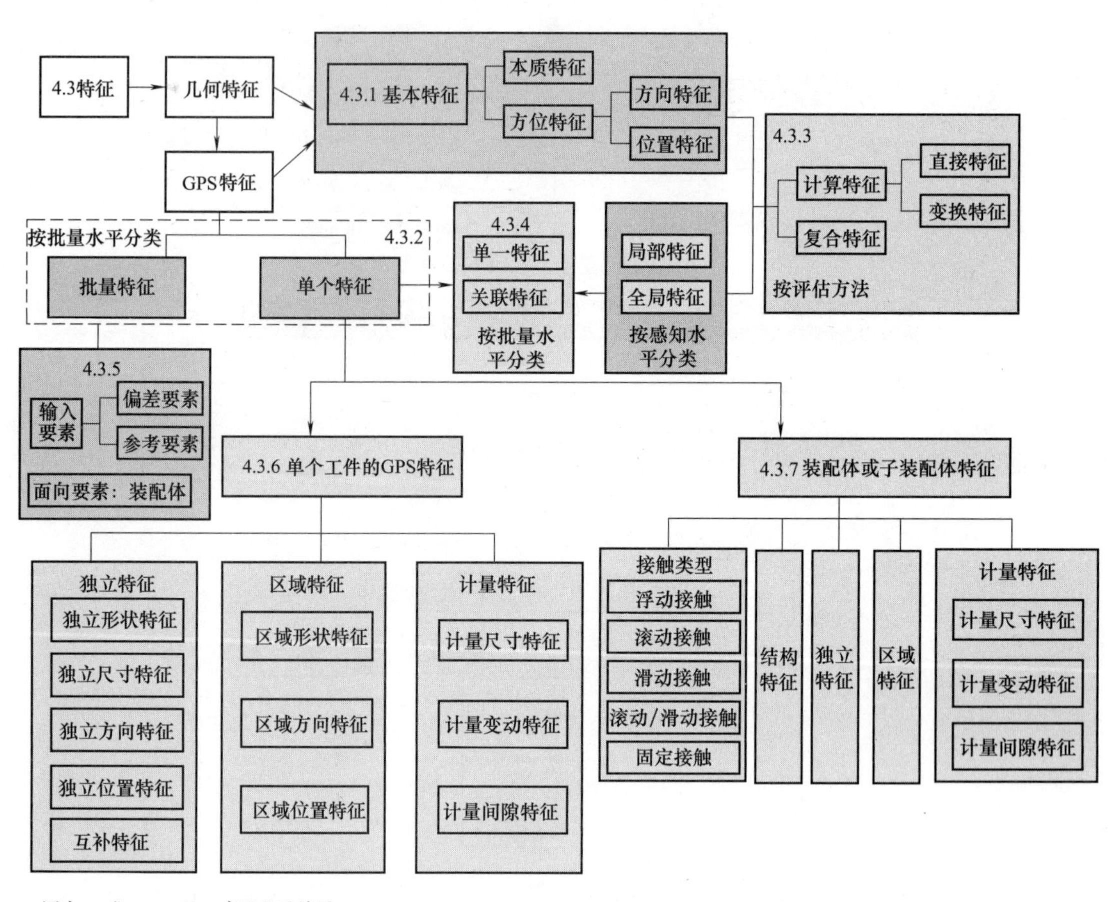

图 4-18 特征、几何特征 GPS 特征之间的对应关系

4.3.1 基本特征

基本特征（basic characteristic）包括本质特征（intrinsic characteristic）和方位特征（situation characteristic），不包括通过操作所获得的中间要素的定义。基本特征集成表面结构特

征、几何特征和尺寸特征于一体，可以用长度或角度单位表示，也可以无单位，如图 4-19 所示。

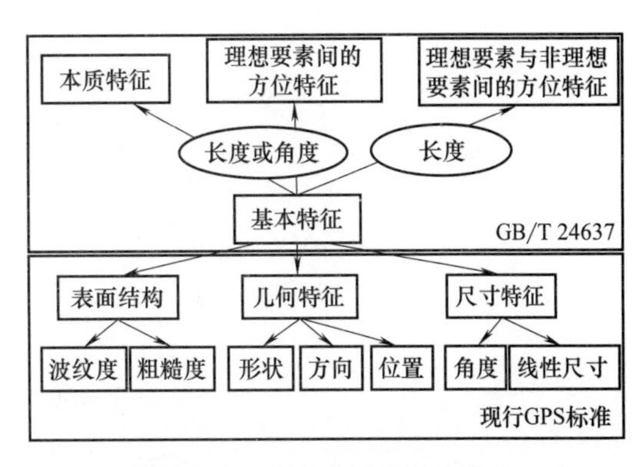

图 4-19　基本特征的概念图表

4.3.1.1　本质特征

本质特征是一个理想要素上的几何特征，是理想要素参数化方程的参数。

示例：如图 4-20 所示，直径为圆柱的本质特征，母线直径和准线直径为圆环的两个本质特征，顶角为圆锥的本质特征。

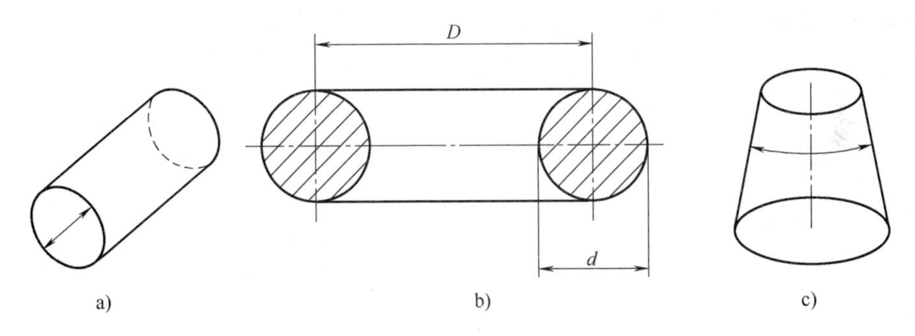

图 4-20　本质特征示例

a）圆柱的本质特征　b）圆环的本质特征　c）圆锥的顶角本质特征

4.3.1.2　方位特征

方位特征定义了两理想方位要素之间的相对方位（位置或方向），可以用长度和角度表示。

(1) 两个要素间的位置特征

两个要素间的位置特征是基于一个要素上的点到其他要素之间距离的函数（见图 4-21）。如距离一般是指两点间的最小距离，也可能是指两要素间的平均距离、最大距离、平方距离或其他。

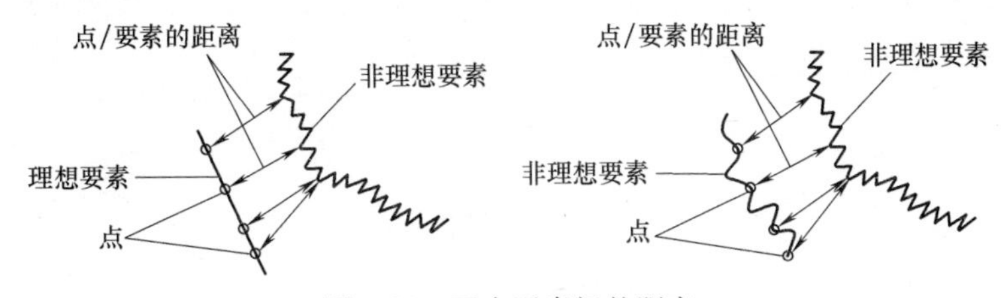

图 4-21　两个要素间的距离

根据所考虑要素的顺序，方位特征可以改变，由方向约束改变的特征方向很常见（见图 4-22）。

一般情况下，要素间的距离是正值，但在某些情况下，也需要定义带符号距离，即符号可为正或负，符号取决于点对要素的相对位置。如果要素的一侧定义为正值，另一侧便为负值（见图 4-23）。通常，符号与材料的边有关。

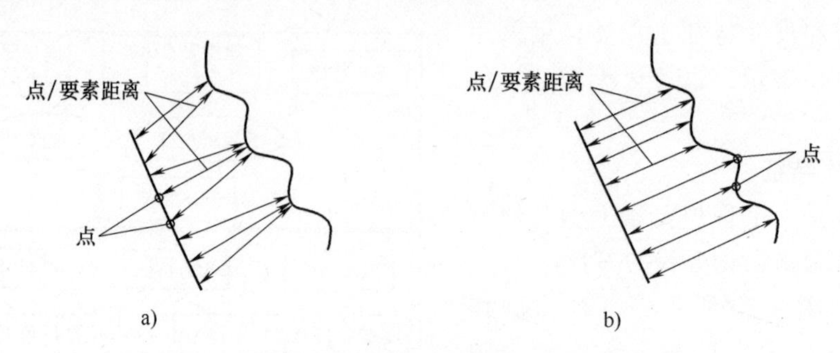

图 4-22　改变参考要素顺序的影响

点到要素的距离通常是在三维空间中考虑；然而，某些情况下，它也可以定义为投影距离。投影可以定义在一个平面或一条直线上（见图 4-24）。投影距离等于参考点和要素的最近点的投影间的距离。

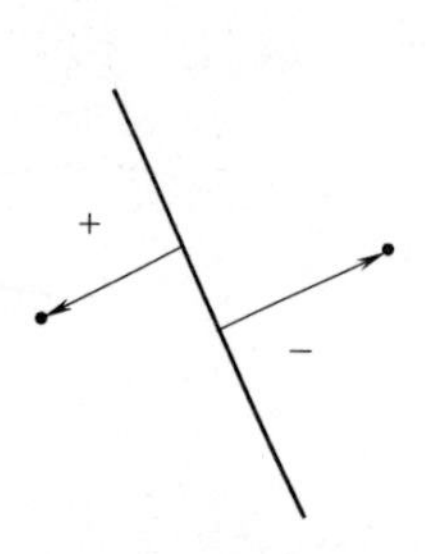

图 4-23　平面上点到直线的符号距离

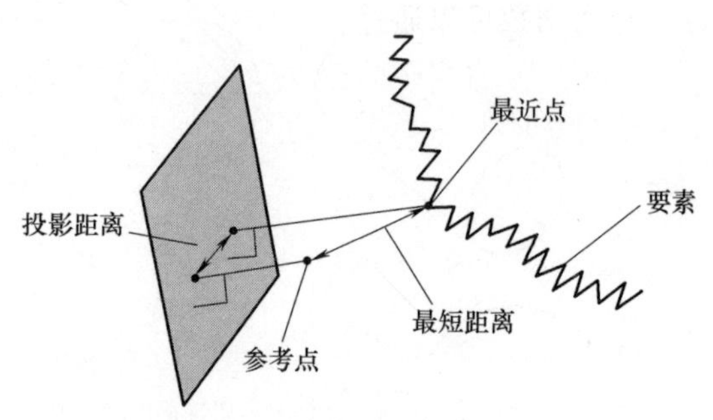

图 4-24　直线在平面上的投影距离

（2）理想要素间的方位特征

理想要素间的方位特征，有角度（方向特征）和距离（位置特征）。

1）对于角度来说，方位特征是可以交换的，即两要素的顺序对角度值没有影响。这些角度包括：直线-直线夹角、直线-平面夹角和平面-平面夹角等（见图 4-25）。

一般角度值取值范围为 0°～90°，两直线或两平面间角度取值范围为 0°～180°，直线与平面间角度取值范围为−90°～90°。后者称为带符号角度，它们取决于方位要素的顺序和方向（方向是指直线或平面矢量）。平面的投影角度可以定义为两条直线间角度，此投影角度相当于投影面内投影直线间的夹角。

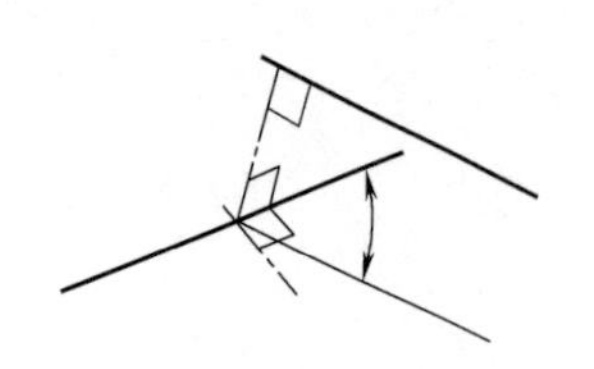
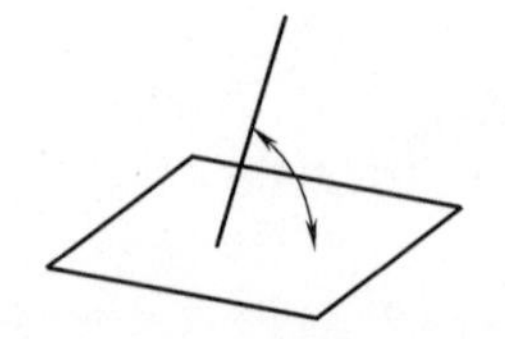
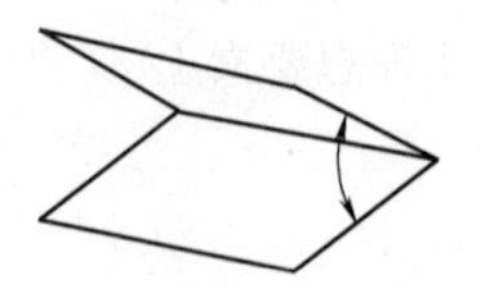

图 4-25　理想要素间的方向特征

2）对于距离来说，方位特征被定义为一个要素上的点到另一要素上的点的最短距离。距离包括：两点间的距离、一点和一直线间的距离（点到直线的垂直距离）、一点与平面间的距离（点到平面的垂直距离）、两直线间的距离（两直线间公共垂线的距离）、一直线与平面间的距离和平面间的距离（见图 4-26）。这些距离值均是正值。

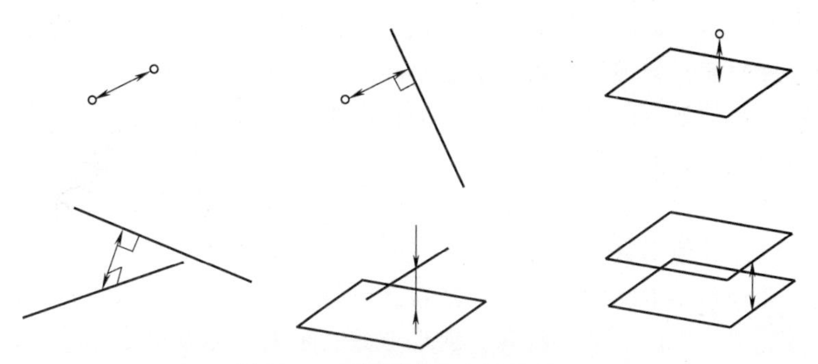

图 4-26 理想要素间的位置特征

平面与平面间或直线与直线间的方位特征可以定义为两个要素上两点间的距离函数（见图 4-27），该函数可以是最大距离、最小距离、平方距离或其他函数。

距离函数可以通过方位要素的本质特征和方位特征来表达，最小距离时尤其如此。

示例：直线到圆的最小距离（共面）可以由直线到圆中心的距离（方位要素的方位特征）和圆的半径（本质特征）的差来表示（见图 4-28）。

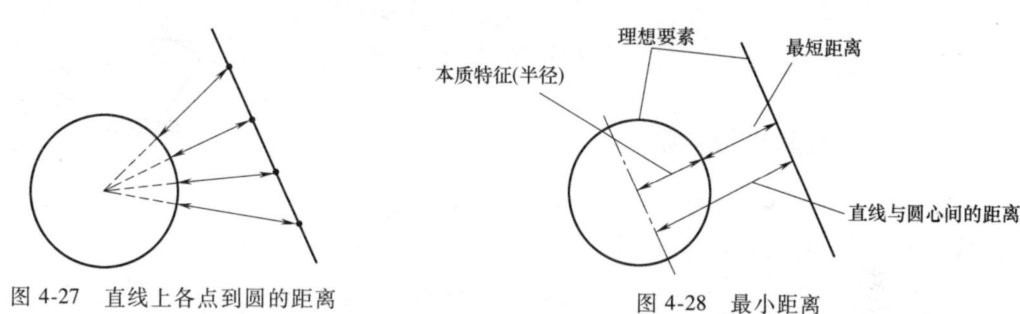

图 4-27 直线上各点到圆的距离

图 4-28 最小距离

3）如果距离值被定义为可正可负，则称为带符号距离。带符号距离的正、负取决于方位要素的顺序和方向（方向可指拟合直线或平面矢量）。带符号距离包括：点和直线间的距离、两直线（非共面直线）间距离、直线和平面间的距离和平面间的距离。

4）带符号的距离亦可投影到平面内或直线上，称为投影距离。投影距离包括：两点间的距离；点和直线间的距离；点和平面间的距离；两直线间的距离；直线和平面间的距离和平面间的距离。

（3）非理想要素和理想要素间的方位特征

可由非理想要素上的点到理想要素的距离函数来定义。除理想要素上的涉及点是奇异点（即法向不唯一的点，见图 4-29），距离均是指法向距离，距离函数为最大距离、最小距离、平方距离或其他（见图 4-30）。

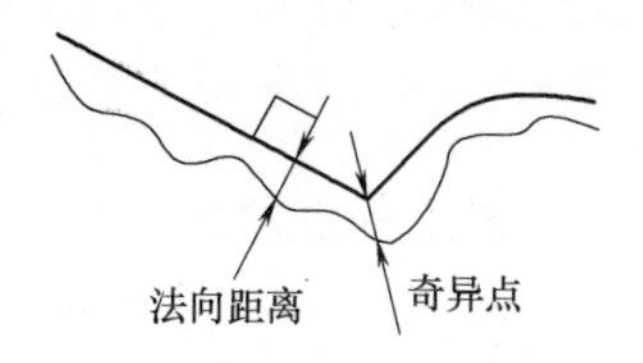

图 4-29 公称距离和非公称距离的奇异点

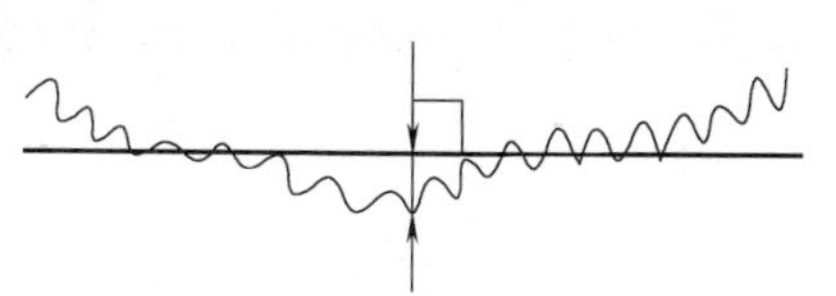

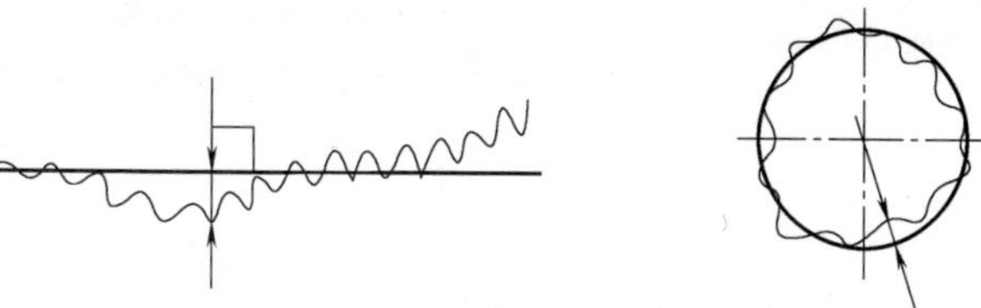

图 4-30 公称直线和线之间的最大距离、公称圆和圆之间的最大距离

非理想要素和理想要素间的距离一般是正的，如果距离有正有负，则称为带符号距离。带符号距离为非理想要素到理想要素间点的距离的函数。符号取决于点相对于要素的相对位置。该距离亦可投影到平面内或直线上，称为投影距离，且定义为非理想要素上的点到理想要素上相应点的投影距离的函数。

非理想要素间的方位特征由要素上点到点的距离函数表示，函数可以是最大距离、最小距离、平方和距离或其他函数（见图 4-31）。

一般来说，非理想要素间的方位特征是指滤波后的要素到另一滤波后要素上点之间距离的函数。某些情况下，可以沿某一特殊方向来考虑其距离，此方向是通过拟合获得的要素的法线方向，如图 4-31a 所示。

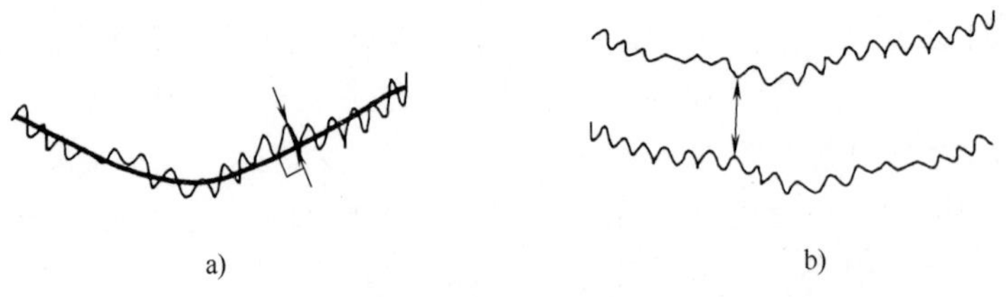

图 4-31　两公称直线间的最大距离和最小距离

a）最大距离　b）最小距离

4.3.2　单个特征和批量特征

按批量水平分类，特征有单个特征和批量特征，定义及解释见表 4-23。几何特征值有：单个特征值、批量特征值和变动特征，定义及解释见表 4-24。

表 4-23　单个特征和批量特征的定义及解释

术语	定义及解释
单个特征（individual characteristic） 单个几何特征（individual geometrical characteristic）	工件的一个或多个几何要素的单一几何性质 对一个工件进行测量，评估单个特征而获得的有或无单位符的数值 单个特征的评估不一定有唯一的结果，它可以定义为一个局部单个特征或一个全局单个特征 （1）局部单个特征（local individual characteristic）　单个特征的评估结果并不是唯一的 一个局部单个特征是由部分要素评估的，这些因素可以是直接关系或计算关系 示例：两点间的局部直径是一个直接局部特征。给定截面上两点间局部直径的平均值是计算局部特征 （2）全局单个特征（global individual characteristic）　单个特征的评估结果是唯一的 全局单个特征评估结果可以是来自一个唯一评估值或一组局部单个特征评估的统计值，其特征分别是直接得到和计算得到 示例 1：圆柱截面上的两点直径的最大值是一个计算出的全局单个特征。（结果由统计得到，在数学上是唯一的） 示例 2：下图中，两点直径 d_i 是一个单个特征，其结果依据圆柱要素变化，它是一个局部的单个特征。最小外接圆柱直径 d_X 是单个特征，其结果在数学上是唯一的，它是一个全局的单个特征 d_X　d_i

（续）

术语	定义及解释
批量特征 (population characteristic)	是由批量工件或批量装配件获得的特征值的统计量 批量特征用于批量全部工件 示例1:批量工件的全局单个特征的算术平均值或标准偏差都是批量特征 当批量特征值的结果是全局单个特征时,该批量特征对GPS特征才具有统计意义 示例2:对于给定一个圆柱体特征,其最小外接圆柱直径是唯一的值。因此,基于这个单个特征值的批量特征具有统计意义。对于一个给定的圆柱特征,其两点直径将在一个范围内变化,这个范围取决于特征的形状偏差。在此情况下,一个批量特征不能由多个值来定义,此时,根据两点直径的最大值建立一个批量特征是可能的。在此情况下,单个特性是一个全局性的单个特征,即是一个给定工件上两点直径的最大值 批量特征可以用于统计过程控制(SPC)

表4-24 几何特征值

术语	定义及解释
几何特征值 (value of a geometrical characteristic)	测量一个工件或者批量工件,评估一个几何特征而获得的有或无单位的数值 示例:局部两点直径、全局最小外接直径、描述孔轴线的位置和方向的向量
单个特征值 (value of an individual characteristic)	对一个工件进行测量,评估单个特征而获得的有或无单位符的数值
批量特征值 (value of a population characteristic)	对批量工件进行测量,评估一个批量特征而得到的有或无单位的数值 注1:采用抽样(代替全部批量特征),此时引入了一个采样的不确定度 注2:对于任何一个单个特征值,即从一个简化的检验操作集中获得的值。一般来说,不同于从一个完整检验操作集获得的值。通常,没有一个简单的方法来估计这种差异的变化,在大多数实际情况下,估计这种变化是不可能的。相同大小的批量变化的差异是不同寻常的。差异的变化可能会增加或减少评估的批量变化。由于这种差异进入统计计算,并以一个显著和不可预测的方式影响它。一般情况下,对一个存在批量变化特征的不确定度用简化检验操作集进行有意义的评估是非常困难的,或者在大多数情况下是不可能的。因此,用规范的批量特征,通过没有不确定度的检验操作集进行评估是唯一可行的 示例1:在不完全了解工件的形状偏差和两点直径所在位置的情况下,确定批量工件上的两点直径值的标准偏差和相同批量工件最小外接圆柱直径的标准偏差的关系是不可能的 示例2:一批棒的平均长度:5342mm(其中的长度被定义为两个平行平面间的距离,适用于每个棒)
变动特征 (variation characteristic)	沿着一个要素记录的局部单个特征值的集合 示例1:圆柱各截面最小外接圆直径是一个局部单个特征,由于坐标系与拟合圆柱的轴线有关系,所以会产生这些局部单个特征值的变动,如下图所示。图中,1是实际圆柱,2是基于最小乘圆直径的特征值变动曲线,3是实际圆柱的最小二乘拟合圆柱,4是实际圆柱底面的拟合平面,5是建立的坐标系(与拟合圆柱的轴线有关系) 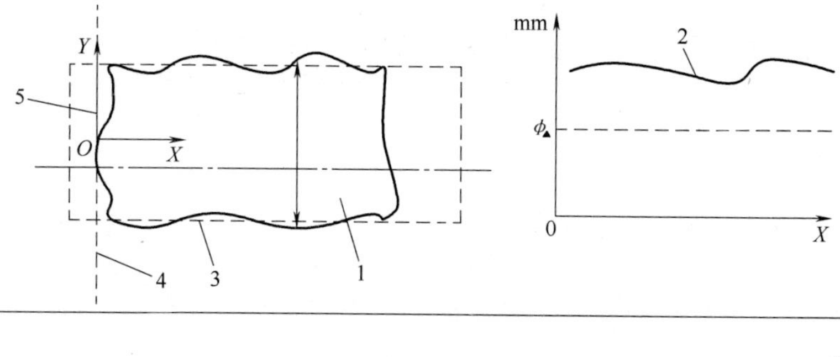

（续）

术语	定义及解释
变动特征 (variation characteristic)	示例 2:考虑表面结构特征情况时,需要使用几种特征值曲线变动或其变换,如下图所示。图 a 是一个非理想组成表面与参考要素之间的方位特征变动曲线,图 b 是对图 a 中的曲线进行旋转变换及滤波后对应的特征值变动曲线,图 c 是根据图 b 变换曲线的曲率来定义的支承率曲线 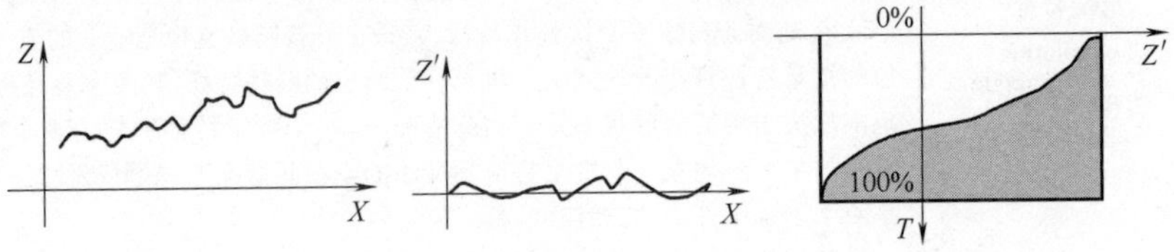 Z X a)　Z′ X b)　0% Z′ 100% T c)

4.3.3 计算特征和复合特征

按特征的评估方法分类有计算特征和复合特征，各术语的定义及解释见表 4-25。

表 4-25 计算特征和复合特征的定义及解释

术语	定义及解释
计算特征 (calculated characteristic)	在不改变本质特征的属性基础上,从一个局部单个特征集合中通过函数计算获得的局部或全局的单个特征 示例 1:从三个局部单个特征向量值中获得的法向量是一个计算特征,它是一个局部单个特征,如下所示。图中,R_1、R_2、R_3 是坐标系统中的局部单个特征向量值,C_i 是对应于坐标轴的面的法向量,$\vec{V}_i$ 是面的法向量 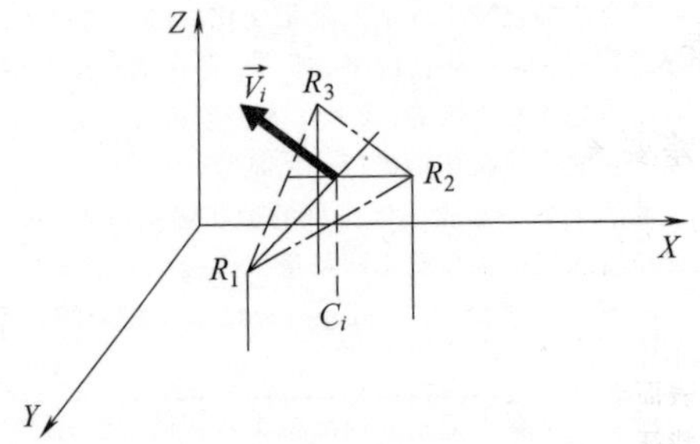 Z $\vec{V}_i$ R_3 R_2 X R_1 C_i Y 示例 2:在一个圆柱体指定区域内的批量局部直径值的期望值(平均值)是一个局部单个特征(计算特征) 示例 3:由圆柱(考虑整个圆柱)批量局部直径值而获得的期望值(平均值)是全局单个特征(计算特征)
复合特征 (combination characteristic)	将一组几何特征值通过函数运算得到的几何特征 示例:一个圆柱体的体积可以看作是由两个几何特征值(圆柱体的长度和直径)经函数运算得到的复合特征

4.3.4 单一特征和关联特征

单一特征和关联特征的定义及解释见表 4-26。

表 4-26 单一特征和关联特征的定义及解释

术语	定义及解释
单一特征(single characteristic)	一个单一(单个)特征描述了一个非理想要素的宏观或微观几何特征。对应于公称要素可以是: 1)单一要素,如一个平面或一个圆柱体 2)一个非连续的要素,如由三部分构成的圆柱面,如图 a 所示 3)多个要素的组合而得到的要素,如一组平面,如图 b 所示 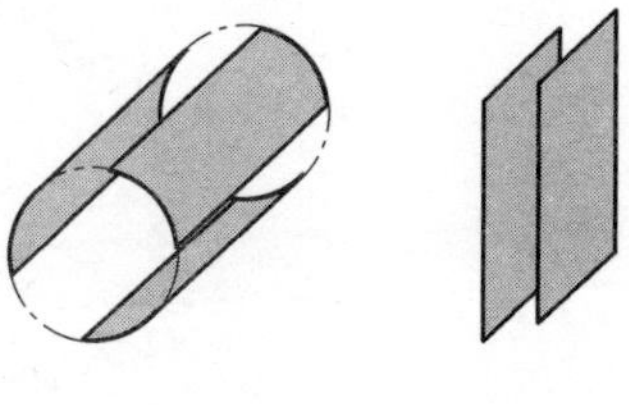 a) b)
关联特征(relationship characteristic)	描述几个非理想要素的微观或宏观几何特征 这些要素对应于公称要素可以是:单一要素、非连续的要素、通过几个要素的组合得到的一个要素,如下图所示。图 a 所示为一条公称直线相对于另一条公称直线的垂直度,图 b 所示为两条公称平行线的位置,图 c 所示为一个公称圆柱面的方向变化。下图中 L 表示距离,l 表示平行关系 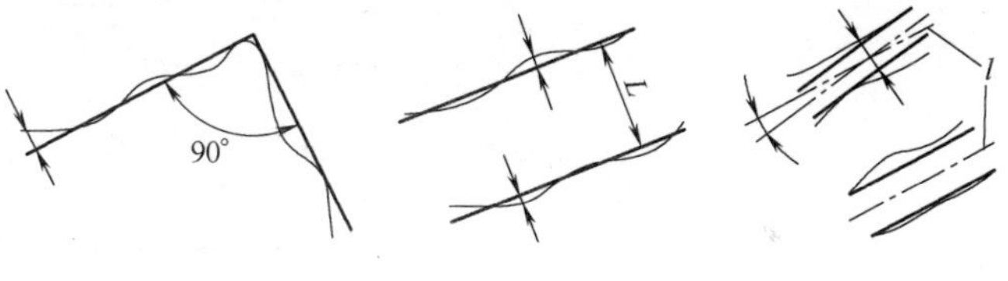 90° L l a) b) c)

4.3.5 输入要素、偏差要素、参考要素和面向要素

输入要素、偏差要素、参考要素和面向要素的定义及解释见表 4-27。

表 4-27 输入要素、偏差要素、参考要素和面向要素的定义及解释

术语	定义及解释
输入要素(input feature)	从表面模型或工件的真实表面获得的一个或多个要素的集合,这些要素可以经过滤波,并从中定义 GPS 特征 示例:从工件实际表面上获得的表面轮廓是一个输入要素,如下图所示  Z Y O X 实际表面 表面轮廓(输入要素) 输入要素可以是一个提取要素、滤波要素或有约束的拟合要素 缺省情况下,输入要素是单一要素

（续）

术语	定义及解释
偏差要素 (deviated feature)	在本质特征中考虑的几何要素或变动曲线，或在方位特征中考虑的两个要素中有较大偏差的要素或变动曲线。下图中，圆截面轮廓线为偏差要素 偏差要素的大小是一个公称尺寸要素，它是尺寸要素的本质特征，用于尺寸规范。如下图中的圆的直径为偏差要素的大小 偏差要素和参考要素之间的局部距离计算值是一个方位特征，用于几何公差规范（见 GB/T 1182）或表面结构特征（见 GB/T 3505） 偏差要素是通过对一个输入要素使用或不使用滤波或（和）拟合操作得到的
参考要素 (reference feature)	在方位特征中考虑的两个要素中有较小偏差的几何要素或者变动曲线，如下图中 5 所示 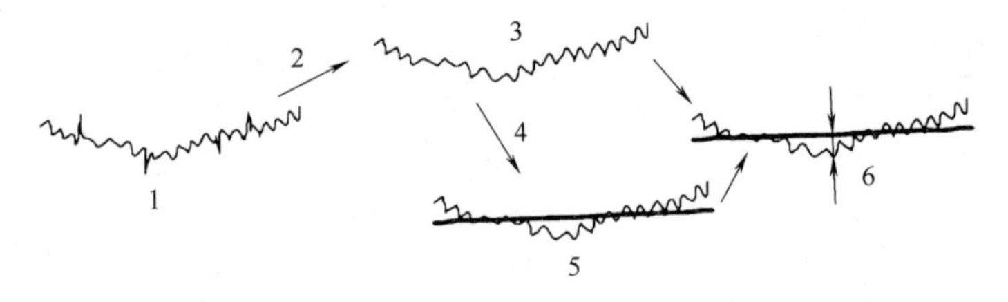 1—非理想要素　2—滤波　3—偏差要素（非理想要素）　4—拟合 5—拟合要素（参考要素）　6—方位特征（基本特征） 对于一个几何特征而言，规范给定输入要素的拟合要素是其参考要素，参考要素即拟合要素 评估本质特征（尺寸、形状或表面结构特征）的参考要素，与基准体系无关；评估方位特征的参考要素，与基准体系有关（定义方向或位置约束），如下图所示 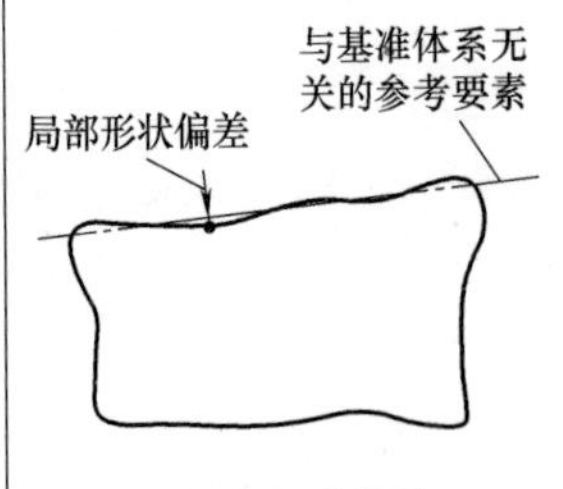 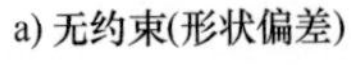 a) 无约束(形状偏差) 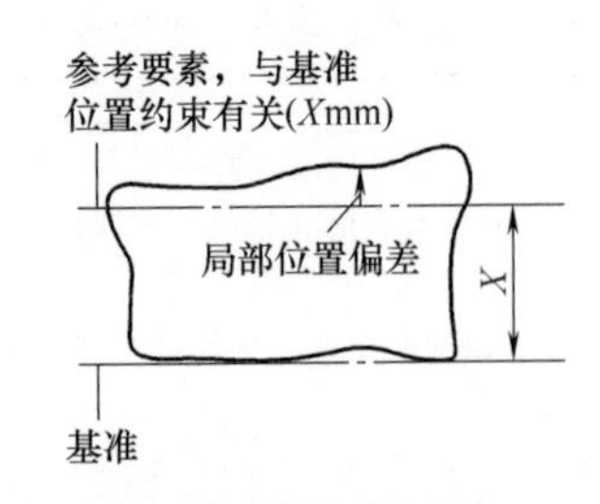 b) 有方向约束(方向偏差) 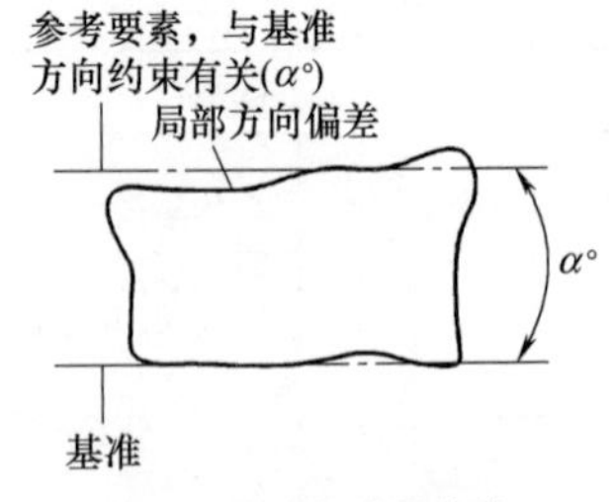 c) 有位置约束(位置偏差) 对于形状、方向、位置或跳动等几何特征，参考要素的形状缺省为被测要素的公称形状。如果被测要素的公称形状属于棱柱或复杂恒定类，那么它的定义与它的公称长度有关。与公称形状相比，参考要素的延伸缺省定义为公称形状曲度的延续 如果基本特征是本质特征，那么它就控制着偏差要素。如果基本特征是方位特征，有两个要素：其中一个称为偏差要素，另一个被称为参考要素 参考要素相对于公称模型具有较小的偏差 参考要素可由一个或多个偏差要素的操作而获得

（续）

术语	定义及解释
面向要素（facing feature）	通过考虑装配或一些虚拟几何形状边界，模拟工件上给定要素的理想要素 注1：一个面向要素不能单独定义。面向要素可以具有与公称组成要素相同的公称几何形状（取决于功能），见表4-28 注2：面向要素可以模拟工件的方向或位置，或者模拟一个装配等 注3：有时需要考虑组成要素和它的面向要素间的交界面，以精确地定义的本质特征或关联特征

表4-28　内圆柱面和不同面向要素的交界面示例

装配	面向要素（内圆柱作为被考虑工件时）	交界面
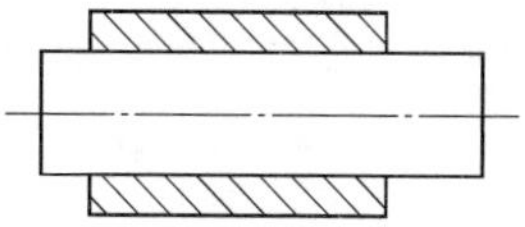 圆柱/圆柱	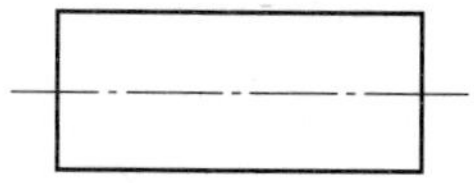 圆柱	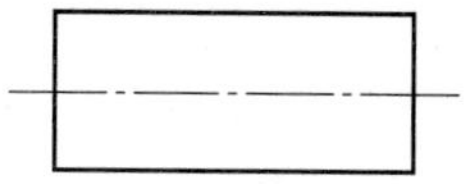 圆柱
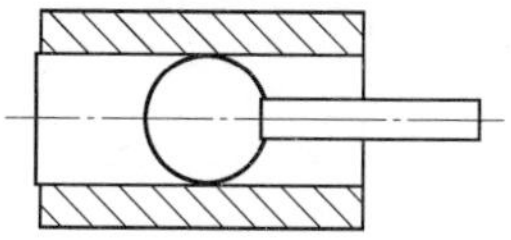 圆柱/球体	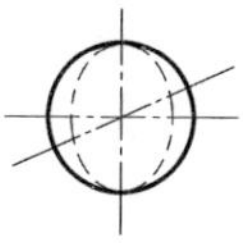 球体	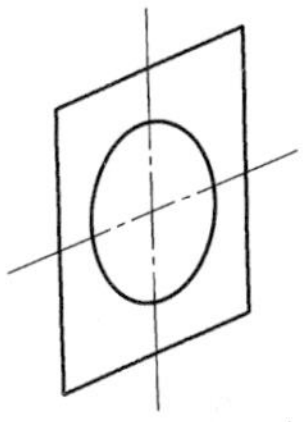 圆
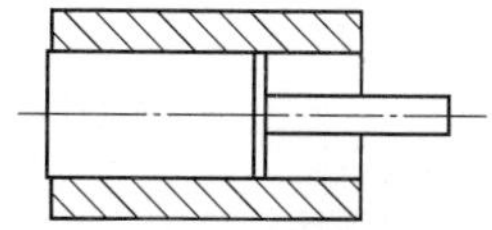 圆柱/圆环	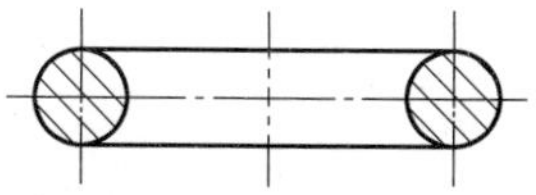 圆环	
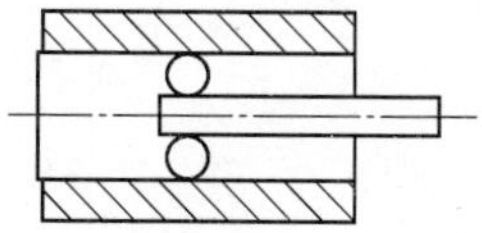 圆柱/两个球	 两球集合	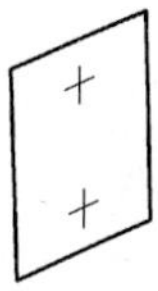 两点

4.3.6　单个工件的GPS特征

GPS特征是一种基本特征（本质特征、位置特征或方向特征），是与可量化的微观或宏观几何相对应的几何特征。

GPS特征定义了关于非理想要素的偏差和尺寸。例如：图4-32中，对非理想要素（输入要素）1进行滤波2，得到滤波要素，然后根据一定的拟合准则对滤波要素进行拟合3，得到一个拟合直线，该拟合直线与滤波要素之间的最大距离4为一个GPS特征。

GPS特征包括独立特征、区域特征和计量特征，各术语的定义及解释见表4-29～表4-31。

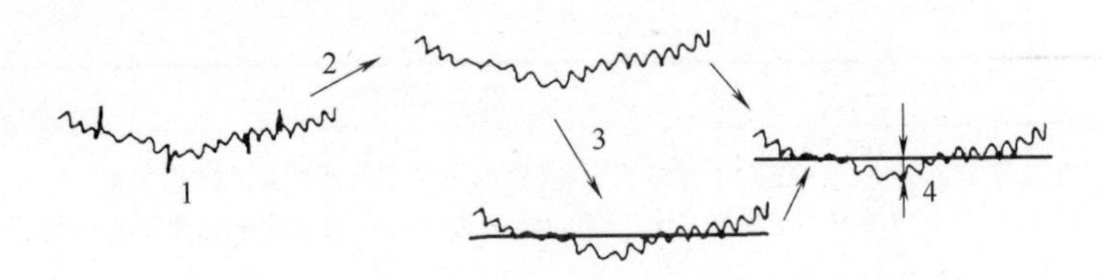

图 4-32　GPS 特征定义的示例

1—非理想要素　2—滤波　3—拟合　4—要素间的最大距离

表 4-29　独立特征的定义及解释

术语	定义及解释
独立特征 (independent characteristic)	不对其他因素造成影响、也不受任何其他几何特征影响的几何特征称为独立特征 如果两个 GPS 特征中的一个变化对另一个没有影响，那么它们是相互独立的。如果一组几何特征能够限制所有要素的偏差，那么它们形成互补特征 一组互补和独立特征是由下面的几何特征构成的： 1）一个特征的偏差要素是另一个特征的参考要素 2）一个特征的参考要素是从对该特征的偏差要素进行操作（至少一个）获得的 示例：如图 a 所示的两条公称直线和一个公称圆公称要素，它们的单个独立特征如图 b 所示，关联独立特征如图 c 所示 a）公称要素　b）单个独立特征　c）关联独立特征 1—偏差要素　2—参考要素　3—尺寸特征　4—形状特征　5—形状特征的参考要素 6—方向特征　7—位置特征 特征的互补可以得到保证，即一个特征的偏差要素与前级特征的参考要素相同 特征的独立性可以得到保证，即一个特征的参考要素是由该特征的偏差要素得到的
独立形状特征 (independent form characteristic)	独立形状特征是一个 GPS 特征，将一个非理想要素（导出要素或组成要素）的形状偏差作为一个方位特征 形状特征是一项包含形状偏差的几何特征，但也包含表面结构偏差。如果非理想要素产生位移变化，独立形状特征值是不改变的。独立形状特征是一个介于非理想和理想要素间的位置特征：参考要素和偏差要素，如图 a 所示

（续）

术语	定义及解释
独立形状特征（independent form characteristic）	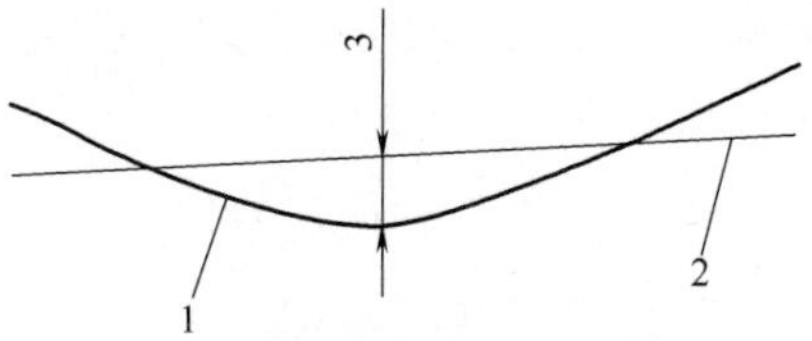 a) 公称直线的独立形状特征 1—偏差要素（非理想要素）　2—拟合要素（理想要素）　3—形状特征 可以选择不同的拟合准则，目标函数可以是例如极大极小法、最小二乘法、最小外接法、最大内切法，而且本质特征可以被约束。因此，形状特征可以取不同的值，如图b和图c所示 b) 用不同拟合准则得到公称直线的独立形状特征  c) 顶角有和没有约束时的圆锥体的独立形状特征
独立尺寸特征（independent size characteristic）	独立尺寸特征是一个GPS特征，将一个非理想要素（导出要素或组成要素）的尺寸作为一个本质特征 示例：图a所示为独立尺寸特征 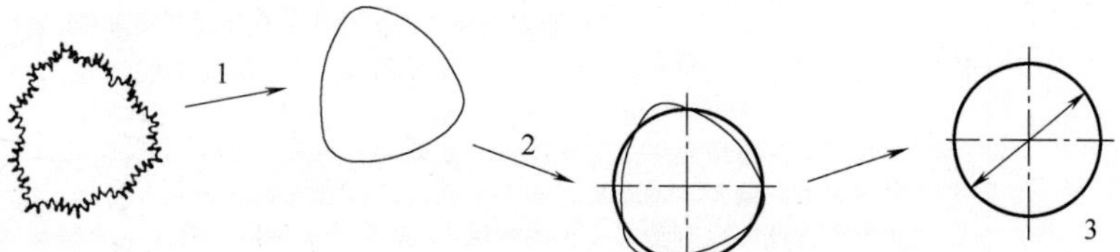 a) 独立尺寸特征示例 1—滤波　2—拟合　3—尺寸特征 如果形状特征的参考要素和尺寸特征的偏差要素是相同的，那么形状特征和尺寸特征是独立和互补的，如图b所示 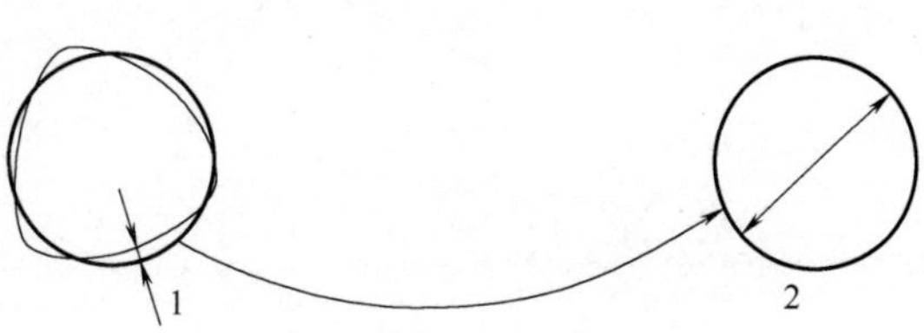 b) 公称圆的形状和尺寸特征是独立和互补的 1—形状特征　2—尺寸特征 拟合准则对独立尺寸特征值有一定影响，如图c~e采用不同的拟合准则对同一圆进行拟合，会得到不同的直径尺寸

（续）

术语	定义及解释
独立尺寸特征 (independent size characteristic)	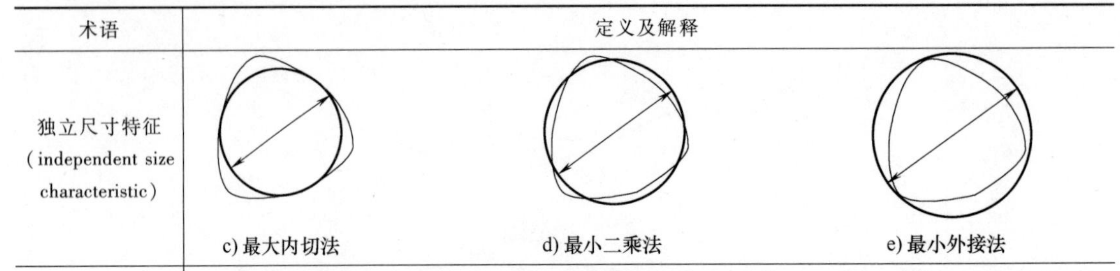 c) 最大内切法　　d) 最小二乘法　　e) 最小外接法
独立方向特征 (independent orientation characteristic)	独立方向特征是一个 GPS 特征，将两个非理想要素（导出要素或组成要素）间的方向偏差作为一个方位特征。图 a 所示为独立方向特征示例 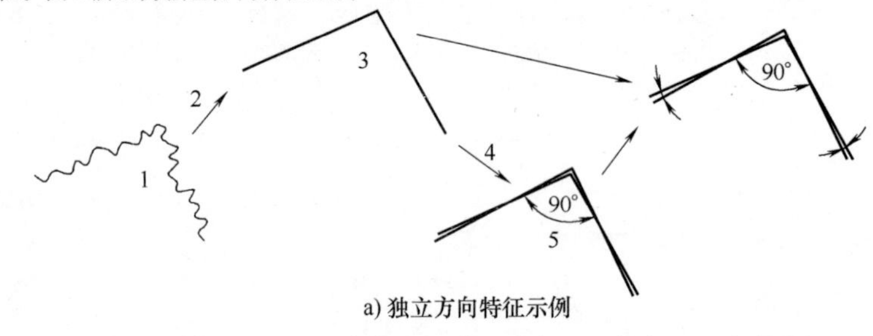 a) 独立方向特征示例 1—输入要素　2—滤波和拟合　3—偏差要素　4—拟合　5—参考要素 如果形状特征的参考要素和独立方向特征的偏差要素（对于每个要素）都是相同的，那么形状特征和方向特征是独立和互补的，如图 b 所示 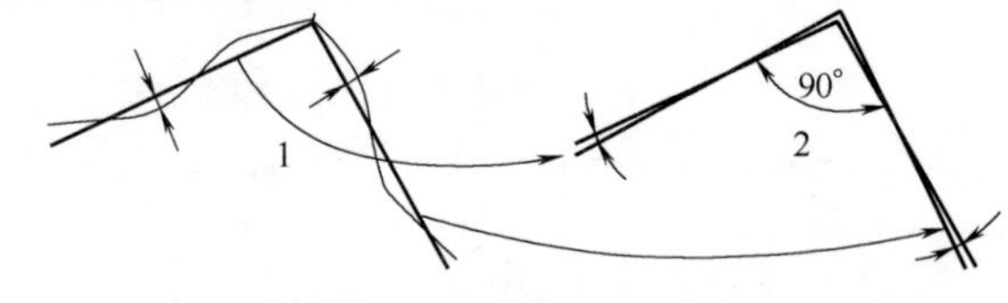 b) 两条公称直线的独立和互补的形状和方向特征 1—形状特征　2—方向特征 一个独立方向特征是一个关联特征。偏差要素和参考要素是理想的，即它们没有形状偏差并且参考要素没有方向偏差。偏差要素和参考要素的拟合准则对独立方向特征值有一定的影响 独立方向特征可以有基准。在此情况下，参考要素与相应的偏差要素相同，因此它与独立形状特征的参考要素也相同。基准要素可以是： 1）单一要素，例如平面或圆柱面 2）非连续要素，例如由一个圆柱面的三部分构成的表面 3）由从多个要素集成得到的要素，例如多个平面。图 c 所示为有基准的两条公称直线的独立方向特征示例 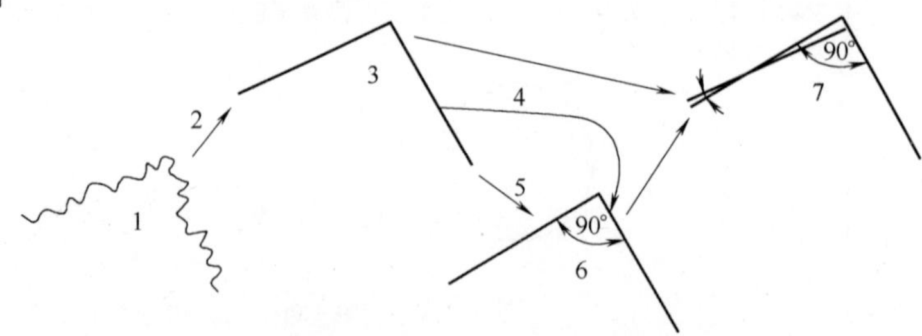 c) 有基准的两条公称直线的独立方向特征示例 1—输入要素　2—滤波和拟合　3—偏差要素　4—基准要素　5—拟合 6—参考要素　7—方向特征

（续）

<table>
<tr><th>术语</th><th>定义及解释</th></tr>
<tr><td>独立位置特征
(independent location characteristic)</td><td>独立位置特征是一个 GPS 特征，将两个非理想要素（导出要素或组成要素）间的位置偏差作为一个方位特征。图 a 所示为独立位置特征示例
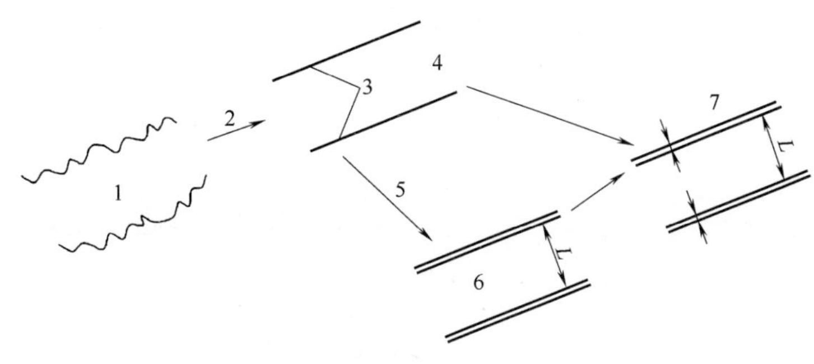

a) 独立位置特征示例
1—输入要素　2—滤波和拟合　3—平行线　4—偏差要素　5—拟合
6—参考要素　7—位置特征　L—距离
如果独立方向特征的参考要素和独立位置特征的偏差要素（对于每个要素）都是相同的，那么方向特征和位置特征是独立和互补的。图 b 所示为两条公称直线独立和互补的方向和位置特征
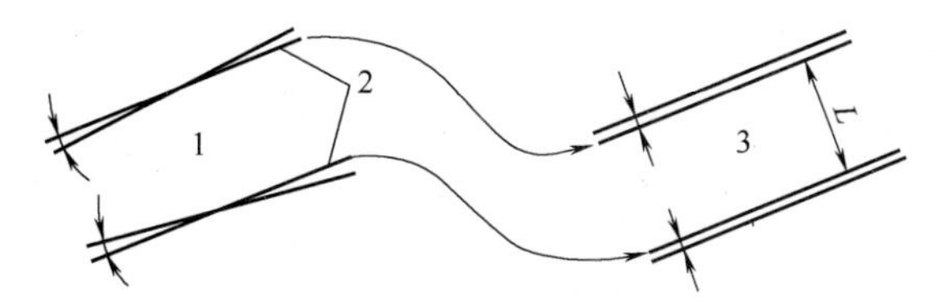

b) 两条公称直线独立和互补的方向和位置特征
1—方向特征　2—平行线　3—位置特征　L—距离
独立位置可以用在不同类型的要素上，例如一个平面和一个圆柱面（见图 c）
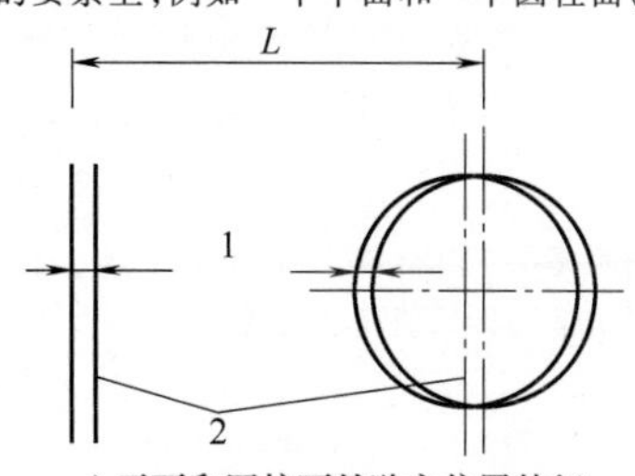

c) 平面和圆柱面的独立位置特征
1—位置特征　2—平行线　L—距离
独立位置特征是一种关联特征。偏差要素和参考要素是理想的，即它们没有形状偏差和方向偏差并且参考要素间没有位置偏差。偏差要素和参考要素的拟合准则对独立位置特征值有影响。独立位置特征可以有基准，此情况下参考要素和相应的偏差要素以及独立方向特征的参考要素相同（见图 d）。基准要素可以是：
1）单一要素，比如平面或圆柱
2）非连续要素，比如一个由圆柱的三部分构成的表面
3）一个由许多要素（比如多个平面）的集成得出的要素</td></tr>
</table>

（续）

术语	定义及解释
独立位置特征 (independent location characteristic)	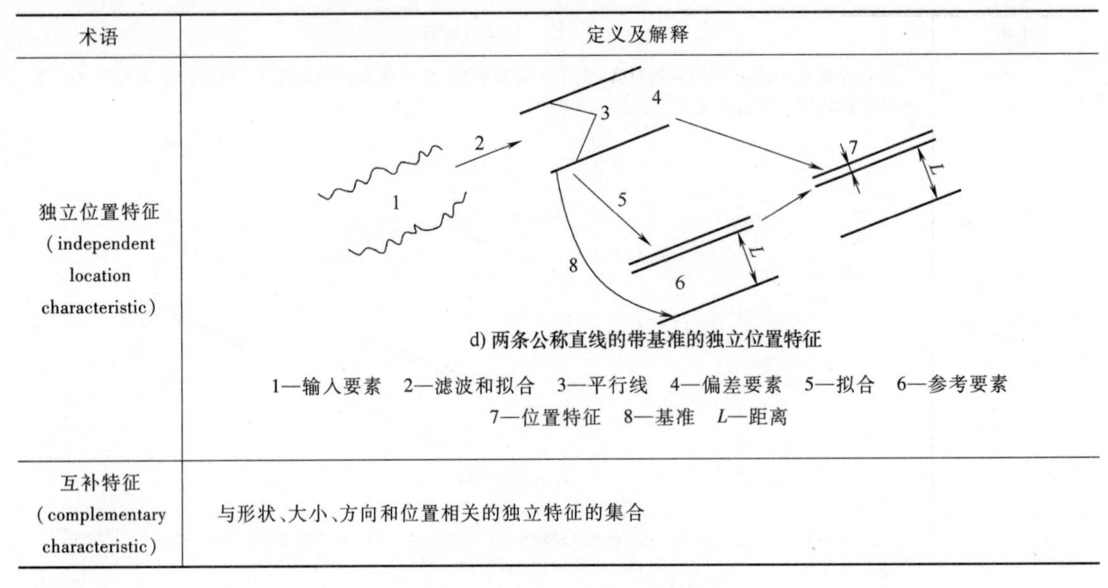 d) 两条公称直线的带基准的独立位置特征 1—输入要素 2—滤波和拟合 3—平行线 4—偏差要素 5—拟合 6—参考要素 7—位置特征 8—基准 *L*—距离
互补特征 (complementary characteristic)	与形状、大小、方向和位置相关的独立特征的集合

表 4-30 区域特征的定义及解释

术语	定义及解释
区域特征 (zone characteristic)	区域特征是一个 GPS 特征，定义非理想要素（导出要素或组成要素）的偏差为最大距离形式的方位特征
区域形状特征 (zone form characteristic)	区域形状特征用于定义一个非理想要素（导出要素或组成要素）的形状偏差。图 a 所示为输入要素的区域形状特征获取过程示例 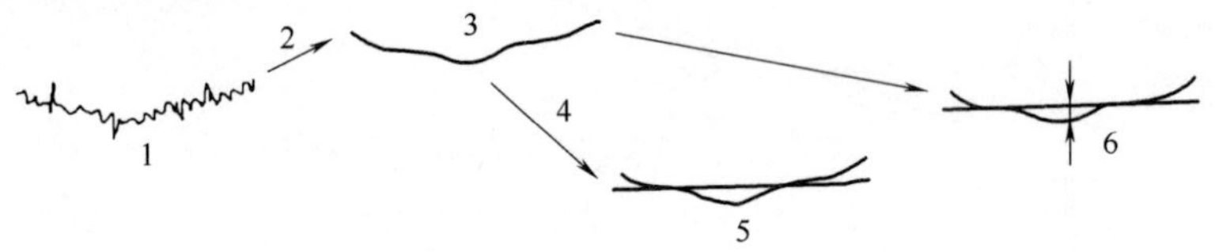 a) 输入要素的区域形状特征获取过程示例 1—输入要素 2—滤波 3—偏差要素 4—拟合 5—参考要素 6—区域形状特征 区域形状特征是一项几何特征，它包括了形状偏差和表面结构偏差。区域形状特征中的表面结构值取决于滤波的嵌套指数值和滤波类型，如图 b 所示。图 b 中，1 是不同嵌套指数或滤波方式下的区域形状特征 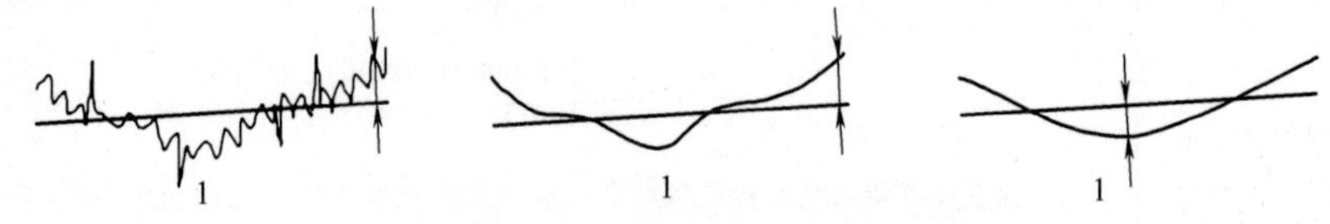 b) 不同嵌套指数或滤波方式下的区域形状特征 区域形状特征是一项单一特征。如果非理想要素产生位移变化，区域形状特征值不发生变化 区域形状特征是一项介于非理想要素（偏差要素）和理想要素（参考要素）间的距离特征。参考要素可选用不同的拟合准则，目标函数可以是极大极小值法、最小二乘法、最小外接法、最大内切法，并且本质特征可以被约束。因此，区域形状特征值可以不同

（续）

术语	定义及解释
区域方向特征（zone orientation characteristic）	区域方向特征定义了一个非理想要素（导出要素或组成要素）的方向偏差。图 a 所示为输入要素的区域方向特征获取过程示例 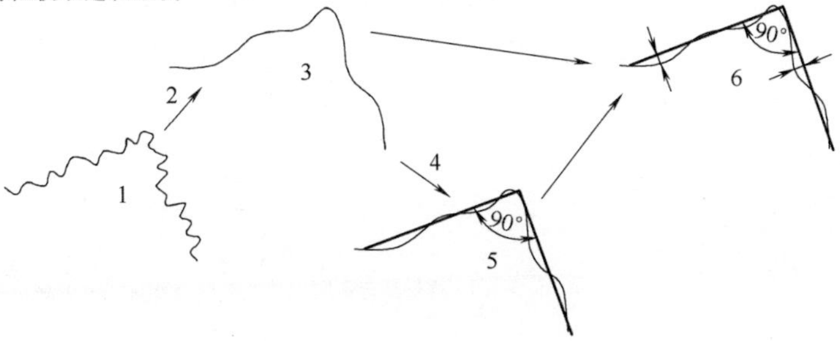 a) 输入要素的区域方向特征获取过程示例 1—输入要素　2—滤波　3—偏差要素　4—拟合 5—参考要素　6—区域方向特征 区域方向特征包括独立方向和部分独立形状以及表面结构。区域方向特征中的形状和表面结构的数量取决于偏差要素的类型，如图 b 所示 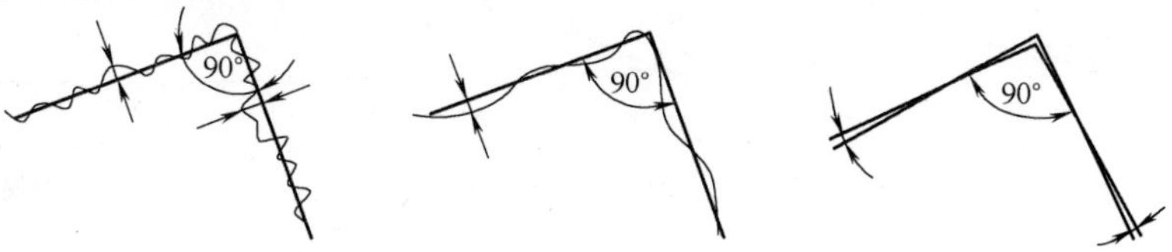 b) 两条具有不同偏差要素的公称直线的区域方向特征 可以使用基准要素，这些要素不会受基本特征的影响，如图 c 和 d 所示 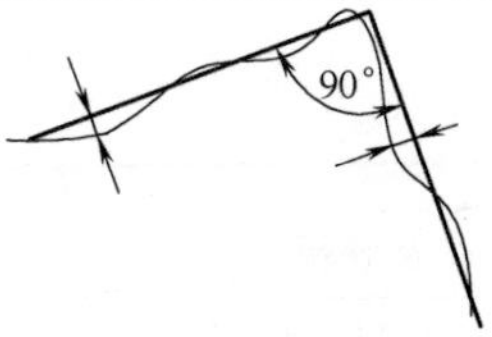 c) 无基准要素 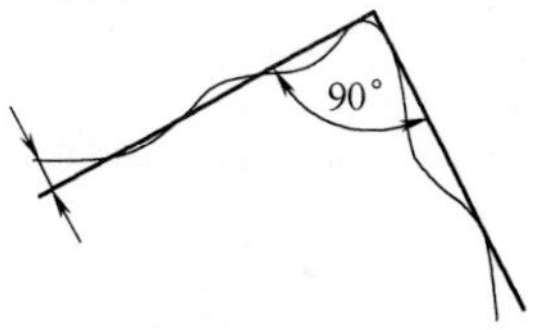　　d) 有基准要素 区域方向特征是一种关联特征。如果非理想要素产生位移变化，那么区域方向特征值不发生变化。参考要素没有形状和方向偏差，可选用不同的拟合准则。目标函数可以是极大极小值法、最小二乘法、最小外接法、最大内切法，并且本质特征可以被约束。因此，区域方向特征值可以不同
区域位置特征（zone location characteristic）	区域位置特征定义了一个非理想要素（可能是导出要素或组成要素）的位置偏差。图 a 所示为输入要素的区域位置特征获取过程示例 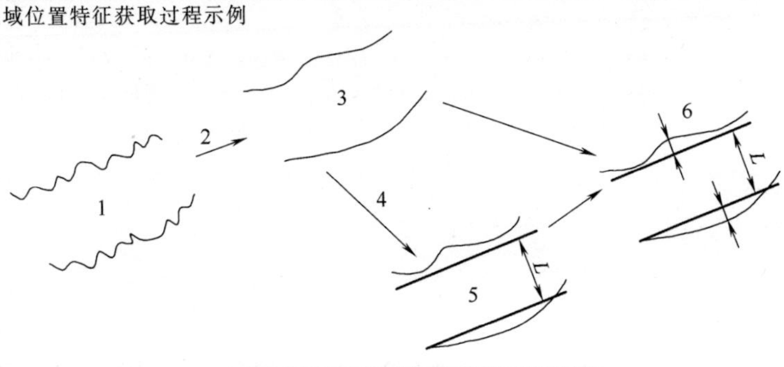 a) 输入要素的区域位置特征获取过程示例 1—输入要素　2—滤波　3—偏差要素　4—拟合 5—参考要素（拟合要素）　6—区域位置特征　L—距离（理论尺寸）

（续）

术语	定义及解释
区域位置特征 （zone location characteristic）	区域位置特征是一项几何特征，包括独立位置和部分独立方向、形状以及表面结构。区域位置特征中方向、形状和表面结构的数量取决于偏差要素的类型，如图 b 所示 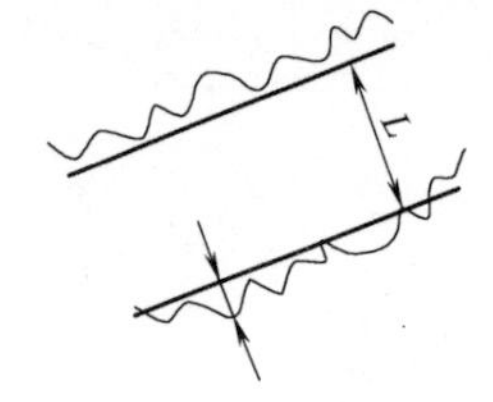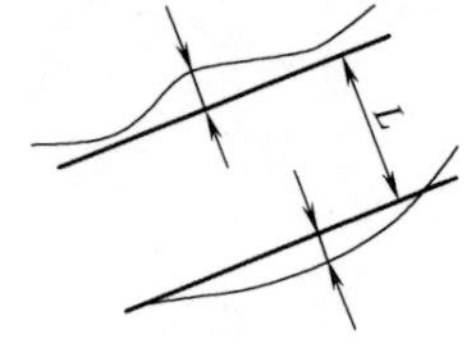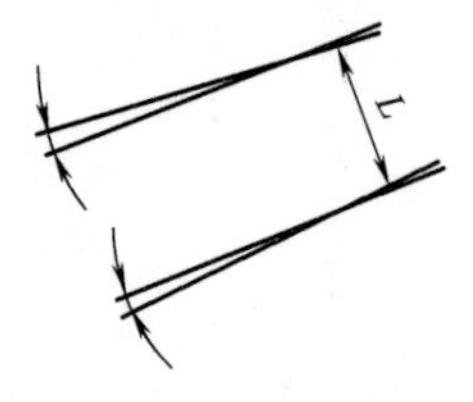 b) 两条具有不同偏差要素的公称直线的区域位置特征 *L*—距离 可以使用基准要素，这些要素不受基本特征的影响，如图 c 和 d 所示 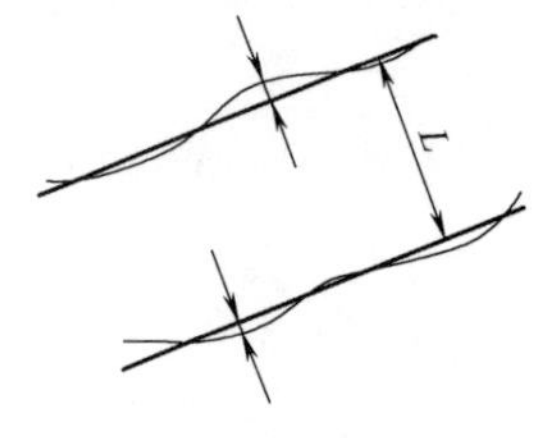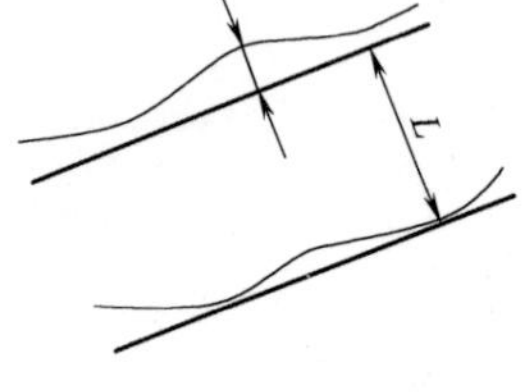 c) 无基准要素　　d) 有基准要素 *L*—理论距离 区域位置特征是一种关联特征。参考要素没有形状、方向和位置偏差。可选用不同的拟合准则，目标函数可以是极大极小值法、最小二乘法、最小外接法、最大内切法，并且本质特征可以被约束。因此，区域位置特征值可以不同

表 4-31　计量特征的定义及解释

术语	定义及解释
计量特征 （gauge characteristic）	计量特征是一个 GPS 特征，即考虑输入要素至少有一个候选要素与之拟合的前提下，将其组成要素或平滑要素的偏差定义为基本特征
计量尺寸特征 （gauge size characteristic）	计量尺寸特征是一个 GPS 特征，利用相关面向要素给出非理想组成要素或平滑要素的模拟界面，进而定义一个偏差要素的尺寸 图 a 所示为计量尺寸特征示例，对输入要素进行滤波操作 1 得到偏差要素 2，采用一定的拟合准则对 2 进行拟合 3 得到参考要素 4，参考要素之间的距离即为计量尺寸特征 5 a) 计量尺寸特征示例 1—滤波　2—偏差要素　3—拟合　4—参考要素　5—计量尺寸特征

（续）

术语	定义及解释
计量尺寸特征 （gauge size characteristic）	当用于一个要素时，计量尺寸特征是一个包括独立尺寸和部分独立形状和表面结构的几何特征，如图 b 所示。计量尺寸特征里的形状和表面结构的数量取决于偏差要素的类型。当用于几个要素时，它还可以包括独立的位置和方向，如图 c 和图 d 所示 b）有不同偏差要素的计量尺寸特征 c）有方向约束的计量尺寸特征 1—滤波　2—偏差要素　3—拟合　4—参考要素　5—平行线　6—计量尺寸特征 d）有位置约束的计量尺寸特征 1—滤波　2—偏差要素　3—拟合　4—参考要素　5—计量尺寸特征　L—距离 可以用基准要素，这些要素不受基本特征的影响。如图 e 和图 f 所示 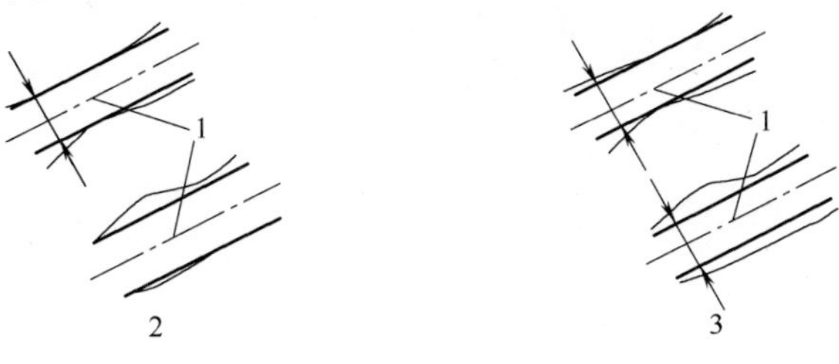 e）有方向约束的计量尺寸特征 1—平行线　2—带基准要素　3—不带基准要素

（续）

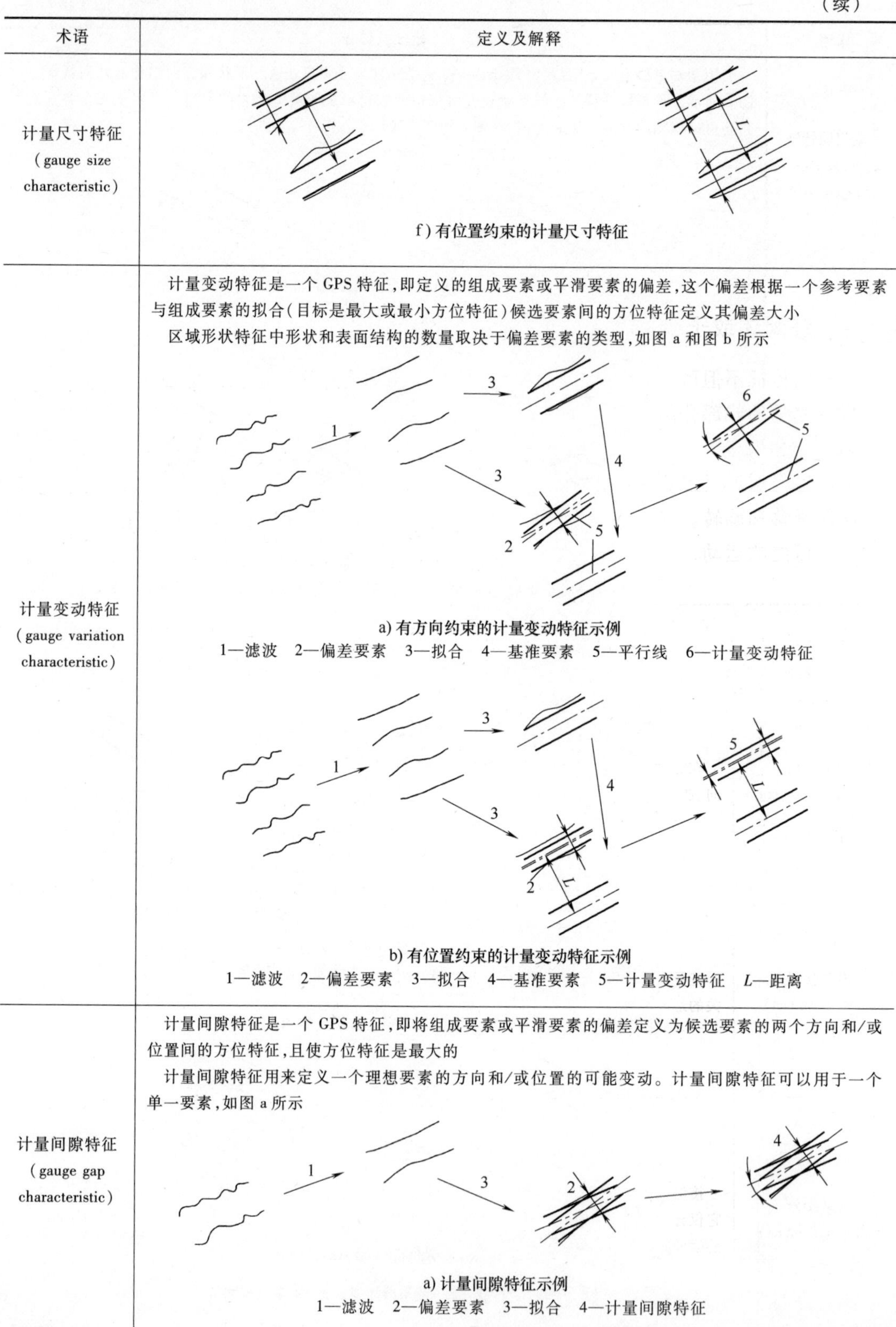

术语	定义及解释
计量尺寸特征 （gauge size characteristic）	f）有位置约束的计量尺寸特征
计量变动特征 （gauge variation characteristic）	计量变动特征是一个 GPS 特征，即定义的组成要素或平滑要素的偏差，这个偏差根据一个参考要素与组成要素的拟合（目标是最大或最小方位特征）候选要素间的方位特征定义其偏差大小 区域形状特征中形状和表面结构的数量取决于偏差要素的类型，如图 a 和图 b 所示 a）有方向约束的计量变动特征示例 1—滤波　2—偏差要素　3—拟合　4—基准要素　5—平行线　6—计量变动特征 b）有位置约束的计量变动特征示例 1—滤波　2—偏差要素　3—拟合　4—基准要素　5—计量变动特征　*L*—距离
计量间隙特征 （gauge gap characteristic）	计量间隙特征是一个 GPS 特征，即将组成要素或平滑要素的偏差定义为候选要素的两个方向和/或位置间的方位特征，且使方位特征是最大的 计量间隙特征用来定义一个理想要素的方向和/或位置的可能变动。计量间隙特征可以用于一个单一要素，如图 a 所示 a）计量间隙特征示例 1—滤波　2—偏差要素　3—拟合　4—计量间隙特征

（续）

术语	定义及解释
计量间隙特征（gauge gap characteristic）	方位特征可以是一个角度或一段距离，如图 b 和图 c 所示 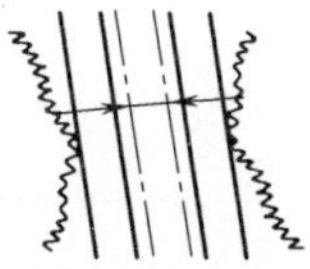 b) 用距离表示的计量间隙特征 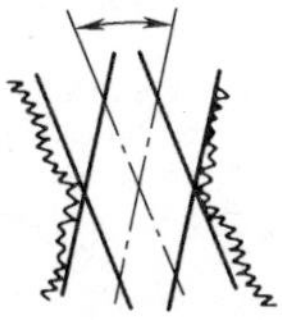　c) 用角度表示的计量间隙特征

4.3.7　装配体或子装配体特征

所有的特征不但可以用于单个工件，而且可以用于装配体或子装配体。装配体的几何表示可以是完整的或部分的。装配体的多个或全部零件可以用运动学表达。

（1）接触类型

装配特征应该考虑到两零件间接触处的可能运动。两零件间的运动可以分解为切向平移、法向平移和旋转。两零件间的运动方式确定了接触类型，它们与零件间自由度关系有关。根据可能的运动，零件间有五种接触类型，见表 4-32。

表 4-32　浮动、滚动、滑动、滚动/滑动和固定接触

接触类型	定义	图示	两零件间可能剩余的自由度
浮动接触（floating contact）	在正常运作情况下，允许切向、法向和旋转相关运动的接触	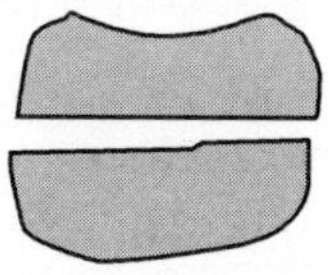	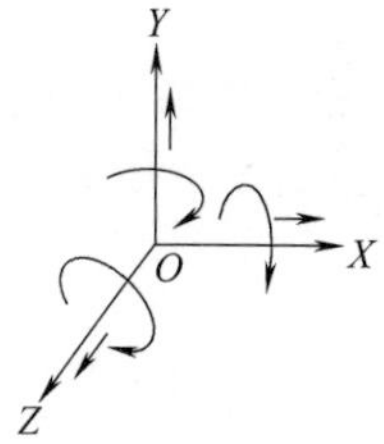 Y X O Z
滚动接触（rolling contact）	正常工作时仅允许与旋转相关的运动接触	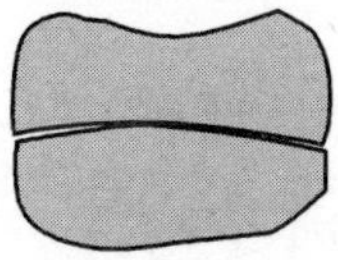	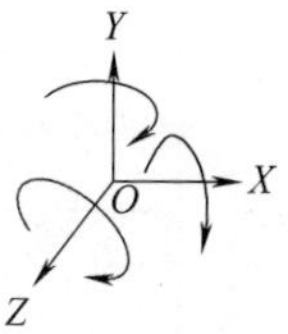 Y X O Z
滑动接触（slipping contact）	接触受限于机械运动的影响，它仅允许正常工作时进行切向的运动	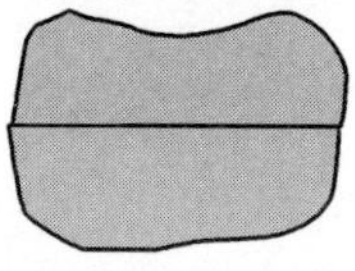	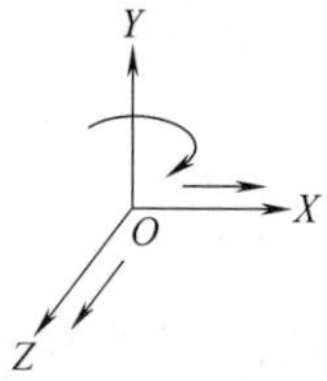 Y X O Z

（续）

接触类型	定义	图示	两零件间可能剩余的自由度
滚动/滑动接触（rolling/slipping contact）	正常运作时允许切向和旋转有关的运动接触	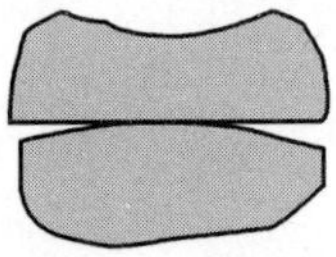	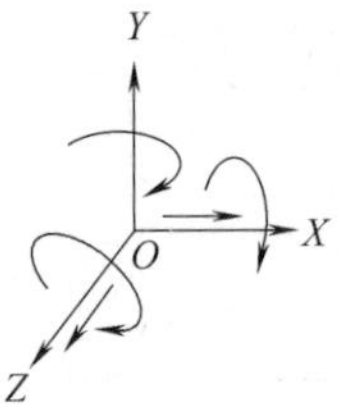
固定接触（fixed contact）	受限于机械运动和（或）引起摩擦的约束，不允许在正常工作时进行相关的运动	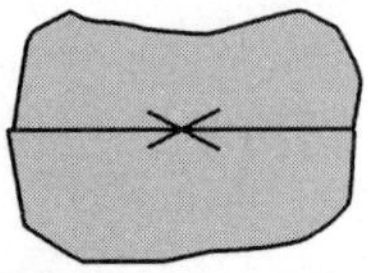	无

注：⟶表示沿轴线平移，↷表示绕着轴线旋转。

示例：如图 4-33 所示，一根轴插在一个带盖子的箱体中。盖子有一对平面副和一对轴孔副。平面副是固定接触，因为盖子通过紧固件固定在箱体上，轴和箱体及盖子的接触是浮动接触。

（2）结构特征

在零件之间没有干涉情况下的装配，一个装配体上零件的特定位置称为结构（configuration）。

图 4-34 所示的结构，轴、盖子和箱体孔结合的位置不同。图 4-35 所示的结构，均在 1 处有相同固定位置。

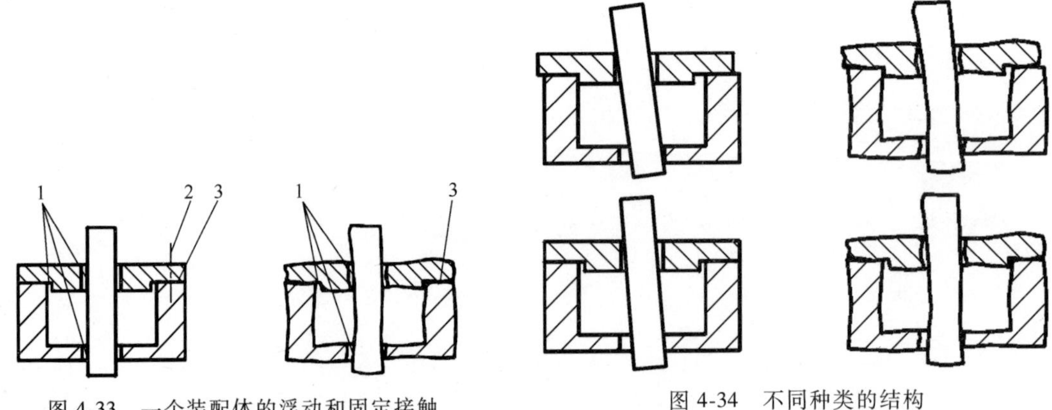

图 4-33　一个装配体的浮动和固定接触
1—浮动接触　2—紧固件　3—固定接触

图 4-34　不同种类的结构

（3）独立特征

装配体上的独立特征等于结构所有特征中的最大值或最小值。

示例：图 4-36 所示为公称柱面和公称平面的独立方向特征。公称平面作为基准。独立方向特征对于所有结构都是确定的，装配体的特征是所有结构特征中最大的特征。

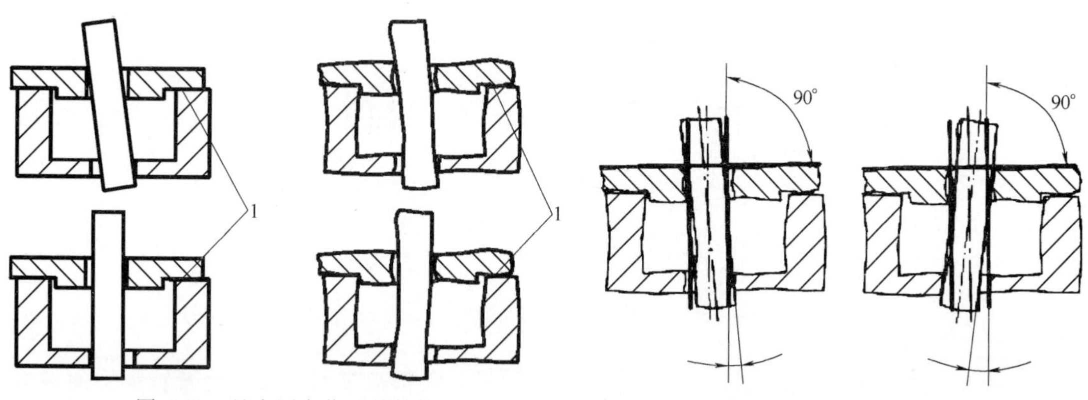

图 4-35　具有固定位置的结构　　图 4-36　公称柱面和公称平面的独立方向特征

（4）区域特征

装配体的区域特征等于结构中的最大特征。

示例：图 4-37 所示为两个公称柱面的区域形状特征。区域形状特征对于所有结构都是确定的，装配体上的特征是所有结构中的最大特征。

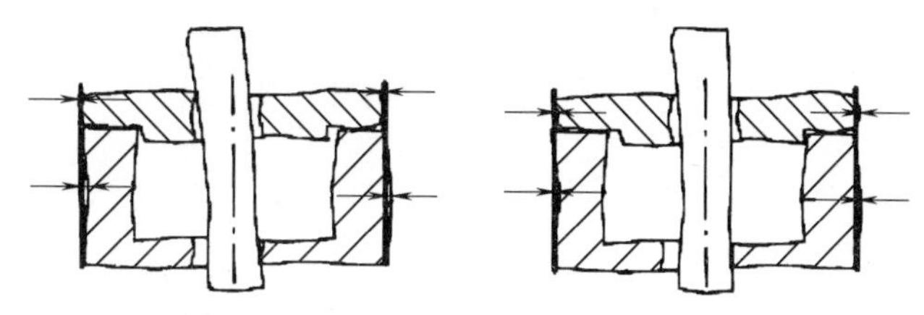

图 4-37　两个公称柱面的区域形状特征

（5）计量特征

1）计量尺寸特征。装配体的计量尺寸特征等于所有结构的最大特征，或就所有结构的最小特征。

示例：图 4-38 所示为两个公称柱面的计量尺寸特征。其中一个公称柱面作为基准。计量尺寸特征对于所有结构都是确定的，装配体上的特征是所有结构中的最大特征。

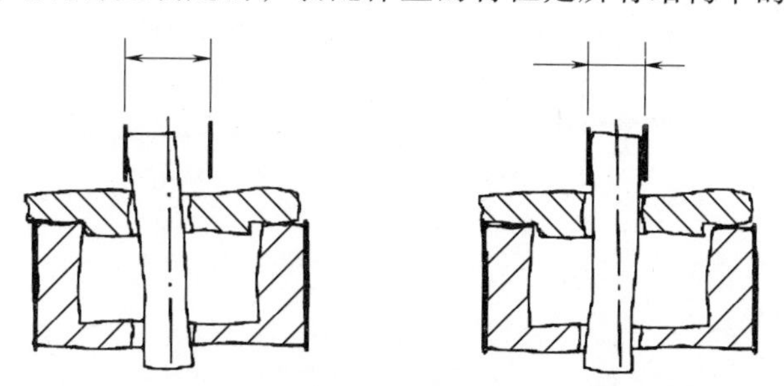

图 4-38　两个公称柱面的计量尺寸特征

2）计量变动特征。装配体的计量变动特征等于所有结构中的最大特征。

示例：图 4-39 所示为两个公称柱面的计量变动特征。其中一个公称柱面作为基准，计量变动特征对于所有结构都是确定的，装配体上的特征是所有结构中的最大特征。

3）计量间隙特征。装配体上固定位置的计量间隙特征等于两个固定结构位置基本特征

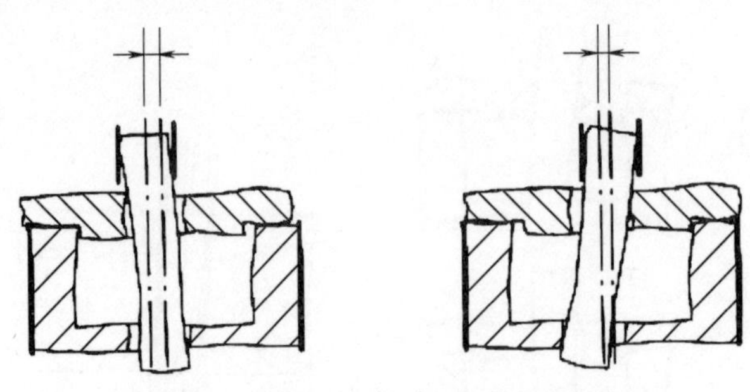

图 4-39　两个公称柱面的计量变动特征

的最大特征。固定零件作为基准零件。装配体的计量间隙特征是所有固定位置特征中的最大特征或最小特征。

示例：图 4-40 所示为公称圆柱面和公称平面的计量间隙特征示例。公称平面作为基准，计量间隙特征对于所有固定零件都是确定的，装配体上的特征是所有固定位置特征中的最大特征。

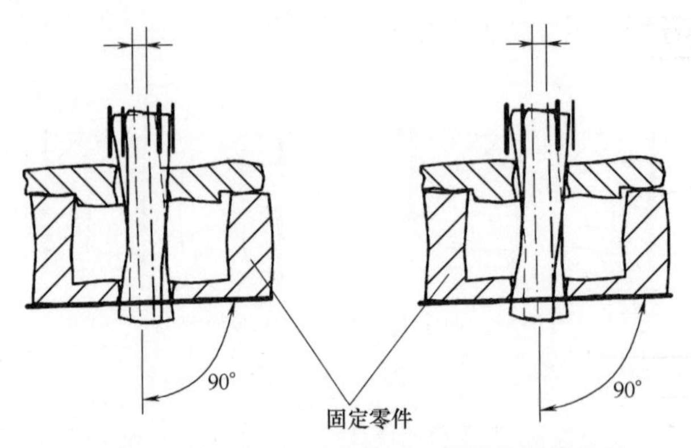

图 4-40　公称圆柱面和公称平面的计量间隙特征

4.3.8　特征术语之间的关系

特征种类之间的关系见表 4-33。几何特征的关系如图 4-41 所示。

表 4-33　特征种类之间的关系

特征类型	特征子类型						
	表面结构	形状	尺寸	方向	位置	变化	间隙
独立	不可用	适用于参考要素的可变本质特征(尺寸)	适用于本质特性(尺寸)的参考要素	可用	可用	不可用	不可用
区域	不可用	适用于参考要素的可变本质特性(尺寸)	适用于参考要素的固定本质特性(尺寸)	可用	可用	不可用	不可用
结构	可用	不可用	不可用	不可用	不可用	不可用	不可用
计量	不可用	不可用	适用于参考要素的固定本质特性(尺寸)	不可用	不可用	适用于固定本质特征(尺寸)	适用于固定本质特征(尺寸)

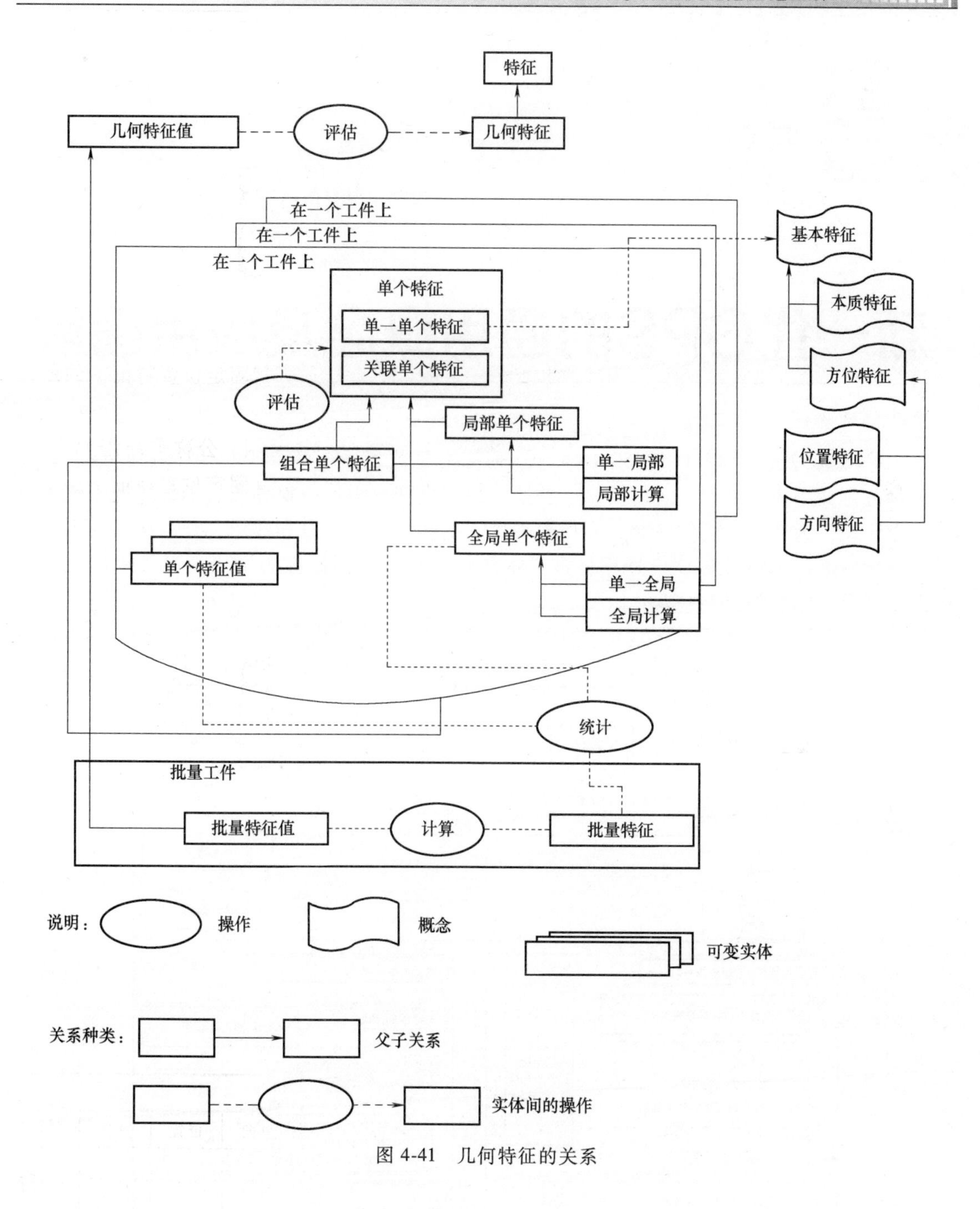

图 4-41　几何特征的关系

第5章

新一代GPS的通用概念及应用图解

GB/T 24637.1～4（ISO 17450-1～4）系列标准规范了 GPS 标准体系中的通用概念，该系列标准定义了表面模型、几何要素、特征、恒定类别、操作、操作集、不确定度等概念及其数学定义，为产品的设计、制造、检验提供了明确的技术手段和数学工具。该系列标准是 GPS 基础标准，影响所有 GPS 通用标准。本章将介绍该系列标准的主要内容及应用，内容体系及涉及的标准如图 5-1 所示。

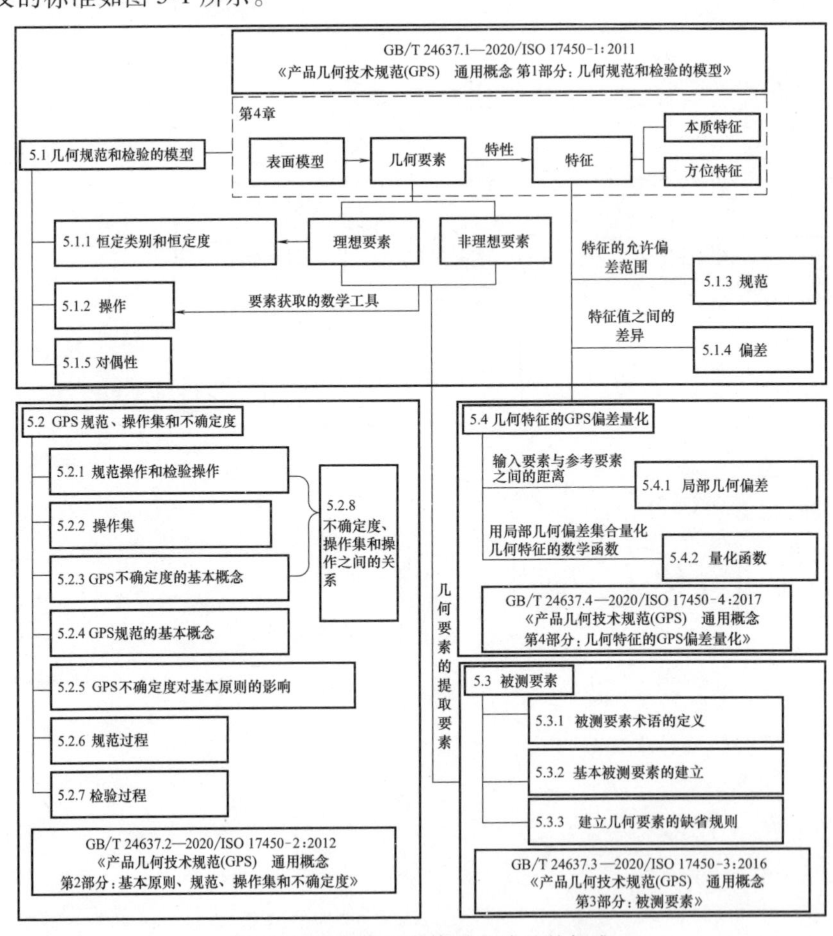

图 5-1 本章的内容体系及涉及的标准

5.1 几何规范和检验的模型

GB/T 24637.1—2020 等同采用了 ISO 17450-1：2011《产品几何技术规范（GPS） 通用概念 第1部分：几何规范和检验的模型》，规范了产品几何技术规范和检验的模型，定义了与该模型相关的几何要素、特征、恒定类别、操作、规范等概念，并给出了这些概念的数学符号与定义。

几何规范和检验中的表面模型、几何要素和特征的定义及解释见本书第4章。本节对其他与几何要素、特征相关的概念进行介绍。

5.1.1 恒定类别和恒定度

恒定类别（invariance class）指在保持特征（本质特征和方位特征）恒定的前提下，由具有相同偏移数量的理想要素所定义的理想要素组。所有表面可以根据相应的理想要素的自由度是恒定的分为7种（两个或多个表面的组合也属于这些类别），分别为球面、圆柱面、平面、螺旋面、回转面、棱柱面和复合面，见表5-1。

表5-1 理想要素的恒定类别

恒定类别	示意图	恒定度	方位要素	示例
球面		绕1点的3个转动：R_x、R_y、R_z	点	球面
圆柱面		沿直线的1个平动和1个转动：T_z、R_z	直线	圆柱面
平面		垂直于平面的1个转动；沿平面上2条线的2个平动：T_x、T_y、R_z	平面	平面
螺旋面		沿直线的1个平动和1个转动的组合：T_z、R_z	点、直线	渐开线螺旋面
回转面		沿直线的1个转动：R_z	点、直线	圆锥面 圆环面
棱柱面		沿平面上1条直线的1个平动：T_z	直线、平面	椭圆棱柱面
复合面		0	点、直线、平面	非结构化点云空间 贝塞尔曲面

理想要素的恒定度（invariance degree of an ideal feature）指在空间中保持同一理想要素特征不变的运动可能性，该运动的可能性与运动学中自由度概念相当。恒定度的值等于所给几何要素保持特征不变的运动可能性的数目（相应自由度的值）。

示例1：公称圆柱面沿其轴线的平移（T_Z）或绕其轴线的转动（R_Z），它的特征（本质特征和方位特征）是不变的，因此，其恒定度为2，它属于圆柱面恒定类别。

示例 2：公称圆锥面沿其轴线旋转（R_Z），其特征不发生改变，其恒定度为 1，它属于回转面恒定类别。

示例 3：球面绕其球心做 X、Y 和 Z 三个方向的旋转，其特征不发生改变，其恒定度为 3。

示例 4：轴线互相平行（不同轴）的两个公称圆柱面的组合，如图 5-2 所示，沿 Y 方向的平动（T_Y），其特征不发生改变，其恒定度为 1，它属于棱柱面恒定类别。

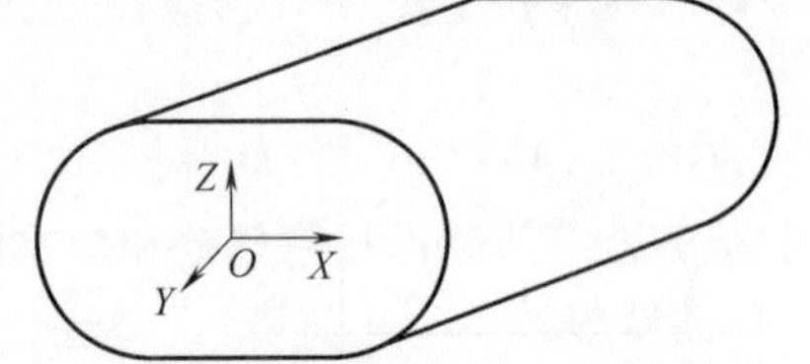

图 5-2　两个公称圆柱面的组合示例

每个理想要素可以定义一个或多个方位要素，方位要素是理想的点、直线、平面或螺旋面，通过这些方位要素可以用特征定义要素的位置和方向。理想要素的方位要素示例见表 5-2，理想要素的本质特征示例见表 5-3。

表 5-2　理想要素的方位要素示例

恒定类别	理想要素的类型	方位要素的例子
复合面	椭圆曲线 双曲抛物面 ……	椭圆面，对称平面 对称平面，切点 ……
棱柱面	椭圆柱	对称平面，轴线
回转面	圆 圆锥 圆环 ……	包含圆、圆心的平面 对称轴线，顶点 垂直圆环轴的平面，圆环中心 ……
螺旋面	螺旋线 基于圆渐开线的螺旋面 ……	螺旋线 螺旋线 ……
圆柱面	直线 圆柱面	直线① 轴线①
平面	平面	平面
球面	点 球	点① 中心①

① 没有可选择的方位要素，因为这对于所考虑的要素可能是不同的恒定类别。

表 5-3　理想要素的本质特征示例

恒定类别	理想要素的类型	本质特征示例
复合面	椭圆曲线 极坐标表面 ……	长轴与短轴的长度 相对于极坐标的位置 ……
棱柱面	椭圆柱面 基于圆渐开线的棱柱面 ……	长轴与短轴的长度 压力角，基圆半径 ……

（续）

恒定类别	理想要素的类型	本质特征示例
回转面	圆 圆锥 圆环 ……	直径 顶角 素线和准线直径 ……
螺旋面	螺旋线 基于圆渐开线的螺旋面 ……	螺距和半径 螺旋角，压力角，基圆半径 ……
圆柱面	直线 圆柱	无 直径
平面	平面	无
球面	点 球面	无 直径

5.1.2　操作

5.1.2.1　操作的定义及分类

操作（operation）是新一代 GPS 中为体现要素、获取规范值和特征值而对表面模型或实际工件表面所进行的特定处理方法，其分类如图 5-3 所示，包括要素操作、变换和评估。要素操作又包括：分离、提取、滤波、拟合、组合、构建、重构和简化等，各操作的定义见表 5-4。

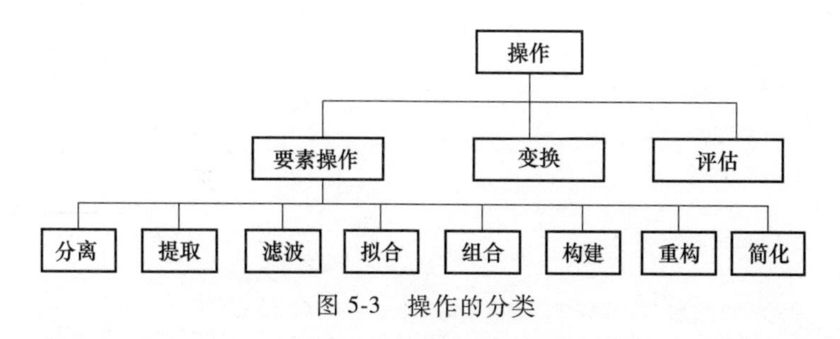

图 5-3　操作的分类

表 5-4　操作的定义

术语	定义及解释
要素操作 （feature operation）	获得要素所需的特定手段
分离 （partition）	分离用于确定属于工件的实际表面或工件表面模型上的部分几何要素的要素操作 分离是用于确定几何要素的一部分的要素操作。它通常是通过从非理想表面模型或实际表面获得与公称要素对应的非理想要素，如下图所示。也可用来获得理想要素的有限部分（如一段直线）或非理想要素的有限部分（如部分非理想表面）

（续）

术语	定义及解释
提取 (extraction)	提取用于从一个非理想要素中识别特定点的要素操作 提取是依据特定的规则从一个要素提取有限点集的要素操作，如下图所示 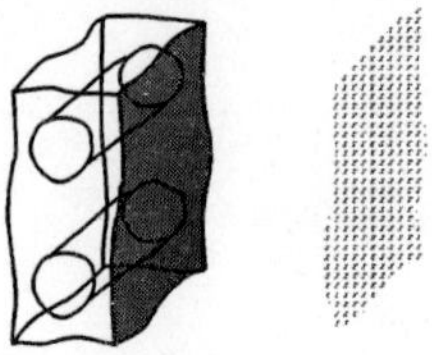
滤波 (filtration)	滤波用于从非理想要素中创建非理想要素，或通过减少信息水平将一条变动曲线转换为另一条变动曲线的要素操作，如下图所示 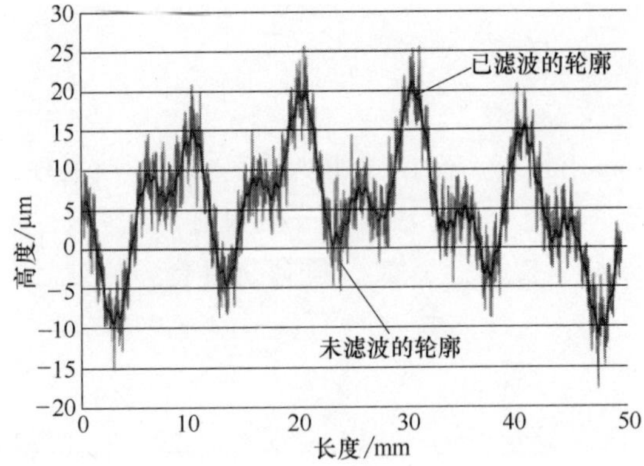
拟合 (association)	拟合用于按照一定准则使理想要素逼近非理想要素的要素操作 拟合准则给出了特征目标和约束。约束决定了特征值或者对特征给出了极限。约束可以应用于本质特征、理想要素间的方位特征或理想要素和非理想要素间的方位特征 例如，以截面圆为例，拟合准则可以为： 1）非理想要素的各点到理想圆的距离的平方和为最小（最小二乘法），如图 a 所示 2）内切圆的直径最大（最大内切法），如图 b 所示 3）外接圆的直径最小（最小外接法），如图 c 所示 4）其他准则 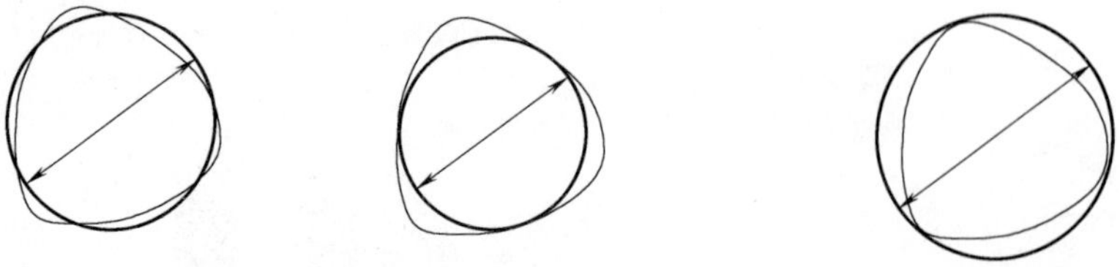 a）最小二乘圆　b）最大内切圆　c）最小外接圆

（续）

术语	定义及解释
组合 (collection)	组合是将多个要素结合在一起，以实现某一特定功能的操作，如下图所示。组合操作的对象可能是理想要素或非理想要素。通过两个理想要素组合操作得到的理想要素属于表5-1中7种恒定类别中的一种 相对于被组合的单个要素来说，组合操作可能会改变组合要素的恒定类别和恒定度 注1：单一要素是一个连续的要素，在同一维上没有任何子集（点、线、面），其恒定度高于组合要素的恒定度。例如，圆柱面是一个单一要素，其恒定度为2；而由两个平行圆柱面组成的组合表面不是单一要素，其恒定度为1 注2：通过组合操作，两个要素之间的方位特征成为组合要素的本质特征。如下图中的L 注3：组合要素中的各要素不需要有联系 下图将轴线处于同一平面内且相互平行的两圆柱面一起考虑（如建立一个公共基准面），并定义为两圆柱要素的组合。该组合要素只有沿着直线平动才是恒定的，它属于棱柱面恒定类别 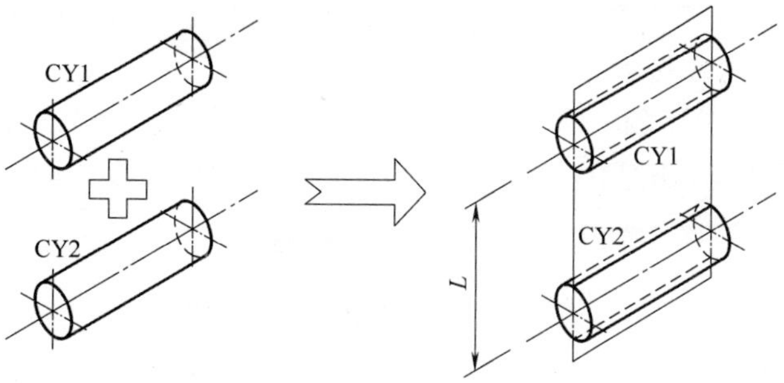 CY1—理想圆柱1　CY2—理想圆柱2　L—两轴心线的距离
构建 (construction)	构建是根据约束条件从理想要素中建立新理想要素的操作，如下图所示。构建操作的实质是建立与原理想要素有一定关系，即满足一定约束条件的新理想要素 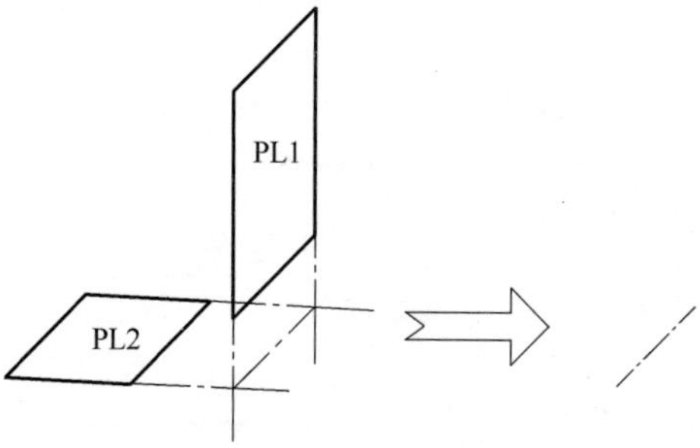 PL1—理想平面1　PL2—理想平面2
重构 (reconstruction)	重构用于从一个提取要素中建立一个连续要素的要素操作，如下图所示。重构用于从非连续要素（如提取要素）中创建连续要素（闭合或非闭合）  重构有多种类型，没有重构就不能建立提取要素和理想要素之间的交集（这种交集可能导致空点集）

（续）

术语	定义及解释
简化 (reduction)	简化用于通过计算建立一个导出要素的要素操作 示例：当几何要素的中心被定义为提取组成要素的重心时，中心是通过简化获得的
变换 (transformation)	变换用于将一个变动曲线转换为另一个变动曲线的操作 当基本特征是一个局部特征时，所考虑的几何要素会发生变动，这种变动可以用变动曲线表示，并可提出处理措施，这些操作被称为变换 示例：比例曲线的确定是变动曲线的一个变换，如图 5-35 所示
评估 (evaluation)	评估是用以确定公称值、特征值或特征规范值的操作。其特征值应该满足与特征规范值相对应的极限约束关系式，该约束评估关系式为：$l_1 \leqslant \text{char} \leqslant l_2$ 式中，char 为特征值；l_1、l_2 为与特征规范值相对应的极限值 评估总是在要素操作、确定规范操作或检验操作之后使用

5.1.2.2 操作的应用示例

(1) 形状公差示例

图 5-4 是根据 GB/T 1182 标准制定的平面度公差规范，应用的要素操作示例见表 5-5。

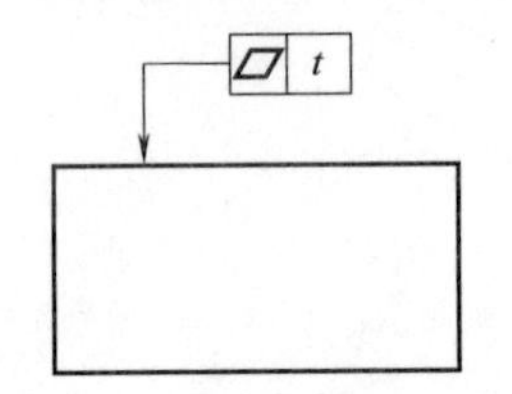

图 5-4 平面度规范示例

表 5-5 平面度的检验操作示例

操作	图 示	说 明
分离		从非理想表面模型中分离非理想平面
提取		按一定的提取方案对被测平面进行提取，得到提取表面
滤波	—	图样上未给出滤波操作规范，因此不进行滤波操作
拟合		对提取表面采用最小区域法进行拟合，得到拟合平面
评估	f_c	误差值为提取表面上的最高峰点、最低谷点到拟合平面的距离值之和
符合性比较	—	将得到的误差值 f 与图样上给出的公差值 t 进行比较，判定平面度是否合格

（2）方向公差示例

图 5-5 是根据 GB/T 1182 标准制定的垂直度公差规范，应用的要素操作示例见表 5-6。

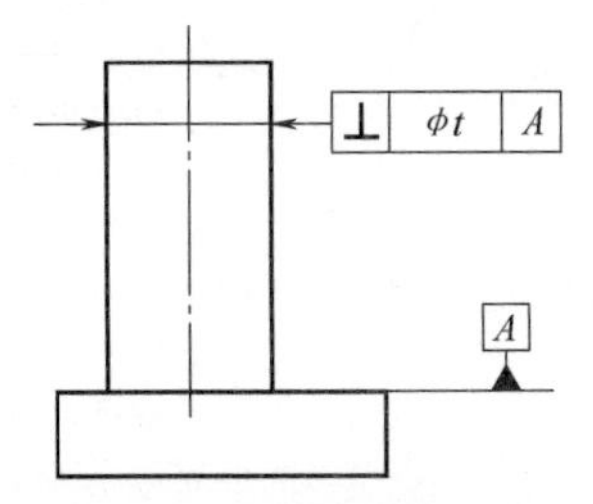

图 5-5　垂直度规范示例

表 5-6　垂直度的检验操作示例

操作		图　示	说　明
基准平面的体现	分离		确定基准要素及其测量界限
	提取		按一定的提取方案对基准要素进行提取，得到基准要素的提取表面
	拟合		采用最小区域法对提取表面在实体外进行拟合，得到其拟合平面，并以此平面体现基准 *A* 体现基准的拟合操作，其拟合方法缺省规定为最小外接法（对于被包容面）、最大内切法（对于包容面）或最小区域法（对于平面、曲面等）
被测圆柱轴线的获取	分离		确定被测要素的组成要素（圆柱面）及其测量界限
	提取		按一定的提取方案对被测圆柱面进行提取，得到提取圆柱面
	拟合		采用最小二乘法对提取圆柱面进行拟合，得到拟合圆柱面
	构建		采用垂直于拟合圆柱圆轴线的平面构建出等间距的一组平面
	分离、提取		构建平面与提取圆柱面相交，将其相交线从圆柱面上分离、提取出来，得到各提取截面圆
	拟合		对滤波后的各提取截面圆采用最小二乘法进行拟合，得到各提取截面圆的圆心

（续）

操作		图　示	说　明
被测圆柱轴线的获取	组合		将各提取截面圆的圆心进行组合，得到被测圆柱面的提取导出要素（中心线）
	拟合		在满足与基准 A 垂直的约束下，对提取导出要素采用最小区域法进行拟合，获得具有方位特征的拟合圆柱面
	评估操作	—	垂直度误差值为包容提取导出要素的定向拟合圆柱面的直径
符合性比较		—	将得到的误差值与图样上给出的公差值进行比较，判定垂直度是否合格

（3）位置公差示例

图 5-6 是根据 GB/T 1182 标准制定的位置度公差规范，应用的要素操作示例见表 5-7。

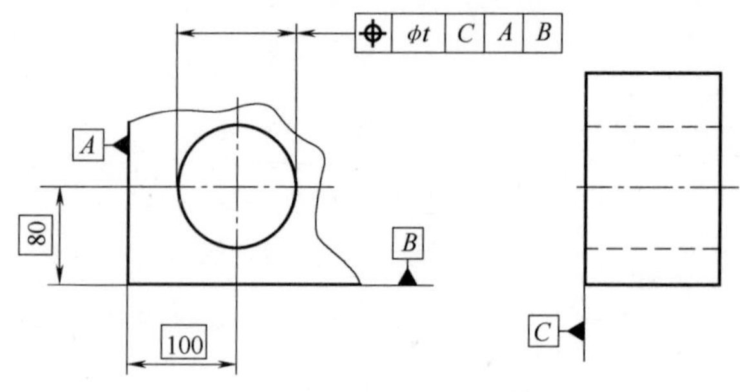

图 5-6　位置度规范示例

表 5-7　位置度的检验操作示例

操作		图　示	说　明
基准平面的体现	分离		从非理想表面模型分离出与基准 C 相应的非理想平面
	提取		按一定的提取方案对基准要素 C 进行提取，得到基准要素 C 的提取表面
	拟合		采用最小区域法在实体外对基准要素 C 的提取表面进行拟合，得到其拟合平面，并以此拟合平面体现基准 C
	分离		确定基准要素 A 及其测量界限

（续）

操作		图　示	说　明
基准平面的体现	提取		按一定的提取方案对基准要素 *A* 进行提取，得到基准要素 *A* 的提取表面
	拟合和构建	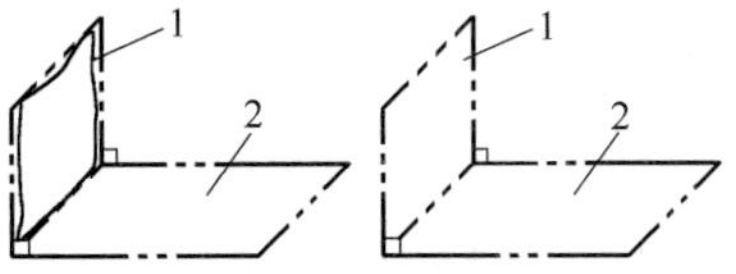 1—基准 *A*　2—基准 *C*	在保证与基准要素 *C* 的拟合平面垂直的约束下，采用最小区域法在实体外对基准要素 *A* 的提取表面进行拟合，得到其拟合平面，并以此拟合平面体现基准 *A*
	分离	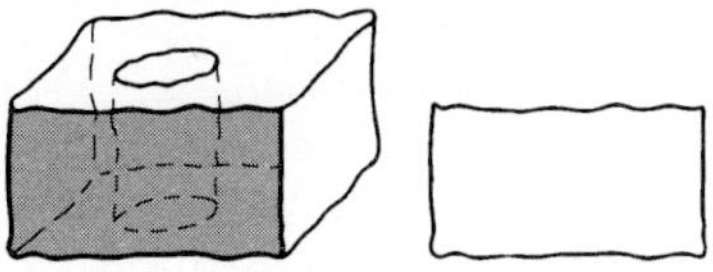	确定基准要素 *B* 及其测量界限
	提取	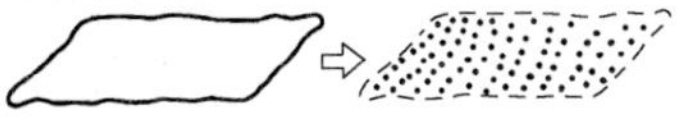	按一定的提取方案对基准要素 *B* 进行提取，得到基准要素 *B* 的提取表面
	拟合和构建	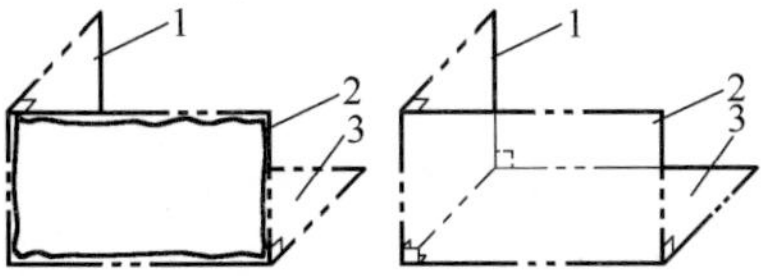 1—基准 *A*　2—基准 *B*　3—基准 *C*	在保证与基准要素 *C* 的拟合平面垂直，然后又与基准要素 *A* 的拟合平面垂直的约束下，采用最小区域法在实体外对基准要素 *B* 的提取表面进行拟合，得到其拟合平面，并以此拟合平面体现基准 *B*
被测孔中心线的获取	分离	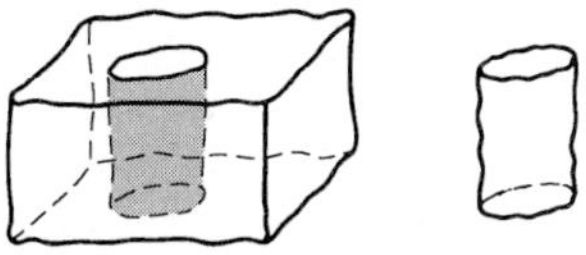	确定被测要素的组成要素（圆柱面）及其测量界限
	提取	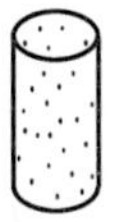	按一定的提取方案对被测圆柱面进行提取，得到提取圆柱面
	拟合	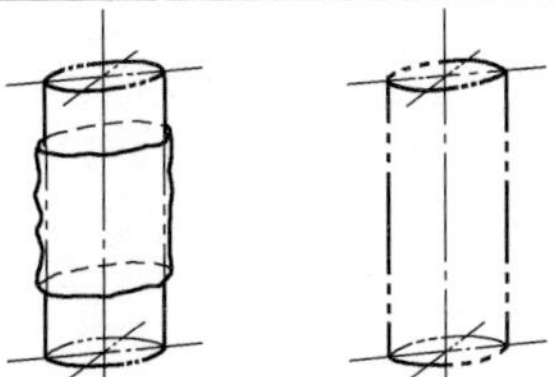	采用最小二乘法对提取圆柱面进行拟合，得到拟合圆柱面
	构建和组合	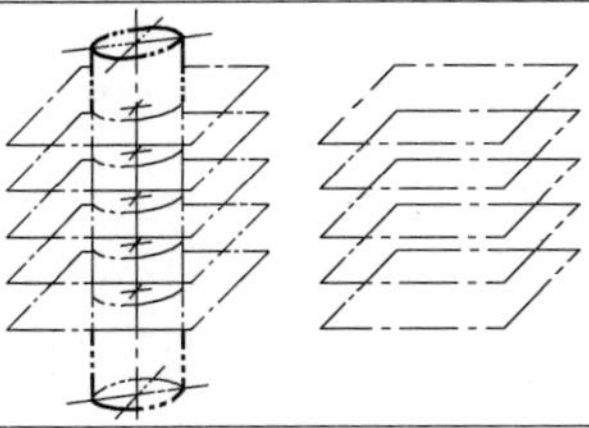	采用垂直于拟合圆柱面轴线的平面构建出等间距的一组平面
	分离和提取	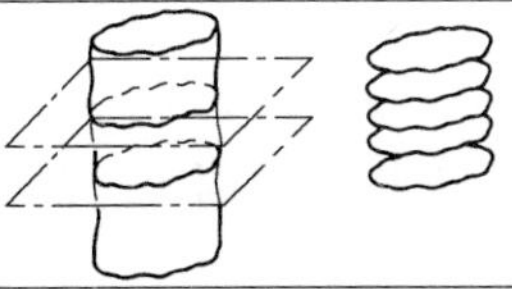	构建平面与提取圆柱面相交，将其相交线从圆柱上分离出来，得到系列提取截面圆

（续）

操作		图　示	说　明
被测孔中心线的获取	拟合	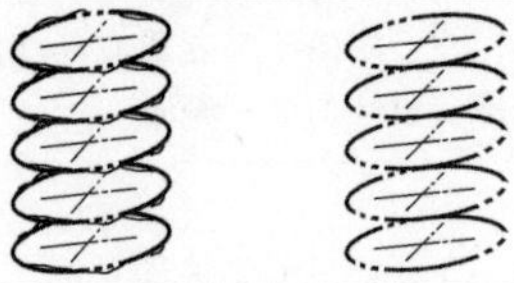	对各提取截面圆采用最小二乘法进行拟合，获得各提取截面圆的圆心
	组合	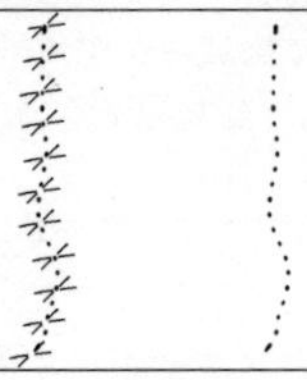	将各提取截面圆的圆心进行组合，得到被测圆柱面的提取导出要素（中心线）
	构建	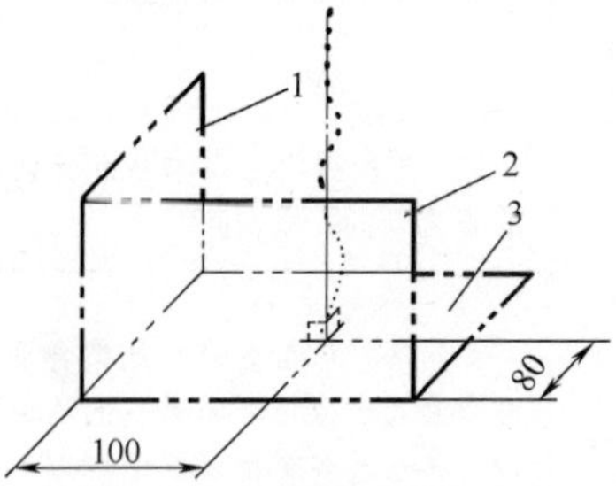 1 2 3 80 100	通过构建理想要素获得公差区域的轴线，直线的方位要素被约束为： 1）垂直于基准 *C* 2）与平面 *A*，距离 100mm 3）与平面 *B*，距离 80mm
	拟合	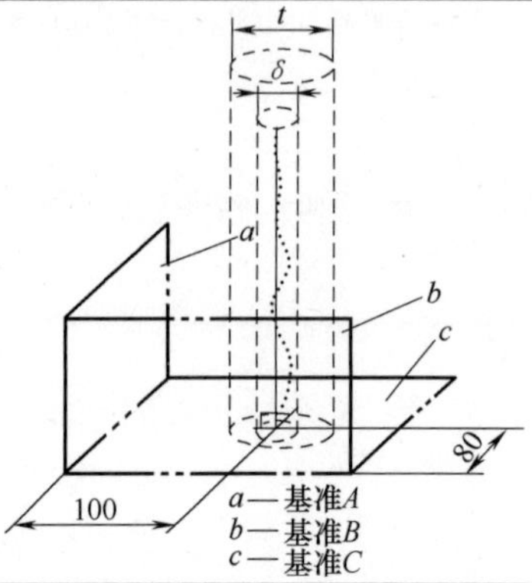 *t* *δ* *a* *b* *c* 80 100 *a*—基准*A* *b*—基准*B* *c*—基准*C*	在保证与基准要素 *C*、*A*、*B* 满足方位约束的前提下，采用最小区域法对提取导出要素（中心线）进行拟合，获得具有方位特征的拟合圆柱面（即定位最小区域）
	评估	—	误差值为该定位拟合圆柱面的直径
符合性比较		—	将得到的位置度误差值与图样上给出的公差值进行比较，判定被测件的位置度是否合格

5.1.3　规范

规范（specification）将工件特征的允许偏差范围表述为允许极限，有两种方法规定允许极限：尺寸规范（specification by dimension）和区域规范（specification by zone）。

（1）尺寸规范

尺寸规范用于限制本质特征的允许值或理想要素之间的方位特征值。

示例：尺寸规范可限制

1）非理想要素圆柱的拟合直径（圆柱的本质特征），如图 5-7 所示。

2）两个非理想要素表面的两个拟合平行平面之间的距离 *L*（理想要素之间的方位特征），如图 5-8 所示。

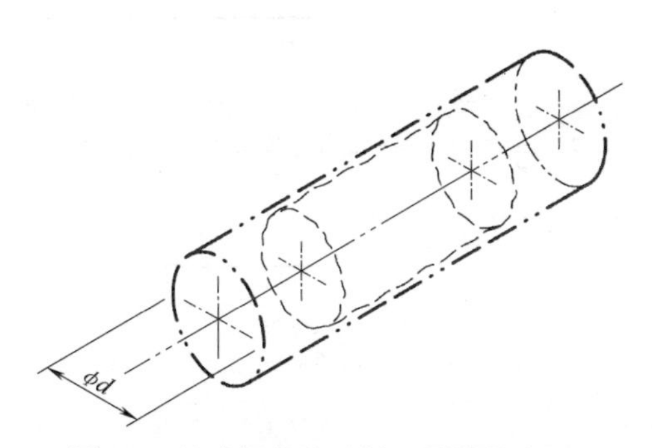

图 5-7　尺寸规范的示例（圆柱的直径）

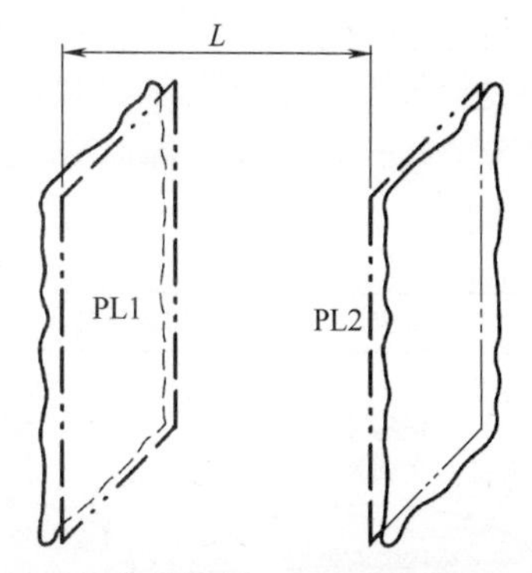

图 5-8　尺寸规范的示例（两平行平面之间的距离）
PL1—理想平面 1　PL2—理想平面 2

（2）区域规范

区域规范限定了非理想要素在一个空间中允许的变动区域，该空间由一个或几个理想要素所限定，并且可以由以下特征表述：

1）一个或几个理想要素的本质特征，例如：圆柱面的直径、两平面间的距离、一组圆柱面的同一直径，如图 5-9 所示。

2）非理想要素和理想要素之间的方位特征。区域的方位要素，例如：圆柱面的轴线，两平面的对称平面，一组平行圆柱的轴线和平面。

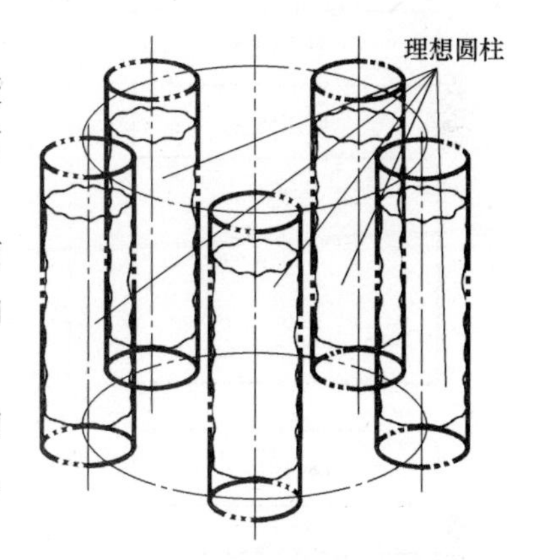

图 5-9　区域规范示例

5.1.4　偏差

偏差是从工件的实际表面或非理想表面模型获得的特征值与相应的公称值之间的差值。

尺寸规范中，偏差是拟合要素的本质特征值和相应公称要素的本质特征值之间的差值；或两拟合要素间的方位特征值和相应两公称要素间的方位特征值之间的差值。

区域规范中，偏差是限制包含非理想要素区域的理想要素的本质特征的最小可能值。区域规范中，偏差也可以定义为一个非理想要素上的每一点到理想要素的最大距离值（如区域中的方位要素）。

5.1.5　对偶性

所谓“对偶性”是指在产品生命周期的三个阶段（功能描述、规范设计和检验/认证）中，研究对象及目标存在对偶平行关系，如图 5-10 所示。

在功能描述阶段，设计者根据产品功能要求，采用分离、组合、构建等要素操作进行公称设计，提出公称要求，实现产品功能要求到功能规范的转换。

在规范设计阶段，设计者依据公称要求的几何量构建肤面模型，然后采用分离、提取、滤波、拟合等对肤面模型进行要素操作和估值操作，进而获得特征规范值（公差值），实现产品功能规范到几何特征规范的转换。根据特征规范值进行生产加工而获得实际工件表面。

在检验/认证阶段，对实际工件表面进行分离、提取、滤波、拟合等要素操作，这些要素操作与肤面模型的要素操作成对偶关系，然后进行估值操作获得被测要素的特征值（实际偏差值），将此特征值与特征规范值（公差值）进行一致性比较，从而判定工件的合格性。

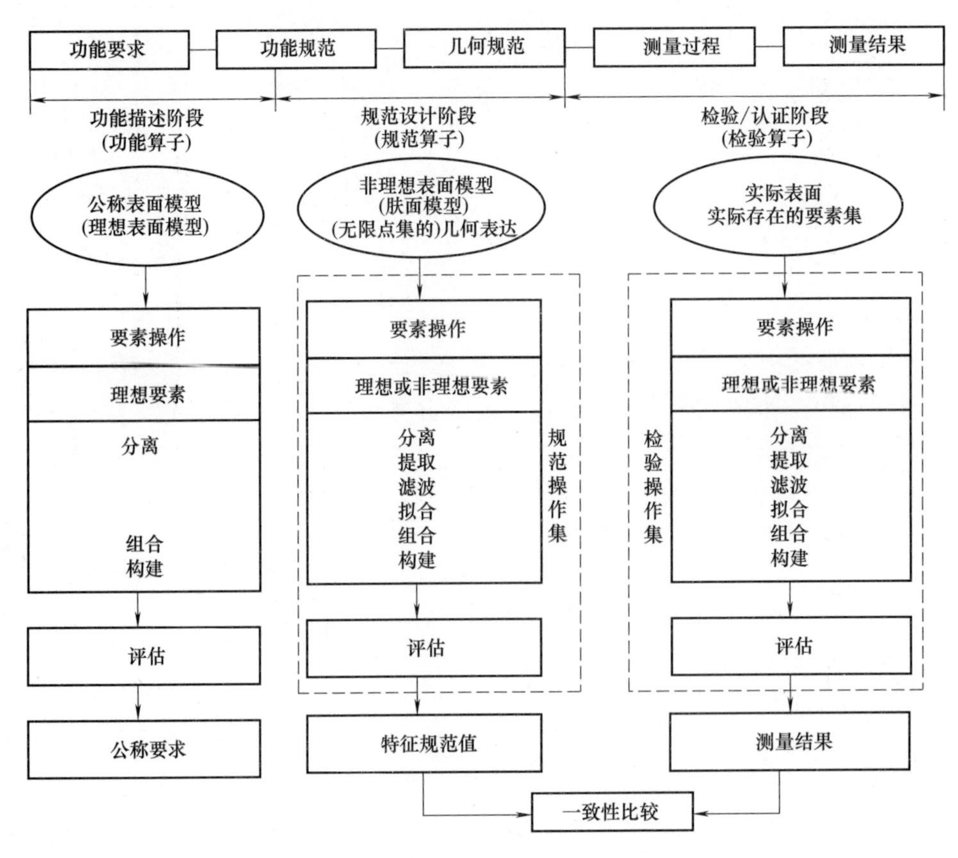

图 5-10　GPS 系统流程及对偶性模型

5.1.6　数学符号与定义

(1) 基本数学符号和基本数学运算符

表 5-8 给出了 GB/T 24637.1 相关概念的基本数学符号，表 5-9 是基本数学运算符。

表 5-8　基本数学符号

量	符　　号
向量	“Times New Roman” 粗斜体字($\boldsymbol{T}$,$\boldsymbol{u}$,…)
位置向量	点 P 相对于指示线的原点(O)的位置向量，或者 2 个点(O,P)，或 OP 向量，表示为 $\boldsymbol{P}$
函数	实数或向量符号由函数括号中的参数表示，[$r(P)$，dia(CY)，…]
函数集	“Times New Roman”斜体大写字母表示(E,F,…)
集合	集合的元素写在{}之中，每一元素都用 i,j,k 或 l 为下标，这样，一个向量集可表示为 1) $\{u_i\}$，该集合不可数(无限集) 2) $\{u_i, i=1,\cdots,n\}$，该集合可数，元素数为 n(有限集)

注：工件的公称表面模型表示为 N，工件的非理想表面模型表示为 S_p。

表 5-9　基本数学运算符

基本数学运算符	符　　号
2-范数	向量 $\boldsymbol{u}$ 的 2-范数表示为 $\lvert\boldsymbol{u}\rvert$
标量积	两向量 $\boldsymbol{u}$ 和 $\boldsymbol{v}$ 的标量积(点积)表示为$\{\boldsymbol{u}\cdot\boldsymbol{v}\}$
向量积	两向量 $\boldsymbol{u}$ 和 $\boldsymbol{v}$ 的向量积(叉积)表示为$\{\boldsymbol{u}\times\boldsymbol{v}\}$

(2) 要素的数学符号

理想要素由某一类型表征，因此理想要素常用两字母表示其类型，见表 5-10。

表 5-10　部分理想要素的类型及符号

类型	符号	类型	符号
点	PT	圆弧	CR
圆柱	CY	圆锥	CO
直线	SL	平面	PL
球体	SP	圆环	TO

示例：平面集可表示为 $\{PL_i\}$，该集合不可数；平面集还可表示为 $\{PL_i,\ i=1,2,\cdots,n\}$，该集合可数，元素数为 n。

要素的恒定类别可用表 5-11 中的符号表示。

表 5-11　恒定类别符号

恒定类别	符　　号	恒定类别	符　　号
复合面	C_X	圆柱面	C_C
棱柱面	C_T	平面	C_P
回转面	C_R	球面	C_S
螺旋面	C_H		

注：对棱柱面（prismatic）选用符号 C_T，与平面（planar）C_P 区别。

方位要素为以下类型：点、直线、平面或螺旋线，它们是要素的函数，所以它们以函数形式表示，见表 5-12。

表 5-12　部分方位要素的符号

恒定类		类型	要素	方位要素	方位要素类型	符号
C_R	回转面	圆弧	CR	轴线	直线	轴线(CR)
				面(圆弧的)	平面	平面(R)
				中心点	点	中心(CR)
		圆锥	CO	轴线	直线	轴线(CO)
				顶点	点	顶点(CO)
		圆环	TO	轴线	直线	轴线(TO)
				中心点	点	中心(TO)
C_C	圆柱面	圆柱	CY	轴线	直线	轴线(SP)
C_S	球面	球体	SP	中心点	点	中心(SP)

非理想要素作为空间点集象征性地表示，如果非理想要素的类型是已知的，当其本质是

一个点时，用 P 表示；当其本质是一条线时，用 L 表示；当其本质是一个面时，用 S 表示。

（3）特征的数学符号

1）理想要素的本质特征。理想要素的本质特征是要素的函数，可用函数形式表示，见表5-13。

表5-13 部分本质特征的符号

类型	要素	本质特征	符号
圆弧	CR	半径	rad(CR)
		直径	dia(CR)
圆柱	CY	半径	rad(CY)
		直径	dia(CY)
球	SP	半径	rad(SP)
		直径	dia(SP)
圆锥	CO	顶角	a(CO)

2）理想要素间的方位特征。两理想要素间的位置特征由距离定义，该距离定义见表5-14。

表5-14 两理想要素间的距离定义

要　素	距　离
设：PT_1 为一点，PT_2 为另一点	$d(PT_1,PT_2)=\lvert \mathbf{PT}_1-\mathbf{PT}_2 \rvert$
设：PT_1 为一点 SL_2 为通过点 A_2 的直线，单位方向向量为 $\boldsymbol{u}_2$	$d(PT_1,SL_2)=\lvert (\boldsymbol{A}_2-\mathbf{PT}_1)\times\boldsymbol{u}_2 \rvert$
设：PT_1 为一点 PL_2 为通过点 A_2 的平面，单位法向向量为 $\boldsymbol{u}_2$	$d(PT_1,PL_2)=\lvert (\boldsymbol{A}_2-\mathbf{PT}_1)\cdot\boldsymbol{u}_2 \rvert$
设： SL_1 为通过点 A_1 的直线，单位方向向量为 $\boldsymbol{u}_1$ SL_2 为通过点 A_2 的直线，单位方向向量为 $\boldsymbol{u}_2$	如果 $\boldsymbol{u}_1\times\boldsymbol{u}_2\neq0$，那么， $d(SL_1,SL_2)=\lvert (\boldsymbol{A}_2-\boldsymbol{A}_1)\cdot(\boldsymbol{u}_1\times\boldsymbol{u}_2) \rvert / \lvert \boldsymbol{u}_1\times\boldsymbol{u}_2 \rvert$ 如果 $\boldsymbol{u}_1\times\boldsymbol{u}_2=0$，那么， $d(SL_1,SL_2)=\lvert (\boldsymbol{A}_2-\boldsymbol{A}_1)\times\boldsymbol{u}_1 \rvert$
设： SL_1 为通过点 A_1 的直线，单位方向向量为 $\boldsymbol{u}_1$ PL_2 为通过点 A_2 的平面，单位法向向量为 $\boldsymbol{u}_2$	如果 $\boldsymbol{u}_1\cdot\boldsymbol{u}_2=0$，那么， $d(SL_1,PL_2)=\lvert (\boldsymbol{A}_2-\boldsymbol{A}_1)\cdot\boldsymbol{u}_2 \rvert$ 如果 $\boldsymbol{u}_1\cdot\boldsymbol{u}_2\neq0$，那么， $d(SL_1,PL_2)=0$
设： PL_1 为通过点 A_1 的平面，单位法向向量为 $\boldsymbol{u}_1$ PL_2 为通过点 A_2 的平面，单位法向向量为 $\boldsymbol{u}_2$	如果 $\boldsymbol{u}_1\times\boldsymbol{u}_2=0$，那么， $d(PL_1,PL_2)=\lvert (\boldsymbol{A}_2-\boldsymbol{A}_1)\cdot\boldsymbol{u}_2 \rvert$ 如果 $\boldsymbol{u}_1\times\boldsymbol{u}_2\neq0$，那么， $d(PL_1,PL_2)=0$

两理想要素间的方向特征由角度定义，这些角度是直线的方向向量之间或与平面的法向量之间的夹角。

首先定义两个向量之间的夹角。

设：$\boldsymbol{u}_1$，$\boldsymbol{u}_2$ 都是单位向量，那么

角度 $(\boldsymbol{u}_1, \boldsymbol{u}_2) = \alpha(\boldsymbol{u}_1, \boldsymbol{u}_2) = \arccos(|\boldsymbol{u}_1, \boldsymbol{u}_2|)$，其中 $\alpha(\boldsymbol{u}_1, \boldsymbol{u}_2) \in \left[0, \frac{\pi}{2}\right]$

可以定义两要素之间的角度，见表 5-15。

表 5-15 两理想要素间的角度定义

要 素	角 度
设： SL_1 为通过点 A_1 的直线，单位方向向量为 $\boldsymbol{u}_1$ SL_2 为通过点 A_2 的直线，单位方向向量为 $\boldsymbol{u}_2$	$\alpha(SL_1, SL_2) = \boldsymbol{a}(\boldsymbol{u}_1, \boldsymbol{u}_2)$
设： SL_1 为通过点 A_1 的直线，单位方向向量为 $\boldsymbol{u}_1$ PL_2 为通过点 A_2 的平面，单位法向向量为 $\boldsymbol{u}_2$	$\alpha(SL_1, PL_2) = \frac{\pi}{2} - \boldsymbol{a}(\boldsymbol{u}_1, \boldsymbol{u}_2)$
设： PL_1 为通过点 A_1 的平面，单位法向向量为 $\boldsymbol{u}_1$ PL_2 为通过点 A_2 的平面，单位法向向量为 $\boldsymbol{u}_2$	$\alpha(PL_1, PL_2) = \boldsymbol{a}(\boldsymbol{u}_1, \boldsymbol{u}_2)$

两理想要素间带符号的距离定义见表 5-16。

表 5-16 两理想要素间带符号的距离定义

要 素	带符号的距离
设： SL_1 为通过点 A_1 的直线，单位方向向量为 $\boldsymbol{u}_1$ SL_2 为通过点 A_2 的直线，单位方向向量为 $\boldsymbol{u}_2$	如果 $\boldsymbol{u}_1 \times \boldsymbol{u}_2 \neq 0$，那么， $d_s(SL_1, SL_2) = \|(A_2 - A_1) \cdot (\boldsymbol{u}_1 \times \boldsymbol{u}_2)\| / \|\boldsymbol{u}_1 \times \boldsymbol{u}_2\|$ 如果 $\boldsymbol{u}_1 \times \boldsymbol{u}_2 = 0$，那么， $d_s(SL_1, SL_2)$ 和 $d_s(SL_2, SL_1)$ 未定义
设： PT_1 为一点 PL_2 为通过点 A_2 的平面，单位法向向量为 $\boldsymbol{u}_2$	$d_s(PT_1, PL_2) = d_s(PL_2, PT_1) = (PT_1 - A_2) \cdot \boldsymbol{u}_2$
设： SL_1 为通过点 A_1 的直线，单位方向向量为 $\boldsymbol{u}_1$ PL_2 为通过点 A_2 的平面，单位法向向量为 $\boldsymbol{u}_2$	如果 $\boldsymbol{u}_1 \cdot \boldsymbol{u}_2 = 0$，那么， $d_s(SL_1, PL_2) = d_s(PL_2, SL_1) = (A_1 - A_2) \cdot \boldsymbol{u}_2$ 如果 $\boldsymbol{u}_1 \cdot \boldsymbol{u}_2 \neq 0$，那么， $d_s(SL_1, PL_2) = d_s(PL_2, SL_1) = 0$
设： PL_1 为通过点 A_1 的平面，单位法向向量为 $\boldsymbol{u}_1$ PL_2 为通过点 A_2 的平面，单位法向向量为 $\boldsymbol{u}_2$	如果 $\boldsymbol{u}_1 \times \boldsymbol{u}_2 = 0$，那么， $d_s(PL_1, PL_2) = (A_2 - A_1) \cdot \boldsymbol{u}_1$ $d_s(PL_2, PL_1) = (A_1 - A_2) \cdot \boldsymbol{u}_2$ 如果 $\boldsymbol{u}_1 \times \boldsymbol{u}_2 \neq 0$，那么， $d_s(PL_1, PL_2) = d_s(PL_2, PL_1) = 0$

注：两个平行平面之间的带符号距离的函数是不对称的。由于这个原因，当两平面相交时，符号将发生改变，这与函数的对称性是矛盾的。

两理想要素间带符号的角度定义见表 5-17。

首先，定义两向量之间的带符号角度。

设：$\boldsymbol{u}_1$，$\boldsymbol{u}_2$ 为单位向量，那么，角度 $(\boldsymbol{u}_1, \boldsymbol{u}_2) = \alpha_s(\boldsymbol{u}_1, \boldsymbol{u}_2) = \arccos(\boldsymbol{u}_1, \boldsymbol{u}_2)$，其中 $\alpha_s(\boldsymbol{u}_1, \boldsymbol{u}_2) \in [0, \pi]$。

表 5-17　两理想要素间带符号的角度定义

要　素	带符号的角度
SL_1 为通过点 A_1 的直线,单位方向向量为 $\boldsymbol{u}_1$ SL_2 为通过点 A_2 的直线,单位方向向量为 $\boldsymbol{u}_2$	$\alpha_s(SL_1,SL_2)=\alpha_s(SL_2,SL_1)=\alpha_s(\boldsymbol{u}_1,\boldsymbol{u}_2)$
SL_1 为通过点 A_1 的直线,单位方向向量为 $\boldsymbol{u}_1$ PL_2 为通过点 A_2 的平面,单位法向向量为 $\boldsymbol{u}_2$	$\alpha_s(SL_1,PL_2)=\alpha_s(PL_2,SL_1)=\frac{\pi}{2}-\alpha_s(\boldsymbol{u}_1,\boldsymbol{u}_2)$
PL_1 为通过点 A_1 的平面,单位法向向量为 $\boldsymbol{u}_1$ PL_2 为通过点 A_2 的平面,单位法向向量为 $\boldsymbol{u}_2$	$\alpha_s(PL_1,PL_2)=\alpha_s(PL_2,PL_1)=\alpha_s(\boldsymbol{u}_1,\boldsymbol{u}_2)$

3）非理想要素和理想要素之间的方位特征。非理想要素和理想要素之间的方位特征是基于非理想要素上各点与理想要素之间的距离。

设：XX 为理想要素，E 为一非理想要素，P 为 E 上的一点

那么，

$$d(P,XX)=\min d(P,P_{XX})=\min|P-P_{XX}|$$

其中 $P_{XX}\in XX$，然后，可以定义最大距离，最小距离和平方距离（见表 5-18），也可定义其他距离。

表 5-18　非理想和理想要素之间的距离

类型	符号与定义
最大距离	$d_{max}(E,XX)=\max d(P_E,XX),P_E\in E$
最小距离	$d_{min}(E,XX)=\min d(P_E,XX),P_E\in E$
平方距离	$d_{quad}(E,XX)=\dfrac{\int_E d(P_{dE},XX)^2\mathrm{d}E}{\int_E \mathrm{d}E}$ 式中,dE 是 E 的无限小量,P_{dE} 是 dE 的重心

对于一理想表面，其方位特征是基于非理想要素上的点与理想平面之间的带符号的距离。

设：XX 为一理想平面，E 为一非理想要素，P 为 E 上的点，带符号的距离（P，XX）= d_s（P，P_{XX}）

若 XX 为一通过点 A 的平面，单位法向向量为 $\boldsymbol{u}$，则：

$$d_s(P,P_{XX})=(\boldsymbol{A}-\boldsymbol{P})\cdot\boldsymbol{u}$$

若 XX 为一闭合表面（圆柱面，球面，圆锥面，……），则

$$d_s(P,P_{XX})=d(P,P_{XX})\cdot \mathrm{side}(P,P_{XX})$$

其中，$\mathrm{side}(P,P_{XX})=\begin{cases}1, & P\text{ 在 XX 之内}\\-1, & P\text{ 在 XX 之外}\end{cases}$

对于其他类型的表面，一面须定义为正的，另一面定义为负的。然后，可以定义带符号的最大距离和带符号的最小距离（见表 5-19），也可定义其他距离。

表 5-19　非理想要素和理想要素之间的带符号距离

类　　型	符号和定义
带符号的最大距离	$d_{smax}(E,XX)=\max d_s(P_E,XX),P_E\in E$
带符号的最小距离	$d_{smin}(E,XX)=\min d_s(P_E,XX),P_E\in E$

对于工件非理想表面模型的某一部分，其位置特征可基于相对实体材料位置的符号距离来确定。

设：XX 为一理想要素，S_p 为工件的非理想表面模型，E 为 S_p 的一部分，P 为 E 的一点，P_{XX} 为 $d(P, P_{XX})$ 最小化 XX 上的一点，那么，

$$材料距离(P,XX)=d_{mat}(P,XX)=d(P,XX).\mathrm{mat}(P,P_{XX})$$

其中，$\mathrm{mat}(P, P_{XX})=\begin{cases}1，P_{XX}\text{ 在材料外部}\\-1，P_{XX}\text{ 在材料内部}\end{cases}$

然后，可以定义最大材料距离和最小材料距离（见表 5-20），也可定义其他距离。

表 5-20　非理想要素和理想要素之间的材料距离

类型	符号和定义
最大材料距离	$d_{mat\ max}(E,XX)=\max d_{mat}(P_E,XX),P_E\in E$
最小材料距离	$d_{mat\ min}(E,XX)=\min d_{mat}(P_E,XX),P_E\in E$

（4）操作的数学定义

1）组合。两个或更多要素的组合可用符号表示为要素的集合：$\mathrm{Collection}(E,F)=\{E,F\}$，一个不可数的要素集合的组合可简单表示为 $\{XX_i\}$。

2）拟合。拟合是确定受到约束的最大（或最小）目标函数的一个或多个要素，这些约束等于或不等于特征的数学符号中定义的特征值。目标函数是一个与特征值相关的表达式。

拟合由一组有条件（约束和目标函数）的要素表示，其一般表达式为：

$$\{XX_i，i=1，\cdots，n\}\left|\begin{array}{l}c_1\\c_2\\\cdots\\c_m\\\text{maximize } O\end{array}\right.$$

其中，XX_i 是拟合要素；n 是拟合要素个数；c_j 是约束（$j=1，2，\cdots，m$），m 是约束个数；O 是目标。

例如：圆柱 CY，最大内切圆柱 E 的直径定义如下：

$$\mathrm{CY}\left|\begin{array}{l}d_{cmax}(E,\mathrm{CY})\leqslant 0\\\text{maximize dia(CY)}\end{array}\right.$$

如果圆柱必须垂直于一个平面 PL，那么，CY 将表示如下：

$$\mathrm{CY}\left|\begin{array}{l}d_{cmax}(E,\mathrm{CY})\leqslant 0\\a[\mathrm{axis(CY)},\mathrm{PL}]=\dfrac{\pi}{2}\\\text{maximize dia(CY)}\end{array}\right.$$

对提取要素的拟合，可根据不同的需要选取不同的拟合目标，如最小二乘拟合、最小区域拟合等。对于不同的拟合目标，有不同的拟合目标函数。在新一代 GPS 中定义了基于计量数学的各种拟合目标函数，且用 L_p 范数定义了最小二乘、最小区域、单边切比雪夫目标函数的统一数学模型。

L_p 范数的定义为：

$$L_p - \text{norm} = \left[\frac{1}{n}\left(\sum_{i=1}^{n}|r_i|^p\right)^{\frac{1}{p}}\right]_{n\to\infty}$$

其中，r_i 是对应于从非理想要素到其拟合理想要素的距离的残余误差；n 是所采集非理想要素的点数；p 是反映拟合目标函数类型的模型阶数；L_p-norm 是 L_p 范数。

各目标函数的原理及数学定义如下：

① 最小二乘：使残差的平方和为最小，令 $p=2$，即

$$\text{MIN}\left[L_2 - \text{norm}\right] = \text{MIN}\left[\left[\frac{1}{n}\sqrt{\sum_{i=1}^{n}|r_i|^2}\right]_{n\to\infty}\right]$$

② 最小区域：使残差绝对值中的最大值为最小，令 $p=\infty$，即

$$\text{MIN}\left[L_\infty - \text{norm}\right] = \text{MIN}\left[\left[\frac{1}{n}\left(\sum_{i=1}^{n}|r_i|^p\right)^{\frac{1}{p}}\right]_{n\to\infty,p\to\infty}\right]$$

③ 单边切比雪夫：要求残差为正值，且使残差中的最大值为最小，令 $p=\infty$，且所有残差为正，即

$$\begin{cases}\forall i, r_i \geqslant 0 \\ \text{MIN}\left[L_\infty - \text{norm}\right] = \text{MIN}\left[\left[\frac{1}{n}\left(\sum_{i=1}^{n}|r_i|^p\right)^{\frac{1}{p}}\right]_{n\to\infty,p\to\infty}\right]\end{cases}$$

3）构建。构建是确定满足一组约束的一个或多个要素。这些约束等于或不等于特征的数学符号中定义特征值。这些约束限制了特征值。一个构建可由一组带约束的要素表示：

$$\{XX_i, i=1,\cdots,n\}\left|\begin{array}{l}c_1\\c_2\\\cdots\\c_m\end{array}\right.$$

其中，XX_i 是构建要素；n 是构建要素个数；c_j 是约束（$j=1$，2，…，m），m 是约束条件。

例如，直径为 30 的圆柱，其轴线垂直于平面 PL，且通过点 PT，定义如下：

$$\text{CY}\left|\begin{array}{l}a[\text{axis(CY)},\text{PL}]=\dfrac{\pi}{2}\\d[\text{axis(CY)},\text{PT}]=0\\\text{dia(CY)}=30\end{array}\right.$$

如果为无穷解，垂直于圆柱 CY 的平面集将表示为：

$$\{\text{PL}_i\}\left|\, a[\text{PL}_i,\text{axis(CY)}]=\frac{\pi}{2}\right.$$

4）评估。估识别一个特征，特征值将满足一个不等式或与极限相关的不等式，评估表

示为一个特征的约束。

$$l \leqslant \text{char} \text{ 或 } \text{char} \leqslant l \text{ 或 } l_1 \leqslant \text{char} \leqslant l_2$$

其中，l，l_1，l_2 为约束；char 为特征。

（5）规范的数学表示

尺寸规范是指一个理想要素或两个理想要素之间的特征，例如，PT_1 和 PT_2 为两点，98.05 和 100.01 为两点间距离的两个极限，那么两点的尺寸规范表示为：$98.05 \leqslant d(PT_1, PT_2) \leqslant 100.01$。

区域规范指非理想要素（提取要素）和理想要素（区域方位要素）之间的距离。例如，设 $\{L_i, i=1, 2, 3\}$ 为一组三个圆柱的轴线，$\{SL_i, i=1, 2, 3\}$ 为三个圆柱的最优位置的三个轴线，0.025mm 为其极限，那么，三个圆柱轴线的位置区域表示为 $\max d_{\max}(L_i, SL_i) \leqslant 0.025$，$i=1, 2, 3$。

（6）偏差的数学表示

偏差是指拟合要素和公称要素两者的本质特征值或方位特征值之间的差异。

示例 1：两点间距离，$98.05 \leqslant d(PT1, PT2) \leqslant 100.01$。

示例 2：拟合要素之间的方位特征值为 $d(PT1, PT2)$。

示例 3：如图 5-9 中五个圆柱轴线的位置，拟合要素的本质特征值为：$\max d_{\max}(L_i, SL_i)$，$i=1, 2, 3, 4, 5$。

5.2　GPS 规范、操作集和不确定度

GB/T 24637.2—2020 等同采用了 ISO 17450-2：2012《产品几何技术规范（GPS）　通用概念　第 2 部分：基本原则、规范、操作集和不确定度》，规范了 GPS 使用的规范、操作集和不确定度的术语，提供了 GPS 体系的基本原则，以及不确定度对 GPS 基本原则的影响和 GPS 应用中的规范和检验过程。

5.2.1　规范操作和检验操作

根据应用操作的过程分为规范操作和检验操作，分类如图 5-11 所示，术语的定义及解释见表 5-21。

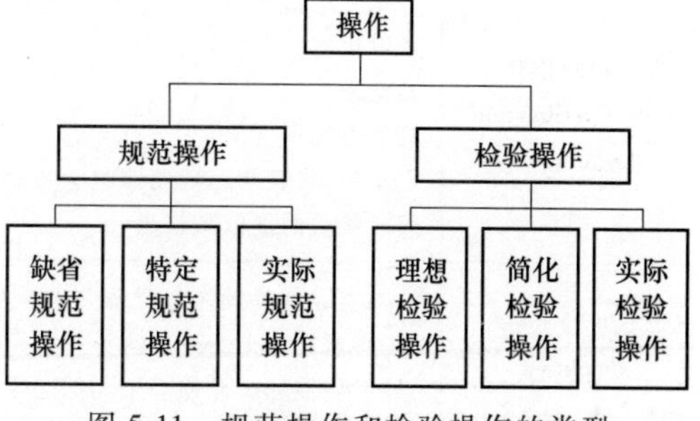

图 5-11　规范操作和检验操作的类型

表 5-21　规范操作和检验操作的定义

术语	定义及解释
规范操作（specification operation）	用数学表达式、几何表达或算法或它们的组合定义规范部分的操作 规范操作是一个理论概念，是规范操作集的一部分，用于定义一个工件（产品或零件）的一个 GPS 要求 示例 1：在轴的直径规范中，采用最小外接圆柱拟合 示例 2：在表面结构要求规范中，采用高斯滤波器滤波

（续）

术语	定义及解释
缺省规范操作 （default specification operation）	应用于缺少任何附加信息或修饰符的基本 GPS 规范中的规范操作 缺省规范操作可能是一个国家标准缺省、企业标准缺省或图样缺省规范操作，依赖于所用的缺省规范操作集 示例 1：在轴的直径规范中，缺省标注 $\phi30\pm0.1$ 是采用两点法评估直径 示例 2：在表面结构参数 *Ra* 规范中，高斯滤波器（缺省滤波器）采用 GB/T 10610 中给出的缺省截止波长
特定规范操作 （special specification operation）	采用带有附加信息的或一个或多个修饰符的基本 GPS 规范来改变或修正缺省规范操作的规范操作 示例 1：在轴的直径规范中，当使用包容要求修饰符Ⓔ时，采用最小外接圆柱进行拟合 示例 2：在表面结构参数 *Ra* 规范中，当高斯滤波器（缺省滤波器）具有指定的截止波长 2.5mm 时，采用合适的标注替代 GB/T 10610 中缺省的规则
实际规范操作 （actual specification operation）	产品技术文件中隐含标注（缺省规范操作情况）或明确标注（特定规范操作情况）的 GPS 要求的规范操作。一个实际规范操作可能是：由基本 GPS 规范隐含标注出，或由 GPS 规范元素明确标注出，或当规范操作集不完整时省略 示例 1：当规范标注是 $\phi30\pm0.1$ 时，在实际规范操作中，用两点直径评估（见 GB/T 38762.1—2020） 示例 2：当规范标注是 *Ra*1.5、滤波器 2.5mm 时，在两个实际规范操作中，用具有指定截止波长 2.5mm 的高斯滤波器（缺省滤波器）进行滤波操作，用 *Ra* 算法计算表面结构要求
检验操作 （verification operation）	实际规范操作所规定的测量过程或测量设备或两者结合的实施过程的操作。检验操作用在机械工程的几何领域中，以检验产品相应的规范操作。检验操作用于检验规范操作的要求 示例 1：如用千分尺检验轴的直径时，用两点直径评估 示例 2：对完工表面的检验，用 2μm 的公称探针半径和 0.5μm 的采样间隔从表面上提取数据点
理想检验操作 （perfect verification operation）	以一个与其要求没有有意偏差的理想方法检验实际规范操作的检验操作。尽管理想检验操作是以理想的方法检验规范操作，并且该方法本身不会产生测量不确定度，但测量不确定度可能有其他来源，如缺陷、所用测量设备的计量特性偏差。校准的目的是用于评定源于测量设备产生的测量不确定度值 示例：在表面粗糙度检验中，规范规定的提取操作是采用 2μm 名义探针半径及 0.5μm 的采样间隔从表面提取数据点
简化检验操作 （simplified verification operation）	与实际规范操作有意偏差的检验操作。除执行操作时由计量特性偏差产生的测量不确定度外，有意偏差也会产生测量不确定度 示例：轴的尺寸检验采用的是千分尺进行两点拟合直径测量，而规范规定的是最小外接圆柱拟合方法
实际检验操作 （actual verification operation）	在实际测量过程中使用的检验操作

5.2.2 操作集

为获得产品功能要求的完整描述、几何特征规范值（公差等）或特征值（实际偏差等）而使用的一组有序操作的集合，称为操作集（或称作操作算子）。操作集的分类如图 5-12 所示，定义及解释见表 5-22。

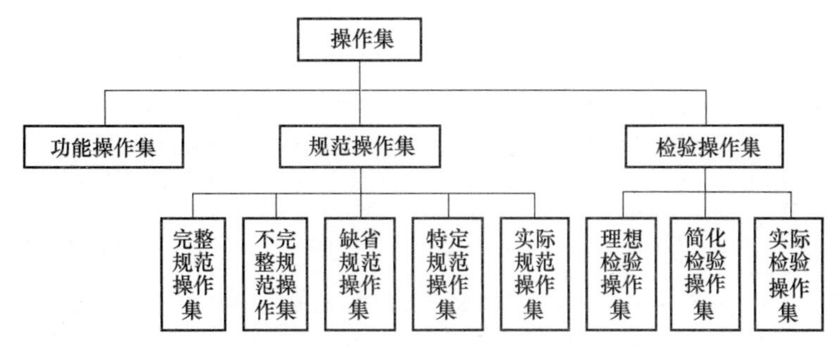

图 5-12　操作集的分类

表 5-22　操作集的定义及解释

术语	定义及解释
功能操作集 (function operator)	与工件/要素的预期功能完全相关的操作集 大多数情况下,功能操作集在形式上不能表示为具有明确定义的操作的有序集合,它可以视为在概念上准确表达工件功能需求的规范操作或检验操作的集合。功能操作集仅是一个比较理想化的概念,它用来评估一个规范操作集或检验操作集与功能需求的吻合程度 示例:一个轴在孔中无泄漏的运转 2000h 的能力
规范操作集 (specification operator)	规范操作的有序集合 规范操作集是根据 GPS 标准在产品技术文件中规定的 GPS 规范的完整、综合描述。规范操作集可能是不完整的,在这种情况下,会产生规范不确定度。规范操作集旨在给出特定的定义,例如,一个圆柱的可能特定"直径"有:两点直径、最小外接圆柱直径、最大内切圆柱直径、最小二乘圆柱直径等,并不是通用概念上的"直径"。规范操作集与功能操作集之间的差异会产生功能描述不确定度 示例:如果轴的规范是 ϕ30h7,那么其上极限偏差和下极限偏差的规范操作集可能是: 1)从肤面模型中分离非理想圆柱面 2)采用最小二乘拟合准则的圆柱类型理想要素进行拟合 3)构建与拟合圆柱体轴线垂直且相交的直线 4)提取出每条直线与非理想圆柱面相交的两点 5)评估每组两点间的距离,其中最大距离与上极限比较,最小距离与下极限比较
完整规范操作集 (complete specification operator)	一组有序的、具有明确定义的、完整的规范操作组成的规范操作集 一个完整规范操作集是明确的,所以它不存在规范不确定度 示例:局部直径的规范定义了两个相对点之间的任意距离
不完整规范操作集(incomplete specification operator)	缺失一个或多个规范操作、不完整定义的或无序的规范操作集 一个不完整规范操作集是不明确的,因此会导致规范不确定度。当给定的是不完整规范操作集时,为了建立相应的检验操作集,有必要增加缺失的操作或者操作缺失的部分,或者在不完整规范操作集里对操作进行排序 示例:台阶尺寸 30±0.1 规范,规范未指定拟合方法
缺省规范操作集 (default specification operator)	应用于基本 GPS 规范的、不带任何附加信息或修饰符的规范操作集 缺省规范操作集可以是:一个由 ISO 标准确定的 ISO 缺省规范操作集,或一个由国家标准确定的国家缺省规范操作集,或一个由企业标准/文件确定的企业缺省规范操作集,或一个对应于以上其中之一的图样标注中的图样缺省规范操作集。一个缺省规范操作集既可能是一个完整规范操作集,也可能是一个不完整规范操作集 示例:一表面粗糙度的 GPS 规范为 $Ra1.5$,其缺省规范操作集为 1)从肤面模型上分离出非理想表面 2)从非理想表面的多个位置上分离出非理想线 3)采用 GB/T 10610 中规定的评定长度和采样间隔进行提取 4)采用 GB/T 10610 中规定的高斯滤波器的截止波长和针尖半径进行滤波 5)按 GB/T 3505 和 GB/T 10610(16%规则)的规定评估 Ra 值 上述操作均为默认的且按照默认顺序组合,该规范操作的集合是一个缺省规范操作集

（续）

术语	定义及解释
特定规范操作集 （special specification operator）	当使用特定 GPS 规范时，包含一个或多个特定规范操作的规范操作集 特定规范操作集由 GPS 规范确定。一个特定规范操作集可能是完整规范操作集，也可能是不完整规范操作集。通过修改一个或多个操作，可以从一个缺省操作集建立一个特定规范操作集 示例 1：轴 $\phi 30\pm 0.1$Ⓔ的规范是一个特定规范操作集，因为采用最小外接圆柱拟合规范操作不是一个缺省规范操作 示例 2：$Ra1.5$ 的规范，采用 2.5mm 滤波器滤波表面是一个特定规范操作集，因为滤波使用的截至波长规范操作不是一个缺省规范操作
实际规范操作集 （actual specification operator）	由实际产品技术文件给出的、从实际规范中得到的规范操作集 解释实际规范操作集所依据的标准应直接地或间接地确定。一个实际规范操作集可能是完整规范操作集，也可能是不完整规范操作集。一个实际规范操作集可能是特定规范操作集，也可能是缺省规范操作集
检验操作集 （verification operator）	检验操作的有序集合 检验操作集是一个规范操作集的计量仿真，是测量程序的基础。检验操作集可能不是相应规范操作集的理想模拟，在这种情况下，两者的差异会导致方法不确定度，其是测量不确定度的一部分 示例：对于局部直径的 ISO 基本规范，用千分尺进行测量提供了一种检验操作集
理想检验操作集 （perfect verification operator）	按规定顺序组合的一组完整理想检验操作组成的检验操作。 源于理想检验操作集唯一的测量不确定度分量是由操作集所用测量设备的计量特性偏差（见 GB/T 24634）引起的。校准的目的是评定源自测量设备产生的测量不确定度分量的大小 示例：根据标准，$Ra1.5$ 的检验规范是： 1）从实际工件中分离所要求的表面 2）通过测量设备在多位置的物理定位分离非理想线 3）用与 GB/T 6062 相一致的测量设备从表面上提取数据，采用 GB/T 10610 给定的评定长度 4）用 GB/T 10610 规定的高斯滤波器的截止波长和针尖半径以及采样间隔滤波 5）按 GB/T 3505 和 GB/T 10610（%16 规则）的规定评估 Ra 值 由于上述每一个操作都是理想检验操作，在规范中按既定顺序实施，所以这个检验操作集是一个理想检验操作集
简化检验操作集 （simplified verification operator）	包含一个或多个简化检验操作，或偏离预定的排列顺序，或皆而有之的检验操作集 除操作集执行中的计量特性偏差会引起测量不确定度外，简化检验操作、操作顺序的偏差或两者都会产生测量不确定度分量。这些不确定度分量的数值与实际工件的几何特征（形状和角度的偏差）有关 示例 1：按标准，轴直径规范 $\phi 30\pm 0.1$Ⓔ的上极限检验，如采用两点直径评估，例如用千分尺测量轴，这是一个简化检验操作集，因为规范规定的是轴的最小外接圆柱直径 示例 2：根据标准，对规范 $Ra1.5$ 的简化检验操作集可以是： 1）从实际工件中分离所要求的表面 2）通过测量设备在多位置的物理定位分离非理想线 3）使用带有导轨的测量设备（测量设备与 GB/T 6062 的规定不符）从表面提取数据，用 GB/T 10610 规定的评定长度 4）用 GB/T 10610 规定的高斯滤波器的截止波长和针尖半径以及采样间隔滤波 5）按 GB/T 3505 和 GB/T 10610（%16 规则）的规定评估 Ra 值 因为上述操作不是理想检验操作，所以该检验操作集是一个简化检验操作集，其原因是带有导轨的表面结构测量设备并不是规范中预先规定的提取操作
实际检验操作集 （actual verification operator）	一组实际检验操作的有序集合 实际检验操作集可以与要求的理想检验操作集不同，所选择的实际检验操作集与理想检验操作集间的偏离是测量不确定度（方法不确定和测量设备的测量不确定度之和）

5.2.3　GPS 不确定度的基本概念

GPS 不确定度是一个与某一预定值或相关值相联系的参数，该参数反映预定值或相关值的分散性。GPS 不确定度的概念更具一般性，不再局限于测量不确定度，而是包括总不确定度、功能描述不确定度、规范不确定度、方法不确定度和测量设备的测量不确定度等多种形式，各不确定度之间的关系如图 5-13 所示，定义及解释见表 5-23。

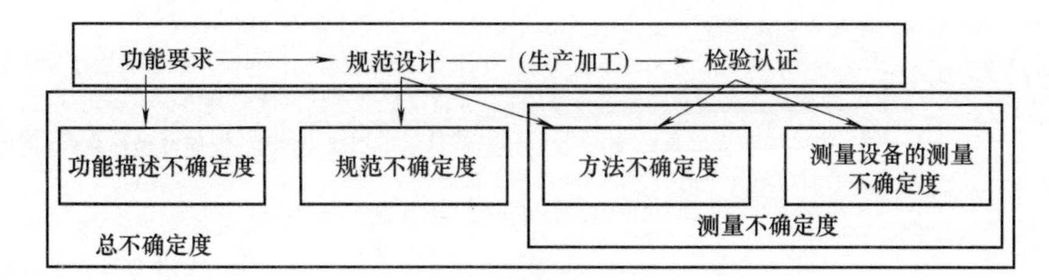

图 5-13　不确定度分类

表 5-23　不确定度的定义及解释

术语	定义及解释
不确定度 (uncertainty)	表征合理地赋予预定值或相关值的分散性，以及与预定值或相关值相联系的参数。 注 1:GPS 领域的预定值可以是测量结果或规范限 注 2:GPS 领域的相关值通常是对相同要素用两个不同操作集所得到的值之间的差异，例如规范操作集和实际检验操作集 注 3:GPS 领域的相关值也可以是规范操作集产生的值与要素/要素的功能(功能操作集)相关值之间的差值 注 4:GPS 量化的不确定度(包括测量不确定度、规范不确定度、功能描述不确定度等)，一般与 GB/T 18779.2 和 GB/T 27418 中的扩展不确定度相对应
功能描述不确定度 (ambiguity of the description of the function)	由实际规范操作集与功能操作集之间的差异引起的不确定度，该差异定义了工件的预期功能，用实际规范操作集的术语和单位表示 注 1:功能描述不确定度尽可能地用数值和与给定规范一致的单位来表示 注 2:功能描述不确定度通常和单个的 GPS 规范没有关系。模拟一个功能通常需要若干单个 GPS 规范。例如，用尺寸、形状、表面结构描述工件的同一要素 示例:假如一个轴的功能操作集是轴无泄漏地在能在密封的孔中连续旋转 2000h 的能力，其规范操作集是轴的尺寸为 ϕ30h7、轴的表面结构为 Ra1.5，采用截止波长为 2.5mm 滤波器，那么来源于该规范的功能描述不确定度以保证: 1)符合规范的轴无泄漏运转 2000h 2)不符合规范的轴不能无泄漏运转 2000h
规范不确定度 (ambiguity of specification)	用于实际要素时，实际规范操作集固有的不确定度 注 1:规范不确定度和测量不确定度性质相同，如果相关，它可能是不确定度概算的一部分 注 2:规范不确定度量化了规范操作集的不确定性 注 3:规范不确定度是与实际规范操作集有关的特性 注 4:规范不确定度的大小也取决于工件预期的或实际的几何特征偏差(形状或角度偏差) 示例:台阶尺寸 30±0.1 的规范不确定度源于采用不同的拟合规则而获得的不同值，因为规范中没有声明采用何种拟合规则

（续）

术语	定义及解释
方法不确定度 （method uncertainty）	由实际规范操作集和实际检验操作集之间的差异产生的不确定度，它忽略了实际检验操作集的计量特性偏差 注 1：当采用一个不完整规范操作集作为实际规范操作集时，有必要通过添加操作或操作的缺少部分来定义一个与不完整实际规范操作集不冲突的完整规范操作集，以建立相应的理想检验操作集。基于理想检验操作集选择实际检验操作集，所选择的实际检验操作集与理想检验操作集之间的差异是测量不确定度（方法不确定度和测量设备不确定度之和） 注 2：方法不确定度值的大小反映了所选择的实际检验操作集对理想检验操作集的偏离程度 注 3：即便是使用理想的测量设备，也不可能将测量不确定度降到方法不确定度之下 示例：假设轴的规范表示为 $\phi30\pm0.1$Ⓔ，并且采用理想千分尺（即没有刻度误差，两个测量面是理想的平面且相互平行）去检验规范的上极限偏差，那么方法不确定度源自用千分尺测得的值与用理想仪器测得的最小外接圆柱直径值之间的差异
测量设备的测量不确定度 （implementation uncertainty）	由实际检验操作集规定的测量设备使用中的计量特性偏离理想实验操作集规定的理想计量特性而产生的不确定度 注 1：校准的目的通常是评定由测量设备引起的测量不确定度的分量（测量设备的测量不确定度） 注 2：与测量设备不直接相关的其他因素（如环境）也可能导致测量设备的测量不确定度 示例：假如轴的标注规范表示为 $\phi30\pm0.1$Ⓔ，规范的检验仪器为千分尺，那么无论检验的是上偏差（即最小外接圆直径）还是下偏差（即两点最小直径），测量设备的测量不确定度来自千分尺主轴的缺陷，以及千分尺的两个测量面的平面度和平行度
总不确定度 （total uncertainty）	总不确定度是功能描述不确定度、规范不确定度和测量不确定度之和 注 1：总不确定度值的大小表明了实际检验操作集偏离功能操作集的程度 注 2：总不确定度描述了基于测量确定功能性能的能力，它是不可预测的，也不容易量化 注 3：总不确定度、规范不确定度和功能描述不确定度都是不可预测和不易量化的 示例 1：假如一个轴的功能操作集是在孔中无泄漏的运转 2000h 的能力，规范操作集是轴的尺寸为 $\phi30h7$、轴的表面粗糙度为 $Ra1.5$、滤波器截止波长为 2.5mm，那么总不确定度只来源于测量中测量设备的测量能力，如表面粗糙度的测量设备和千分尺，总不确定度确定了： 1）和规范一致的被测轴能够无泄漏地运转 2000h 2）和规范不一致的被测轴不能够无泄漏地运转 2000h 工件与功能要求的符合性见图 5-14

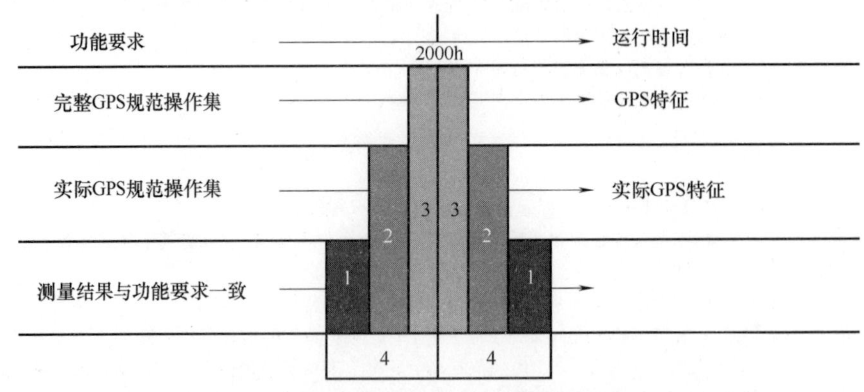

图 5-14　工件与功能要求的符合性

1—测量不确定度　2—规范不确定度　3—功能描述不确定度　4—总不确定度

5.2.4　GPS 规范的基本概念

GPS 规范有关术语之间的关系如图 5-15 和图 5-16 所示，术语的定义及解释见表 5-24。

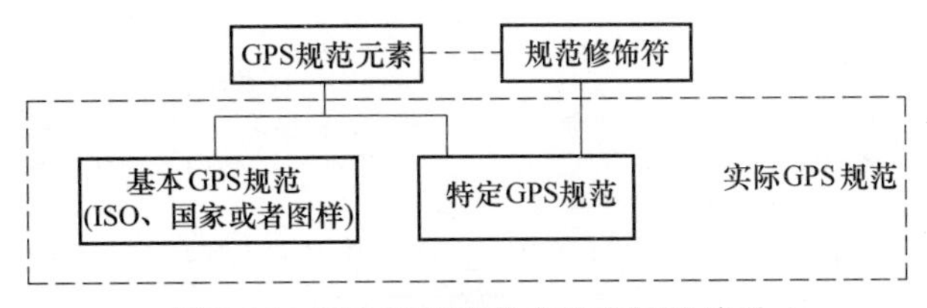

图 5-15　GPS 规范有关术语之间的关系

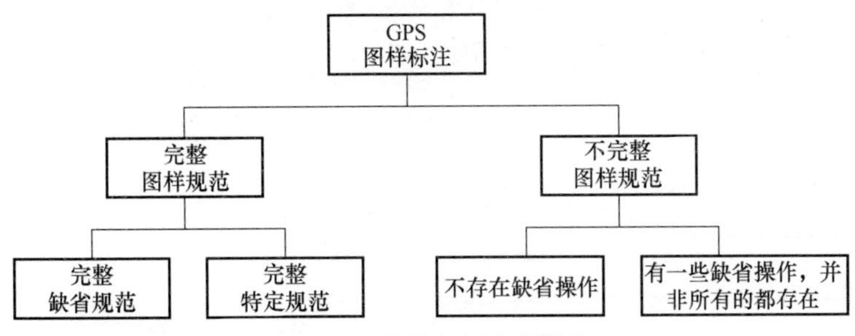

图 5-16　完整与不完整规范

表 5-24　GPS 规范有关术语的定义及解释

术语	定义及解释
GPS 规范元素 (GPS specification element)	控制一个或多个规范操作的一组有序的标准化符号 GPS 规范元素应用在技术产品文件中。在现有标准中，并非所有 GPS 特征都有一个完整的和足够的 GPS 规范元素清单 示例：在表面结构规范中所用符号：USL、LSL、滤波类型、λ_s、λ_c、轮廓参数、取样长度个数、采用的规则、参数值、制造过程和排列布置的方向，如下图所示 加工工艺　加工工艺类型　上限符号为U，下限符号为L　滤波器传输带：0.08为短波波长，0.8为长波波长　评定长度　参数值 U “X” 0.08-0.8/Rz8 max 3.2 加工余量　表面结构纹理　滤波器类型：“Gauss” “2RC” 等　轮廓参数：P、R、W　极限判断规则：16%规则(缺省)或最大规则(max)
规范修饰符 (specification modifier)	GPS 规范元素使用修饰符时，改变了基本 GPS 规范的缺省规定 规范修饰符可由国际标准、国家标准或企业标准/文件规定 示例：GB/T 16671 中的Ⓜ修饰符、GB/T 1182 中的 CZ、GB/T 38762.1 中的Ⓔ等均为规范修饰符
GPS 规范 (GPS specification)	控制一个规范操作集的一组 GPS 规范元素 一个 GPS 规范可带也可不带规范修饰符。一个 GPS 规范并不需要包含完整和足够的一系列 GPS 规范元素

（续）

术语	定义及解释
基本 GPS 规范 (basic GPS specification)	在产品技术文件中表达 GPS 规范的最简短形式。可能应用的 GPS 图样标注规则如图 5-17 所示 基本 GPS 规范包括：由 ISO 标准规定的 ISO 缺省规范操作集，或由国家标准规定的国家缺省规范操作集，或由企业标准/文件规定的企业缺省规范操作集，或图样上根据以上任何一个而标注的绘图缺省规范操作集。当通过国际标准进行标准化时，基本 GPS 规范称作 ISO 基本 GPS 规范。在国家或企业标准中，需要同样的专门参考规范。基本 GPS 规范中不使用规范修饰符。当使用基本 GPS 规范时，即应用了缺省规范操作集 示例：ϕ30h7，ϕ30±0.1，$\sqrt{Ra\ 0.8}$，○ 0.01 等均为基本 GPS 规范
特定 GPS 规范 (special GPS specification)	产品技术文件中用一个或多个规范修饰符表达的 GPS 规范 在特定 GPS 规范中，依据 GPS 规范元素规定的特定规范操作替代一个或多个缺省规范操作 示例：ϕ38±0.1Ⓔ中的Ⓔ就是特定 GPS 规范
实际 GPS 规范 (actual GPS specification)	现行的产品技术文件中规定特征的 GPS 规范 实际 GPS 规范可能是一个基本 GPS 规范，也可能是一个特定 GPS 规范

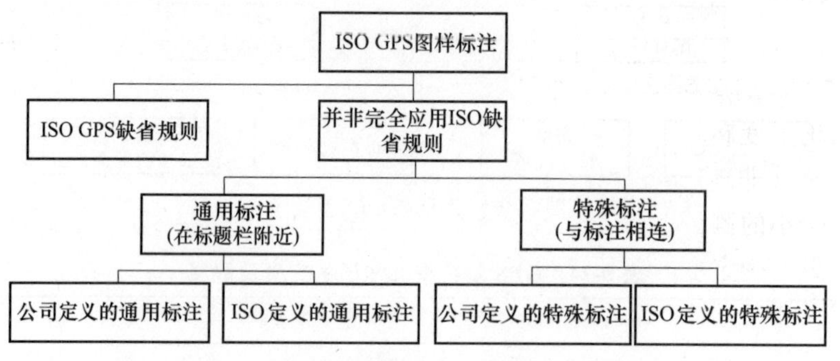

图 5-17　GPS 图样标注可能应用的规则

5.2.5　GPS 不确定度对基本原则的影响

(1) GPS 基本原则

GPS 体系的基础可由 A、B、C 和 D 四个 GPS 基本原则表述，见表 5-25。

表 5-25　GPS 基本原则

原则	定　义
A	在产品技术文件中有可能采用一个或多个 GPS 规范有效地控制工件或要素的功能 工件或要素的功能与采用的 GPS 规范的相关程度有好有坏，换句话说，对于预期的功能，功能描述不确定度有大有小
B	在产品技术文件中，应针对 GPS 特征规定 GPS 规范。当该规范得到满足时，应当认为工件或要素是可接受的或良好的。显然，在产品技术文件中应充分考虑到其要求。在产品技术文件中规定的实际 GPS 规范应明确被测量 在产品技术文件中的 GPS 规范可能是理想的、完整的，也可能是非理想的、不完整的。因此，规范不确定度可能是从零到非常大之间的任何数值
C	GPS 规范的实施不依赖 GPS 规范本身 GPS 规范在一个检验操作集中实现。GPS 规范没有规定哪个检验操作集是可接受的。检验操作集的可接受性用测量不确定度评定，有些情况下，用规范不确定度评定
D	GPS 标准的检验规则和定义提供了理论上理想的手段来证明工件/要素与一个 GPS 规范符合或不符合（见 GB/T 18779.1）。然而，检验总是不完美的 由于检验是通过实际测量设备实现 GPS 规范，测量设备的制造总是不完美的，所以检验总是包含有测量设备的测量不确定度

（2）功能描述不确定度和规范不确定度的影响

当要素所有的设计功能都由 GPS 特征表达和控制时，GPS 规范就是完整的。在多数情况下，GPS 规范是不完整的，这是因为一些功能没有完整地表达或控制，甚至根本没有。因此，要素/要素功能和采用的 GPS 规范之间的相关程度不同。

功能描述不确定度指的是控制的不理想，而规范不确定度指的是控制的缺乏。例如，一个具有很小的功能描述不确定度和规范不确定度的规范能够完整地描述和控制几何特征，而这些几何特征严格地控制设计功能。这两个不确定度组合的结果见表 5-26。

表 5-26 功能描述不确定度和规范不确定度的综合作用

项　目	规范不确定度小	规范不确定度大
功能描述不确定度小	描述和控制几何特征，严格地控制设计功能	描述和控制的几何特征达到了设计功能要求，但是规范是不完整的
功能描述不确定度大	描述了所有的几何特征，但是没有严格控制设计功能	既不能描述也不能控制设计功能所需的几何特征

（3）方法不确定度和测量设备的测量不确定度的影响

由方法不确定度和测量设备的测量不确定度组成的测量不确定度，是由 GPS 检验方法规定的每一实际（非理想）测量器具产生的。当所使用的测量设备的程序与理论正确规定一致时，有一个小的测量不确定度。对于具有大的功能描述不确定度或大的规范不确定度或两者皆大的测量不确定度的测量，测量不确定度值的影响很小。表 5-27 归纳了方法不确定度和测量设备的测量不确定度组合的结果。

表 5-27 方法不确定度和测量设备的测量不确定度的组合结果

项　目	测量设备的测量不确定度小	测量设备的测量不确定度大
方法不确定度小	测量过程符合规范，且执行时与理想计量特征的偏差很小	测量过程符合规范，但是执行时与理想计量特征的偏差很大
方法不确定度大	测量过程不符合规范，但是执行时与理想计量特征的偏差很小	测量过程不符合规范，但是所使用的测量设备和理想的计量特性偏差较大

注：在方法不确定度和测量设备的测量不确定度中，很难讲是前者大后者小，还是前者小后者大会造成较大的测量设备的测量不确定度。方法不确定度小而测量设备的测量不确定度大通常被认为有较大的测量不确定度，因为测量设备的测量不确定度比方法不确定度的影响相对更显而易见。

示例：对一个轴，当用千分尺检验 $\phi30\pm0.1$Ⓔ规范的上极限时，其测量不确定度包括千分尺（考虑到千分尺测柱的不理想性，以及测砧的平面度和平行度一样，这是测量设备的测量不确定度的成分）测量值之间的不同，和通过千分尺测得的值与用一个理想仪器（方法不确定度贡献）采用最小外接圆柱测得的值之间的差异。

5.2.6 规范过程

在定义一个产品或者系统时，首先需要确定规范过程，其目的是把设计意图转变为特定 GPS 特征的需求。规范过程由设计者负责，包括以下几个步骤：

1）要素功能——GPS 规范的期望设计意图。

2）GPS 规范——包含 GPS 规范元素的数目。

3）GPS 规范元素——其中每个都控制一个或多个规范操作。

4）规范操作——以一定顺序组合成为一个规范操作集的形式。

5）规范操作集——在一定程度上与特定要素功能相关，并规定规范的 GPS 特征（检验中的被测量）。

5.2.7 检验过程

检验过程发生在规范过程之后。其目的是检验由实际的 GPS 规范规定的规范操作集的要素特征。在实际检验操作集中，检验由实际规范操作集规定的测量设备完成。检验过程由计量人员负责，包括以下步骤：

1）实际规范操作集——可以分解为一系列有序的一组实际规范操作，定义被测量。

2）实际规范操作——其中每个都用实际检验操作近似。

3）实际检验操作——有序的操作组合成一组，以形成实际检验操作集。

4）实际检验操作集——与实际的测量过程相同。

5）测量值——与 GPS 规范对比。

5.2.8 不确定度、操作集和操作之间的关系

不确定度、操作集和操作之间的关系如图 5-18 所示。

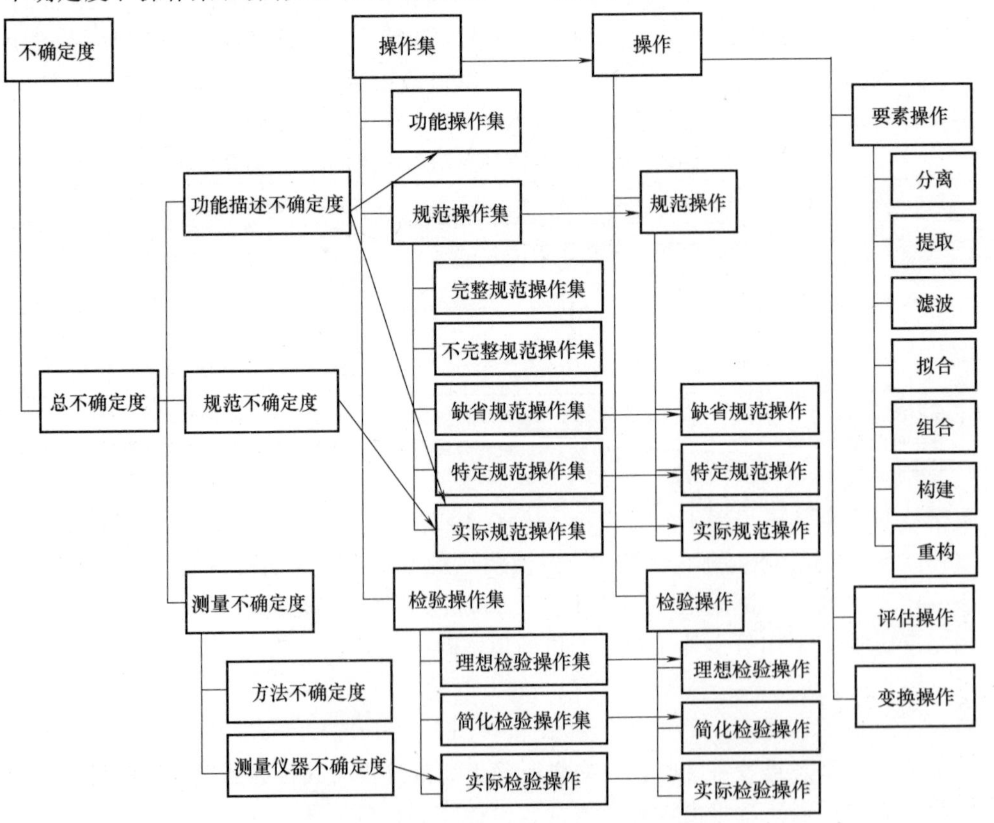

图 5-18 不确定度、操作集和操作之间的关系

注：图中高级别的概念和特定的子概念的关系用向下和向右的粗实线表示。从一个概念到另一个概念或其他概念的第一个定义用带箭头的细线表示。

5.3　被测要素

GB/T 24637.3—2020 修改采用了 ISO 17450-3：2016《产品几何技术规范（GPS）通用概念　第3部分：被测要素》，给出了被测要素的术语和定义，规范了如何从几何要素中建立提取组成要素和提取导出要素。ISO 17450-3：2016 取消并替代了 ISO14660-2：1999（GB/T 18780.2—2002）。

5.3.1　被测要素术语的定义

被测要素术语的定义及解释见表 5-28。

表 5-28　被测要素术语的定义及解释

术语	定义及解释
相对点对（opposing point pair）	同时建立的两点的集合，两点之间的距离是一个尺寸要素的局部尺寸 构成点对的两点间的距离就是两点尺寸 在尺寸要素为“两个相对平面”的情况下，所提取相对点对的中心点在中心提取面上 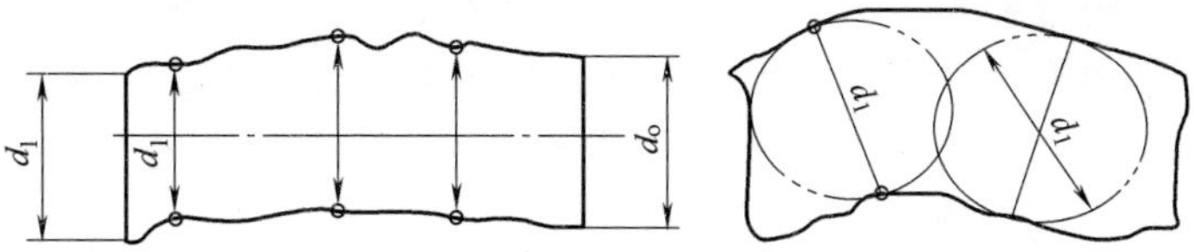 d_1　d_1　d_0　d_1　d_1 两点尺寸图示
基本被测要素（elementary toleranced feature）	定义了GPS特征的完整几何要素的最小组成部分 示例1：对于非限定的平面规范，对完整组成要素定义了一个全局GPS特征，在该情况下，它是一个基本被测要素 示例2：对于直线规范，在完整组成要素中可能对给定方向的每个线要素定义一个局部GPS特征，每一个线要素都是平面要素和完整组成要素的交线，并且是一个基本被测要素。该完整组成要素是一个被测要素
被测要素（toleranced feature） 完整被测要素（complete toleranced feature）	定义GPS特征的一个或多个几何要素的集合或基本被测要素的集合 没有修饰符的“被测要素”是一个完整要素，而不是一个基本被测要素。被测要素是（一个或多个）定义了GPS规范的几何要素的集合
中心（median centre）	计算得到的相对点对的中心点 拟合球的中心是一个拟合中心点，不是一个中心

5.3.2　基本被测要素的建立

（1）相关平面的定义

基本被测要素由相交平面建立。GB/T 1182—2018 中定义：相交平面（intersection plane）是由工件的提取要素建立的平面，用于标识提取面上的线要素（组成要素或中心要素）或标识提取线上的点要素。

示例：图 5-19a 规定，在由相交平面框格规定的平面内，上表面的提取（实际）线应限定在平行于基准 A、间距 t 等于 0.1mm 的两平行直线之间，公差带解释如图 5-19b 所示，图中 b 为与基准 A 的距离。

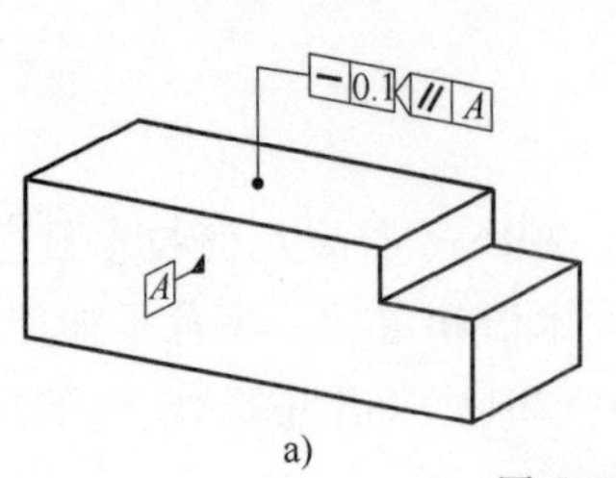

a)　　　b)

图 5-19　相交平面示例

a）图样标注　b）公差带解释

1—基准 *A*　2—平行于基准 *A* 的相交平面

相交平面可以是一个全平面（见图 5-20 和图 5-21）或一个半平面（见图 5-22）。

(2) 完整提取截面线的建立

建立完整被测要素由全平面相交平面建立。相交平面可以直接或间接被带有或不带有特定位置的 GPS 规范定义。当相交平面没有特定位置时，那么相交平面可以是通过某个轴线的任意平面，或与拟合要素平行的任意平面，或由拟合要素定向的任意平面。图 5-20 和图 5-21 是建立完整提取截面线的示例。

图 5-20　完整提取截面线的建立示例 1

1—被测要素：完整提取要素　2—拟合要素　3—平行于拟合平面 2 的相交平面　4—基本被测要素：完整提取截面线

(3) 限定提取表面的建立

如果输入要素是限定要素，则它的边界由该单一要素与其他要素的边界定义。应该在规范中给出限定要素边界的理想位置。为了确定单一组成要素上的一个固有的位置，主基准（第一基准）定义在该单一组成要素上，位置由主基准来确定。

为了确定出单一组成要素上与相邻要素给定距离的位置，首先应在该单一组成要素上定义一个主基准（第一基准），然后作为单一基准或公共基准的第二基准可以由一个或多个毗邻要素定义，具体位置由这些毗邻要素来确定，即在基准体系中确定该位置（见图 5-23）。

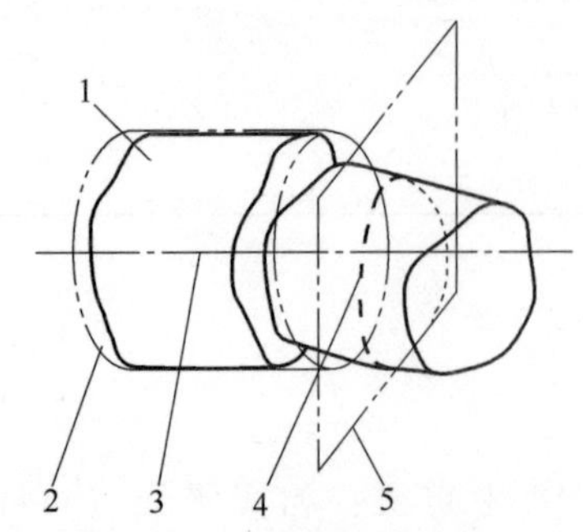

图 5-21　完整提取截面线的建立示例 2

1—被测要素：完整提取要素　2—圆柱 1 的最小外接拟合要素　3—拟合要素 2 的方位要素（本例为一条轴线）　4—基本被测要素：完整提取截面线　5—与方位要素 3 垂直的相交平面

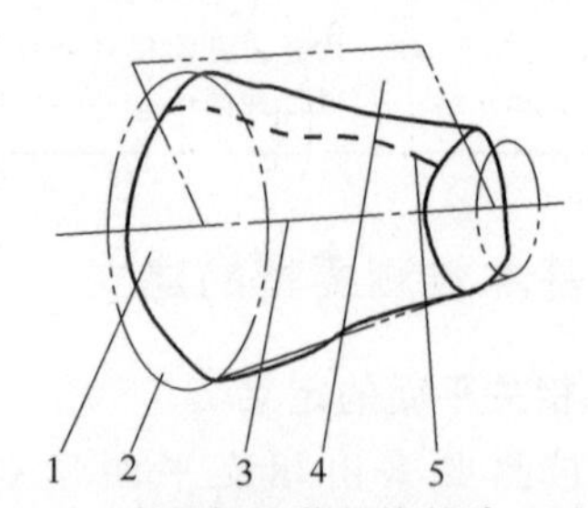

图 5-22　完整提取截面线的建立示例 3

1—被测要素：完整提取要素　2—拟合要素　3—拟合要素 2 的方位要素（本例为一条轴线）　4—包含拟合要素方位要素的相交平面　5—基本被测要素：完整提取截面线

5.3.3　建立几何要素的缺省规则

5.3.3.1　缺省规则

建立几何要素的缺省规则为：

1）缺省情况下，若没有特殊说明，所有用于建立几何要素的中间拟合操作环节均采用无约束最小二乘（高斯）目标函数，并且不考虑材料约束。所建立的几何要素可以是组成表面、组成线、组成点或导出要素的一部分。

2）无论基准用在何处，建立基准的最终拟合方法由规范确定。

3）建立特征的最终拟合方法由规范确定。

4）非均匀分布的表面取点会影响拟合结果。这种情况包括完整数学定义的要素上的一部分被去除，如开有键槽的圆柱，键槽造成了圆柱上取点的不均匀分布。如果采用无约束最小二乘拟合标准，圆柱轴线位置就会产生人为偏移（与没有键槽的拟合轴线位置相比）。偏移出现在键槽相反的方向上。

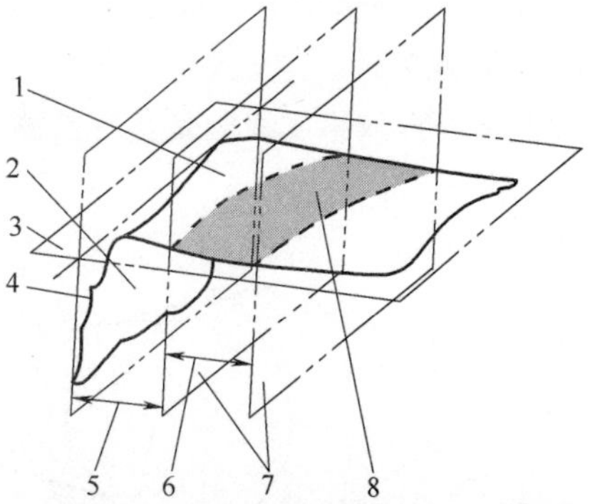

图 5-23　限定提取表面的建立示例

1—被测要素：完整提取要素　2—毗邻的提取组成表面　3—建立主基准的完整提取表面拟合要素　4—受主基准 3 方向约束的拟合要素（毗邻要素）　5—定义限定提取表面 8 边界位置的理论正确尺寸（TED）　6—定义限定提取表面 8 的长度理论正确尺寸（TED）　7—用于定义限定提取表面 8 边界的相交平面　8—基本被测要素：限定提取表面

5.3.3.2　建立组成要素的缺省规则

（1）基本规则

缺省情况下，被测要素是完整的提取组成要素。

基本被测要素可以是完整的组成要素，或完整组成要素上的任何区域部分，或完整组成要素上的任何完整的线或部分线或其上的一个或多个特定点的集合。

（2）提取组成线

提取组成线是由非理想组成要素和一个相交（平面）要素相交得到的。

如果相交要素没有完全固定，那么一组提取组成线也被认为是完整被测要素（见

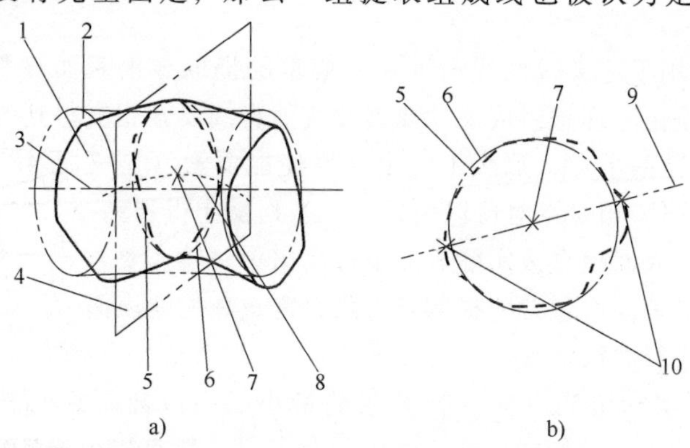

图 5-24　圆柱上的提取中心线和相对点对

a）提取组成线（公称圆）和提取中心线　b）相对点对

1—提取组成表面　2—拟合圆柱　3—拟合圆柱轴线　4—使能要素：垂直于轴线的相交平面　5—提取组成线　6—拟合圆　7—拟合圆中心　8—提取中心线：任意位置的相交平面 4 所确定的拟合圆心 7 的集合　9—辅助使能要素：包含拟合圆圆心 7 的直线　10—相对点对：辅助使能要素 9 和提取组成线 5 的交点

图 5-24）。这种情况下，每条提取组成线是一个基本被测要素。

如果相交要素完全固定，那么只有一条提取组成线被认为是被测要素（见图 5-25）。这种情况下，提取组成线既是基本被测要素也是完整被测要素。

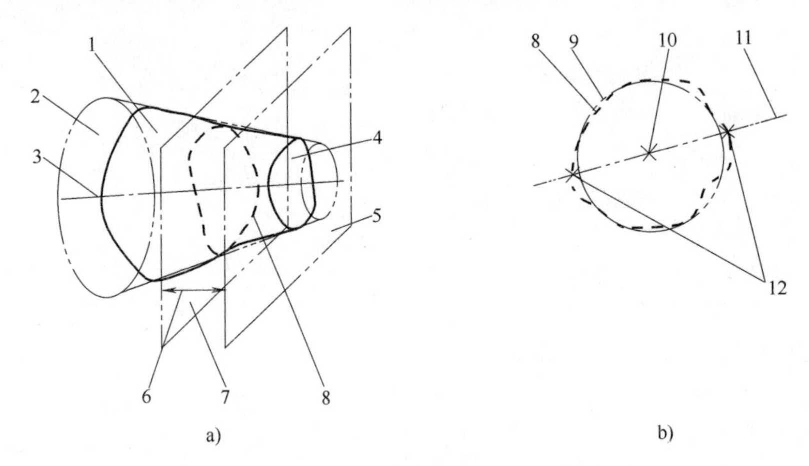

图 5-25 圆锥表面指定截面上的点对

a）指定截面中的提取组成线 b）提取组成线上的相对点对

1—完整提取组成表面 2—拟合组成表面 3—拟合组成表面 2 的方位要素 4—毗邻提取组成表面 5—具有方向约束垂直于方位要素 3 以及处于实体边界的拟合表面 6—指定距离 7—以指定距离 6 构建与平面 5 平行的相交平面（主使能要素） 8—指定截面的提取组成（截面）线 9—拟合圆 10—拟合圆心 11—包含拟合圆圆心 10 的直线 12—相对点对

（3）提取组成点

一个提取点是由非理想组成要素和一条交叉直线相交得到的。对于每一个提取组成点，交叉直线的位置应该完全固定。

（4）相对点对

组成要素相对点对的两点尺寸只能由相对点对获得，相对点对是由带有线性尺寸的提取组成尺寸要素得到的。

相对点对的中点用于定义线性或角度尺寸要素的提取导出表面（例如，楔或槽的提取中心面）。相对点对是由非理想组成尺寸要素和实效直线要素相交得到的。

如果相交结果不是两个点，那么不能定义主使能要素（定义见 4.2.7 节）在相交位置的对应点。缺省情况下，相对点对可以由以下一系列操作得到：

1）从工件非理想表面模型或实际表面上分离出单一输入要素。

2）如果提取要素表面所包含的提取点有限，需重新构建表面。

3）对提取要素进行滤波。

主使能要素是由实际组成（输入）要素的最小二乘拟合要素的骨架要素得到的（见表 5-29）。除非需要使用辅助使能要素，否则相对点对一般直接由输入要素和主使能要素相交得到（见表 5-29）。如果有必要使用辅助使能要素，那么主使能要素会定义一组截面线。每个辅助使能要素都是其中一条截面线的拟合要素。每个相对点对是由截面线（提取组成线）和它的辅助使能要素相交得到的。对于圆柱，定义相对点对需要两种使能要素（见图 5-24 和表 5-29）。对于两平行平面，定义点对需要一种使能要素，见表 5-29。

表 5-29　在尺寸要素上构建相对点对的使能要素

拟合尺寸要素类型	尺寸要素类型	拟合要素的骨架要素	使能要素	是否必要有辅助使能要素
球	线性	点	通过骨架要素的直线(任意方向)	否
圆柱	线性	直线	垂直于骨架要素的平面(任意位置)	是
圆锥	角度			
回转表面(如圆环)	线性	圆		
复合表面(如,长圆孔)	线性	部分表面	垂直于骨架表面的直线(任意位置)	
两相交平面	角度	平面	垂直于骨架要素的直线(规定方向,位置任意)	否
两平行平面	线性			
两同轴圆柱	线性	圆柱		
两等距曲面	线性	曲面		
圆	线性	点	通过骨要素的直线(方向任意)	
曲线	线性	线段	垂直于骨架要素的直线	
两平行直线	线性	直线		
两相交直线	角度			
两等距曲线	线性	曲线		

5.3.3.3　建立中心要素的规则

中心要素仅存在于一个尺寸要素和一个相交要素的相交且交点只有两个的情况。理论上中心要素是一个对称要素。

从一个实际（组成）要素上可以得到多个类型的中心要素：

1）拟合要素的骨架（当尺寸要素的尺寸变为 0mm 或 0° 时得到）;

2）提取中心要素;

3）提取导出要素的拟合要素。

一个尺寸要素可以有一个或多个对称要素，即一个或多个中心要素，示例见 5-30。

表 5-30　具有线性或角度尺寸的公称组成要素的对称要素示例

公称组成要素类型	对称要素	公称组成要素类型	对称要素
球	点	两平行平面	平面
圆柱	轴线:直线	两相交平面	平面
圆锥	轴线:直线	两同轴圆柱	圆柱
圆环	圆 点 轴线 平面	圆	点
长圆孔	轴线 两垂直平面	两平行直线	直线
		两相交直线	直线

缺省被测提取中心要素的类型取决于公称组成要素的形状（见5-31）。

表 5-31 缺省提取中心要素

<table>
<tr><th colspan="2">公称组合要素类型</th><th>缺省提取中心要素</th></tr>
<tr><td rowspan="10">3D-要素</td><td>球</td><td>3D-拟合中心</td></tr>
<tr><td>圆柱</td><td rowspan="4">2D-拟合中心的集合</td></tr>
<tr><td>圆锥</td></tr>
<tr><td>圆环</td></tr>
<tr><td>回转表面</td></tr>
<tr><td>复合表面</td><td rowspan="5">中心点集合</td></tr>
<tr><td>两平行平面</td></tr>
<tr><td>两相交平面</td></tr>
<tr><td>两同轴圆柱</td></tr>
<tr><td>两复合表面</td></tr>
<tr><td rowspan="4">2D-要素</td><td>圆</td><td>2D 拟合中心</td></tr>
<tr><td>两平行直线</td><td rowspan="3">中心点集合</td></tr>
<tr><td>两相交直线</td></tr>
<tr><td>两曲线</td></tr>
<tr><td>1D-要素</td><td>相对点对</td><td>中心</td></tr>
</table>

根据几何要素，同一个提取组成要素可以存在一个或多个中心要素，标注示例如图5-26所示。

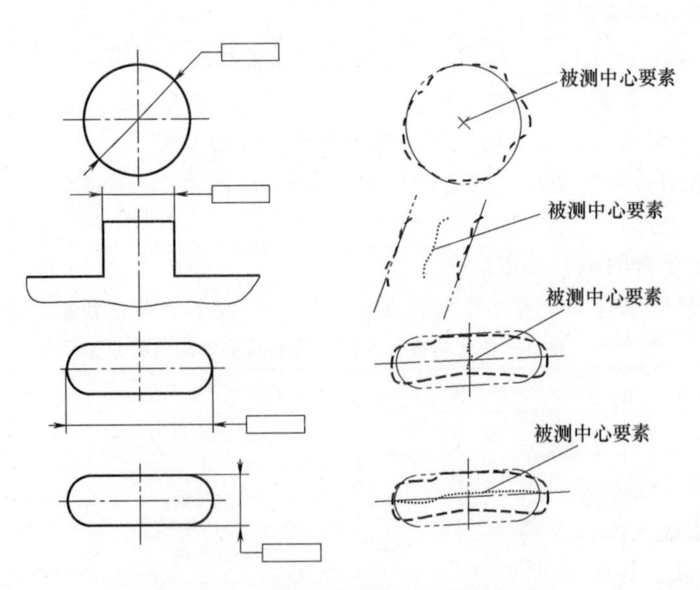

图 5-26 被测中心要素标注规范示例

(1) 中心

中心是一个计算中点，是相对点对的计算中点，如图5-27所示。

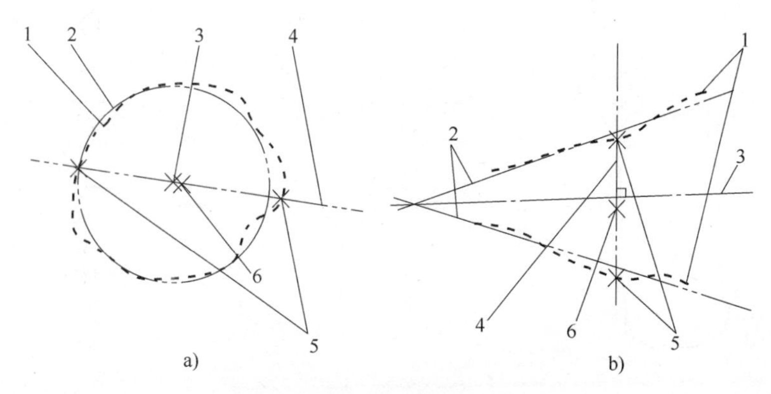

图 5-27　截面要素的中心示例

a）公称圆的中心　b）线对的中心点

1—提取组成线（截面轮廓线）　2—拟合要素　3—拟合要素的中心要素（拟合圆心，或两拟合直线的中心直线）

4—直线使能要素（通过圆中心 3，垂直于线对的中心 3）　5—相对点对　6—中心

拟合中心是拟合球的中心（3D-拟合中心，见图 5-28），或一组拟合圆心（2D-拟合中心，见图 5-29），或相对点对的中点。

2D 拟合中心是某截面要素的拟合要素的中心或相对点对的中点。用来定义截面线的截平面应由拟合要素的方位要素集合确定。

如果相关骨架要素是一个点：截平面应该通过 3D-拟合中心。

如果相关骨架要素是一条线：截平面应该垂直于这条线。

如果相关骨架要素是一个平面：截平面应该垂直于该平面。

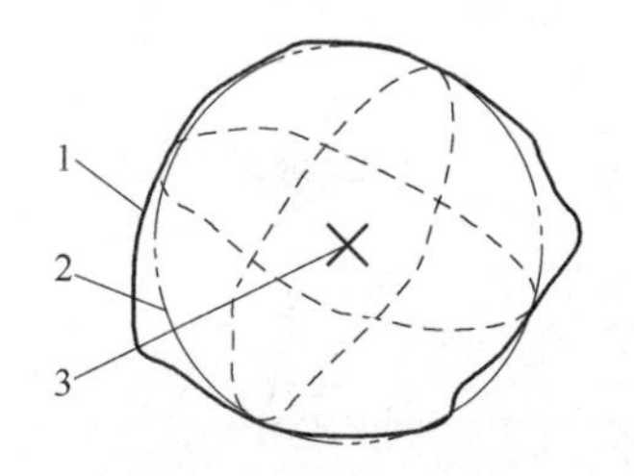

图 5-28　3D-拟合中心示例

1—提取组成表面　2—拟合球

3—3D 拟合中心（拟合球的中心）

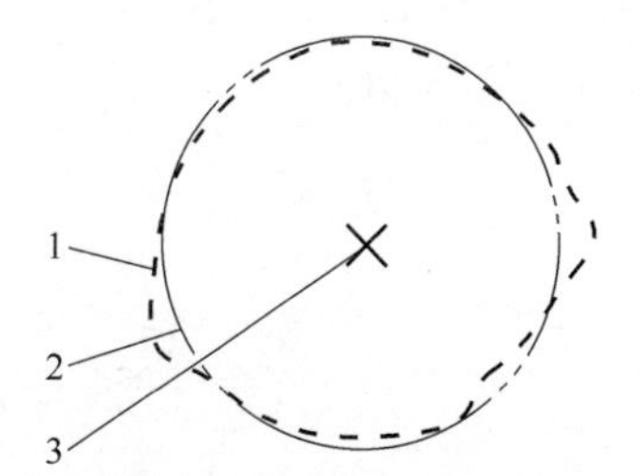

图 5-29　2D-拟合中心示例

1—提取组成线　2—拟合圆

3—拟合要素中心

（2）中心线

1）部分直接拟合中心线。部分直接拟合中心线是限制输入要素长度的直接拟合中心线，部分直接拟合中心线是一条直线。这种限制是由毗邻于输入要素的拟合要素决定的。这些拟合要素受限于输入拟合要素的方向并处于毗邻要素的实体外表面。

2）提取中心线。提取中心线是 2D-拟合中心的集合。示例：一个公称圆柱面，其提取中心线是 2D-拟合中心的集合（见图 5-30）。

3）部分间接拟合中心线。部分间接拟合中心线是一条对提取线长度有限制的间接拟合中心线。间接拟合中心线部分是一条直线。对于拟合要素与提取中心线之间存在垂直距离的情况，需要限制间接拟合中心线的长度（见图 5-30）。

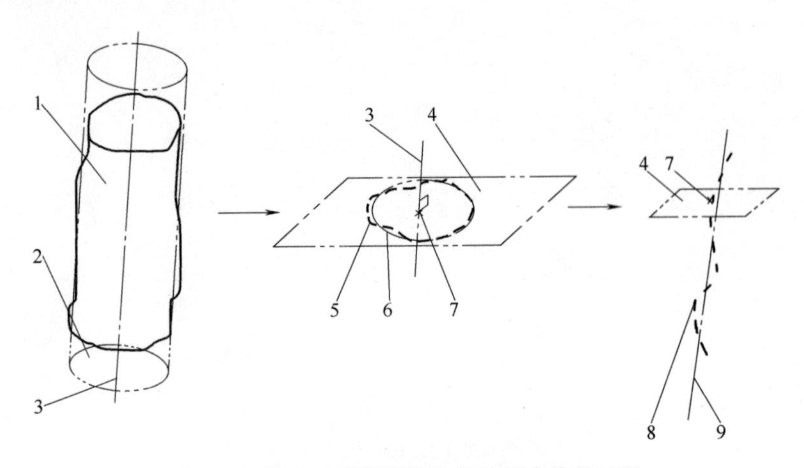

图 5-30 构建（受限制的）间接拟合线的过程

1—提取组成表面 2—拟合圆柱 3—拟合组成要素的轴线 4—所构建的垂直于 3 的截平面 5—提取组成线 6—拟合圆 7—2D 拟合中心 6 的中心 8—提取中心线，所有可能位置 4 的 2D 拟合中心的集合 9—受限制的间接拟合线 8 的拟合线

（3）中心面

1）部分直接拟合中心面。部分直接拟合中心面是受限于输入要素范围的直接拟合中心面。

部分直接拟合中心面是一个平面。这种限制是由毗邻于输入要素的拟合要素决定的。这些拟合要素受限于输入要素的拟合要素的方向并处于毗邻要素的实体外表面。

2）提取中心面。提取中心面是一组中心的集合。示例：两平行平面的提取中心面是中心的集合（见图 5-31）。

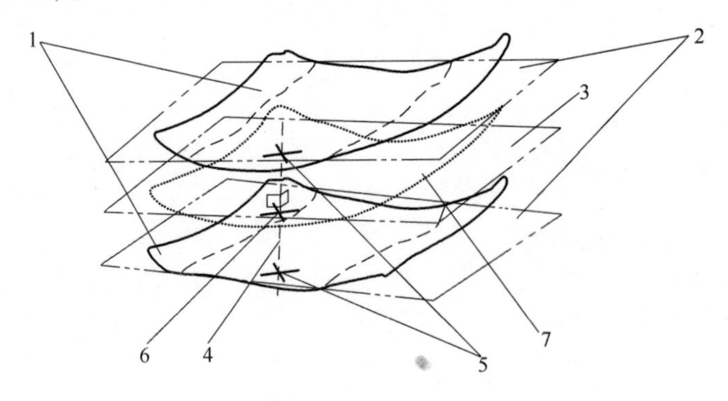

图 5-31 两公称平行平面的提取中心面示例

1—提取表面对 2—拟合表面对，它们之间没有平行约束 3—拟合表面对的中心面 4—垂直于 3 的直线 5—相对点对 6—中心 7—提取中心面（中心的集合）

3）部分间接拟合中心面。部分间接拟合中心面是一个受限于提取中心面范围的间接拟合中心面。间接拟合中心面部分是一个平面。

对于拟合要素与提取中心面之间存在垂直距离的情况，需要限制间接拟合中心面的范围。

5.4 几何特征的 GPS 偏差量化

GB/T 24637.4—2020 修改采用了 ISO 17450-4：2017《产品几何技术规范（GPS） 通用概念 第 4 部分：几何特征的 GPS 偏差量化》，规范了针对单个 GPS 特征的 GPS 偏差量化规则。

5.4.1 局部几何偏差

5.4.1.1 局部几何偏差的定义

局部几何偏差（local geometrical deviation）$d(P)$ 或 $d(P)_{A_n}$ 为输入要素（定义见 4.3.5 节）上的一点“P”到参考要素上的点的局部距离值（见图 5-32），该局部距离值有正负之分。

$d(P)$ 定义了输入要素任意点 P 的任意局部几何偏差。$d(P)_{A_n}$ 可以被定义在一个隶属于参考要素（定义见 4.3.5 节）的 n 维参考空间 A_n 上。输入要素的任一点都存在局部几何偏差。每个局部几何偏差可以在参考空间 A_n 中用参考要素对应的点及局部几何偏差对应的坐标来表示。局部几何偏差能够在参考空间 A_n 用变动曲线上的点坐标来表示。当偏差要素与参考要素相交时，局部几何偏差等于零。

5.4.1.2 局部几何偏差类型

局部几何偏差是建立几何特征的基础元素。通常把远离材料的方向作为正方向。

局部几何偏差值缺省定义为从被测要素上一点到参考要素的最小距离。如图 5-33 中的 5 最小距离缺省为局部几何偏差值。

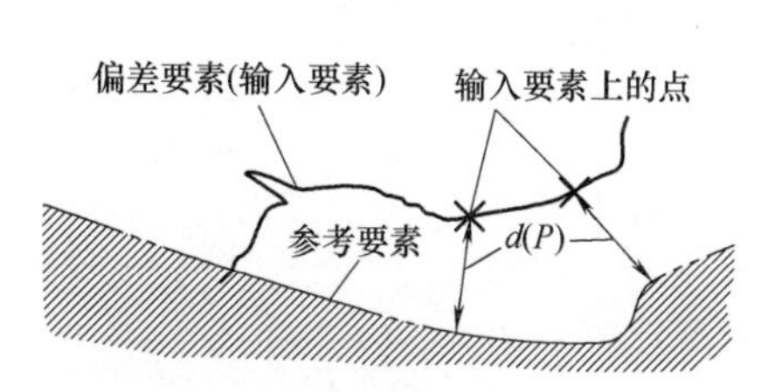

图 5-32 局部几何偏差定义示例

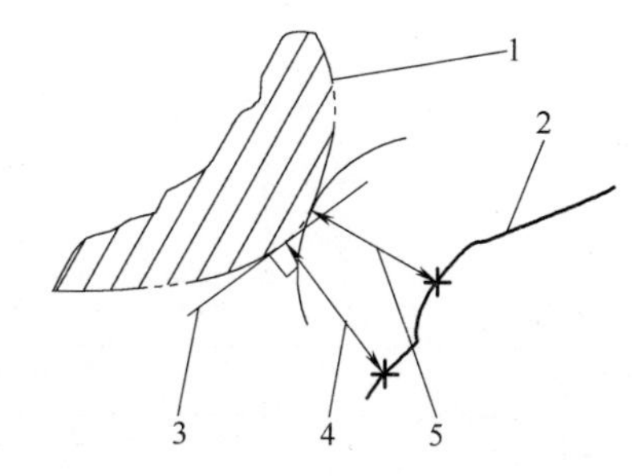

图 5-33 法向距离和最小距离的区别

1—参考要素 2—被测要素 3—参考要素的局部切平面

4—被测要素（输入要素）到参考要素的法向距离

5—最小距离（缺省情况）

缺省情况下，局部评估未指定方向，局部几何偏差定义为输入要素的点 P 与参考要素之间的最小距离（局部偏差的方向未预先定义见图 5-34a）；否则，局部几何偏差为输入要素规定方向的最小距离（有方向要素见图 5-34b）。

5.4.2 量化函数

5.4.2.1 量化函数的定义

量化函数（quantifying function）是用完整的局部偏差集合量化一个几何特征的数学函

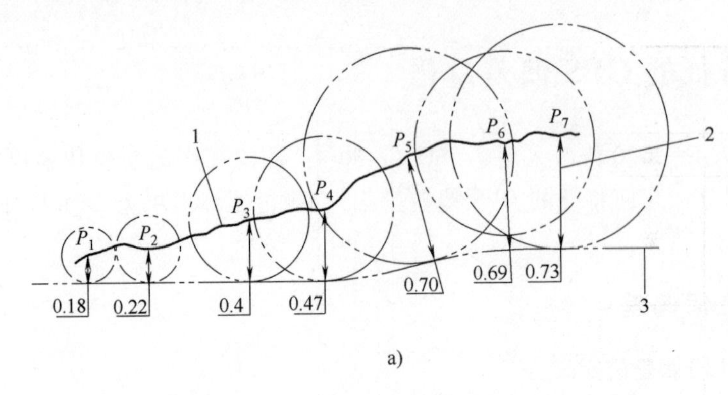

a)

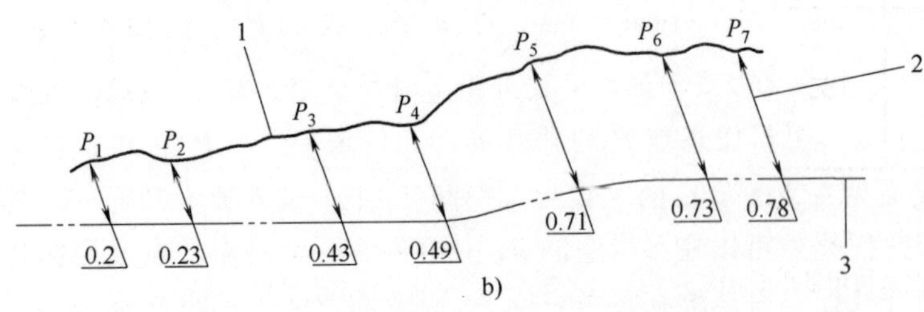

b)

图 5-34　不同类型局部几何偏差的图例

a）缺省情况　b）有特定方向的情况

1—被测要素　2—局部几何偏差　3—参考要素

数。量化函数可以是一个统计函数，其数学描述见表 5-32。

表 5-32　在局部几何偏差变动曲线上定义的量化函数

量化函数名称	统计算子	量化函数的数学描述[1]	
		连续模型 $[d(P)_{A_n}]$	离散模型[2] $[d(P)=d_i]$
最大值	有	$\max[d(P)_{A_n}]$	$\max[d(P)]$
最小值	有	$\min[d(P)_{A_n}]$	$\min[d(P)]$
最大绝对偏差	有	$\max\{\lvert\max[d(P)_{A_n}]\rvert;\lvert\min[d(P)_{A_n}]\rvert\}$	$\max\{\lvert\max[d(P)]\rvert;\lvert\min[d(P)]\rvert\}$
中位值	有	$d(P)_{50\%}=d_{50\%}$	$\tilde{d}$
范围	有	$\max[d(P)_{A_n}]-\min[d(P)_{A_n}]$	$\max[d(P)]-\min[d(P)]$
中值	有	$\frac{1}{2}\{\max[d(P)_{A_n}]+\min[d(P)_{A_n}]\}$	$\frac{1}{2}\{\max[d(P)]+\min[d(P)]\}$
峰高	有	$\lvert\max[d(P)_{A_n}]\rvert$	$\lvert\max[d(P)]\rvert$
谷深	有	$\lvert\min[d(P)_{A_n}]\rvert$	$\lvert\min[d(P)]\rvert$
双倍最大偏差[3]	有	$2\max\{\lvert\min[d(P)_{A_n}]\rvert;\lvert\max[d(P)_{A_n}]\rvert\}$	$2\max\{\lvert\min[d(P)]\rvert;\lvert\max[d(P)]\rvert\}$
均值	无	$\frac{1}{\int_{A_n}dA_n}\int_{A_n}d(P)_{A_n}dA_n$	$\bar{d}=\frac{\sum_{i=1}^{n}w_id_i}{\sum_{i=1}^{n}w_i}$
标准偏差	无	$\sigma=\sqrt{\frac{1}{\int_{A_n}dA_n}\int_{A_n}(d^2(P)_{A_n}-\mu)^2dA_n}$	$s=\sqrt{\frac{\sum_{i=1}^{n}w_i(d_i-\bar{d})^2}{(\sum_{i=1}^{n}w_i)-1}}$

（续）

量化函数名称	统计算子	量化函数的数学描述[①]	
		连续模型$[d(P)_{A_n}]$	离散模型[②]$[d(P)=d_i]$
惯性矩	无	$\sqrt{(\mu-\tau)^2+\sigma^2}$[④]	$\sqrt{(\bar{d}-\tau)^2+s^2}$[④]
平均绝对值	无	$\frac{1}{\int_{A_n} dA_n}\int_{A_n} \mid d(P)_{A_n} \mid dA_n$	$\overline{\mid d \mid} = \frac{\sum_{i=1}^{n} w_i \mid d_i \mid}{\sum_{i=1}^{n} w_i}$
偏态	无	$\frac{1}{\sigma^3}\left[\frac{1}{\int_{A_n} dA_n}\int_{A_n}(d^3(P)_{A_n}-\mu)^3 dA_n\right]$	$\gamma_1 = \frac{n}{(n-1)(n-2)}\sum_{i=1}^{n} w_i\left(\frac{d_i-\bar{d}}{s}\right)^3$
峰态	无	$\frac{1}{\sigma^4}\left[\frac{1}{\int_{A_n} dA_n}\int_{A_n}(d^4(P)_{A_n}-\mu)^4 dA_n\right]$	$\beta_2 = \frac{n(n+1)}{(n-1)(n-2)(n-3)}\sum_{i=1}\left(\frac{d_i-\bar{d}}{s}\right)^4 - \frac{3(n-1)^2}{(n-2)(n-3)}$

① 详细信息，参见 GB/T 3358.1。

② n 个提取点，每个都有一个权重 w_i。当被测要素的提取点是均匀分布时这些提取点的权重取 1。

③ 当建立参考要素使用最小最大准则（无实体约束的切比雪夫准则）时，从离散模型中用“双倍最大偏差”公式和“范围”公式得到的结果相同。

④ 对于几何规范来说，目标值 τ 被认为等于 0。

5.4.2.2　变动曲线

任何几何特征都是用局部几何偏差集合的量化函数建立的。每个量化函数都是建立于：局部几何偏差的变动曲线（如图 5-35 中的 3）、支承率变动曲线（如图 5-35 中的 5）和幅值分布变动曲线（如图 5-35 中的 4）。

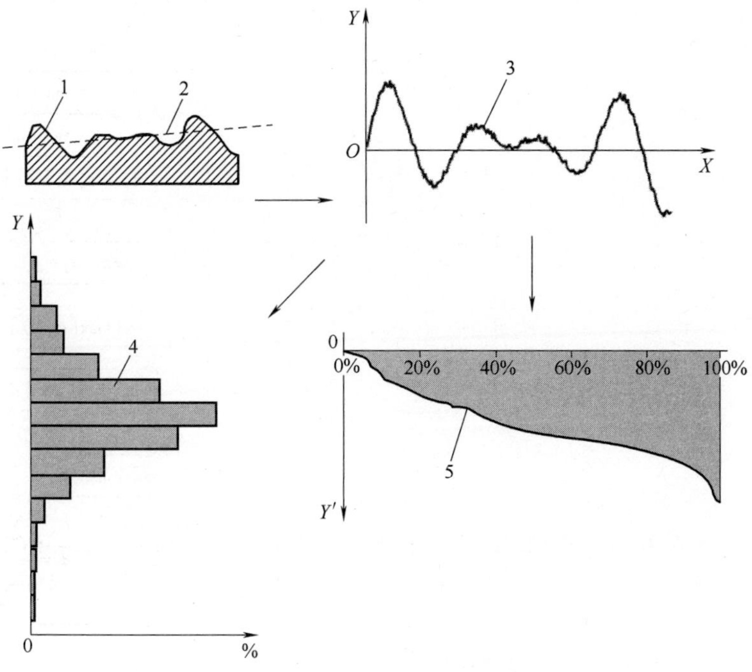

图 5-35　变动曲线建立过程图示

1—提取组成要素　2—参考要素　3—局部几何偏差变动曲线　4—幅值分布变动曲线　5—支承率变动曲线

X—坐标系横坐标　Y—局部几何偏差的幅值

(1) 局部几何偏差的变动曲线

局部几何偏差的变动曲线是在参考空间（线或面的）中的局部几何偏差集合（局部坐标值），该曲线可以绘制在一个直接显示局部坐标值的参考空间里（见图5-35）。由于局部几何偏差是由输入要素的任意点定义的，所以参考空间中任何坐标有三种可能：

1）无附加的局部几何偏差。

2）有一个附加的局部几何偏差。

3）有多个附加的局部几何偏差（当输入要素比参考要素更加局部平滑时）。

(2) 支承率变动曲线

支承率变动曲线可以理解为在参考空间的累计概率函数。支承率变动曲线是局部几何偏差变动曲线的转换。支承率的定义是任意介于最小值和最大值之间的几何特征的实体百分比。

(3) 幅值分布变动曲线

幅值分布变动曲线是局部几何偏差变动曲线的一种变形。幅值分布变动曲线是用支承率曲线的一种派生定义的，其表示了在一个局部偏差等级是定值的参考空间里的概率。

几何特征由一个量化函数定义，这个量化函数是一种数学算子。表5-32中给出的量化函数用在了局部几何偏差变动曲线上。当几何特征是由支承率或幅值分布变动曲线得到时，也可定义其他数学算子。

图5-36所示为局部几何偏差集合，它们由提取组合要素和参考要素之间的带符号距离值定义，这些局部距离构成了变动曲线，如图5-37所示，该曲线解释了表5-32中用来定义几何特征的量化函数。

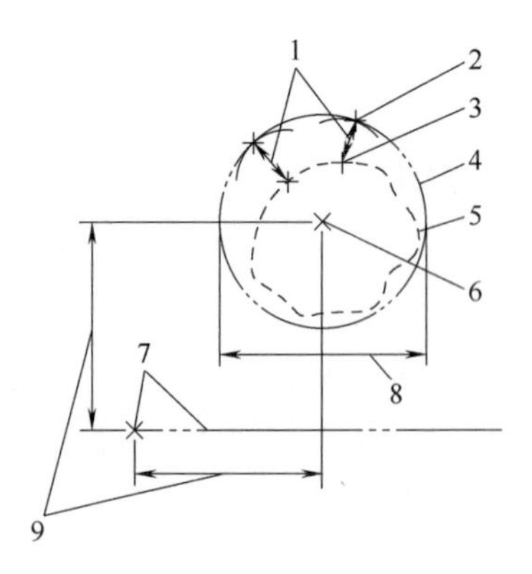

图5-36　由一个确定位置和尺寸的参考圆建立局部几何偏差的示例

1—局部几何偏差　2—基于提取组成线上的点和参考要素之间的最小距离定义的点　3—提取组成线上的点　4—参考要素　5—提取组成线，基本被测要素　6—由基准体系定位的参考要素的位置要素　7—基准体系（由一个平面和一条直线组成）　8—参考要素的尺寸　9—定位参考要素的指定距离

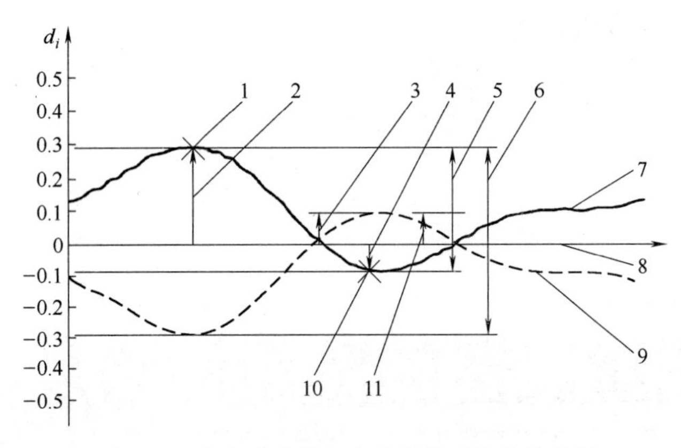

图 5-37　在变动曲线上表示量化函数值的示例

1—局部几何偏差的变动曲线的峰值点　2—变动曲线的“最大”函数值，根据峰高函数得到该值：0.2868

3—变动曲线的“谷深”函数值：0.0877　4—变动曲线的“最小”函数值：-0.0877

5—变动曲线的“范围”函数值：0.3745　6—变动曲线的“双倍最大偏差”函数值：0.5736

7—局部几何偏差的变动曲线　8—局部几何偏差“0”值坐标轴

9—虚线是局部几何偏差的变动曲线关于参考线 8 的对称曲线

10—局部几何偏差的变动曲线的谷底点　11—变动曲线的“中值”函数值：0.0996（中位值和均值函数得到的结果分别为 0.9718 和 0.0996）

d_i—局部几何偏差的幅值

第6章 工件与测量设备的测量检验及应用图解

为减少工件与测量设备在验收过程中出现供方与顾客的纠纷，降低验收的成本，提高产品的经济效益，与国际贸易规则更好的接轨，GB/T 18779 系列标准（等同采用国际标准 ISO 14253 系列标准）制定了我国工件与测量设备的验收策略和验收合格与否的判定规则。本章介绍该系列标准的主要内容及应用，本章的内容体系及涉及的标准如图 6-1 所示。

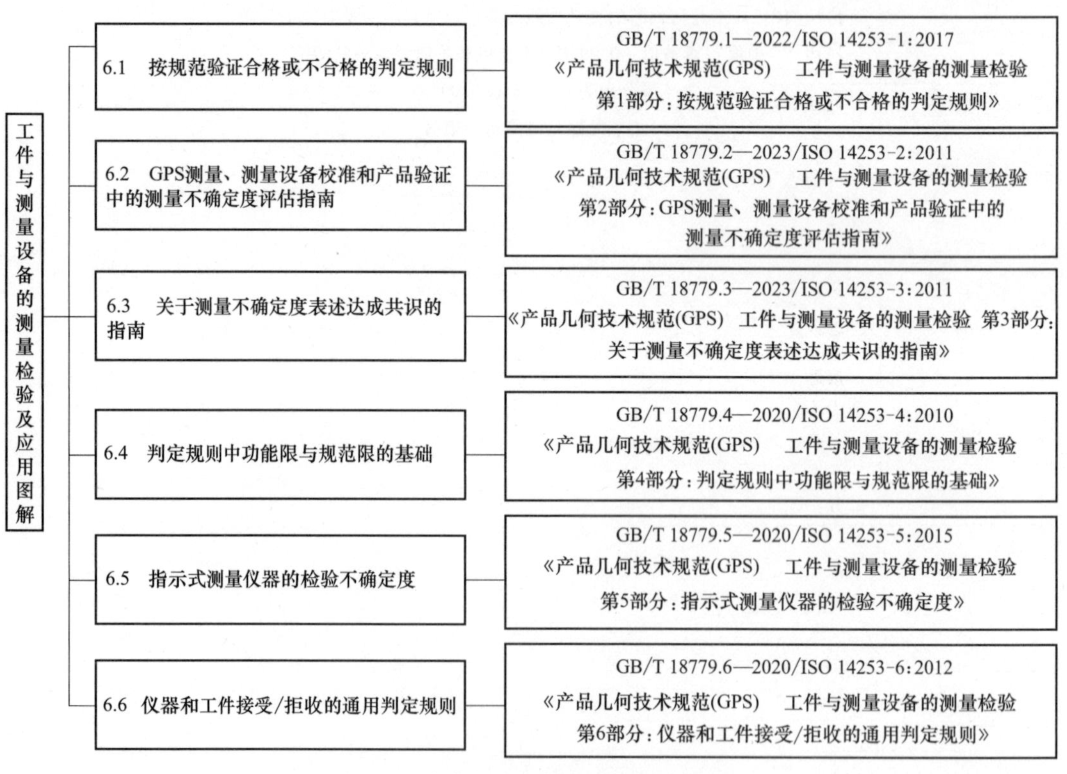

图 6-1 本章的内容体系及涉及的标准

6.1 按规范验证合格或不合格的判定规则

GB/T 18779.1—2022《产品几何技术规范（GPS） 工件与测量设备的测量检验 第 1

部分：按规范验证合格或不合格的判定规则》等同采用 ISO 14253-1：2017，规定了按给定工件（或工件批量）特性的公差或测量设备计量特性的最大允许误差，包括测得值接近规范限时要考虑的测量不确定度，验证工件或测量设备的特性合格或不合格的判定规则。

6.1.1　按规范验证合格或不合格的判定规则术语的定义

按规范验证合格或不合格的判定规则术语的定义及解释见表 6-1。

表 6-1　按规范验证合格或不合格的判定规则术语的定义及解释

术语	定义及解释
规范区 (specification zone)	满足规范要求的工件特性、批量特性或测量设备计量特性的最大允许误差(MPE)的量值区间 规范来自图纸、图样或其他相关文件
合格概率限 (conformance probability limit)	验证合格时，合格概率的约定最小值 合格概率限 p 对应的误收风险小于或等于($1-p$)。合格概率限有效地确定了验证合格时的接收标准
下不合格概率 (lower nonconformance probability)	特性值低于下规范限的概率 只在存在下规范限时，才有下不合格概率。合格概率、下不合格概率与上不合格概率之和为 1
上不合格概率 (upper nonconformance probability)	特性值高于上规范限的概率 只在存在上规范限时，才有上不合格概率。合格概率、下不合格概率与上不合格概率之和为 1
不合格概率限 (nonconformance probability limit)	验证不合格时，上不合格概率或下不合格概率的约定最小值 不合格概率限 p 意味着错误拒收的风险不超过($1-p$)。不合格概率限有效地确定了验证不合格时的拒收标准
接收区 (acceptance zone)	一个或多个接收区间的集合 以默认合格概率限为依据的接收区为默认接收区，如图 6-2 和图 6-3 所示
拒收区 (rejection zone)	一个或更多拒收区间的集合。拒收区是接收区的补集 以默认不合格概率限为依据的拒收区称为默认拒收区，如图 6-2 和图 6-3 所示
不确定区 (uncertainty zone)	接近规范限区间的集合，这里既不能根据合格概率限验证为合格，也不能根据不合格概率限验证为不合格 不确定区位于某规范限(单边规范)或规范限(双边规范)附近，如图 6-4 所示。上、下规范限处的不确定区可能具有不同的大小。验证合格时，不确定区是拒收区的一部分，而不是接收区的一部分。验证不合格时，不确定区是接收区的一部分，而不是拒收区的一部分

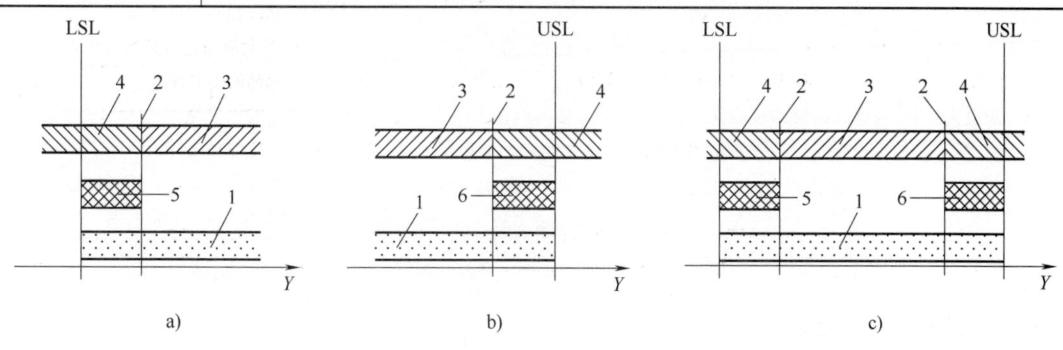

图 6-2　验证合格时的接收区和拒收区

a）仅有一个下规范限　b）仅有一个上规范限　c）有上、下规范限

1—规范区　2—接收限　3—接收区　4—拒收区　5—下规范限处的保护带 g_{LA}

6—上规范限处的保护带 g_{UA}　Y—特性值　LSL—下规范限　USL—上规范限

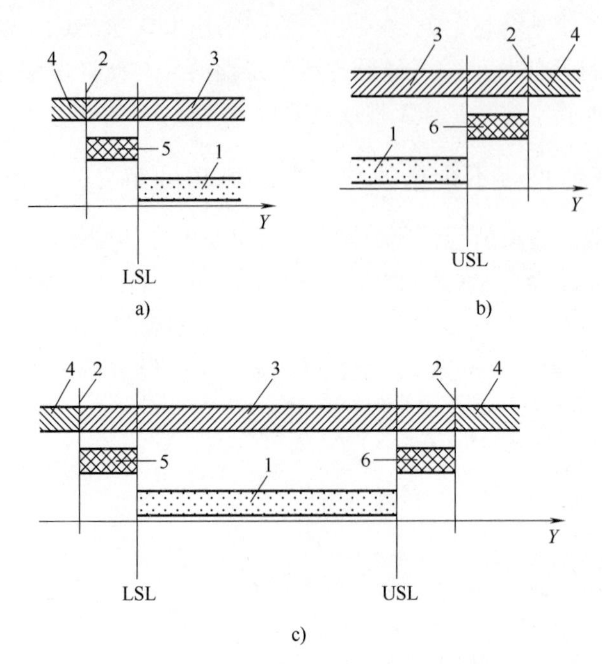

图 6-3 验证不合格时的拒收区和接收区

a）仅有一个下规范限 b）仅有一个上规范限 c）有上、下规范限

1—规范区 2—接收限 3—接收区 4—拒收区 5—下规范限处的保护带 g_{LR} 6—上规范限处的保护带 g_{UR} Y—特性值 LSL—下规范限 USL—上规范限

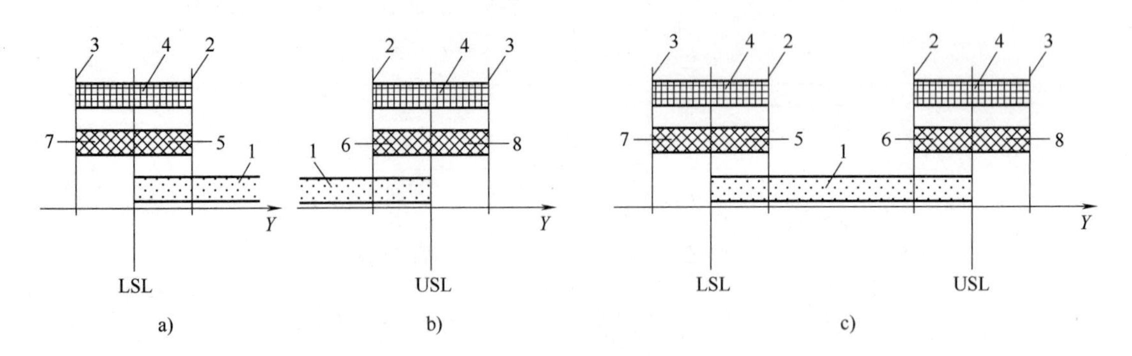

图 6-4 不确定区

a）仅有一个下规范限 b）仅有一个上规范限 c）有上、下规范限

1—规范区 2—验证合格时的接收限 3—验证不合格时的接收限 4—不确定区 5—验证合格时位于下规范限的保护带 g_{LA} 6—验证合格时位于上规范限的保护带 g_{UA} 7—验证不合格时位于下规范限的保护带 g_{LR} 8—验证不合格时位于上规范限处的保护带 g_{UR}

Y—特性值 LSL—下规范限 USL—上规范限

6.1.2 默认判定规则

6.1.2.1 通则

1）规定的规范（具有 LSL 和/或 USL 的工件特性）在图样上或在相应标准链的标准中表示，或者通过对测量设备计量特性的详细描述（如在标准中）和用示值最大允许误差

（MPE）表示。

2）任何测量都会受到测量不确定度的影响，因此不可能准确地知道实际值，期望该值落入预先定义包含概率的包含区间内。

被测量的中心变化趋势和离散值通常采用概率密度函数（PDF）建模。一般 PDF 被假设为高斯分布（正态分布）。在这种情况下，95%包含概率对应的包含因子 $k=1.96$，通常近似为 $k=2$。常见的做法是，假设测得值的包含区间是对称的；但是，也可能存在不对称区间，只要满足包含概率便是可以接受的。

3）由于测得值的不确定性，任何基于它们的判定都存在出现误判的风险。合格概率是实际值落在规范区内的概率。设置判定规则，以便合格概率在合格概率限（如95%）以上时，接收该项目，从而有效地将误判的风险限制在该合格概率限的补集（如5%）内。

4）保护带可防止基于规范限附近不确定的测得值做出的错误判定。保护带完全由测量结果的 PDF 和约定的概率限确定。

5）带保护的接收区是利用位于各规范限处的保护带，通过减小工件特性（或工件批量特性）的规范区或测量设备特性最大允许误差确定的，如图 6-2 所示。若测得值落入接收区内，则验证合格。

6）对于给定的规范区以及合格概率限或不合格概率限，接收区的大小根据要进行的是验证合格还是验证不合格而不同，如图 6-5～图 6-7 所示。

验证合格时，接收区是可能测得值的区域，其中存在包含概率等于完全在规范区域内的合格概率限的包含区间。此时，接收区可通过两种方式查看，即合格概率（即规范区上的 PDF 积分）不低于约定值，或存在一个包含区间，其包含概率等于完全在规范区内的合格概率限。

验证不合格时，接收区是可能测得值的区域，其中不存在包含概率等于不合格概率限（完全高于或完全低于规范区域）包含区间。

7）带保护的拒收区利用位于各规范限处的保护带，通过扩大规范区或增加最大允许误差确定，如图 6-3 所示。若测得值落入拒收区内，则验证为不合格。

对于给定的规范区以及合格概率限或不合格概率限，拒收区的大小根据要进行的是验证合格还是验证不合格是不一样的。验证不合格时，拒收区可从两个方面查看，即上不合格概率或下不合格概率不小于约定值，或存在一个包含区间，其包含概率等于完全高于或完全低于规范区的不合格概率限。

上不合格概率是规范区以上区域 PDF 的积分，下不合格概率是规范区以下区域 PDF 的积分。

验证合格时，拒收区是不存在包含概率等于完全在规范区内的合格概率限的包含区间的区域。因此，验证合格就被简化为测得值是落入接收区还是拒收区。这同样适用于验证不合格。

8）接收区和拒收区是保护带和规范区的函数。因此，即使规范不变，接收区和拒收区也可能不同。

图 6-5～图 6-7 说明了从规范阶段（不涉及不确定度）到验证阶段（不确定度确定保护带）的过渡。

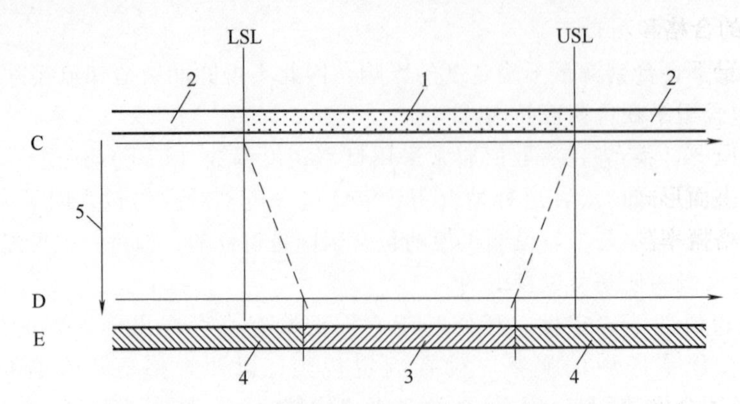

图 6-5　测量不确定度减小了可验证合格的区域

1—规范区　2—规范区外　3—接收区　4—拒收区　5—增加测量不确定度减小了接收区

C—设计/规范阶段　D—具有特定测量不确定度的检验阶段　E—验证合格　LSL—下规范限　USL—上规范限

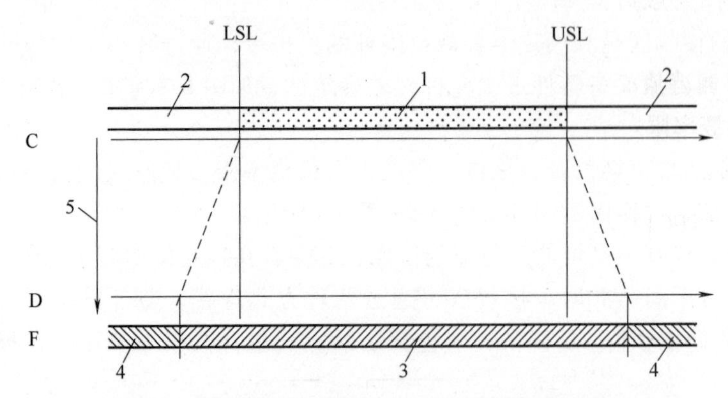

图 6-6　测量不确定度减小了可验证不合格的区域

1—规范区　2—规范区外　3—接收区　4—拒收区　5—增加测量不确定度减小了拒收区

C—设计/规范阶段　D—具有特定测量不确定度的检验阶段　F—验证不合格　LSL—下规范限　USL—上规范限

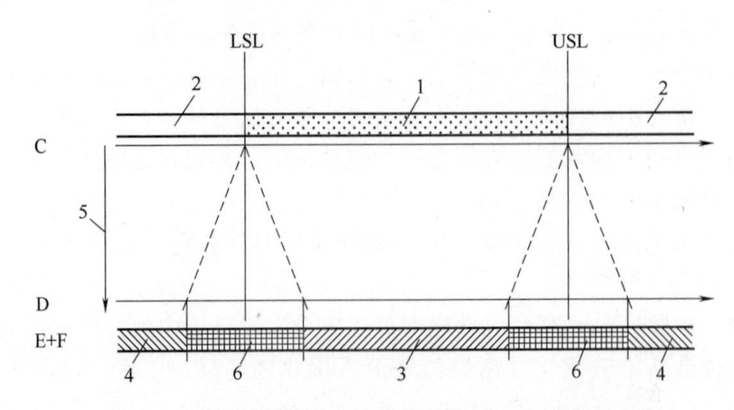

图 6-7　测量不确定度影响了可验证合格或不合格的区域

1—规范区　2—规范区外　3—检验合格区　4—检验不合格区　5—增加测量不确定度并减小了接收区和拒收区　6—不确定区

C—设计/规范阶段　D—具有特定测量不确定度的检验阶段　E—验证合格　F—验证不合格　LSL—下规范限　USL—上规范限

6.1.2.2　默认的合格和不合格概率限

1）默认情况下，合格概率限是95%。双方也可约定不同的合格概率限（见6.1.4节）。约定应以书面形式记录在合同或技术图样中。

2）默认情况下，不合格概率限是95%。双方也可约定不同的不合格概率限（见6.1.4节）。约定应以书面形式记录在合同或技术图样中。

3）默认合格概率限和默认不合格概率限不是互补的（即总和不超过100%）。它们适用于不同的情况。

6.1.3　按规范验证合格或不合格的规则及不确定区

验证合格或不合格适用于工件特性、批量特性和计量特性。下面以工件特性为例进行说明。

6.1.3.1　按规范验证合格的规则

当测得值落入接收区内时，按规范验证为合格。考虑合格概率限的情况下，接收区是因保护带缩小的规范区。

示例：如果测得值的概率密度函数是正态分布的，标准偏差明显小于规范区的大小，则95%的默认合格概率限对应于1.65保护带因子，相当于保护带宽度为1.65倍合成标准不确定度（见图6-8）。

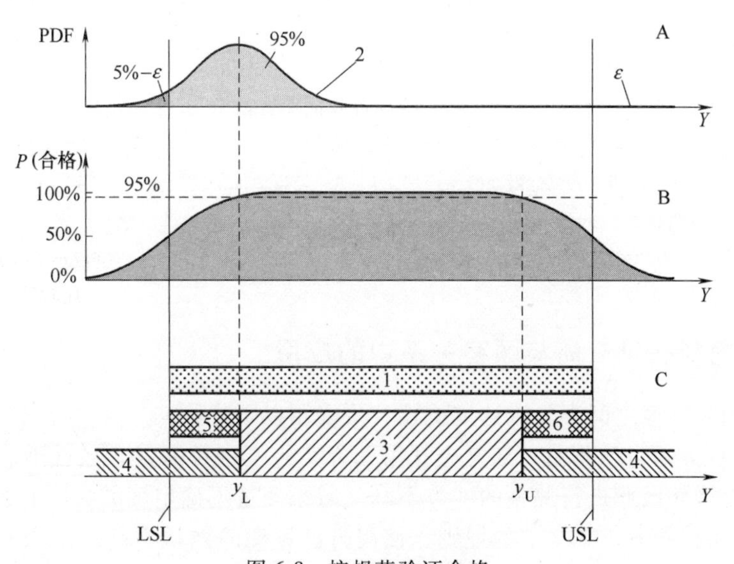

图6-8　按规范验证合格

1—规范区　2—LSL+g_{LA}处的测得值概率密度函数　3—默认接收区　4—默认拒收区　5—下规范限处的保护带g_{LA}　6—上规范限处的保护带g_{UA}　A—测得值y_L=LSL+g_{LA}的PDF　B—合格概率　C—验证合格时的接收区　y_L—可验证合格的最小测得值　y_U—可验证合格的最大测得值　LSL—下规范限　USL—上规范限　ε—无穷小

6.1.3.2　按规范验证不合格的规则

当测得值落入拒收区内时，按规范验证为不合格。考虑不合格概率限的情况下，拒收区是由保护带扩展的规范区的补充。

示例：如果测得值的概率密度函数是正态分布的，则95%的默认不合格概率限导致包含因子为 1.65，相当于保护带为 1.65 倍合成标准不确定度（见图 6-9）。

6.1.3.3 不确定区

如果测得值落入不确定区（如落入某个保护带内），则在按规范验证合格或不合格时，工件既可能被拒收，也可能被接收（见图 6-3）。

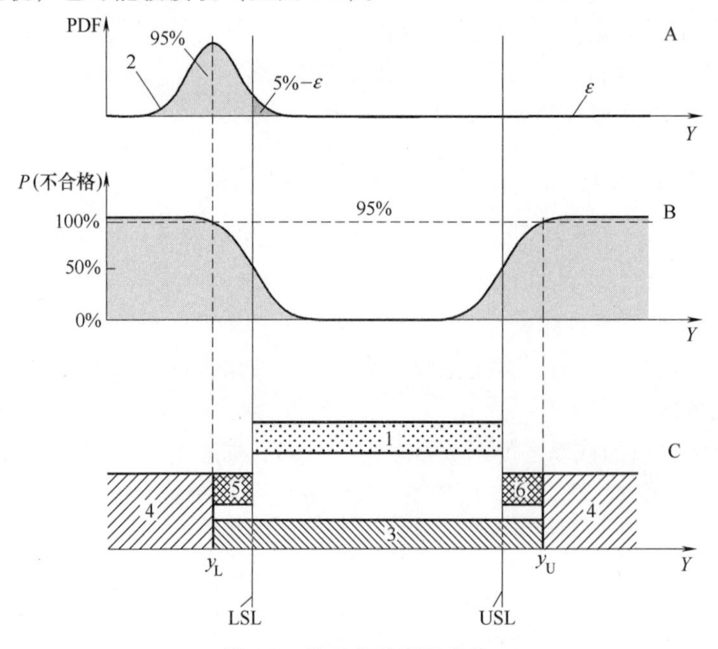

图 6-9 按规范验证不合格

1—规范区 2—LSL−g_{LR} 处测得值的概率密度函数 3—默认接收区 4—默认拒收区 5—下规范限处的保护带 g_{LR} 6—上规范限处的保护带 g_{UR} A—测得值 y_L＝LSL−g_{LA} 的 PDF B—不合格概率 C—验证不合格时的保护带 y_L—验证合格时的最小测得值 y_U—验证合格时的最大测得值 LSL—下规范限 USL—上规范限 ε—无穷小

6.1.4 判定规则在供应商与顾客关系中的应用

如果供应商与顾客之间事先未达成协议，可采用以下规则：

1）无论验证方是自己测量，还是委托第三方实验室进行测量，测量不确定度始终是对验证合格或不合格并因此进行测量的一方不利。减小测量不确定度的大小有利于验证方。

2）供应商可根据 6.1.3.2 节的规则，使用自己评估的测量不确定度来验证合格。一般情况下，供应商应为所交付的所有工件或测量设备提供符合规范的证明。

3）顾客可根据 6.1.3.3 节的规则，使用自己评估的测量不确定度来验证不合格。

因为经销商首先是同一工件或测量设备的顾客，然后才是供应商。经销商可能处于既不能向顾客证明合格，也不能向供应商证明不合格的情况，即测量结果属于不确定区内。为了避免这种情况，经销商可以考虑使用供应商提供的验证结果向顾客验证产品的合格性。

以上这些规则同样适用于内部顾客与供应商的关系和复验。

6.1.5 GB/T 18779.1—2022 与 GB/T 18779.1—2002 的不同

GB/T 18779.1—2022 关注合格概率（以下称为“新方法”），GB/T 18779.1—2002 关注

包含概率（以下称为“旧方法”）。在旧方法中使用的固定包含因子保护带会导致不必要的生产成本增加。

旧方法是建立在默认包含因子 $k=2$ 的基础上的，这大约相当于正态 PDF 的默认包含概率为 95%。

在特殊情况下（对双边规范而言），接收区间仅为规范区中心的单一值，这两种方法是相同的（见图 6-10）。

$k=2$，包含因子的包含概率是 95.45%，而 95%包含概率的包含因子 $k=1.96$。规范区中心的测得值有 2.5%概率的实际值高于上规范限（USL），同时有 2.5%概率的实际值低于下规范限（LSL），因此合格概率是 95%。

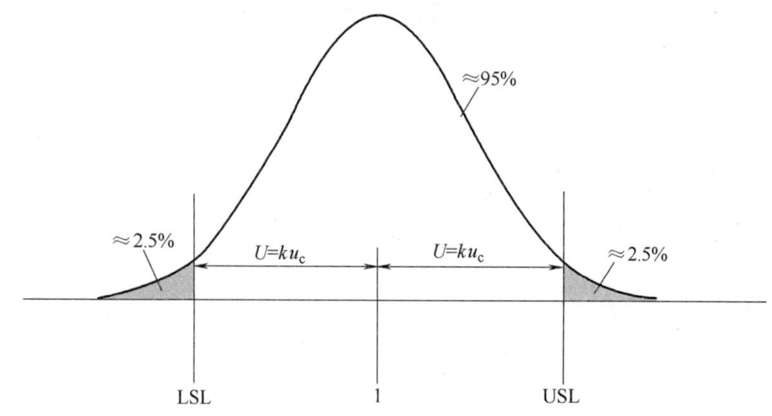

图 6-10　规范区宽度为 $3.92u_c$（旧方法：$4u_c$）时的合格验证

1—单个接收区间　LSL—下规范限　USL—上规范限　u_c—（测量）合成标准不确定度

当（USL-LSL）/u_c 增加到 4 以上时，接收区不再是一个单一值，这两种方法之间的差异变得更加显著。如果在规范区的上、下端通过去除 $1.96u_c$ 计算接收区，则对于任一接收限处的测得值，不合格概率将随测量不确定度的减小而减小。例如，如果（USL-LSL）/u_c = 4.25，在 LSL+$1.96u_c$ 处的测得值会导致 2.5%下不合格概率和 1.22%上不合格概率。

因此，按旧方法的合格概率是 96.28 %而不是期望的 95%，另外增加了不必要的生产成本（见图 6-11a）。以 95%合格概率为目标，意味着可以相对于可能的测得值（$k_1 \neq k_2$）不对称地定位有效包含区间，以创建满足 95%合格概率要求的接收区（见图 6-11b）。

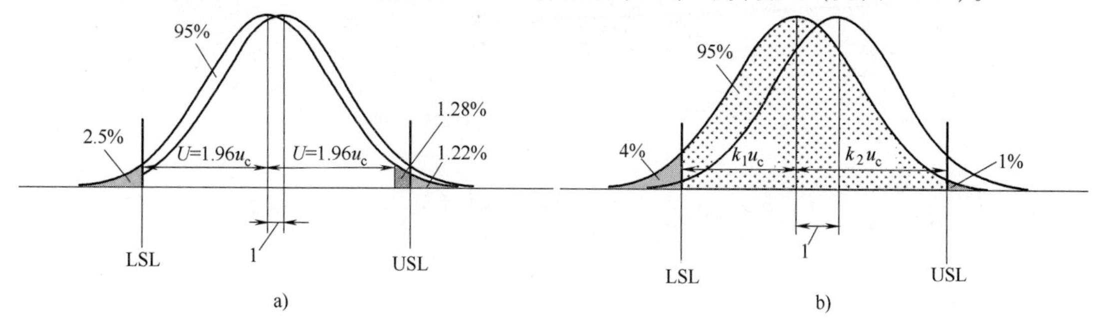

图 6-11　规范区宽度为 $4.25u_c$ 时的合格验证

a）旧方法　b）新方法

1—接收区　LSL—下规范限　USL—上规范限

图 6-12 表明，当不确定度相对规范区宽度减小时，95%合格概率的保护带因子 g 如何接近于 1.65。这意味着仅在概率分布的一侧，才需要考虑 5%的误判风险。通常情况下，(USL-LSL)$\gg u_c$。g 的最大值为 1.96，适用于（USL-LSL）$/u_c=2\times1.96=3.92$ 时。

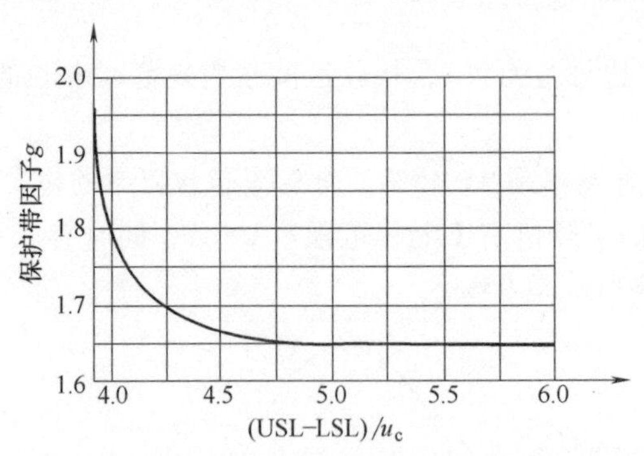

图 6-12　95%包含概率的保护带因子 g 是规范区的宽度与合成标准测量不确定度 u_c 之比的函数

6.2　GPS 测量、测量设备校准和产品验证中的测量不确定度评估指南

GB/T 18779.2—20231 ISO 14253-2：2011《产品几何技术规范（GPS）　工件与测量设备的测量检验　第 2 部分：GPS 测量、测量设备校准和产品验证中的测量不确定度评估指南》提出了《测量不确定度表示指南》（以下简称 GUM）概念实施指南，适用于工业界对 GPS 领域内的测量标准和测量设备的校准以及工件 GPS 特性的测量。其目的是提供完成不确定度报告所需的全部信息，并为测得结果及其不确定度的比较（顾客与供方之间的关系）提供依据。

6.2.1　测量不确定度术语的定义

测量不确定度术语的定义及解释见表 6-2。

表 6-2　测量不确定度术语的定义及解释

术　语	定义及解释
不确定度评估的黑箱模型（black box model for uncertainty estimation）	用于不确定度评估的模型，在该模型中与相关输入量有关的不确定度直接表示为其对被测量的量值的影响（以被测量的单位表示） 被测量的量值通常是测得结果。在许多情况下，一个复杂的测量方法可以被视为一个简单的具有激励输入和结果输出的黑箱。当打开黑箱时，它可能会转化为若干个“更小的”黑箱或若干个透明箱，或两者兼而有之。即使为了进行相应的修正而需要通过补充测量来确定影响量的值，其不确定度评估的方法仍然是黑箱方法
不确定度评估的透明箱模型（transparent box model for uncertainty estimation）	用于不确定度评估的模型，在该模型中输入量与被测量的量值之间的关系被明确地表示为方程式或算法
测量任务（measuring task）	根据定义对被测量的量化
总体测量任务（overall measurement task）	量化最终被测量的测量任务

（续）

术　语	定义及解释
中间测量任务 （intermediate measurement task）	细分总体测量任务得到的更简单的测量任务 总体测量任务的细分有助于简化不确定度的评估。具体细分是任意的，是否细分也是任意的
目标不确定度 U_T （target uncertainty）	测量任务的最佳不确定度 目标不确定度是包括诸如设计、制造、质量保证、服务、市场、销售和分包在内的管理决定的结果。目标不确定度的确定（优化），应综合考虑规范［公差或最大允许误差（MPE）］、过程能力、成本、风险和 ISO 9001、ISO 9004 和 GB/T 18779.1 的要求
测量的要求不确定度 U_R （required uncertainty of measurement）	给定测量过程和测量任务所要求的不确定度。测量的要求不确定度可由顾客等指定
不确定度管理 （uncertainty management）	根据测量任务和目标不确定度，使用不确定性概算方法，给出合适测量程序的过程
不确定度概算 （uncertainty budget）	不确定度分量评估的总结报告，这些分量对测量不确定度有贡献 概算的意思是根据测量程序、测量条件和假设，对不确定度分量及其合成标准不确定度和扩展不确定度的数值进行分配。只有当测量过程（包括测量对象、被测量、测量方法和测量条件）确定时，测量不确定度才是明确的
不确定度因素 xx （uncertainty contributor）	测量过程中的测量不确定度来源
不确定度因素极限值（变化限）a_{xx} ［limit value（variation limit）for an uncertainty contributor］	不确定度因素（xx）极限值的绝对值
不确定度分量 u_{xx} （uncertainty component）	不确定度因素（xx）的标准不确定度 迭代法对所有不确定度分量均使用 u_{xx}
测量仪器的影响量 （influence quantity of a measurement instrument）	影响其测量结果的测量仪器特性
工件的影响量 （influence quantity of a workpiece）	影响其测量结果的工件特性

6.2.2　测量不确定度评估的迭代 GUM 法

完整地采用《测量不确定度表示指南（GUM）》法，可以得到测量的约定真不确定度 U_C。迭代 GUM 法是在不确定度评估的各阶段高估其不确定度，实现测量的近似不确定度 U_E（$U_E \geqslant U_C$）的评估，迭代次数控制高估的量。高估的过程为每一个已知或可预期的不确定度分量提供了在最坏情况下可能出现的上限，从而确保了评估结果的安全，即没有低估测量不确定度。迭代 GUM 法的步骤见表 6-3。

迭代法一般至少包括两次不确定度分量估算的迭代：

1）第一次迭代只是方向性的，是非常粗略、快速和低成本的，其目的是寻找最大的不确定度分量（见图6-13）；

2）接下来的迭代（如果有的话），只涉及对最大不确定度分量进行更精确的“上限”估计，以便将不确定度的估算值（u_c 或 U）减小到一个能被接受的程度。

表6-3　迭代GUM法的步骤

步骤	程　序
1	识别所有不确定度分量
2	决定应做出哪些可能的修正
3	将每一个不确定度因素对测量不确定度结果的影响评估为标准不确定度 u_{xx}，称为不确定度分量
4	采用不确定度管理程序（procedure for uncertainty management，PUMA，见6.2.3节）实施迭代过程
5	每一个不确定度分量（标准不确定度）u_{xx} 的评估，既可采用A类评估，也可采用B类评估
6	为得到测量不确定度的粗略评估值以对其有一个总的了解，同时为节约成本，在第一次迭代评估时，如有可能，优先采用B类评估
7	所有不确定度分量影响的总和（称为合成标准不确定度）按下式计算： $u_c=\sqrt{u_{x1}^2+u_{x2}^2+u_{x3}^2+\cdots+u_{xn}^2}$ 仅在采用不确定度评估的黑箱模型，且所有不确定度分量 u_{xx} 均不相关时，上式才成立。更多细节和其他公式，见表6-9
8	为简单起见，各不确定度分量之间的相关系数 ρ 只取1、0、-1 如果不知道各不确定度分量间是否不相关，则假定其完全相关，即 $\rho=1$ 或 $\rho=-1$。将相关不确定度分量算术相加后，再代入合成标准不确定度 u_c 的计算公式（见步骤7）
9	扩展不确定度 U 按下式计算： $U=ku_c$ 式中，k 是包含因子，$k=2$

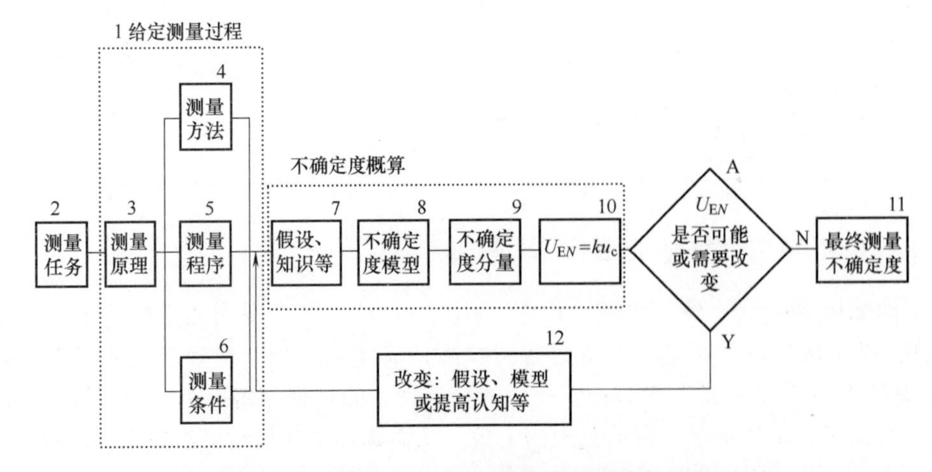

图6-13　给定测量过程的不确定度管理程序（PUMA）

6.2.3　不确定度管理程序（PUMA）

不确定度管理程序（PUMA）是一个以《测量不确定度表示指南（GUM）》为基础，在不改变 GUM 基本概念的情况下评估测量不确定度的实用迭代程序。

6.2.3.1　给定测量过程的不确定度管理

给定测量过程的测得结果的不确定度管理可用于已知测量过程的结果，或两个或多个此类结果的比较。

给定测量过程的不确定度管理程序（PUMA）如图 6-13 所示，给定测量过程的 PUMA 见表 6-4。

对于给定测量任务（框 2）和现有的测量过程，测量原理（框 3）、测量方法（框 4）、测量程序（框 5）和测量条件（框 6）是给定的或确定的，不能更改。唯一的任务是评估测量不确定度的结果，可能会给出或确定出所需的要求不确定度 U_R。

表 6-4　给定测量过程的 PUMA

序号	不确定度管理程序(PUMA)
1	优先采用不确定度评估过程的黑箱模型进行第一次迭代,建立初始的不确定度概算(图 6-13 中的框 7～框 9,下同),得到扩展不确定度的第一次粗略估计值 U_{E1}(框 10)。具体不确定度评估见 6.2.5 节。对扩展不确定度 U_{EN} 的所有评估均按上限评估进行
2	将第一次评估得到的扩展不确定度 U_{E1} 与实际测量的要求不确定度 U_R 进行比较(框 A) 如果 $U_{E1} \leqslant U_R$,即 U_{E1} 可以接受,则第一次迭代的不确定度概算证明了给定的测量过程对于测量任务来说是合适的(框 11) 如果 $U_{E1} > U_R$,即 U_{E1} 不可以接受,或者如果不存在测量的要求不确定度 U_R,但期望 U_{E1} 更小些和更接近于实际值,则继续进行迭代过程
3	在进行新的迭代之前,分析不确定度分量的相对大小。在许多情况下,只有几个不确定度分量对合成标准不确定度及扩展不确定度有较大影响
4	改变相关不确定度因素的假设或提高对不确定度因素的认知(框 12),以得到更准确的最大(主要)不确定度因素的上限估计
5	进行不确定度概算(框 7～框 9)的第二次迭代,得到测量不确定度 U_{E2}(框 10)的第二个、更小的和更准确的上限估计值
6	将第二次估计的不确定度 U_{E2} 与实际测量要求的不确定度 U_R 相比较(框 A): 如果 $U_{E2} \leqslant U_R$,则 U_{E2} 可以接受,第二次迭代的不确定度概算证明了给定的测量过程对于测量任务来说是合适的(框 11) 如果 $U_{E2} > U_R$,则 U_{E2} 不可以接受,或如果不存在测量的要求不确定度 U_R,但期望 U_{E2} 更小些和更接近于实际值,则需要进行第三次(或更多次)迭代。重新对不确定度分量,特别是对此时最大的不确定度分量进行分析[假设的其他变化,提高认知,建模的变化等(框 12)]
7	当所有的可能性都被用于对测量不确定度进行更准确的(更低的)上限估计,仍没有得到可以接受的测量不确定度($U_{EN} \leqslant U_R$)时,则证明给定的测量过程不可能满足给定测量的要求不确定度 U_R

6.2.3.2　设计和开发测量过程或测量程序的不确定度管理

测量过程的不确定度管理，用于设计满足 $U_E \leqslant U_T$ 判据的测量过程。测量过程或测量程序的不确定度管理程序（PUMA）如图 6-14 所示，测量过程或测量程序的 PUMA 见表 6-5。

不确定度管理是在明确的测量任务（图 6-14 中的框 1）和指定目标不确定度 U_T（框 2）的基础上进行的。测量任务和目标不确定度的确定是公司足够高的管理层做出的决策。合适的测量程序是测量不确定度的估算结果 $U_{EN} \leqslant$ 目标不确定度 U_T。如果 $U_{EN} \leqslant U_T$，则对于完成测量任务来说，该测量程序在经济性上也许不是最佳的。也就是说，该测量过程成本太高。

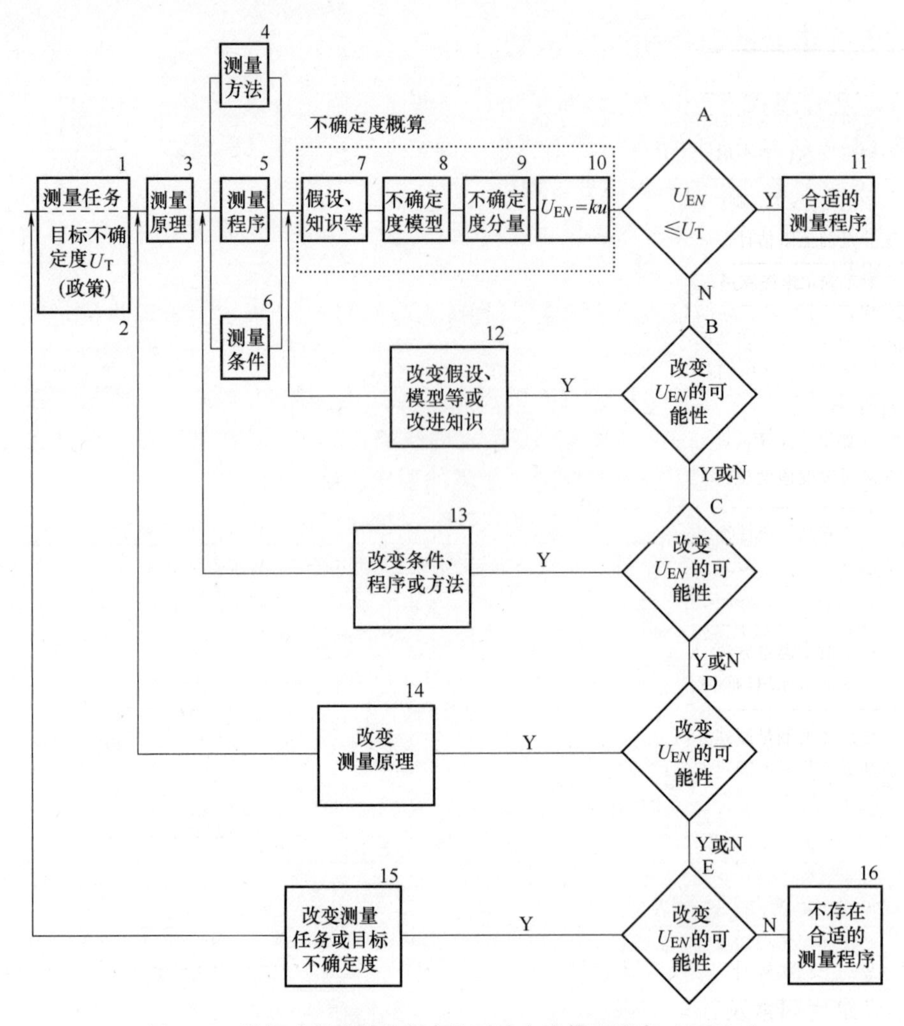

图 6-14　测量过程或测量程序的不确定度管理程序（PUMA）

表 6-5　测量过程或测量程序的 PUMA

序号	不确定度管理程序(PUMA)
1	根据经验和本部门内可能得到的现有测量仪器,选择测量原理(图 6-14 中的框 3,下同)
2	根据公司的经验和已知可能性,确定并记录初步的测量方法(框 4)、测量程序(框 5)和测量条件(框 6)
3	优先采用不确定度评估过程的黑箱模型进行第一次迭代,并建立初始的不确定度概算(框 7~框 9),得到扩展不确定度的第一次粗略估计值 U_{E1}(框 10)。不确定度评估的详细信息见 6.2.6 节。不确定度 U_{EN} 的所有评估均是按其上限进行估算的
4	将第一次评估得到的扩展不确定度 U_{E1} 与指定目标不确定度 U_T 进行比较(框 A) 1)如果 $U_{E1}\leqslant U_T$,即 U_{E1} 可以接受,则第一次迭代的不确定度概算证明,该测量程序对于测量任务来说是合适的(框 11) 2)如果 $U_{E1}\ll U_T$,则该测量程序在技术上是可以接受的,但可能存在改变测量方法、测量程序(框 13)或两者均改变的情况,增大了测量不确定度,使测量过程更具有成本效益的可能性;然后需要一个新的迭代,估算该结果的测量不确定度 U_{E2}(框 10) 3)如果 $U_{E1}>U_T$,即 U_{E1} 不可以接受,则继续进行迭代过程,或得出结论:不存在合适的测量程序

（续）

序号	不确定度管理程序（PUMA）
5	在进行新的迭代之前，分析各不确定度分量的相对大小。在许多情况下，只有几个不确定度分量对合成标准不确定度及扩展不确定度有较大的影响
6	如果 $U_{E1}>U_T$，则改变假设、建模或提高对不确定度因素的认知（框 12），可得到更准确的最大（主要）不确定度分量的上限估计值
7	对不确定度概算进行第二次迭代（框 7~9），得到第二个较低的但更准确的测量不确定度上限估计值 U_{E2}（框 10）
8	将第二次评估得到的不确定度估计值 U_{E2} 与给定的目标不确定度 U_T 相比较（框 A） 1）如果 $U_{E2}\leqslant U_T$，即 U_{E2} 可以接受，则第二次评估的不确定度概算证明，该测量程序对于测量任务来说是合适的（框 11） 2）如果 $U_{E2}>U_T$，即 U_{E2} 不可接受，则必须进行第三次或更多次的评估。反复对不确定度贡献因素进行分析，并同时改变假设、模型或增加知识（框 12），特别是当时最大的几个不确定度贡献因素
9	当所有的可能性都被用于对测量不确定度进行更准确的（更低的）上限估计，仍没有得到可接受的测量不确定度（$U_{EN}\leqslant U_T$）时，为了降低评估的不确定度 U_{EN} 的大小，则需要改变测量方法、测量程序或测量条件（框 13）。迭代程序重新从第一次迭代开始
10	如果改变测量方法、测量程序或测量条件（框 13）后，仍无法得到可以接受的测量不确定度，则最后的可能性是改变测量原理（框 14）并重新开始上述程序
11	如果改变测量原理并进行上述迭代过程后，仍无法得到可以接受的测量不确定度，则最终的可能性是改变测量任务或目标不确定度（框 15），或两者兼而有之，并重新开始上述程序
12	如果不可能改变测量任务或目标不确定度，则证明不存在合适的测量程序（框 16）

6.2.4　测量不确定度来源

在不确定度概算中，应了解测量中潜在的不确定度贡献因素进行分类，如图 6-15 所示，各测量不确定度因素及其来源见表 6-6。

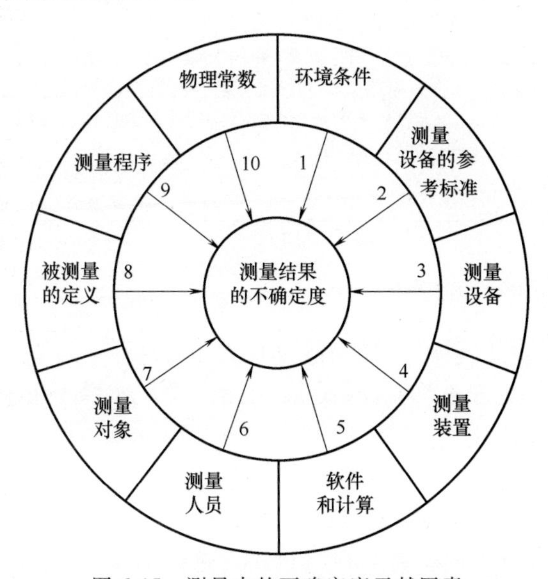

图 6-15　测量中的不确定度贡献因素

表 6-6 各测量不确定度因素及其来源

因素	来　源
测量环境	大多数情况下，特别是在几何量领域的测量中，环境温度是主要不确定度因素。其他不确定度因素可能包括温度及其随时间、空间的变化，重力，振动、噪声，电磁干扰，湿度，电源瞬变，污染，压缩空气（如空气轴承），照明，热辐射，环境压力，工件，空气成分，标尺，气流，仪器热平衡等
测量设备的参考要素	测量设备常被划分为“参考要素”和“其他要素”，而且通常以这种方式看设备是有益的 测量设备的参考要素包括稳定性，CCD 技术，刻度的质量，校准不确定度，温度膨胀系数，主标尺的分辨力（模拟或数字），物理原理：线纹尺、光学数字标尺、磁性数字标尺、轴、齿轮齿条、干涉仪，上次校准后的时间（漂移），波长误差等
测量设备的其他要素	测量设备的其他要素包括解读系统，读数系统，电子、机械放大，线性热膨胀系数，波长误差，温度稳定性、温度灵敏度，零点稳定性，视差，力及其稳定性，距上次校准的时间，滞后，响应特性，导轨、滑轨，内插系统、误差波长，探针系统，内插分辨力，几何缺陷，数字化，硬度、刚度等
测量配置（不包括工件的放置和装夹）	在许多情况下，测量设备不存在配置问题，可以“单独”测量，影响因素有：余弦误差、正弦误差，测针形状误差，阿贝原则，探头系统的刚度，温度灵敏度，光学孔径，硬度、刚度，工件和测量配置间的相互作用，探头针尖半径，预热等
软件和计算	影响因素包括修约和量化，滤波，算法，算法修正、算法验证，算法的实施，内插、外推，计算中的有效数字位数，粗大误差（异常值）处理，取样等
测量人员	人员的状态是不稳定的，每天都不同，甚至在一天内往往也会有相当大的变化。影响因素包括教育程度，知识（精确、理解），经验，诚实，培训，奉献，身体上的缺陷、能力等
测量对象、工件或测量仪器的特性	影响因素包括表面粗糙度，磁性，形状误差，材料的吸湿性，弹性模量，老化，弹性模量以外的硬度，清洁度，温度膨胀系数，温度，传导性，内应力，重量，蠕变特性，尺寸，装卡引起的工件变形，形状，方向性等
GPS 特征、工件或测量仪器特性的定义	影响因素包括基准，规定的公差要素，参考体系，工件特性、测量设备特性的偏差，自由度，距离，被测要素，角度等
测量程序	影响因素包括测量条件，策略（测量方案），测量次数、顺序，装夹、定位，测量持续时间，测量点的数目，测量原理选择，探测原则、策略（方案），探测系统对准，相对于测得结果的参考点（参考标准）及其数值的选择，漂移检查，设备的选择，反转测量，计量人员的选择，多重冗余，误差分离，操作人员的数量
物理常数和换算因子	修正用物理常数，如材料特性（工件、测量仪器、环境空气等）的认识程度

6.2.5 测量不确定度的评估方法

不确定度分量的评估可以采用 A 类评估和 B 类评估两种不同的方法。

A 类评估是使用统计方法对不确定度分量 u_{xx} 的评估。B 类评估是使用统计方法以外的任何其他方法对不确定度分量 u_{xx} 的评估。

大多数情况下，A 类评估得到的不确定度分量估计值比 B 类评估的更准确。但在许多情况下，B 类评估也能得到足够准确的不确定度分量估计值。因此，只要不是绝对需要采用 A 类评估方法评估不确定度分量的，就应在迭代法中选择 B 类评估。不过在某些情况下，除采用 A 类评估方法，没有采用其他评估方法的可能性。

6.2.5.1　不确定度分量的 A 类评估

不确定度分量 u_{xx} 的 A 类评估需要重复测量的数据。不确定度分量 A 类评估的计算公式见表 6-7。

表 6-7　不确定度分量 A 类评估的计算公式

参数	公式	含义
算术平均值	$\bar{x}=\frac{1}{n}\sum_{i=1}^{n}x_i$	$\bar{x}$ 是 n 个测得结果 X_i 的平均值，也是该分布总体均值 μ 的估计值
标准偏差	$s_x=\sqrt{\frac{\sum_{i=1}^{n}(\bar{x}-X_i)^2}{n-1}}$	s_x 是由 n 个测得结果得到的样本分布标准偏差，也是分布标准偏差 σ 的估计值
平均值的标准偏差	$s_{\bar{x}}=\sqrt{\frac{\sum_{i=1}^{n}(\bar{x}-X_i)^2}{n(n-1)}}=\frac{s_x}{\sqrt{n}}$	样本平均值的标准偏差 $s_{\bar{x}}$ 等于样本标准偏差 s_x 除以测量次数 n 的平方根
单次测量的标准不确定度 u_{xx}	$u_{xx}=s_{x,n}t$	当算术平均值或标准偏差由很少的重复测量次数得到时，估算的标准偏差值可能是错误的，有可能太小。因此，使用安全因子 t。安全因子 t 是根据 t 分布计算的。当测得结果是由与该不确定度因素有关的单次读数得到时，在不确定度概算中，用样本标准偏差 s_x 乘以适当的安全因子 t 作为标准不确定度 u_{xx} 的值
算术平均值的标准不确定度 u_{xx}	$u_{xx}=s_{\bar{x}}t\left(s_{\bar{x},n}=\frac{s_{x,n}}{\sqrt{n}}\right)$	当测得结果是由与不确定度因素有关的若干次读数平均值得到时，在不确定度概算中用平均值的标准偏差 $s_{\bar{x}}$ 乘以适当的安全因子 t 作为标准不确定度 u_{xx} 的值

6.2.5.2　不确定度分量的 B 类评估

用非统计方法对标准偏差进行评估称为 B 类评估。不确定度的信息来源包括过去的测量数据、经验，或者是简单地“猜测”标准偏差的大小。

给定一个变化限为 a，对于所有（有界的）分布，标准偏差（按适用于所有分布的统计公式计算，见表 6-7）与变化限 a 之间存在着与分布有关的确定比值。因此，如果已知变化限值 a 及其分布类型，就能计算出标准偏差。若规定变化限值为 $-a$ 和 $+a$（仅是对称分布），则

$$u_{xx}=ab$$

经验表明，大多数情况下仅使用三种类型的分布就足以将变化限换算为标准偏差，见表 6-8。

表 6-8　由变化限 a 换算到不确定度分量 u_{xx}（标准不确定度）的三种分布类型

分布类型	图例	b 值	不确定度分量 u_{xx}
高斯分布	$-a$　0　$+a$	$b=0.5$	$u_{xx}=\frac{a}{2}\approx0.5a$

（续）

分布类型	图例	b 值	不确定度分量 u_{xx}
矩形分布	$-a$　0　$+a$	$b=0.6$	$u_{xx}=\frac{a}{\sqrt{3}}\approx 0.58a\approx 0.6a$
U 形分布	$-a$　0　$+a$	$b=0.7$	$u_{xx}=\frac{a}{\sqrt{2}}\approx 0.71a\approx 0.7a$

注：1. 确定 a 值时，需要合理地进行“猜测”或需要相关极限值 a 的知识，要确保高估，但也不要过于高估。

2. 多数情况下，分布的类型是已知的或十分明显的。否则，就做保守性的假设：如果已知不是高斯分布，则选择矩形分布或 U 形分布；如果已知不是矩形分布，则选择 U 形分布。U 形分布是最保守的假设。

6.2.5.3 不确定度分量的评估示例

表 6-9 以一些常见的不确定度分量举例说明如何得到不确定度分量 u_{xx}。

表 6-9 不确定度分量的评估示例

序号	不确定度分量	评估方法
1	重复性	在每个测量不确定度概算中，重复性至少涉及一次。大多数情况下，重复性只能通过试验进行评估（A 类评估），利用表 6-7 中提供的 s_x 和 $s_{\bar{x}}$ 公式得到不确定度分量 由重复性得到的不确定度分量可能小于从测量设备读数分辨力得到的不确定度分量，此时应使用后者代替重复性
2	分辨力和修约	测量设备（模拟式或数字式）的分辨力或测得结果（或修约后的测得结果）的最后一位或小数的步长，由其中最大者引入的不确定度分量 u_{xx}，其计算公式为 $u_{xx}=\frac{d}{2\times\sqrt{3}}\approx\frac{d}{2}0.6\approx 0.3d$ 式中，d 是分辨力或最后一位数字的步长，其不确定度分量等于极限值为 $a=0.5\ d$ 的矩形分布的不确定度分量 如果重复性不确定度分量是由试验数据得到的，并且由重复性所引入的不确定度分量大于由分辨力等所引入的不确定度分量，则分辨力的影响已经包括在重复性不确定度分量中
3	测量设备的最大允许误差	当已知测量设备或测量标准满足各计量特性规定的最大允许误差（MPE）值时，就能从这些 MPE 值导出相关的不确定度分量，其计算公式为 $u_{xx}=\mathrm{MPE}b$ 式中，b 的数值见表 6-8。
4	修正值	已知误差 ER 的大小和符号（+或-），可以将修正值 C 加到测量结果上进行补偿： $C=-\mathrm{ER}$ 即使已进行了修正，但仍存在一不确定度分量，即修正值的不确定度。为了使修正后能减小测量不确定度，修正值的不确定度应该小于其误差或修正值 是否要对已知的误差进行修正，这是负责进行不确定度概算者的责任。对已知的误差是否要进行修正的判据是其经济性 漂移常常作为可以修正的已知误差处理

（续）

序号	不确定度分量	评估方法
5	滞后	测量设备示值的滞后 h 常常作为相对于由滞后所形成的两个示值的平均值对称的误差或不确定度处理。如果有足够的数据，则不确定度分量可以由 A 类评估得到。也可以由 B 类评估得到，此时不确定度分量为 $$u_{xx}=\frac{h}{2}b$$ 式中，b 的数值见表 6-8
6	温度	对 GPS 领域和 GPS 测量而言，标准参考温度是 20℃。温度的影响（可能由诸如温度偏离、时间和空间的温度梯度引起）会导致测量设备、测量配置，以及被测对象的线性膨胀和弯曲变形等。温度的变化对长度的影响按线性膨胀公式计算：$$\Delta L=\Delta T\alpha L$$ 式中，ΔT 是相关温度差；α 是材料的线胀系数；L 是所考虑的有效长度 温度作为影响量时，可以将若干个由温度变化转换成长度影响的换算公式与其他几何或物理公式一起使用，以形成温度对 GPS 测得结果（长度、形状等）影响的完整描述
7	测量力	对 GPS 领域而言，标准参考条件是测量力为零。测量力不为零，对长度测量误差及其不确定度的影响是由测量设备、测量配置和测量对象的弹性变形引起的，在某些情况下还可能是其塑性形变。特别是要研究测量力对测量设备与测量对象之间接触部位几何形状的影响 测量力的影响可以通过试验或物理公式（赫兹 Hertz 公式等）量化，它与力的大小、力的方向、接触部位的几何形状和诸如 E（弹性模量），ν（泊松比）等材料常数有关
8	测量方向	测量方向应符合测量对象几何特征的定义（见 GB/T 20308） 偏离规定测量方向的影响可根据基本三角公式计算，有时还会受其他影响量的方向性效应的影响
9	被测量的定义	GPS 测量中的被测量是工件的 GPS 特性（通常作为技术图样上的要求给出），以及测量设备或测量标准的计量特性 这些被测量在 GPS 标准中均有定义。在许多情况下，测量程序会有意或无意地不符合被测量的定义。在这种情况下，测量程序相对于定义的偏差就会产生测得结果的误差及其不确定度。如果误差已知，可以进行修正
10	校准证书	校准证书提供计量特性的测得结果及其测量不确定度。使用证书提供的校准值时，得到的不确定度分量 u_{xx} 的方法如下： 1）不确定度表示为扩展不确定度 U，并根据 GUM 要求规定了包含因子 k，则 $$u_{xx}=\frac{U}{k}$$ 某些校准组织统一规定了包含因子 k 的默认值，在此情况下，校准证书上不提供包含因子 2）不确定度表示为扩展不确定度 U_{V}，并规定置信水平，如 95%或 99%，则 $$u_{xx}=\frac{U_{\mathrm{V}}}{m}$$ 式中，m 是与所述置信水平相对应的包含区间中的标准偏差个数 有时校准证书只证明设备满足标准或产品说明书等所规定的规范（一组 MPE 值）。这种情况下应使用计量特性的标称 MPE 值，并按本表中序号 3 规定的 MPE 值得到该不确定度分量

（续）

序号	不确定度分量	评估方法
11	测量对象的表面纹理、形状和其他几何偏差	测量期间，测量对象的表面与测量设备相接触，由于表面结构、形状偏差和相对标称几何学的其他几何偏差，测量设备的接触几何形状（触针针尖）将与测量对象表面相互作用，产生不确定度分量 评估这类分量可以通过试验（A类评估）或B类评估，或部分通过实验、部分通过B类评估进行
12	物理常数	物理常数（如线胀系数、弹性模量、泊松比等）常常包含在影响量误差换算的修正值或评估的不确定度分量中，通常知道的不准确，但是可以评估。因此，物理常数使用与上述影响量相同的换算公式引入额外的不确定度分量，此类评估只能作为B类评估进行

6.2.5.4 合成标准不确定度 u_c 的评估方法

合成标准不确定度 u_c 的评估方法见表6-10。

表6-10 合成标准不确定度 u_c 的评估方法

评估方法	合成标准不确定度 u_c
黑箱方法	在不确定度评估的黑箱方法中，测得结果是被已知修正值修正后的读数： $Y=X+C$ 式中，X 是测量仪器的读数，而 $C=\sum C_i$ 是校准、温度修正和变形修正等已知的相应各修正值之和 测量的合成标准不确定度由下式给出： $u_c = \sqrt{u_r^2 + \sum_{i=1}^{p} u_i^2}$ 式中，p 是不相关（$\rho=0$）不确定度分量的总数；u_r 是强相关（$\rho=+1$ 或 -1）不确定度分量之和，可按下式计算 $u_r = \sum_{i=1}^{r} u_i$ 式中，r 是强相关不确定度分量的总数 总的说来，在 Y 的测量中，存在 $p+r$ 个不确定度分量 不相关（$\rho=0$）的不确定度分量之和是几何相加（方和根法） 强相关（$\rho=+1$ 或 -1）的不确定度分量之和是算术相加 保守的估计是将所有已知不完全不相关的不确定度分量均视为强相关
透明箱方法	在不确定度评估的透明箱方法中，将被测量的值（测得结果 Y）建模成若干个测得结果 X_i 的函数，这些值本身既可以是函数（透明箱模型），也可以是黑箱模型，或两者兼而有，即 $Y=G(X_1, X_2, \cdots, X_i, \cdots, X_{p+r})$ 测量的合成标准不确定度 u_c 的计算公式为： $u_c = \sqrt{u_r^2 + \sum_{i=1}^{p}\left(\frac{\partial Y}{\partial X_i} \times u_{Xi}\right)^2}$ 式中，u_r 是强相关不确定度分量之和，可按下式计算 $u_r = \sum_{i=1}^{r} \frac{\partial Y}{\partial X_i} \times u_{Xi}$ 式中，$\frac{\partial Y}{\partial X_i}$ 是函数 Y 相对于 X_i 的偏导数；u_{Xi} 是第 i 个测得结果（函数）的合成标准不确定度，是测量 Y 时不确定度评估透明箱方法的一部分 u_{Xi} 可以是不确定度评估的黑箱方法或另一种透明箱方法的结果（合成标准不确定度 u_c）

（续）

评估方法	合成标准不确定度 u_c
透明箱方法	不相关（$\rho=0$）的不确定度分量之和应是几何相加（方和根法） 强相关（$\rho=+1$ 或 -1）的不确定度分量之和应是算术相加（强相关的不确定度分量的总数是 r） 保守的估计是将所有已知不完全不相关的分量都视为强相关 不相关的不确定度分量的总数是 p 在测得结果 Y 的不确定度评估透明箱方法中，共存在不确定度分量 $p+r$ 个，其中每一个分量都可能是若干个测量不确定度分量的合成

6.2.5.5 扩展不确定度 U 的评估

GPS 测量中，测量的扩展不确定度 U 的计算公式为

$$U=u_ck=2u_c$$

除非另有规定，GPS 测量中包含因子 $k=2$（见 6.1.2 节，GB/T 18779.1）。

6.2.6 基于 PUMA 的不确定度概算方法

基于 PUMA 方法编写文件的顺序和要列入不确定度概算中的各不确定度分量评估程序、方法示例见 6.2.7 节。

6.2.6.1 不确定度概算的前提条件

只有在表 6-11 所列前提下，才有可能进行不确定度概算。

表 6-11 不确定度概算的前提条件

项目	前 提 条 件
测量任务	测量任务已被正确的定义。工件要素特性或测量设备特性应已定义并被指定为测量任务（图 6-13 中框 2）
测量原理	测量原理已被正确的定义或至少已知最初的草案（图 6-13 中框 3）
测量方法	测量方法已被正确定义并已知，或至少已知最初的草案（图 6-13 中框 4）
测量程序	测量程序有适当的文件记录并已知，或至少已知最初的草案（图 6-13 中框 5）。测量程序应包括测量设备的选择，并给出测量过程中如何处理测量设备和工件的所有细节。不确定度概算反映了程序中的活动和步骤
测量条件	测量条件已确定并已知，或至少已知最初的草案（图 6-13 中框 6）

每次测量都应包括以下三要素，且不确定度概算应反映这三个要素：

1）参考点（图 6-16 中的 1），参考点通常为零点。在许多情况下，测量设备的零点设置是校准程序的一部分。不确定度与参考点或零点的设置有关。

2）测量点（图 6-16 中的 2），测量工件或测量设备特性时测量设备的读数。不确定度与读数本身有关，其取决于测量设备或测量对象的特性。

3）测量设备从参考点到测量点的行程（图 6-16 中的 3），该行程的误差或不确定度均是通过测量设备的校准确定的。

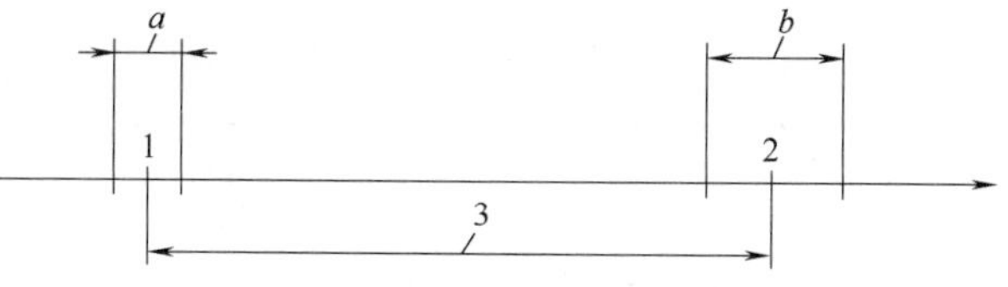

图 6-16 测量中三要素的通用模型

1—参考点 2—测量点 3—测量设备行程

a—参考点的不确定区域 b—测量点的不确定区域

这三要素中的每一个都会受到

图 6-15 和表 6-6 中给出的误差或不确定度来源的影响，应在不确定度概算中进行系统核查。

6.2.6.2　不确定度概算的标准程序

本节的目的是建立并编写基于 PUMA 的第一次迭代的不确定度概算指导。应用示例见 6.2.7 节~6.2.9 节。

1）记录不确定度概算的前提条件：测量原理、测量方法、测量程序和测量条件，见表 6-11。

如果对前提条件不完全了解，则根据 6.2.2 节中提供的不确定度因素高估原则，指定并记录最初的或假设的原理、方法、程序和条件的草案。

2）以图形方式表示测量配置。该图可能有助于了解测量中存在的不确定度因素。

3）对所有可能的不确定度分量进行初步研究和信息记录，研究的结果和记录的内容可以在表 6-12 的表格中说明。

表 6-12　不确定度概算中不确定度分量的初始概算、符号、名称和评注

符号		名称	评注(初始的)
低分辨力	高分辨力		
u_{xx}	u_{xa}	*xa* 的名称	与 *xa* 不确定度因素有关的最初的观察、信息、评注和结论
	u_{xb}	*xb* 的名称	与 *xb* 不确定度因素有关的最初的观察、信息、评注和结论
	u_{xc}	*xc* 的名称	与 *xc* 不确定度因素有关的最初的观察、信息、评注和结论
		xx 的总称	与 *xx* 总不确定度因素有关最初的观察、信息、评注和结论
u_{yy}	u_{ya}	*ya* 的名称	与 *ya* 不确定度因素有关的最初的观察、信息、评注和结论
	u_{yb}	*yb* 的名称	与 *yb* 不确定度因素有关的最初的观察、信息、评注和结论
		yy 的总称	与 *yy* 总不确定度因素有关最初的观察、信息、评注和结论
u_{zz}		*zz* 的名称	与 *zz* 不确定度因素有关的最初的观察、信息、评注和结论

4）根据表 6-12 中提供和记录的信息，研究并建立用于实际迭代步骤的不确定度建模。

对于每一个不确定度分量：确定评估方法，A 类评估还是 B 类评估；对评估的不确定度分量值和背景材料等进行记录和论证；A 类评估的情况下，说明不确定度分量值及其所依据的测量次数；B 类评估的情况下，说明极限值 a^*（变化限以影响量的单位表示）、a（变化限以被测量的单位表示）、假设的分布和由此产生的不确定度分量值。

5）在已记录的不确定度分量之间研究、寻找并记录任何可能的相关性。

6）根据不确定度建模和相关性，选择正确的公式，并计算合成标准不确定度 u_c。

7）给出扩展不确定度 U，其中 $U=2u_c$。

8）编制一个包含不确定度概算中所有关键信息的汇总表（见表 6-13 中的示例）。

表 6-13　不确定度概算的汇总表

不确定度分量名称	评估类型	分布类型	测量次数	变化限 a^*（影响量单位）	变化限 a/μm	相关系数	分布因子 b	不确定度分量 u_{xx}/μm
u_{xa}, *xa* 的名称	A		10			0		1.60
u_{xb}, *xb* 的名称	B	高斯		1.90μm	1.90	0	0.5	0.95
u_{xc}, *xc* 的名称	B	矩形		3.42μm	3.42	0	0.6	2.05

（续）

不确定度分量名称	评估类型	分布类型	测量次数	变化限 a^*（影响量单位）	变化限 a/μm	相关系数	分布因子 b	不确定度分量 u_{xx}/μm
u_{ya}, ya 的名称	A		15			0		1.20
u_{yb}, yb 的名称	A		15			0		0.60
u_{za}, za 的名称	B	U形		10°	1.57	0	0.7	1.10
u_{zb}, zb 的名称	B	U形		15° $\alpha_1/\alpha_2=1.1$	0.6	0	0.7	0.42
合成标准不确定度 u_c								3.29
扩展不确定度 $U(k=2)$								6.58

6.2.7　环规两点直径校准的不确定度概算示例

6.2.7.1　环规校准的测量任务

图6-17所示为环规两点直径的校准测量配置图，表6-14所列为环规校准的项目和内容。

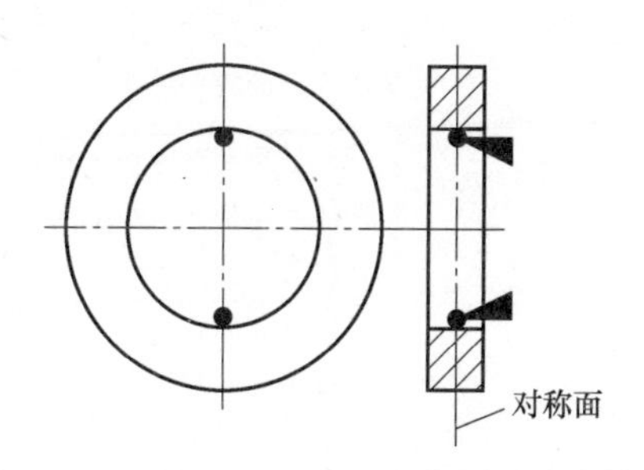

图6-17　环规两点直径的校准测量配置图

表6-14　环规校准的项目和内容

项　　目	内　　容
测量任务	对 ϕ100mm×15mm 环规的对称平面中确定方向的两点直径进行校准，对称面的圆度为0.2μm
目标不确定度	目标不确定度 U_T=1.5μm
测量原理	机械接触式，与一已知长度（参考环规）进行比较
测量方法	差分法，用 ϕ100mm 的参考标准环规与 ϕ100mm 的被测环规进行比较
初始测量程序	1)用卧式测量机测量被测环规 2)使用 ϕ100mm 的参考环规 3)卧式测量机作比较仪用
初始测量条件	1)卧式测量机符合生产厂的技术指标（见表6-15） 2)数字式读数显示，分辨力为0.1μm 3)实验室温度：20±1℃ 4)自动记录测量机温度，分辨力为0.25℃ 5)被测环规和参考环规之间的温度差小于1℃ 6)测量机和环规都是钢制的 7)操作人员是经过培训的，并且十分熟悉测量机的使用

6.2.7.2 第一次迭代不确定度概算

(1) 直径测量的不确定度分量概况与评注（见表 6-15）

表 6-15 直径测量的不确定度分量概况与评注

<table>
<tr><th colspan="2">符号</th><th rowspan="2">不确定度分量名称</th><th colspan="2" rowspan="2">评　注</th></tr>
<tr><th>低分辨力</th><th>高分辨力</th></tr>
<tr><td>u_{RS}</td><td></td><td>参考标准(环规)</td><td colspan="2">已确认的校准证书提供的 ϕ100mm 环规直径测量不确定度为 $U=0.8\mu m$</td></tr>
<tr><td>u_{EC}</td><td></td><td>卧式测长仪示值误差</td><td colspan="2">卧式测长仪已校准,且在规范(MPE 值)内。对于任意零位,标尺误差在 $0.6\mu m+4.5\times10^{-6}L$ 范围内</td></tr>
<tr><td>u_{PA}</td><td></td><td>测砧对准</td><td colspan="2">由于测砧以相同的方式与参考环规和被测环规接触,只要其直径在合理范围内,平行度误差可以忽略不计</td></tr>
<tr><td rowspan="2">u_{RR}</td><td>u_{RA}</td><td>分辨力</td><td>$u_{RA}=\frac{d}{2\sqrt{3}}=\frac{0.1}{2\sqrt{3}}\mu m\approx0.029\mu m$</td><td rowspan="2">$u_{RR}$ 等于两者中最大的</td></tr>
<tr><td>u_{RE}</td><td>重复性</td><td>已对重复性进行了研究,发现变化极限为 $0.7\mu m$(当采用平方相加时,这相当于参考环规和被测环规的测量重复性均为 $0.5\mu m$)</td></tr>
<tr><td>u_{TD}</td><td></td><td>两环规间的温度差</td><td colspan="2">假设参考环规和被测环规之间的温度差服从 U 形分布,并假设两次测量之间的时间间隔不长,以至于卧式测长仪的温度没有改变</td></tr>
<tr><td>u_{TA}</td><td></td><td>线胀系数差</td><td colspan="2">假设温度服从 U 形分布,并假设两次测量间的时间间隔不长,以至于卧式测长仪的温度没有改变</td></tr>
<tr><td>u_{RO}</td><td></td><td>被测环规的圆度</td><td colspan="2">被测环规的圆度测得结果为 $0.2\mu m$,并具有椭圆形的形状误差</td></tr>
</table>

(2) 不确定度分量的信息记录与估算

1）u_{RS}——参考标准（环规），源自校准证书。根据校准证书（证书编号：XPQ-23315-97），参考环规确认直径的扩展不确定度为 $U=0.8\mu m$（包含因子 $k=2$），则不确定度分量为

$$u_{RS}=\frac{U}{k}=\frac{0.8}{2}\mu m=0.8\mu m\times0.5=0.4\mu m$$

2）u_{EC}——卧式测长仪示值误差，B 类评估。示值误差曲线的最大允许误差 MPE 值（任意零位）为 $0.6\mu m+4.5\times10^{-6}L$。参考环规和被测环规间的直径差非常小（测量距离 $L\ll 1mm$），因此

$$a_{EC}=0.6\mu m$$

为安全起见，假设为矩形分布（$b=0.6$），则不确定度分量为

$$u_{EC}=0.6\mu m\times0.6=0.36\mu m$$

3）u_{PA}——测砧对准，B 类评估。由于测砧以相同的方式与参考环规和被测环规接触，只要测砧直径在合理范围内，平行度误差可以忽略不计，即

$$u_{PA}\approx0$$

4）u_{RR}——重复性/分辨力，A 类评估。对两个环规直径差的测量重复性进行了研究，发现变化极限为 $0.7\mu m$（采用平方相加时，这相当于参考环规和被校环规的测量重复性均

为 0.5μm）。

假设变化极限对应 6 个标准偏差，则不确定度分量为

$$u_{RR}=\frac{0.7}{6}\mu m=0.12\mu m$$

5）u_{TD}——两环规间的温度差，B 类评估。两个 ϕ100mm 的环规间温度差不大于 1℃。假设两环规的线胀系数为 $\alpha=1.1\mu m/(100mm\times℃)$，则

$$\alpha_{TD}=\frac{1.1\mu m}{100mm\times℃}\times1℃\times100mm=1.1\mu m$$

假设服从 U 形分布（$b=0.7$），则不确定度分量为

$$u_{TD}=1.1\mu m\times0.7=0.77\mu m$$

6）u_{TA}——线胀系数差，B 类评估。与 20℃的最大偏差为 1℃。假设线胀系数之差小于 10%，则

$$\alpha_{TA}=\frac{1.1\mu m}{100mm\times℃}\times1℃\times100mm\times10\%=0.11\mu m$$

假设服从 U 形分布（$b=0.7$），则不确定度分量为

$$u_{TA}=0.11\mu m\times0.7\approx0.08\mu m$$

7）u_{RO}——被测环规的圆度，B 类评估。形状误差为椭圆形，圆度为 0.2μm。由于仅测量规定方向上的环规直径，因此圆度对测得结果的影响可忽略不计，即

$$u_{RO}\approx0$$

（3）第一次迭代不确定度概算汇总（见表 6-16）

表 6-16　第一次迭代不确定度概算汇总

不确定度分量名称	评估类型	分布类型	测量次数	变化限 a^*（影响量单位）	变化限 a/μm	相关系数	分布因子 b	不确定度分量 u_{xx}/μm
参考标准（环规）u_{RS}	校准证书					0	0.5	0.40
卧式测长仪示值误差 u_{EC}	B	矩形		0.6μm	0.6	0	0.6	0.36
测砧对准 u_{PA}	B	矩形		0μm	0	0	0.6	0
重复性/分辨力 u_{RR}	A		6			0		0.12
两环规间的温度差 u_{TD}	B	U 形		1℃	1.1	0	0.7	0.77
线胀系数差 u_{TA}	B	U 形		1℃	0.11	0	0.7	0.08
被测环规的圆度 u_{RO}	B			0μm	0	0		0
合成标准不确定度 $u_c=\sqrt{u_{RS}^2+u_{EC}^2+u_{PA}^2+u_{RR}^2+u_{TD}^2+u_{TA}^2+u_{RO}^2}$								0.95
扩展不确定度 $U_{E1}(k=2)$，$U_{E1}=u_ck$								1.90

（4）第一次迭代不确定度概算论述

因为 $U_{E1}>U_T$（$U_{E1}=1.90$、$U_T=1.5$），不满足目标不确定度判据 $U_{E1}<U_T$。分析可知，存在一个主要的不确定度分量 u_{TD}，它是由温度差 1℃引起的。根据现有信息不可能将 u_{TD} 估计得更小，唯一的解决办法是改变测量条件。应更好地适应温度，这意味着适应（环规温度平衡）时间更长，并且在装卸和测量过程中，操作人员身体部位应采取更有效的热防护。

在不确定度概算中，除与温度相关的不确定度分量，其他不确定度分量的改变（减小）

对合成标准不确定度和扩展不确定度几乎没有影响。

(5) 第一次迭代结论

1) 测量程序通过第一次迭代得到确认，但测量条件需要改进。

2) 两环规之间的最大温度差应不超过0.5℃。

6.2.7.3 第二次迭代不确定度概算

(1) 第二次迭代不确定度概算汇总（见表6-17）

在 u_{TD} 和 u_{TA} 的计算公式中，温度条件由1℃改为0.5℃，并将不确定度分量的信息记录和估算做相应的改变。

表6-17 第二次迭代不确定度概算汇总

不确定度分量名称	评估类型	分布类型	测量次数	变化限 a^*（影响量单位）	变化限 a/μm	相关系数	分布因子 b	不确定度分量 u_{xx}/μm
参考标准(环规) u_{RS}	校准证书					0	0.5	0.40
卧式测长仪示值误差 u_{EC}	B	矩形		0.6μm	0.6	0	0.6	0.36
测量砧对准 u_{PA}	B	矩形		0μm	0	0	0.6	0
重复性/分辨力 u_{RR}	A		6			0		0.12
两环规间的温度差 u_{TD}	B	U形		0.5℃	0.55	0	0.7	0.39
线胀系数差 u_{TA}	B	U形		0.5℃	0.06	0	0.7	0.04
被测环规的圆度 u_{RO}	B			0μm	0	0		0
合成标准不确定度 u_c								0.67
扩展不确定度 $U_{E2}(k=2)$								1.35

注：不确定度分量的变化见灰底标注处。

(2) 第二次迭代结论

在第二次迭代中，两环规间的温度差被限制在0.5℃以内。表6-17提供的信息表明已满足目标不确定度判据：

$$U_{E2}=1.35\mu m, U_T=1.5\mu m$$

$$U_{E2}\leqslant U_T$$

通过第二次迭代，确定了测量条件。

6.2.7.4 示例总结

通过这个示例，说明了使用PUMA方法可以确认测量程序和一组测量条件是否满足规定的目标不确定度判据：$U_{EN}\leqslant U_T$。

在第一次迭代后，若不满足目标不确定度判据，该怎样进行改进是很明确的。不确定度概算汇总表中只有一个主要的不确定度分量 u_{TD}，为满足目标不确定度判据，显然应改进温度条件。这个示例说明了第一次迭代后，单个不确定度分量对合成标准不确定度和扩展不确定度的影响。根据不确定度分量的相对大小，可以制订降低不确定度的策略。

6.2.8 圆度测量的不确定度概算示例

6.2.8.1 圆度测量任务

图6-18所示为圆度测量的测量配置图，表6-18所列为圆度测量的项目和内容。

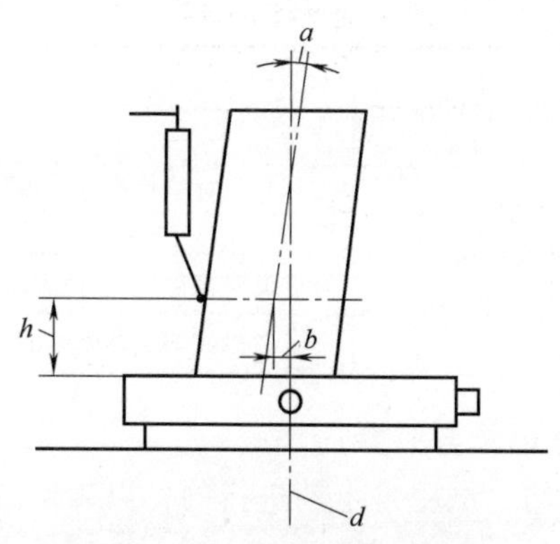

图 6-18　圆度测量的测量配置图

a—对准误差　b—对中误差（偏心）

h—测量高度　d—旋转轴线（工作台）

表 6-18　圆度测量的项目和内容

项目	内　容
测量任务	测量 ϕ50mm × 100mm 基轴的圆度,预计其圆度值为 4μm
目标不确定度	目标不确定度 U_T = 0. 2μm
测量原理	机械接触法,与某特征圆比较
测量方法	采用旋转工作台式圆度测量仪,测量相对最小二乘圆(LSC)圆心的半径变化量
初始测量程序	1)工件放置在旋转工作台上 2)工件对中并与旋转轴线对准(调同心) 3)测得结果经一次测量(工作台旋转),由圆度测量仪的软件计算得到
初始测量条件	1)圆度仪已经过校准,性能符合其技术要求(见表 6-19) 2)温度被控制到对测得结果没有影响的程度 3)操作人员经过培训,并且熟悉圆度测量仪的使用 4)圆度测量仪的所有设置均正确且符合预期 5)在工作台上方测量高度处,工件与旋转轴线的对中误差(偏心)小于 20μm 6)工件轴线与旋转轴线的对准度优于 10μm/100mm

6. 2. 8. 2　第一次迭代不确定度概算

(1) 圆度测量的不确定度分量概况与评注（见表 6-19）

表 6-19　圆度测量的不确定度分量概况与评注

符号 低分辨力	不确定度分量名称	评注
u_{IN}	噪声	噪声(电气和机械)测量是校准程序中的例行程序
u_{IC}	闭合误差	闭合误差测量是校准程序中的例行程序
u_{IR}	重复性	重复性的测量是在使用测量标准校准的过程中测量的
u_{IS}	主轴误差	径向主轴误差使用标准球进行校准。当主轴误差(按圆度测量)小于 MPE_{IS} = 0. 1μm+0. 001μm/mm×h(h 为测量高度)时,圆度仪合格

（续）

符号 低分辨力	不确定度分量名称	评注
u_{IM}	放大倍数误差	采用定标块校准放大倍数。放大倍数误差小于4%时，圆度仪合格
u_{CE}	工件对中	在测量高度上，工件轴线对旋转轴线的偏心不超过20μm
u_{AL}	工件对准	工件轴线与旋转轴线的对准度不超过10μm/100mm

（2）不确定度分量的信息记录与估算

1）u_{IN}——噪声，A类评估。试验是定期进行的，以确定圆度测量仪检测到的实验室噪声水平（电气噪声和机械噪声）。与主轴误差分离后，噪声峰峰值通常约为0.05μm。假设噪声误差与按高斯分布的部分误差相互影响，为确保不低估该不确定度分量，按±2s估计峰峰值，则其不确定度分量为

$$u_{IN}=\frac{0.05}{4}\mu m=0.013\mu m$$

2）u_{IC}——闭合误差，B类评估。试验表明，闭合误差小于$a_{IC}=0.05\mu m$。闭合误差与部分误差间的相互影响通常是相当严重的，因此选择U形分布模拟这种相互影响，则其不确定度分量为（$b=0.7$）

$$u_{IC}=0.05\mu m\times 0.7=0.035\mu m$$

3）u_{IR}——重复性，A类评估。重复性研究表明，6σ的重复性为0.1μm，假设其为高斯分布，则其不确定度分量为

$$u_{IR}=\frac{0.1}{6}\mu m=0.017\mu m$$

4）u_{IS}——主轴误差，B类评估。根据技术要求，在工作台上方h处的主轴误差（按圆度测量）小于$MPE_{IS}=0.1\mu m+0.001\mu m/mm\times h$（或$MPE_{IS}=0.1\mu m+1\times 10^{-6}h$）。测量在旋转工作台上方$h=25mm$处进行，则该点最大误差限为$a_{IS}=0.125\mu m$。

由于主轴误差使用的是相对较低的滤波器设置1~15次每转波动测量的，保守性假设该误差对应于误差分布的95%（2σ）。进一步假设主轴误差与部分误差按高斯分布相互影响，则其不确定度分量为（$b=0.5$）

$$u_{IS}=0.125\mu m\times 0.5=0.063\mu m$$

5）u_{IM}——放大倍数误差，B类评估。对于使用定标块进行的校准，放大倍数误差应在$MPE_{Magnification}=\pm 4\%$范围内。被测部分的圆度约为4μm，则误差限为

$$a_{IM}=4\mu m\times 0.04=0.16\mu m$$

假设放大倍数误差呈矩形分布（$b=0.6$），则其不确定度分量为

$$u_{IM}=0.16\mu m\times 0.6=0.096\mu m$$

6）u_{CE}——工件对中，B类评估。工件轴线与旋转轴线在测量高度上的中心距（偏心）不超过20μm，由此得最大误差

$$a_{CE}<0.001\mu m$$

则不确定度分量为

$$u_{CE}\approx 0$$

7）u_{AL}——工件对准，B类评估。工件轴线与旋转轴线的对准度优于10μm/100mm，由此得最大误差$a_{AL}<0.001\mu m$，则不确定度分量为

$$u_{AL}\approx 0$$

（3）不确定度分量之间的相关性

估计各不确定度分量之间不存在相关性。

（4）合成标准不确定度与扩展不确定度

当各不确定度分量之间不存在相关性时，合成标准不确定度为

$$u_c=\sqrt{u_{IN}^2+u_{IC}^2+u_{IR}^2+u_{IS}^2+u_{IM}^2+u_{CE}^2+u_{AL}^2}$$

$$u_c=\sqrt{0.013^2+0.035^2+0.017^2+0.063^2+0.096^2+0^2+0^2}\mu m=0.122\mu m$$

扩展不确定度为

$$U=u_ck=0.122\mu m\times 2=0.244\mu m$$

（5）第一次迭代不确定度概算汇总（见表6-20）

表6-20　第一次迭代不确定度概算汇总

不确定度分量名称	评估类型	分布类型	测量次数	变化限 a^*（影响量单位）	变化限 $a/\mu m$	相关系数	分布因子 b	不确定度分量 $u_{xx}/\mu m$
噪声 u_N	A		>10			0		0.013
闭合误差 u_{IC}	B	U形		0.05μm	0.05	0	0.7	0.035
重复性 u_{IR}	A		>10			0		0.017
主轴误差 u_{IS}	B	高斯		0.125μm	0.125	0	0.5	0.063
放大倍数误差 u_{IM}	B	矩形		4%	0.160	0	0.6	0.096
工件对中 u_{CE}	B	—		—	<0.001	0	—	0
工件对准 u_{AL}	B	—		—	<0.001	0	—	0
合成标准不确定度 u_c								0.122
扩展不确定度 $U_{E1}(k=2)$								0.244

由表6-20可知，不满足目标不确定度判据。在第一次迭代的不确定度概算中有一个主要不确定度分量u_{IM}及一个较大的不确定度分量u_{IS}。主要不确定度分量是放大倍数误差，较大的分量是径向主轴误差。

（6）第一次迭代的结论

不满足目标不确定度判据。主轴误差是仪器的特性，无法改变，剩下的唯一可能就是减小放大倍数误差。放大倍数误差的减小要求有更好的校准标准和更详细制订的校准程序。为了满足目标不确定度$U_T=0.20\mu m$判据，放大倍数误差大约要降到2%。

6.2.8.3　第二次迭代不确定度概算

将放大倍数误差设置为2%，不确定度分量的信息记录也做相应的变更。由表6-21给出的第二次迭代不确定度概算汇总表明，目标不确定度判据已得到满足。

表6-21　第二次迭代不确定度概算汇总

不确定度分量名称	评估类型	分布类型	测量次数	变化限 a^*（影响量单位）	变化限 $a/\mu m$	相关系数	分布因子 b	不确定度分量 $u_{xx}/\mu m$
噪声 u_N	A		>10			0		0.013

（续）

不确定度分量名称	评估类型	分布类型	测量次数	变化限 a^*（影响量单位）	变化限 $a/\mu m$	相关系数	分布因子 b	不确定度分量 $u_{xx}/\mu m$
闭合误差 u_{IC}	B	U形		0.05μm	0.05	0	0.7	0.035
重复性 u_{IR}	A		>10			0		0.017
主轴误差 u_{IS}	B	高斯		0.125μm	0.125	0	0.5	0.063
放大倍数误差 u_{IM}	B	矩形		2%	0.080	0	0.6	0.048
工件对中 u_{CE}	B	—		—	<0.001	0	—	0
工件对准 u_{AL}	B	—		—	<0.001	0	—	0
合成标准不确定度 u_c								0.089
扩展不确定度 $U_{E2}(k=2)$								0.178

6.2.9 校准等级序列设计的不确定度概算示例

本示例说明在公司中如何运用 PUMA 方法对计量校准等级序列的全部细节进行设计与优化。图 6-19 所示为局部直径测量和外径千分尺校准的校准等级序列给出了溯源等级序列下三级中的测量不确定度评估和计量特性要求的评估。

(1) 溯源等级序列的下三级

1）第Ⅲ级外径千分尺测量圆柱体的局（两点）直径，采用 PUMA 方法和指定目标不确定度 U_T 进行测量程序评价（见 6.2.9.2 节）。

2）第Ⅱ级外径千分尺计量特性的校准，这些计量特性会影响第Ⅰ级的测量不确定度（见 6.2.9.3~6.2.9.5 节）。

3）第Ⅰ级外径千分尺校准所需的测量标准计量特性的校准要求为 MPE 值（见 6.2.9.6 节）。

使用核查标准作为外径千分尺校准的补充，通过不确定度概算将核查标准的使用作为两点直径测量的另一种形式进行评估。

在第Ⅲ级评估了两点直径测量的测量不确定度。将外径千分尺计量特性的最大允许误差 MPE［包括 MPE_{ML}（示值误差）、MPE_{MF}（测砧平面度）和 MPE_{MP}（两测砧间的平行度）］视为待定的未知变量。根据关系式 $U_T \geqslant U_{WP} = f$（MPE_{ML}、MPE_{MF}、MPE_{MP}、其他不确定度因素），可以得到外径千分尺三个计量特性（示值误差、测砧平面度和两测砧间平行度）的最大允许误差 MPE 值（MPE_{ML}、MPE_{MF} 和 MPE_{MP}）。

在第Ⅱ级评估了三个计量特性（示值误差、测砧平面度和两测砧间平行度）校准的测量不确定度。

在第Ⅰ级用与评估外径千分尺最大允许误差 MPE 相同的方法，可以得到校准外径千分尺用的三个测量标准计量特性的最大允许误差 MPE 值，只是现在将三个测量标准的最大允许误差 MPE 值视为待定的未知变量。

(2) 溯源等级序列下三级的不确定度概算结果

1）优化了外径千分尺的 MPE 值，MPE 值直接从车间层面对测量不确定度的要求中导出。

2）优化了用于外径千分尺校准的测量标准（量块、平晶和平行平晶）的 MPE 值。这些 MPE 值是对校准证书确认的最低要求。

3）使用作为校准工作补充的核查标准，可以量化测量不确定度的改进。

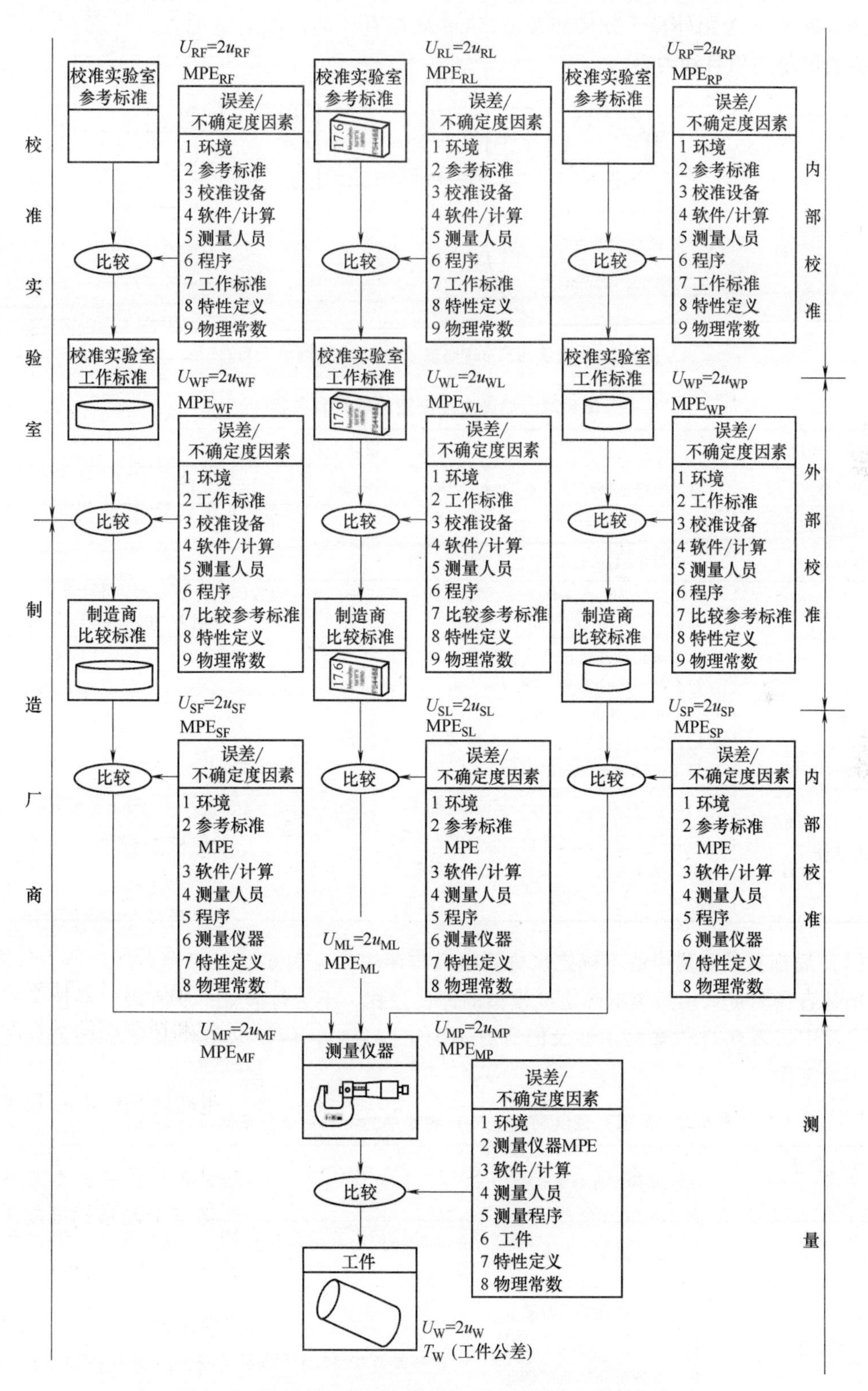

图6-19　局部直径测量和外径千分尺校准的校准等级序列

6.2.9.1 用外径千分尺测量局部直径的测量不确定度概算

图 6-20 所示为用外径千分尺测量 ϕ25mm 局部直径的校准测量配置图，表 6-22 所列为局部直径测量的项目和内容。

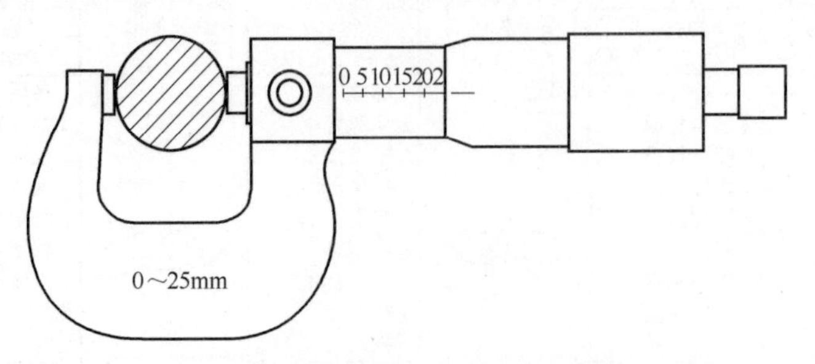

图 6-20 测量 ϕ25mm 局部直径的校准测量配置图

表 6-22 局部直径测量的项目和内容

项目	内容
测量任务	测量一组标称尺寸为 ϕ25mm×150mm 精车钢轴的局部直径(两点直径)
目标不确定度	目标不确定度 $U_T = 8\mu m$
测量原理	长度测量,与一已知长度进行比较
测量方法	使用具有 ϕ6mm 平面测砧、测量范围为 0~25mm、游标刻度间隔为 1μm 的模拟式外径千分尺进行测量
测量程序	1)当轴仍夹在机床卡盘上时测量其直径 2)直径只允许测量一次 3)测量前,用布清洁轴 4)测量时应使用千分尺的摩擦/棘轮驱动装置 5)不应动用被测轴的卡具
测量条件	1)已经证实,轴和千分尺的温度会随时间而变化。与标准参考温度 20℃的最大偏差为 15℃ 2)轴与千分尺之间的最大温度差为 10℃ 3)三位不同的操作人员使用机床和千分尺加工该轴 4)轴的圆柱度不超过 1.5μm,圆柱度的主要成分是圆度误差

(1) 局部直径测量中的不确定度分量概况与评注（见表 6-23）

局部直径测量采用黑箱不确定度模型的评估过程，不进行修正，所有误差都包含在测量不确定度中。表 6-23 中命名了涉及的所有不确定度分量，假设这些分量会影响实际直径测量的不确定度。

表 6-23 局部直径（两点直径）测量中的不确定度分量概况与评注

符号		不确定度分量名称	评注
低分辨力	高分辨力		
u_{ML}		千分尺示值误差	千分尺的示值误差要求 MPE_{ML} 是未知变量,初始设置为 6μm,并通过校准后的零位调整,使示值误差曲线对称分布
u_{MF}		千分尺测砧平面度	两测砧的平面度要求 MPE_{MF} 是未知变量,初始设置为 1μm
u_{MP}		千分尺测砧间平行度	两个测砧之间的平行度要求 MPE_{MP} 是未知变量,初始设置为 2μm

（续）

<table>
<tr><th colspan="2">符号</th><th rowspan="2">不确定度分量名称</th><th rowspan="2" colspan="2">评　注</th></tr>
<tr><th>低分辨力</th><th>高分辨力</th></tr>
<tr><td>u_{MX}</td><td></td><td>轴夹具的影响，千分尺手持的方位和时间</td><td colspan="2">本示例中这些影响并不起作用。并未使用轴夹具。对 0~25mm 千分尺，手持的方位和时间没有显著影响</td></tr>
<tr><td rowspan="2">u_{RR}</td><td>u_{RA}</td><td>分辨力</td><td>$u_{RA}=\frac{d}{2\sqrt{3}}=\frac{1}{2\sqrt{3}}\mu m=0.29\mu m$</td><td rowspan="2">$u_{RR}$ 等于两者之间较大者</td></tr>
<tr><td>u_{RE}</td><td>重复性</td><td>试验证明，三位操作人员具有同样的重复性。试验包括每位操作人员对“完美的”ϕ25mm 塞规进行了 15 次以上测量。重复性中包括了千分尺的相互作用影响</td></tr>
<tr><td>u_{NP}</td><td></td><td>与三位操作人员之间的零位变化</td><td colspan="2">三位操作人员以不同方式使用千分尺，零位因千分尺校准人员的不同而异。每一位操作人员对“完美的”ϕ25mm 塞规测量了 15 次以上</td></tr>
<tr><td>u_{TD}</td><td></td><td>温度差</td><td colspan="2">测量期间，轴与千分尺间的最大温度差为 10℃</td></tr>
<tr><td>u_{TA}</td><td></td><td>温度</td><td colspan="2">与标准参考温度 20℃ 的最大温度偏差为 15℃</td></tr>
<tr><td>u_{WE}</td><td></td><td>工件形状误差</td><td colspan="2">测得的圆柱度为 1.5μm。圆柱度主要是圆度误差。对直径的影响是圆柱度的 2 倍，即 3μm</td></tr>
</table>

（2）不确定度分量的信息记录与估算

1）u_{ML}——千分尺示值误差，B 类评估。

外径千分尺示值误差计量特性的要求 MPE_{ML} 通常被定义为示值误差曲线的最大范围，与零位示值误差无关。示值误差曲线到零点的位置是另一个（独立的）计量特性。

在这种情况下，假设在校准过程中已调整了示值误差曲线的零位，以使示值的最大正、负误差有相同的绝对值。

尚未确定的 MPE_{ML} 最终值是不确定度概算的任务之一。指定 MPE_{ML} 初始设置值为 6μm。根据上述置零过程，则误差的极限值为：

$$a_{ML}=\frac{6}{2}\mu m=3\mu m$$

假设为矩形分布，即 $b=0.6$（高估原则，因为在给定的情况下无法证明服从高斯分布），则：

$$u_{ML}=3\mu m\times 0.6=1.8\mu m$$

2）u_{MF}——千分尺测砧平面度，B 类评估。

在具有平行平面的量块上进行千分尺示值误差曲线的校准，则千分尺测砧的平面度误差对轴的直径测量有影响。

尚未确定的 MPE_{MF} 最终值是不确定度概算的任务之一。指定 MPE_{MF} 初始设置值为 1μm。

MPE_{MF} 影响不确定度概算两次（两个测砧各一次）。假设为高斯分布，即 $b=0.5$，则：

$$a_{MF}=1\mu m$$

$$u_{MF}=1\mu m\times 0.5=0.5\mu m$$

3）u_{MP}——千分尺测砧间平行度，B 类评估。

在具有平行平面的量块上进行千分尺示值误差曲线的校准，则千分尺测砧的平行度误差会对轴的直径测量有影响。

尚未确定的 MPE_{MP} 最终值是不确定度概算的任务之一。指定 MPE_{MP} 初始设置值为 2μm。假设为高斯分布，即 $b=0.5$，则：

$$a_{MP}=2\mu m$$

$$u_{MP}=2\mu m\times 0.5=1\mu m$$

4）u_{RR}——重复性/分辨力，A 类评估。

三位操作员具有相同的重复性。在实验中，将 ϕ25mm 的塞规作为“工件”进行测量。因此实际工件的形状误差未包括在重复性研究中。所有操作员均进行了 15 次测量，其标准偏差均为：

$$u_{RR}=u_{RE}=1.2\mu m$$

本示例中，由于分辨力引入的不确定度分量 $u_{RA}<u_{RE}$（重复性不确定度分量），因此 u_{RA} 已包括在 u_{RE}（u_{RR}）中。

5）u_{NP}——与三位操作员之间的零位变化，A 类评估。

根据用于重复性的相同实验，研究了三名操作员与校准员之间的零位差异，得到：

$$u_{NP}=1\mu m$$

6）u_{TD}——温度差，B 类评估。

观测到千分尺与工件之间的最大温度差为 10℃。由于没有关于其中哪一个温度更高的信息，故假设温度差在 ±10℃ 内变化。假设千分尺和工件的线胀系数 α 为 1.1μm/（100mm×℃）（或 11×10^{-6}/℃），其极限值为：

$$\alpha_{TD}=\Delta T\alpha D=10℃\times\frac{1.1\mu m}{100mm\times ℃}=25mm=2.8\mu m$$

假设为 U 形分布，即 $b=0.7$，则：

$$u_{TD}=2.8\mu m\times 0.7=1.96\mu m$$

7）u_{TA}——温度，B 类评估。

观测到相对于标准参考温度 20℃的最大偏差为 15℃。由于没有关于该偏差符号的信息，故假设其在±15℃范围内变化。同时假设千分尺与工件之间的线胀系数差最大为 10%，则其极限值为：

$$\alpha_{TA}=10\%\Delta T_{20}\alpha D=0.1\times 15℃\times\frac{1.1\mu m}{100mm\times ℃}\times 25mm=0.4\mu m$$

假设为 U 形分布，即 $b=0.7$，则：

$$u_{TA}=0.4\mu m\times 0.7=0.28\mu m$$

8）u_{WE}——工件形状误差，B 类评估。

测得样品轴的圆柱度为 1.5μm。圆柱度是测量半径变化的一种方法，因此假设对直径的影响是圆柱度误差的 2 倍（不存在使其更小的信息），则其极限值为：

$$a_{WE}=3\mu m$$

假设为矩形分布，即 $b=0.6$，则：

$$u_{WE}=3\mu m\times 0.6=1.8\mu m$$

(3) 第一次迭代不确定度概算汇总（见表 6-24）

表 6-24 第一次迭代不确定度概算汇总

不确定度分量名称	评估类型	分布类型	测量次数	变化限 a^*（影响量单位）	变化限 $a/\mu m$	相关系数	分布因子 b	不确定度分量 $u_{xx}/\mu m$
u_{ML} 千分尺示值误差	B	矩形		3.0μm	3.0	0	0.6	1.80①
u_{MF1} 千分尺平面度 1	B	高斯		1.0μm	1.0	0	0.5	0.50③
u_{MF2} 千分尺平面度 2	B	高斯		1.0μm	1.0	0	0.5	0.50③
u_{MP} 千分尺平行度	B	高斯		2.0μm	2.0	0	0.5	1.00②
u_{RR} 重复性	A		15			0		1.20②
u_{NP} 零位变化	A		15			0		1.00②
u_{TD} 温度差	B	U 形		10℃	2.8	0	0.7	1.96①
u_{TA} 温度	B	U 形		15℃ $\alpha_1/\alpha_2=1.1$	0.4	0	0.7	0.28③
u_{WE} 工件形状误差	B	矩形		3.0μm	3.0	0	0.6	1.80①
合成标准不确定度 u_c，$u_c=\sqrt{u_{ML}^2+u_{MF1}^2+u_{MF2}^2+u_{MP}^2+u_{RR}^2+u_{NP}^2+u_{TD}^2+u_{TA}^2+u_{WE}^2}$								3.79
扩展不确定度 $U(k=2)$，$U=u_c k$								7.58

第一次迭代的不确定度概算表明测量不确定度 $U_{E1}=7.6\mu m$ 小于目标不确定度 $U_T=8\mu m$。

表 6-24 的不确定度分量中，有三个较大的分量（标记为①）、三个中等大小的分量（标记为②）和三个较小的分量（标记为③）。在合成标准不确定度 u_c 的公式中，不确定度分量取了平方值。因此，很难看出和理解不确定度分量对合成标准不确定度 u_c 的影响。如果改用方差 u_c^2 表示，则会产生另一个有时更容易理解各不确定度分量影响的表，见表 6-25。

表 6-25 不确定度分量对 u_c 和 u_c^2 的影响（25mm 两点直径测量）

不确定度分量名称	不确定度来源	不确定度分量 $u_{xx}/\mu m$	分量的方差 $u_{xx}^2/\mu m^2$	分量的方差占 u_c 中的百分比（%）	各组分量的方差占 u_c^2 中的百分比（%）	不确定度来源
u_{ML} 千分尺示值误差	测量设备	1.80	3.24	23	33	测量设备
u_{MF1} 千分尺平面度 1		0.50	0.25	2		
u_{MF2} 千分尺平面度 2		0.50	0.25	2		
u_{MP} 千分尺平行度		1.00	1.00	7		
u_{RR} 重复性	操作人员	1.20	1.44	10	17	操作人员
u_{NP} 零位变化		1.00	1.00	7		
u_{TD} 温度差	环境	1.96	3.84	27	27	环境
u_{TA} 温度		0.28	0.08	0		
u_{WE} 工件形状误差	工件	1.80	3.24	23	23	工件
合成标准不确定度 u_c		3.79	14.34	100	100	合计

从表 6-25 可以看出：

1）如果外径千分尺没有任何误差，则扩展不确定度 U 将从 7.6μm 减小到 6.2μm。

2）如果操作人员、环境和工件等方面均十分理想，则扩展不确定度 U 将从 7.6μm 减小到 4.4μm。

显然，在这种情况下主要的不确定度分量来源于测量过程，而不是测量设备。

评估结果是扩展不确定度 $U=7.6\mu m$，如果采用 GB/T 18779.1 的合格判定规则，则在轴的生产过程中，工件的直径公差被缩小了 2×7.6μm = 15.2μm。即在 ϕ25mm 处的缩减量相当于 IT6 公差的全尺寸（13μm）。

如果 U 只占工件公差的 10%，则工件的公差应该取 IT10（84μm）。若工件的公差再取小，U 就将超过工件公差的 10%。当取公差为 IT8（33μm）时，U 将占到工件公差的 45%，对于轴的生产，将只剩下了 10%的公差。

如果目标不确定度取 6μm 而不是 8μm，则第一次迭代得到的测量不确定度（U_{E1} = 7.6μm）就太大了，至少还需要降低 1.6μm。这相当于 u_c^2 减少 38%。

有必要研究一下最主要的不确定度分量，即工件与测量设备之间的温度差。通过改变测量程序、在生产时测量温度，可以将该分量由占 u_c^2 的 27%减少到接近于零。

对三位操作人员进行进一步的培训，将减小重复性 u_{RR} 及其零位间的变化 u_{NP}。这将得到所需降低量 38%中的 15%。

若工件的测量只进行一次，则由工件的形状误差所引入的不确定度分量是不可能减小的。如果增加测量次数，这个不确定度分量才有可能减小。取四次测量的平均值，可以降低所需降低量 38%中的 20%，但是需要增加测量时间。

在这种情况下，有许多种办法可以减小测量不确定度。选择何种方法只能在成本分析的基础上进行。成本应始终影响着如何减小测量不确定度。

在上述情况下，要降低由千分尺带来的不确定度分量是不现实的。唯一的“设备解决方案”是选择其他具有更小（可能的话）MPE 值的测量设备。如果还可以缩短测量时间，并且在不受操作人员影响的情况下可以测量多个直径，这也许是一个经济合理的解决方案。这样就可以将扩展不确定度由 7.6μm 减小到 2.6μm。

（4）第一次迭代的结论

对于测量任务和指定的目标不确定度来说，千分尺的三个 MPE 初始设置值是可行的。因此，对千分尺的要求确认为：

1）误差曲线（最大值~最小值）：$MPE_{ML}=6\mu m$（双边规范）。

2）测砧平面度：$MPE_{MF}=1\mu m$（单边规范）。

3）测砧间平行度：$MPE_{MP}=2\mu m$（单边规范）。

千分尺应符合上述要求，但由于校准测量期间存在的不确定度 U_{SL}、U_{SF} 和 U_{SP}，上述要求按 GB/T 18779.1 规定应减小（见第 6.2.9.3~6.2.9.5 节和图 6-19）。因此，校准千分尺时，一定要知道这三个不确定度。

（5）第二次迭代不确定度概算

对于本示例，不需要进行第二次迭代。第一次迭代的扩展不确定度 U 的数值有可能再稍稍减小一些，但正如上面已经论证过的，如果不对测量方法和测量程序做重大的改变，测量不确定度就不可能有大幅度减小。

6.2.9.2　外径千分尺示值误差的校准

图 6-21 所示为用外径千分尺示值误差校准的测量配置图，表 6-26 所列为外径千分尺示值误差校准的项目和内容。

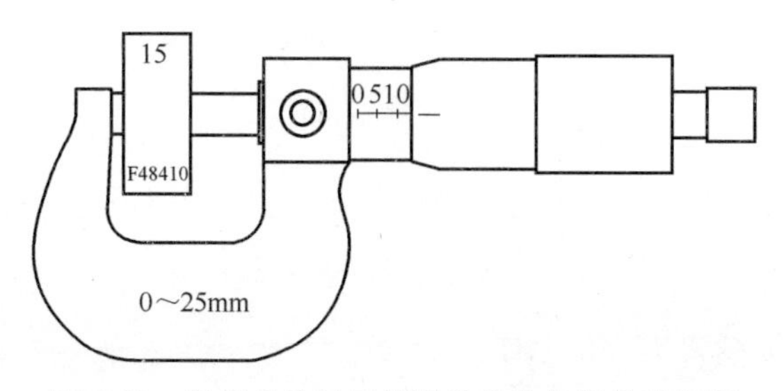

图 6-21　外径千分尺示值误差校准的测量配置图

表 6-26　外径千分尺示值误差校准的项目和内容

项目	内　　容
总任务	总任务是测量示值曲线的误差范围。在 0~25mm 范围内的示值误差曲线中有 11 个基本测量，即 11 次具有不同测量不确定度的测量。为了避免不必要地不确定度概算工作，找出 11 个不确定度中最大的一个(25mm 点)，并判断是否可以将该最大不确定度用于其他 10 个测量点。作为核验，同样也要对不确定度最小的测量点(0mm)进行不确定度概算
基本测量任务	在 0~25mm 范围内的 11 个测量点(0、2.5mm、5mm、…、22.5mm 和 25mm)，测量示值误差
目标不确定度	目标不确定度 $U_T=1\mu m$
测量原理	长度测量，与已知长度比较
测量方法	使用 10 块尺寸间隔为 2.5mm 的专用量块($L=2.5mm$、5mm、…、22.5mm、25mm)进行校准
测量程序	1)将外径千分尺的读数与置于两测砧之间的量块长度进行比较 2)每块量块进行一次(校准)测量。示值误差=千分尺读数-量块长度
测量条件	1)校准人员是有经验的 2)室温未进行控制 3)全年室温变化范围：20±8℃ 4)1h 内的室温变化小于 0.5℃

(1) 千分尺示值误差校准的不确定度分量概况与评注（见表 6-27）

表 6-27　千分尺示值误差校准（测量点：25mm）的不确定度分量概况与评注

符号		不确定度分量名称	评　　注	
低分辨力	高分辨力			
u_{SL}		量块长度 MPE_{SL}	量块要求 MPE_{SL} 是待定的未知变量。初始选用 2 级量块	
u_{RR}	u_{RA}	分辨力	$u_{RA}=\frac{d}{2\sqrt{3}}=\frac{1}{2\sqrt{3}}\mu m=0.29\mu m$	u_{RR} 等于两者中较大者
	u_{RE}	重复性	实验是在同一块 25mm 量块上，至少进行 15 次测量	
u_{TD}		温度差	观测到量块与千分尺之间的最大温度差为 1℃	
u_{TA}		温度	相对于标准参考温度 20℃ 的最大偏差为 8℃	

(2) 不确定度分量的信息记录与估算

1) u_{SL}——量块长度，B 类评估。

尚未确定的 MPE_{SL} 最终值是不确定度概算的任务之一。初始选用 2 级量块，并以量块标准中查到的公差限值作为 MPE_{SL} 初始值。则 25mm 量块的极限值是：

$$a_{SL}=0.6\mu m$$

对于实际生产用的量块，依据校准证书的经验，假设为矩形分布，即 $b=0.6$，则：

$$u_{SL}=0.6\mu m\times 0.6=0.36\mu m$$

2) u_{RR}——重复性/分辨力，B 类评估。

已用该千分尺对 25mm 量块做了 15 次重复测量实验，得到实验标准差 $u_{RE}=0.19\mu m$。由于 $u_{RA}>u_{RE}$，因此选用分辨力引入的不确定度分量 u_{RA} 作为 u_{RR}，则：

$$u_{RR}=0.29\mu m$$

3) u_{TD}——温度差，B 类评估。

观测到千分尺与量块之间的温度差最大为 1℃。由于没有关于温度差的信息，故假设温度差在 ±1℃ 范围内变化。假设量块和千分尺的线胀系数 $\alpha=1.1\mu m/(100mm\times ℃)$（或 $\alpha=11\times 10^{-6}/℃$）。则温度差的变化极限值为：

$$a_{TD}=\Delta T\alpha D=1℃\times\frac{1.1\mu m}{100mm\times ℃}=25mm=0.275\mu m$$

假设为 U 形分布，即 $b=0.7$，则：

$$u_{TD}=0.275\mu m\times 0.7\approx 0.20\mu m$$

4) u_{TA}——温度，B 类评估。

观测到与标准参考温度 20℃ 的最大差值为 8℃。由于没有关于该温度差符号的信息，因此假设其在 ±8℃ 范围内变化。同时假设量块和千分尺的线胀系数（$\alpha_{千分尺}$ 和 $\alpha_{量块}$）之间的最大差值为 10%，则其极限值为：

$$a_{TA}=10\%\Delta T_{20}\alpha D=0.1\times 8℃\times\frac{1.1\mu m}{100mm\times ℃}\times 25mm\approx 0.2\mu m$$

假设为 U 形分布，即 $b=0.7$，则：

$$u_{TA}=0.2\mu m\times 0.7=0.14\mu m$$

(3) 合成标准不确定度和扩展不确定度

由于各不确定度分量均不相关，故合成标准不确定度为：

$$u_c=\sqrt{u_{SL}^2+u_{RR}^2+u_{TD}^2+u_{TA}^2}=\sqrt{0.36^2+0.29^2+0.20^2+0.14^2}\ \mu m\approx 0.5\mu m$$

对于 25mm 测量点的扩展不确定度（包含因子 $k=2$）为：

$$U_{25mm}=0.5\mu m\times 2=1.0\mu m$$

对于 0mm 测量点的扩展不确定度为：

$$U_{0mm}=0.40\mu m\times 2=0.8\mu m$$

(4) 第一次迭代不确定度概算汇总（见表 6-28）

表 6-28　第一次迭代不确定度概算汇总

不确定度分量名称	评估类型	分布类型	测量次数	变化限 a^*（影响量单位）	变化限 $a/\mu m$	相关系数	分布因子 b	不确定度分量 $u_{xx}/\mu m$
u_{SL} 量块 MPE_{SL}	B	矩形		0.6μm	0.6	0	0.6	0.36
u_{RR} 分辨力	B	矩形		0.5μm	0.5	0	0.6	0.29
u_{TD} 温度差	B	U形		1℃	0.20	0	0.7	0.20
u_{TA} 温度	B	U形		8℃	0.15	0	0.7	0.14
合成标准不确定度 u_c								0.50
扩展不确定度 $U(k=2)$								1.00

(5) 第一次迭代不确定度概算论述

主要不确定度分量是量块和分辨力。不需要在第二次迭代中减小 u_c 和 U。由于分辨力是 1μm，因此 $U<1\mu m$ 是没用的。注意到校准期间的温度要求为 20±8℃，本示例中被测长度较短，该温度变化范围对测量不确定度没有显著影响。但对于大尺寸千分尺，这一温度变化范围将产生主要的不确定度分量。

保守地估计，0~25mm 范围内的所有测量点均采用 $U=1\mu m$。因此，校准时示值误差的最大允许值为 4μm（见 GB/T 18779.1），即 $MPE_{ML}-2U=6\mu m-2\times1.0\mu m=4\mu m$。

(6) 第一次迭代的结论

通过初始的假设和设置，目标不确定度判据得到满足。这个事实确认了测量标准为 2 级量块，校准房间的温度条件为：20±8℃。

(7) 第二次迭代

不需要进行第二次迭代。

6.2.9.3　测砧平面度的校准

图 6-22 所示为测砧平面度校准的测量配置图，表 6-29 所列为测砧平面度校准的项目和内容。

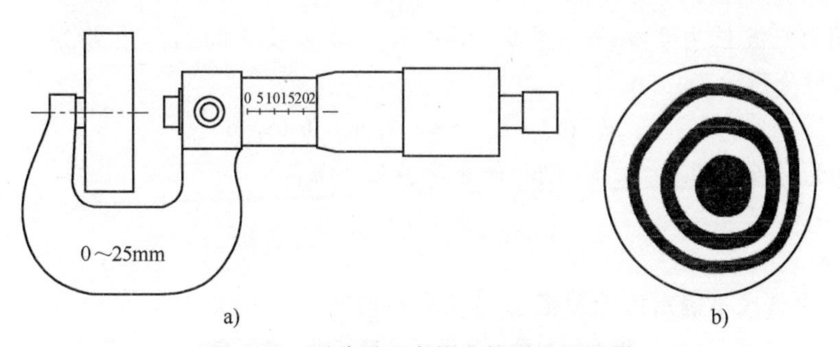

图 6-22　测砧平面度校准的测量配置图

a）测砧平面度的测量　b）估读的干涉条纹图像

表 6-29　测砧平面度校准的项目和内容

项目	内　容
测量任务	在外径千分尺的两个 ϕ6mm 测砧上测量平面度
目标不确定度	目标不确定度 $U_T=0.15\mu m$

（续）

项目	内　容
测量原理	光干涉法，与平晶表面比较
测量方法	将光学平晶置于测砧的端部，其表面大体上与测砧表面平行。估读干涉条纹数目
测量程序	1）将平晶研合到测砧表面 2）在干涉条纹接近对称的情况下（见图6-22b），估读观察到的干涉条纹数目 3）取干涉条纹数与所用单色光半波长之乘积作为平面度误差
测量条件	1）没有温度条件要求 2）平晶应适应（等温）至少1h

（1）测砧平面度校准的不确定度分量概况与评注（见表6-30）

测砧平面度的校准只有两个值得考虑的不确定度分量：平晶平面度和干涉图像读数的分辨力。读数时应确保干涉图像的对称，见图6-22b。

表6-30　测砧平面度校准的不确定度分量概况与评注

符号低分辨力	不确定度分量名称	评注
u_{SF}	平晶平面度（MPE_{SF}）	采用ϕ31mm平晶，规定的平面度是对应于整个工作面，实际使用区域仅为$\phi6\sim\phi8$mm
u_{RR}	分辨力	分辨力估计为0.5个条纹间距：$d=0.15\mu m$

（2）不确定度分量的信息记录与估算

1）u_{SF}——平晶平面度，B类评估。

尚未确定的MPE_{SF}最终值是不确定度概算的任务之一。对于平晶工作面中央ϕ8mm区域，初始MPE_{SF}值设置为0.05μm。则极限值为：

$$a_{SF}=0.05\mu m$$

假设为矩形分布，即$b=0.6$，则

$$u_{SF}=0.05\mu m\times0.6=0.03\mu m$$

2）u_{RR}——分辨力，B类评估。

假设所用的光波长为0.6μm。图6-22b中各干涉条纹之间的高度差为半个波长λ，即0.3μm。则假设分辨力为：

$$d=0.5\lambda=0.5\times0.3\mu m=0.15\mu m$$

假设为矩形分布，即$b=0.6$，则不确定度分量为u_{RR}：

$$u_{RR}=\frac{d}{2}\times0.6=\frac{0.15\mu m}{2}\times0.6\approx0.05\mu m$$

（3）第一次迭代不确定度概算汇总（见表6-31）

表6-31　第一次迭代不确定度概算汇总

不确定度分量名称	评估类型	分布类型	测量次数	变化限a^*（影响量单位）	变化限a/μm	相关系数	分布因子b	不确定度分量u_{xx}/μm
u_{SF} 平晶平面度	B	矩形		0.05μm	0.05	0	0.6	0.03
u_{RR} 干涉图像分辨力	B	矩形		0.075μm	0.075	0	0.6	0.05
合成标准不确定度u_c，$u_c=\sqrt{u_{SF}^2+u_{RR}^2}$								0.06
扩展不确定度$U(k=2)$								0.12

（4）第一次迭代不确定度概算论述

主要不确定度分量是干涉图像的分辨力或读数。与分辨力的影响相比，平晶平面度误差不是很重要。U 大约为外径千分尺测砧平面度要求（$MPE_{MF}=1\mu m$）的 12%。

（5）第一次迭代的结论

满足目标不确定度的要求。校准时，与理想平面度的最大允许测量误差（采用 GB/T 18779.1 中单边公差的规则）为：

$$MPE_{MF}-U=1.00\mu m-0.12\mu m=0.88\mu m$$

将对 ϕ8mm 平面度的要求 MPE_{SF} 换算到 ϕ30mm 平面度的要求，见第 6.2.9.6 节。

（6）第二次迭代

不需要第二次迭代。

6.2.9.4　测砧平行度的校准

图 6-23 所示为测砧平行度校准的测量配置图，表 6-32 所示为测砧平行度校准的项目和内容。

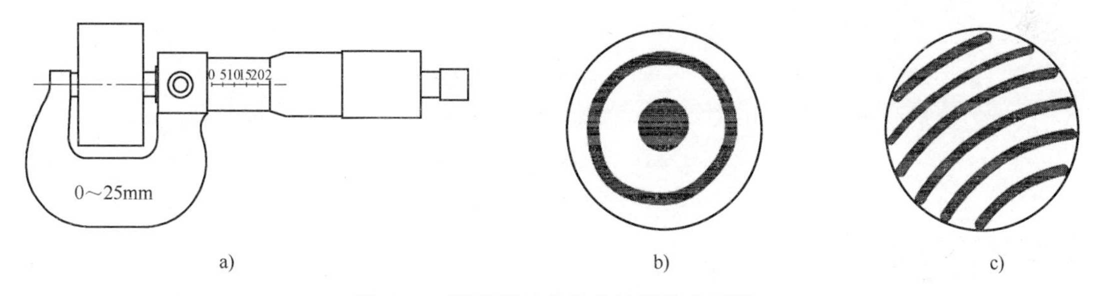

图 6-23　测砧平行度校准的测量配置图

a）测砧平行度的测量　b）干涉条纹图像 1　c）干涉条纹图像 2

表 6-32　测砧平行度校准的项目和内容

项目	内　容
测量任务	测量外径千分尺两个 ϕ6mm 测砧之间的平行度
目标不确定度	目标不确定度 $U_T=0.3\mu m$
测量原理	光干涉法,与两个平行表面的比较
测量方法	1)将平行平晶置于两测砧之间,并调整到与一个测砧表面平行 2)估读另一个测砧上的干涉条纹数
测量程序	1)将平行平晶研合到一个测砧的表面上。调节平行平晶使其大体上平行于测砧表面,得到对称的干涉图像(图 6-23b) 2)用外径千分尺测量平行平晶(见图 6-23a),以使测量力达到规定水平 3)观测另一个测砧上图像的干涉条纹数(见图 6-23c) 4)取干涉条纹数和所用单色光半波长的乘积作为两测砧间的平行度误差
测量条件	1)没有温度条件要求 2)平行平晶应适应(等温)至少 1h

（1）测砧平行度校准的不确定度分量概况与评注（见表 6-33）

测砧平行度的校准有三个值得考虑的不确定度分量。

表 6-33 测砧平行度校准的不确定度分量概况与评注

符号 低分辨力	不确定度分量名称	评注
u_{SP}	平行平晶的平行度(MPE_{SP})	采用直径为 ϕ31mm 的平行平晶。使用区域仅为 $\phi6 \sim \phi8$mm
u_{OP}	平行平晶与第一个测砧的对准	假设最大对准误差是 0.5 个条纹
u_{RR}	在第二个测砧的分辨力	分辨力估计为 1 个条纹

由于平晶平面度的不确定度分量 $u_{SF}=0.03\mu m$ 比其他分量小得多，因此平行平晶两工作面平面度引入的两个不确定度分量均可忽略不计。

（2）不确定度分量的信息记录与估算

1）u_{SP}——平行平晶的平行度，B 类评估。

尚未确定的 MPE_{SP} 最终值是不确定度概算的任务之一。在平行平晶工作面中央 ϕ8mm 区域内，初始设置 MPE_{SP} 值为 0.1μm。则极限值为：

$$a_{SP}=0.1\mu m$$

假设为矩形分布，即 $b=0.6$，则：

$$u_{SP}=0.1\mu m\times0.6=0.06\mu m$$

2）u_{OP}——平行平晶与第一个测砧的对准，B 类评估。

假设所用光波长为 0.6μm，0.5 个条纹的最大对准误差是 0.15μm。即：

$$a_{OP}=0.15\mu m$$

假设为矩形分布，即 $b=0.6$，则：

$$u_{OP}=0.15\mu m\times0.6=0.09\mu m$$

3）u_{RR}——第二个测砧的分辨力，B 类评估。

假设所用光波长为 0.6μm。假设分辨力为 1 个条纹（0.3μm）。则不确定度分量 u_{RR} 为：

$$u_{RR}=\frac{d}{2}\times0.6=\frac{0.3\mu m}{2}\times0.6=0.09\mu m$$

（3）第一次迭代不确定度概算汇总（见表 6-34）

表 6-34 第一次迭代不确定度概算汇总

不确定度分量名称	评估类型	分布类型	测量次数	变化限 a^*（影响量单位）	变化限 a/μm	相关系数	分布因子 b	不确定度分量 u_{xx}/μm
u_{SP} 平行平晶的平行度	B	矩形		0.1μm	0.1	0	0.6	0.06
u_{OP} 第一个测砧的对准	B	矩形		0.15μm	0.15	0	0.6	0.09
u_{RR} 第二个测砧上的分辨力	B	矩形		0.15μm	0.15	0	0.6	0.09
合成标准不确定度 u_c，$u_c=\sqrt{u_{SP}^2+u_{OP}^2+u_{RR}^2}$								0.14
扩展不确定度 $U(k=2)$								0.28

从不确定度概算中可以看出，主要不确定度分量是两个测砧上的分辨力/读数，而平行平晶几乎没有影响。

（4）第一次迭代的结论

满足目标不确定度的要求。校准时，与理想平行度的最大允许测量误差（采用 GB/T 18779.1 单边公差的规则）为：

$$MPE_{MP}-U=2.00\mu m-0.30\mu m=1.70\mu m$$

将 ϕ8mm 的 MPE_{SP} 要求换算到对 ϕ30mm 的要求，见第 6.2.9.6 节。

（5）第二次迭代

不需要第二次迭代。

6.2.9.5　校准外径千分尺的校准标准的要求

下面将讨论用于校准外径千分尺的校准标准的要求。校准要求源自第 6.2.9.3~6.2.9.5 节中的不确定度概算。

（1）量块（见第 6.2.9.3 节中的示例）

前文述及的不确定度概算的前提条件是：采用钢（或陶瓷）制的 2 级量块，其线胀系数 α 约为 1.1μm/(100mm×℃)（或 $\alpha=11\times10^{-6}$/℃）；对每一个测量点均使用单块量块，以避免两个或多个量块之间的间隙影响。

若将 2 级量块改为 1 级量块，对于 25mm 测量点，扩展不确定度 U_{25} 将从 1.0μm 减少到 0.8μm，MPE_{ML}（$2U$ 部分）将从 2.0μm 减小到 1.6μm。如果 MPE_{ML} 的减小量 0.4μm 小于外径千分尺的分辨力 1μm，则 MPE_{ML} 的减小量 0.4μm 是没用的。因为减小量太小，对实际测量及其测量不确定度几乎没有影响。

表 6-35 中，在相同的校准条件下，对 1 级和 2 级两个量块级别的使用情况进行了比较。在全部四种情况下，均使用测量范围最大点的不确定度。使用 1 级量块在任何情况下所起的作用都不大。因此，可以得到如下结论：

在本校准条件下，使用钢（或陶瓷）制 2 级量块即可满足要求，并应按 2 级量块要求进行校准。使用 2 级量块及其校准要求可降低校准成本。

表 6-35　使用 1 级和 2 级量块时外径千分尺示值误差校准的测量不确定度比较

测量范围/mm	量块级别 ISO 3650	不确定度分量/μm				不确定度/μm			
		u_{SL}	u_{RR}	u_{TD}	u_{TA}	u_c	U	MPE_{ML} 的减少量 $2U$	2 级与 1 级之差
0~25	2	0.34	0.29	0.20	0.14	0.50	1.00	2.00	0.4
	1	0.17				0.40	0.80	1.60	
25~50	2	0.46	0.40	0.40	0.28	0.78	1.56	3.12	0.4
	1	0.23				0.67	1.34	2.68	
50~75	2	0.57	0.50	0.60	0.42	1.05	2.10	4.20	0.5
	1	0.28				0.93	1.86	3.72	
75~100	2	0.69	0.60	0.80	0.56	1.34	2.64	3.28	0.5
	1	0.35				1.20	2.40	2.80	

（2）平晶（见 6.2.9.4 节中的示例）

对于外径千分尺测砧平面度的校准，ϕ31mm 的平晶工作面中只使用了 ϕ6~ϕ8mm 部分区域。对 ϕ8mm 区域的要求是最大平面度误差为 0.05μm。

若使用这个前提条件，则平晶对合成标准不确定度的影响可以忽略不计。如果是理想平晶，则不确定度 U 从 0.12μm 减小到 0.10μm。如果平晶平面度的 MPE 值增加 50%，则不确定度 U 从 0.12μm 增加到 0.13μm。

可以假设平晶表面的形状误差是一个球面。这是制造过程（机器研磨）引起的常见形状误差类型。如果是球面的话，则 ϕ6~ϕ8mm 区域的形状误差 0.05μm 将相当于 ϕ30mm 工作面的平面度误差 1.25μm。对于 1.25μm 的形状误差，大多数公司都有能力自己测量，不必求助于外部的校准实验室。

关于平晶的结论：

1）如果用 ϕ31mm 平行平晶的一个表面作为光学平面，则公司可以通过内部校准验证 ϕ8mm 区域的平面度。通过将一个光学平面置于另一个光学平面之上而获得的干涉图像，可以看到表面的球面形状。

2）市场上常见的平行平晶通常规定在直径 30mm 范围内，最大平面度误差为 0.1μm。假设为球面，这意味着考虑到上述要求，其工作面的平面度误差比需要的要好 5~10 倍。

（3）平行平晶（见 6.2.9.5 节中的示例）

对于外径千分尺两测砧间平行度的校准，ϕ31mm 平行平晶工作面仅使用了 ϕ6~ϕ8mm 区域。对该 ϕ8mm 区域的要求是最大平行度误差为 0.10μm。

如果采用这个前提条件，则平行平晶对合成标准不确定度的影响可以忽略不计。如果是理想的平行平晶，则不确定度 U 将由 0.28μm 减小到 0.25μm。如果平行平晶的平行度最大允许误差 MPE 值增加 50%，则不确定度 U 将由 0.30μm 增加到 0.34μm。

假设平行平晶的工作面是平面或球面，30mm 直径范围内的最大平面度误差为 0.1μm，则在 8mm 直径范围内的 0.1μm 平行度误差，就相当于 30mm 直径范围内的 0.4μm 平行度误差。符合这一要求的平行平晶可从市场上得到。

关于平行平晶的结论：

1）市场可提供的平行平晶对测砧平行度校准的影响是如此之小，即使其 MPE 值增加 50%~100%，对外径千分尺测量准确度也几乎没有影响。

2）平行平晶平行度的 MPE 值是如此之大，因此无须在外部认可实验室进行校准。

6.2.9.6 使用作为校准补充的核查标准

在生产区使用核查标准是很常见的（见图 6-24，稍作改变的 PUMA 框图）。它使机床操作员可以核查并最终修正测量设备的设置。若测量设备的长期稳定性相对于生产公差较差的话，则必须核查标准。

为了说明核查标准对不确定度概算的影响，仍采用外径千分尺的例子（见 6.2.9.2 节）并做些相应的改动。重点说明，仅在外径千分尺校准基础上使用的核查标准是如何在原来的不确定度概算（6.2.9.2 节中的示例）中删除、变更和增加不确定度分量（表 6-36 中标灰处）的。新的不确定度概算将表明核查标准是否改善了测量不确定度，即减小了车间的测量不确定度。

在这种情况下，可以采用 25mm 量块作为核查标准。因此，最好采用数显外径千分尺，因为使用量块更容易进行调整。从参考点（25mm）开始测量轴的直径。假设轴的直径变化范围为 25mm±0.2mm。

外径千分尺的校准仍需进行。校准程序应加以改进，还应包括源自测量点（即 25mm）微小误差的影响。新的 $MPE_{ML\text{-}CH}$ 不能小于 3μm，即允许校准期间在短距离内的示值变化为

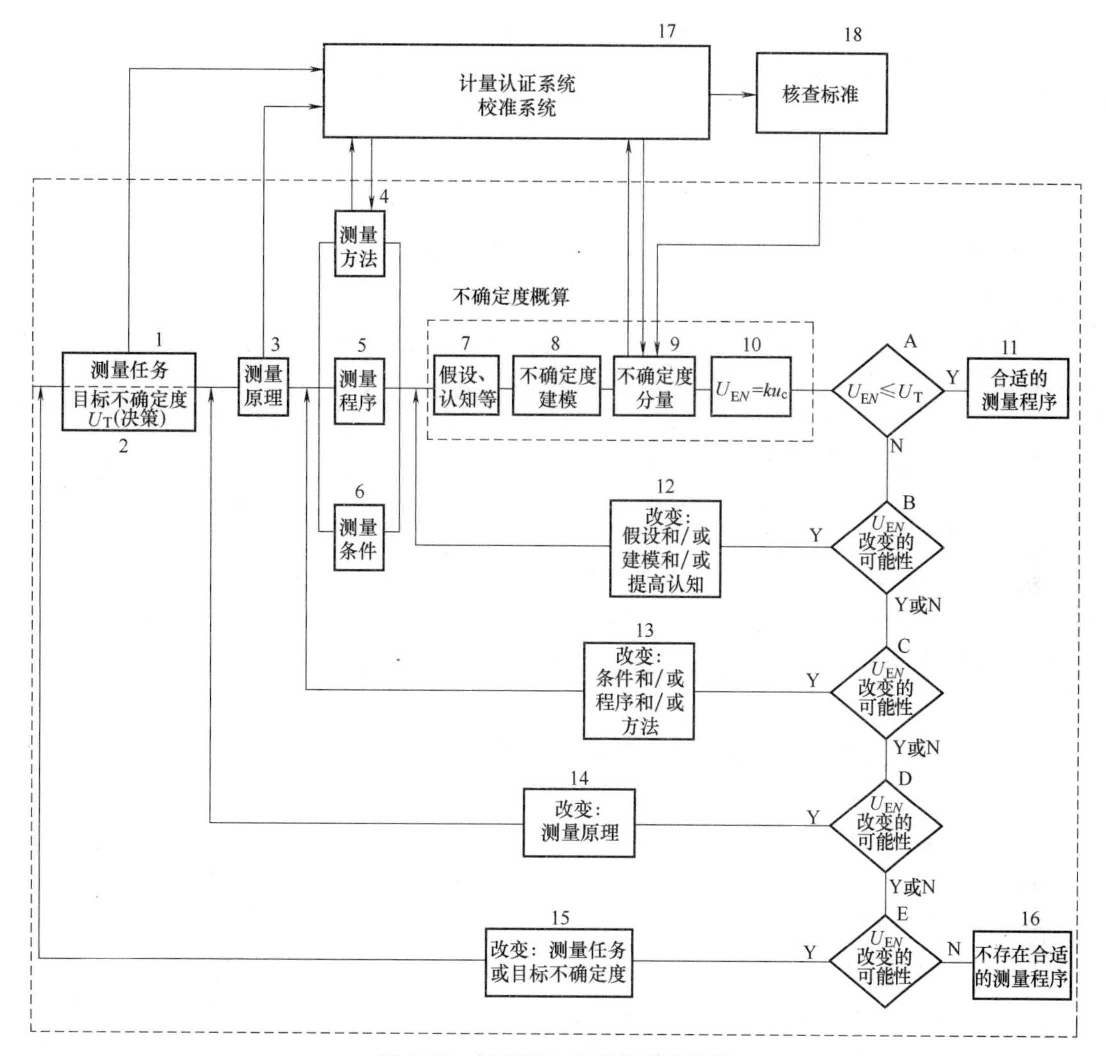

图 6-24　与 PUMA 有关的核查标准

1μm，并且 $a_{ML\text{-}CH}=1.5\mu m$。

在环境很差的车间中设置参考点（25mm），将产生新的不确定度分量。假设核查标准与外径千分尺的温度差小于 3℃，则新的不确定度分量 $u_{TI\text{-}CH}=0.6\mu m$。

由三个操作员之间的零位变化引起的不确定度分量将不存在，取而代之的是由设置读数引起的另一个分量。理论上，该分量 $u_{NP\text{-}CH}$ 不能小于 0.29μm。根据经验，在车间条件下它至少约为 0.4μm。

所有其他不确定度分量不变，不受核查标准使用的影响。使用核查标准的新不确定度概算，记录在表 6-36 中。

表 6-36　第一次迭代不确定度概算汇总

不确定度分量名称	评估类型	分布类型	测量次数	变化限 a^*（影响量单位）	变化限 a/μm	相关系数	分布因子 b	不确定度分量 u_{xx}/μm
$u_{ML\text{-}CH}$ 千分尺示值误差	B	矩形		1.5μm	1.5	0	0.6	0.87
u_{MF1} 外径千分尺平面度 1	B	高斯		1.0μm	0.15	0	0.5	0.50

（续）

不确定度分量名称	评估类型	分布类型	测量次数	变化限 a^*（影响量单位）	变化限 a/μm	相关系数	分布因子 b	不确定度分量 u_{xx}/μm
u_{MF2} 外径千分尺平面度 2	B	高斯		1.0μm	0.15	0	0.5	0.50
u_{MP} 外径千分尺平行度	B	高斯		2.0μm	2.0	0	0.5	1.00
u_{RR} 重复性	A		15			0		1.20
$u_{NP\text{-}CH}$ 参考点	A		15			0		0.40
$u_{TI\text{-}CH}$ 温度差	B	U 形		3.0℃	0.85	0	0.7	0.60
u_{TD} 温度差	B	U 形		10℃	2.8	0	0.7	1.96
u_{TA} 温度	B	U 形		15℃ $\alpha_1/\alpha_2=1.1$	0.4	0	0.7	0.28
u_{WE} 工件形状误差	B	矩形		3.0μm	3.0	0	0.6	1.80
合成标准不确定度 u_c								3.37
扩展不确定度 $U(k=2)$								6.74

从表 6-36 可以看出，使用核查标准的情况下，测量不确定度的改善不是很大。测量不确定度 U 从 7.58μm（见第 6.2.9.2 节中的示例）降到 6.74μm，总共降低了 0.84μm，是原先 U 值的 11%。证明测量过程中的其他改变对测量不确定度的影响远大于使用核查标准。

6.3 关于测量不确定度表述达成共识的指南

GB/T 18779.3—2022 等同采用 ISO 14253-3：2011《产品几何技术规范（GPS） 工件与测量设备的测量检验 第 3 部分：关于测量不确定度表述达成共识的指南》，提供了有关测量不确定度表述达成共识的方法指南和相应的程序，帮助顾客、供方解决在依据 GB/T 18779.1 进行合格判定时因不确定度表述带来的争议问题，从而避免耗时且成本高昂的争论。

6.3.1 在给定的扩展不确定度上达成协议

6.3.1.1 关于给定测量不确定度的早期协议

顾客或供方中的任一方如对另一方提供的测量不确定度置疑时，应有一个支持和证明该测量不确定度的不确定度概算。不确定度概算的提出方负责证明不确定度概算中的各个分量和扩展不确定度评估结果的合理性。

理想情况下，预签约阶段顾客和供方应在讨论工件产品规范的同时讨论其测量不确定度。在签订合同之前就测量不确定度的大小和它的使用规则取得共识，可以避免以后在应用 GB/T 18779.1 中给出的默认规则接收或拒收产品时的纠纷。

由于学识、经验和假设的不同，不同的人可能会给出不同的不确定度。在签订合同之前解决这些差异，相比于等到后续生产或交货阶段因产品接收或拒收产生争论时再去解决，争议会更少，成本也会更低。

6.3.1.2 解决给定测量不确定度争议的可能性

取得共识的最基本方法是同意从双方的测量不确定度报告中选定一个。如果采用这种方式不能达成共识，则采用 6.3.2 节中给出的更精细程序重新评估测量不确定度，或向第三方咨询由第三方评估或（和）审查测量不确定度。

测量不确定度是由按规范检验合格或不合格的一方提供，即执行测量的一方。确定测量不确定度的一方称为“甲方”，双方中的另一方称为“乙方”，“乙方”是可能质疑或否定给定测量不确定度的一方。

当供方按技术规范进行合格检验时，供方是“甲方”，而顾客是给出技术规范的“乙方”。当顾客进行不合格检验时，顾客是“甲方”并被认为是提供了规范的一方，因此供方是“乙方”。

当“甲方”给定的测量不确定度被“乙方”质疑时，有许多种协调程序可以采用。图6-25给出了一种最常用的协调程序，其解释见表6-37。

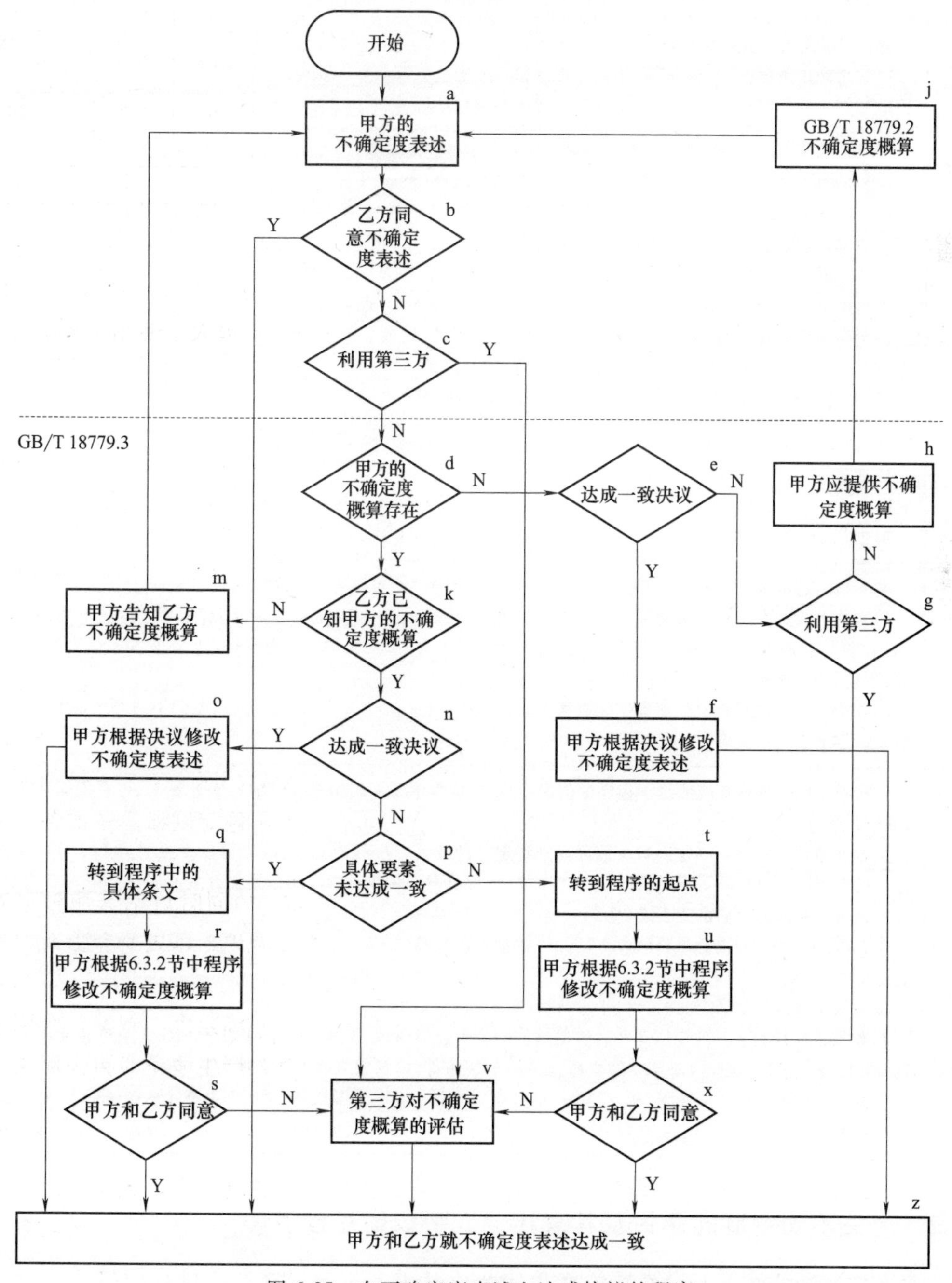

图6-25 在不确定度表述上达成协议的程序

表 6-37　图 6-25 的解释

步骤	解　释
1	测量不确定度由“甲方”给定(框 a)
2	“乙方”有两种选择(框 b): 1)如果“乙方”同意这个测量不确定度表述(框 b“Y”),双方结论一致,协议达成(框 z) 测量不确定度表述可以是一个简单的声称值,无须任何文件,或依据 GB/T 18779.2 评估产生扩展不确定度的不确定度概算 2)如果“乙方”不同意这个测量不确定度表述(框 b“N”),则可应用本文件
3	双方可利用第三方解决分歧 1)如果利用第三方(框 c“Y”),第三方将评估不确定度概算(框 v),协议达成(框 z) 2)如果不利用第三方(框 c“N”),双方按程序继续(框 d)
4	“甲方”根据 GB/T 18779.2 可能已经形成了一个不确定度概算,也可能没有形成不确定度概算(框 d) (1)如果“甲方”的不确定度概算不存在,则有两种选择(框 d“N”) 1)双方同意根据决议而不需更多的支持文件来达成一种“新的”测量不确定度表述(框 e“Y”)。在这种情况下,“甲方”应根据协议修改不确定性表述(框 f),则协议达成(框 z) 2)“乙方”向“甲方”索要不确定度概算(框 e“N”)。则“甲方”有两种选择: ①利用第三方(框 g“Y”)。第三方将进行不确定度概算(框 v)。协议达成(框 z) ②不利用第三方(框 g“N”)。“甲方”将根据 ISO 14253-2(框 j)中给出的指南形成一个不确定概算(框 h)。当甲方给出一个不确度概算后,程序回归起点重新开始(框 a) (2)如果不确定度概算存在(框 d“Y”),则进行到下一选项
5	此时“甲方”提供的不确定度概算可能为或不为“乙方”所知(框 k) 1)如果不确定度概算存在,但是只有测量不确定度被告知“乙方”(框 k“N”)。“甲方”还应告知“乙方”不确定度概算和相关文件(框 m)。则程序回归起点重新开始(框 a) 2)如果不确定度概算被告知“乙方”,则出现以下情况(框 k“Y”)
6	基于给出的不确定度概算而不作深入细致的研究,双方将会或不会直接达成协议(框 n) 1)双方可以根据决议在不需要更多支持文件的情况下,通过原给定的或约定的“新的”测量不确定度表述(框 n“Y”)达成协议。若根据“新的”不确定度表述,“甲方”应根据协议改变不确定度概算和不确定度表述(框 o),则协议达成(框 z) 2)如果双方不能在给出的不确定度概算上直接达成一致(框 n“N”),达成一致所要采用的方法将取决于他们对不确定度概算不认可的程度
7	对现有不确定度概算或测量不确定度值的争议,可能仅限于不确定度概算的特定分量上,也可能是一个总体的争议(框 p) 1)如果争议只涉及不确定度概算的可识别特定分量及其产生的前提条件,则可以直接对 6.3.2 节中所述程序中的要素进行研究和重新评估(框 q),“甲方”应根据共同协议修改不确定度概算或前提条件或两者均修改,以及修改其相应的不确定度表述(框 r) ①其中一方可能不接受结果(框 s“N”),此时通过借助第三方评估(框 v),仍可能找到适当的解决办法,并由此达成协议(框 z) ②若双方都接受不确定度概算的修改结果(框 s“Y”),则协议达成(框 z) 2)如果争议是关于不确定概算及其前提条件的一个总体争议,其解决办法是转到 6.3.2 节中给出的程序的起点(框 t),“甲方”应修改不确定度概算和(或)前提条件,以及相应的不确定度表述(框 u) ①其中一方可能不接受结果(框 x“N”),借助第三方评估不确定度概算(框 v),则协议达成(框 z) ②如果双方都接受不确定度概算修改的结果(框 x“Y”),则协议达成(框 z)

6.3.2　有关不确定度的评估及其表述达成协议的后续流程

为了在更复杂的情况下对不确定度表述达成共识，不确定度概算过程中概算步骤（见

图 6-26，其解释见表 6-38）应按指定顺序进行。应逐条达成协议，像商定的前提条件一样，从一开始就为不确定度确立论据和证据。

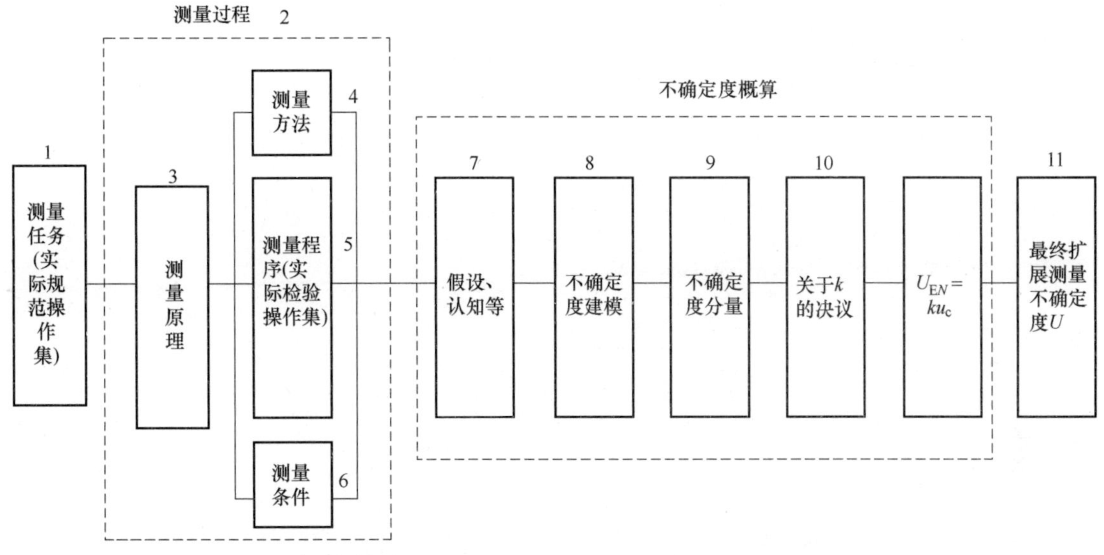

图 6-26　从测量任务（实际规范操作集）到给定不确定度的过程

表 6-38　图 6-26 的解释

步骤	概算过程	概算要求
框 1	关于测量任务的协议——被测量(规范操作集)	不确定度概算的前提条件之一是规范操作集。如果没有关于实际规范操作集的定义和协议,任何关于不确定度概算和不确定度表述的讨论或评估都毫无意义(见图 6-26 中框 1)。双方在这一阶段应就以下内容达成一致: 1)基于产品文件中给出的技术规范定义实际规范操作集 2)总测量任务及符合实际规范操作集的基本测量任务(如果必要) 3)定义图纸标注的 GPS 标准(实际规范操作集)及相应的标准链(见 GB/T 20308)和它们的内容 4)可能影响规范不确定度和测量不确定度的测量对象(工件或测量设备)的不完善性 5)实际规范操作集的结果应记入文件,以作为商定测量不确定度评估过程后续阶段的基础
框 3~框 6	关于实际检验操作集可接受性的协议	不确定度概算的前提条件之二是根据实际规范操作集选择实际检验操作集的。如果没有关于检验操作集的定义和协议,任何关于不确定度概算和不确定度表述的讨论或评估都毫无意义(见图 6-26 中框 3~6)。基于商定的实际规范操作集,应就检验操作集的详细定义达成协议 双方在这一阶段应就以下内容达成一致: 1)即将实施的总体和基本测量过程 2)测量原理 3)测量方法 4)测量程序,包括测量设备的选择 5)说明或程序文件中的必要细节 6)分离、提取、过滤、拟合、组合、构建和评估 7)工件测量设备(或测量设备组)的识别 8)测量条件,已列入文件 实际检验操作集的结果应列入文件,以作为商定的不确定度评估过程后续阶段的基础 至此,双方已确立形成不确定度概算、要求和测量的基础,后续阶段只计算或评估不确定度的影响因素

（续）

步骤	概算过程	概算要求
框 7	关于假设的协议	通常不必把所有行为和条件列入文件。此时应该做多种假设，在这一阶段的协议应包括： 1）补充假设的清单。如果有争议，则“甲方”和“乙方”的联合清单可有助于问题的解决 2）对用于假设的文件是否足够的考虑 3）对简化检验操作集是否可用的考虑：利用简化检验操作集的调整、与任务相关的校准、或二者同时采用，来解决与理想检验操作集间的差异
框 8	关于不确定度建模的协议	不确定度模型的选择十分重要，因为它要反映实际检验操作集和有关条件的信息水平。这种协议应包括： 1）黑箱模型或透明模型或半黑箱-半透明模型的选择 2）在有异议的情况下，采用 PUMA 原理中上限评估的策略 3）可能的数学模型的确定 4）与双方协议有效期一致的不确定度表述有效期的确定 5）检查可能的异常值或异常值可能带来的风险 6）必要的说明及文件
框 9	关于不确定度因素或分量的清单的协议	不确定度因素清单至少应包括主要不确定度因素。否则，最终的不确定度一定会太小。作为获得完整的清单和系统方法的工具，可用： 1）图 6-16 中的三个要素：“参考点”“测量设备行程”和“测量点”（见 6.2.6.1 节） 2）图 6-15 和表 6-6 中的不确定度影响因素检查清单 3）包含于清单中的规范不确定度因素（如果相关） 如果双方对此清单无争议，则按此清单中所列出的不确定度因素进行不确定度概算。如果有争议，则需再研究双方商定的清单以及清单中所未列出的重要不确定度因素（相对于已列出的最大不确定度因素的其他较大因素）
	关于可能修正的协议	当在不确定度概算中考虑到修正时，双方应商定： 1）依据现有文件和条件，使用修正值进行修正 2）不确定度概算中所用的修正程序与测量程序一致 3）修正本身的不确定度（即剩余不确定度分量）包含于不确定度概算中
	关于不确定度贡献因素大小的协议	就不确定度因素或分量的清单完全达成一致后，一项核心任务是评估各不确定度因素的大小，开始研究主要（重要）因素，检查每一个因素对相应扩展不确定度的影响。对每一个不确定度分量研究并商定： 1）有关单个分量所需或所做的修正和（或）详细假设； 2）评估方法，A 类或 B 类； 3）对不确定度分量大小的证明和论证（A 类评估的数据有效性和正确性；B 类评估的极限值和分布型假设） 应特别关注：用于带有不确定度表述的校准证书（带有 MPE 的可溯源校准值）、校准记录、校准间隔、影响量及所用的物理方程式和常量、公式和计算
框 10	关于不确定度因素之间相关性的协议	不确定度因素之间可能存在的未被识别相关性，会导致显著的低估或高估最终的扩展不确定度。因此关于可能的相关性及其性质的协议对于总体协议非常重要。应研究并商定不确定度因素间可能的相关性 如有异议，应用 PUMA 上限评估策略中的规则，相关系数只取 0、1 和 -1 三个数值中的一个
	关于合成规则的协议	检查合成标准不确定度的计算公式是否与双方同意采用的不确定度评估模型（见图 6-26 中框 6）及不确定度因素之间的相关性（见图 6-26 中框 10）相符
	关于 k 值的协议——测量结果的分布、置信概率	通常用于不确定度概算的数据所包含的全部信息还不足以对给定置信概率的包含因子 k 进行详细的讨论并确定其数值。根据 GB/T 18779.1，如果没有任何理由表明分布类型的话，k 应等于 2。在某种情况下，如果已知占优势的不确定度因素的分布类型时，k 的值有可能不等于 2。如果占优势的不确定度因素的分布类型是： 1）矩形分布，k 值为 1.7~1.8，对应于 100%的置信概率 2）U 形分布，k 值为 1.4~1.5，对应于 100%的置信概率 对于某些分布来说，为达到 95%或更高的置信概率需要选择大于 2 的 k 值，例如三角分布。如果在现有文件基础上不能达成改变 k 值的协议，则取 $k=2$
框 11	关于扩展不确定度 U 的协议	基于以上过程中所有阶段达成的协议，可自动达成关于扩展不确定度 U 评估值的协议

如果过程中在任一阶段作了重要修改，则有必要将这一修改一直应用到最后的扩展不确定度表述（U）中，以便评估它对产品性能和可能达成的协议产生的影响。

6.4　判定规则中功能限与规范限的基础

GB/T 18779.4—2020 等同采用 ISO 14253-4：2010《产品几何技术规范（GPS）　工件与测量设备的测量检验　第 4 部分：判定规则中功能限与规范限的基础》，概述了 GB/T 18779.1 判定规则的主要假设，并探讨了这些判定规则应是默认规则的原因，以及在应用不同判定规则前应考虑的因素。

6.4.1　判定规则中功能限与规范限术语的定义

判定规则中功能限与规范限术语的定义及解释见表 6-39。

表 6-39　判定规则中功能限与规范限术语的定义及解释

术语	定义及解释
逆向工程 (reverse engineering)	分析成品工件或原型的形状、尺寸和功能并利用这些信息来制造一个类似产品的设计过程
产品功能水平 (product functional level)	从整体角度评价产品功能的完善程度
产品属性功能水平 (product attribute functional level)	从特定属性评价产品功能的完善程度 整体的产品功能水平取决于所有的产品属性功能水平
工件功能水平 (workpiece functional level)	评价由所考虑的工件和一组合格工件组成的产品功能的总体完善程度
工件特征的功能水平 (workpiece characteristic functional level)	从特定属性评价由所考虑的工件和一组合格工件组成的产品功能的完善程度，这些属性受所考虑的特征影响整体的工件功能水平取决于所有工件特征的功能水平
计量特性功能水平 (functional level of metrological characteristic)	从特定属性评价由所考虑的计量特性和一组可接受的计量特性组成的测量设备功能的完善程度，这些属性受所考虑的特性影响
功能退化曲线 (functional deterioration curve)	产品功能水平和几何特征值、几何特征的组合或计量特性功能水平之间关系的图形表示 通常而言，从产品属性功能水平到几何特征或计量特性的导出功能限的转化并不完善。功能描述不确定度（见 GB/T 24637.2）量化了这种不完善性

6.4.2　功能限和规范限之间的关系

为了确保规范与功能相关，对于规范设计，选择合理要素的合理特征是至关重要的。规范制定者有责任为规范选择与功能相关的特征。

大多数的功能取决于单侧规范限。例如，一根轴能与给定的孔相配合取决于轴的直径不能太大。因此，对于配合的孔来说，轴的直径范围是没有下限的（即轴的直径可以更小）。这类轴直径的下规范限有其完全不同的功能。例如规定功能要求为：轴与孔的配合不能太松，接触面不能有渗漏，或者轴的强度不能太低。

6.4.2.1 单侧情况

(1) 规范限等于功能限的单侧情况

用于定义GPS中基本规则的理论上的假设，包括GB/T 18779.1中定义的判定规则，是规范限等于功能限。当特征值没有超过规范限时，工件的功能水平为100%，而当特征值超过规范限时，工件的功能水平为0%，如图6-27所示。

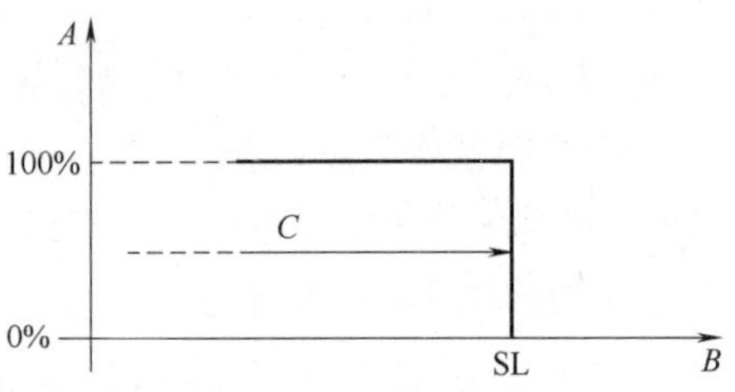

图6-27 规范限等于功能限的单侧情况

A—工件特征的功能水平 B—特征值

C—工件合格 SL—规范限

(2) 工件功能水平退化曲线的单侧情况

实际情况下工件功能水平退化曲线如图6-28所示。功能水平曲线可以表示与孔配合的轴的直径。当轴的直径变得很大时，由于轴无法与孔配合，功能曲线迅速退化。

图6-28是当工件规范特征值增加到超出特征功能水平为100%的区域后，工件功能逐渐退化的上功能限的例子。下功能限的情况正好相反。曲线的尾部代表了通过挤压仍能配合，或者孔与轴的直径差仍然允许孔轴相配合的情况，因为配合的特征功能取决于两种尺寸之间的差异，而非单一工件的尺寸。

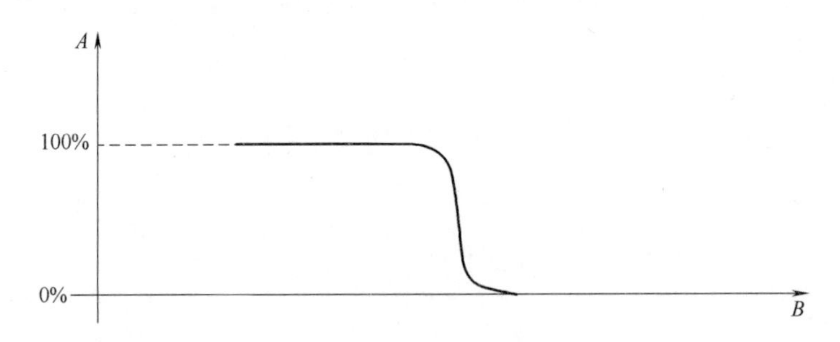

图6-28 工件功能水平退化曲线的单侧情况

A—工件特征的功能水平 B—特征值

(3) 工件不同功能退化曲线的单侧情况

对于工件的不同功能，其功能水平的退化曲线将有不同的形状，退化的速率也不同，如图6-29所示。当特定的特征值在功能为100%的区域之外时，工件功能水平将会逐渐地减小。

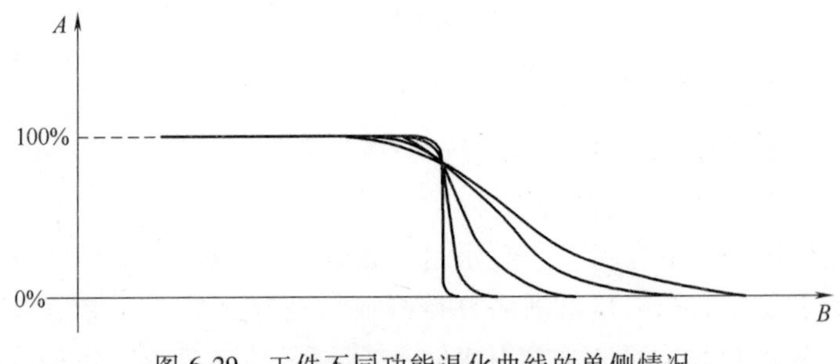

图6-29 工件不同功能退化曲线的单侧情况

A—工件特征的功能水平 B—特征值

（4）可接受的最低功能水平的单侧情况

在图 6-28 和图 6-29 所示的情况中，要使功能限有意义，有必要定义一个可接受的最低的功能水平，如图 6-30 所示。

示例：涡轮轴的振动。振动是由涡轮的失衡引起的。例如，失衡可能会由涡轮轴的直线度偏差、涡轮轴的圆度偏差和风机叶片的重量偏差引起。当振动更强烈时，噪声会增加，且涡轮的寿命会减少。涡轮设计准则包括对其最小寿命的要求。制造无振动的涡轮是不可能的，而减小公差以限制振动又会导致制造成本的增加。因此，设计时应确定一个可以保证合理产品寿命的合理振动水平。这个合理的振动水平决定了图 6-30 中的工件功能水平 $X\%$。涡轮工件的规范可以由这个合理的最低功能水平得出。确定一个最低的功能水平 $X\%$，功能限即可由功能退化到此值的点确定。

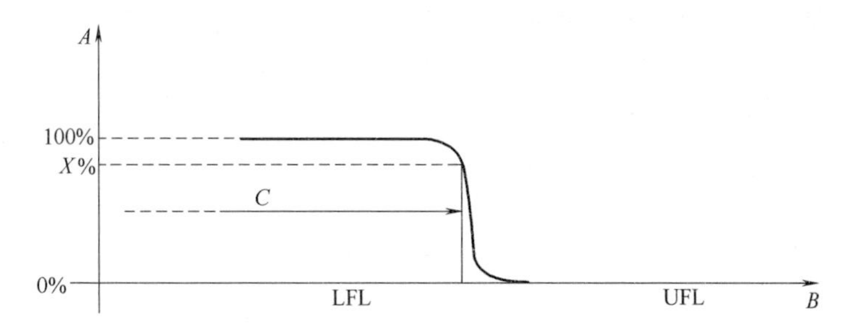

图 6-30 定义可接受的最低功能水平的单侧情况

A—工件特征的功能水平 B—特征值 C—工件合格

LFL—下功能限 UFL—上功能限

图 6-31 所示为同一特征值决定三种功能的功能水平的情况。其中，每一个功能有一个可接受的最低功能水平 $F_1\%$、$F_2\%$或 $F_3\%$。对于特征值，这些可接受的最低功能水平中的每一个都会确定一个上功能限，即 UFL_1、UFL_2 和 UFL_3。功能限是由这些上功能限中最严格的界限决定的，在本例中是 UFL_2。

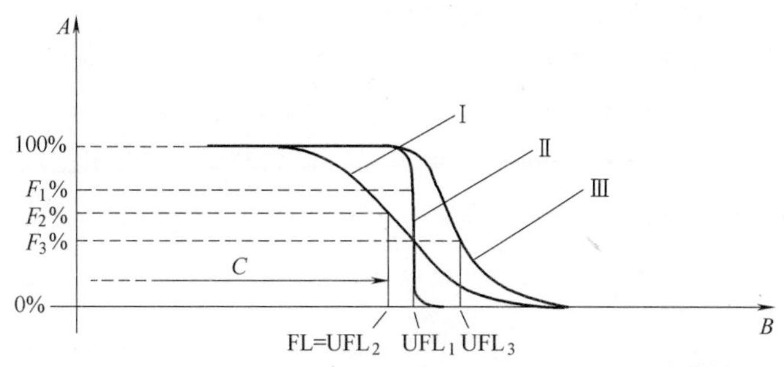

图 6-31 同一特征值决定三种功能的功能水平的情况

A—工件特征的功能水平 B—特征值 C—工件合格 FL—规范限

UFL—上功能限 Ⅰ—功能 1 Ⅱ—功能 2 Ⅲ—功能 3

一旦确定了功能限，如图 6-30 或图 6-31 中所示，规范限可以选择放置在功能限之前，如图 6-32 所示。原则上，规范限同样可以放置在功能限之后，但是这通常是没有意义的。

在许多情况下，企业有一个（书面或非书面的）规定规范限和功能限关系的实施方针。

对于上功能限（UFL）来说，当特定的特征值在功能限以下时，工件功能水平为100%（全功能）。当特征值在功能限以上时，功能水平为0%。然而，规范限是放置在功能限之前的。下规范限的情况类似。

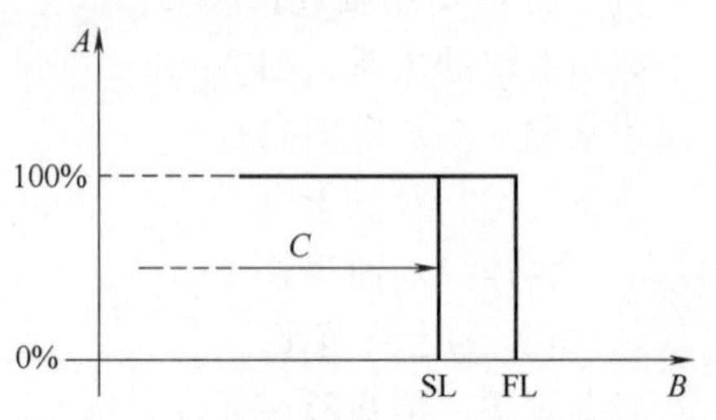

图 6-32 规范限在功能限之前的单侧情况
A—工件特征的功能水平 B—特征值 C—工件合格 SL—规范限 FL—功能限

6.4.2.2 双侧情况

(1) 规范限等于功能限的双侧情况

有时，为了使工件功能可接受，特征值应在一个区间内，在这种情况下，当工件的特征值在规范限之间时，工件功能水平为100%，而当在这一范围之外时，其功能水平为0%，如图6-33所示。

(2) 工件功能水平退化的双侧情况

如图6-34所示，工件功能水平退化曲线不同于图6-33所示形状，通常，曲线的形状在两端是不同的。当特定的特征值在功能水平为100%对应的区域之外时，工件功能逐渐退化。在区域的两端，退化的速率是不同的。

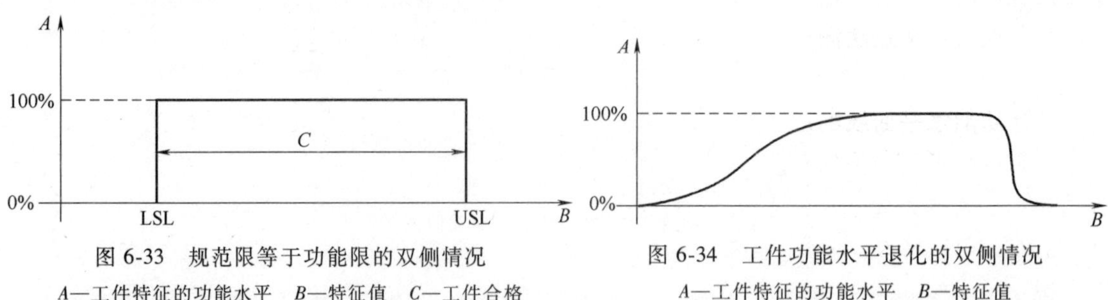

图 6-33 规范限等于功能限的双侧情况
A—工件特征的功能水平 B—特征值 C—工件合格
LSL—下规范限 USL—上规范限

图 6-34 工件功能水平退化的双侧情况
A—工件特征的功能水平 B—特征值

在图6-34所示的情况中，要使功能限有意义，有必要定义一个可接受的最低功能水平，如图6-35所示。确定一个最低功能水平 X%，功能限即可由功能曲线退化至此值时的点确定。

(3) 规范限放置在功能限之内的双侧情况

一个特征值可能会确定几个功能的功能水平。在这种情况下，和在单侧情况下一样，整体功能限是由所有的上功能限和下功能限中最严格的界限确定的。

一旦功能限被确定，如图6-34所示，规范限可以选择放置在功能限之内，如图6-36所示。原则上，规范限可以放置在功能限之外，但是这通常是没有意义的。

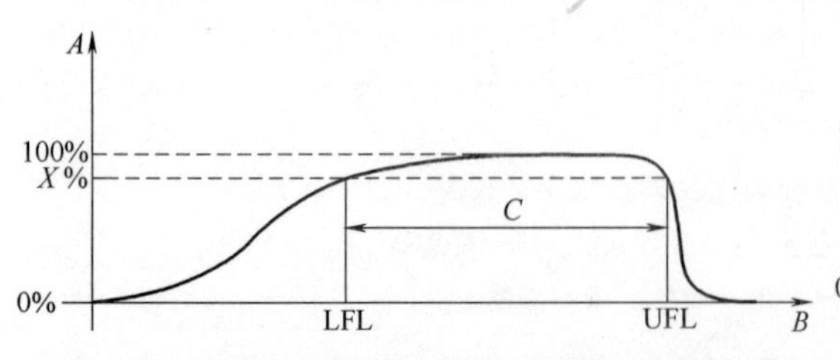

图 6-35 定义可接受的最低功能水平的双侧情况
A—工件特征的功能水平 B—特征值 C—工件合格
LFL—下功能限 UFL—上功能限

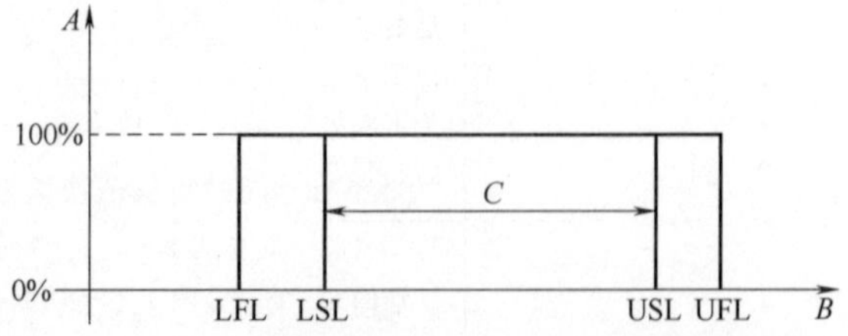

图 6-36 规范限放置在功能限之内的双侧情况
A—工件特征的功能水平 B—特征值 C—工件合格
USL—上规范限 LSL—下规范限
LFL—下功能限 UFL—上功能限

对于图 6-32 中描述的情况，企业可能会有一个（书面或非书面的）实施方针来规定规范限同功能限的关系，如图 6-36 所示。其中，上规范限和上功能限间的距离不一定要等于下规范限和下功能限间的距离。

当特定的特征值介于下功能限（LFL）和上功能限（UFL）之间时，工件功能水平为100%（全功能）。而当特定的特征值在这一区间之外时，工件功能水平为 0%。但是，下规范限（LSL）和上规范限（USL）放置在功能限之内。

综上所述，图 6-33～图 6-36 没有考虑常见的因特征值太大或太小而导致工件的功能受到抑制的情况。这应被视为图 6-27～图 6-32 所述情况的两个单独事件（一个是针对上限，而另一个针对下限）。需要说明的是，可接受的最低功能水平对于上限和下限来说是不同的。

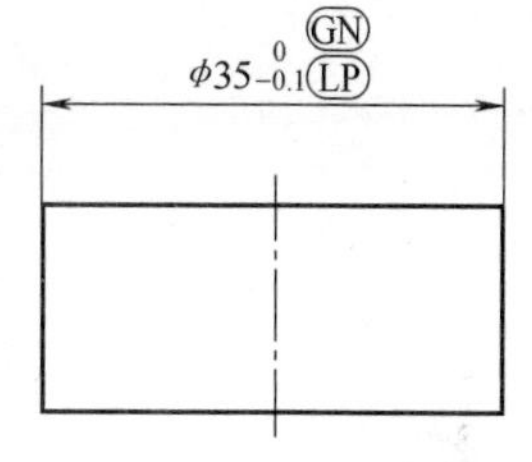

图 6-37 设计规范示例

示例：图 6-37 所示中，轴最小外接圆直径是针对轴的尺寸的上限所规定的特征，两点法测量直径的最小值为轴的尺寸的下限所规定的特征。在这种情况下，规范并没有为一个特征值定义区间，而是给一个特征值规定了上限，给另一个特征值规定了下限。它们也控制两种不同的功能：最小外接圆直径的上限控制轴与某一尺寸的孔配合的能力；两点法测得的最小直径的下限控制工件的另一个功能，如强度、泄漏、寿命或噪声。

如果功能水平曲线的形状是已知的，且有明确的实施方针规定了规范限相对于功能限的位置，则从技术和经济的角度来说，使用不同于 GB/T 18779.1 中定义的判定规则可能会更有优势。在这种情况下，企业应当明确说明其使用的判定规则不同于 GB/T 18779.1 中的规定。同时企业还应编写文档，将其分发给客户和/或供应商，并且在工件设计图或规范中予以引用。

6.4.3 功能限的确定方法

功能限的确定方法见表 6-40。

表 6-40 功能限的确定方法

方　法	解　释
理想状态	理想状态就是通过详尽的实验或理论研究，或两者的结合得出功能限。在理想状态下，功能限精确可知
先期模型的使用	一种方法是通过采用先期正常发挥功能的工件可以确定出功能限，并且假定若其功能满足要求，规范限就等于功能限。另一种方法是在此规范限的基础上，按定步长增加或减小以得到根据观察其效果更好的新的功能限估计值。一般而言，这会导致估计得到的功能限位于真实的功能限之内，因为当符合规范的工件不能发挥功能时总是会有反馈（经常是即时的），而当工件位于规范限以外而能正常发挥功能时，只有很少或者没有反馈
逆向工程	功能限也可由逆向工程来确定。逆向工程通过分析系统或者设备、物件的结构、功能和运行过程，发现其技术原理。这通常涉及将某个部分（如一个机械装置、一个电子元件、一个软件程序）进行拆分并分析其工作细节，常常是为了构建一个新的装置或程序以完成同样的任务，但并不与原件完全一样

（续）

方　法	解　释
逆向工程	通常来说，由于缺乏用哪些特征来表征工件的知识，逆向工程受到限制。例如，工件的功能可能取决于某个要素表面的 Rz 和 Rk 值之比，但工程师可能会仅选取 Ra 来表征该表面，在这种情况下，与原设计的规范相比，有可能会出现明显的相关不确定度，这易于导致工件的规范限在功能限之外。在本例中，所有的 Rz 和 Rk 之比在合适范围内的工件都可能会有小于 3μm 的 Ra 值，但并不是所有的具有小于 3μm 的 Ra 值的工件都有合适的 Rz 和 Rk 之比以保证功能正常 逆向工程当中的另一个限制来自于工件的测量不确定度，这就意味着即便选取了正确的工件特征量，测量值也可能会太高、太低或比工件的真实值分布得更宽 逆向工程中的第三种限制就是被选取做逆向工程试验的工件样本并不能够完全代表能发挥功能的工件的总体变化情况。尤其是当工件采用高性能的制造工艺生产时，工件样本可能仅是功能区域的一部分。这容易导致工件的规范限在功能限之内
试错法	试错法是选取一个可能的结果，并将该结果运用到实际问题中。若问题无法解决，则选取其他可能的结果进行试验。不断重复该过程，直至寻找到正确的答案为止 试错法的某些版本是按照先验常识，将最有可能性的方案首先进行试验，以此类推，直至找到一个解决方案，或已穷尽所有的方案。在其他的版本中，试验是随机进行的 试错、逆向工程等方法缺乏对功能需求的根本了解，都有相同的缺点：受限于被选择用于表征工件的特征
基于一组工作样本的方法	本方法和面向现有设计的逆向工程非常相似。在这一情况下，需分析一组工作样本

6.4.4　规范限及根据功能限确定规范限的方法

为了使规范更好地发挥其合同中规定的作用，除非特意说明，规范的制定者和接收者都应当将所有的规范限当作是绝对的功能限。因此，产品的用户不能因为功能不像预期一样而拒收符合规范的产品，而供应商也不能要求对方接受超出规范的产品，即使产品的功能满足要求。

简而言之，产品功能不能用于合同目的。合同中只考虑规范。根据功能限确定规范限的方法见表 6-41。

表 6-41　根据功能限确定规范限的方法

方　法	解　释
理想状态	理想状态是规范限等同于功能限的情况 为了使规范更好地发挥其合同中规定的作用，除非特意说明，规范的制定者和接收者都应该将规范限视作完全相等于功能限
通过假定测量不确定度缩小规范	可以通过假定测量不确定度来缩小已定的功能限，以简化判定规则（当测量值在规范限内接受，在规范限外拒收）。为了使其正常工作，应明确规定测量方法和测量条件。如果这两个因素发生变化，规范限也应当变化以确保其功能持续发挥作用。如果这种方法在没有明确书面给出功能限和（或）原始假定不确定度的情况下使用，测量方法或条件的任何改变都有可能造成假定测量不确定度不足，从而不能应用简化的判定规则 这种方法的另一种形式是保持书面给出的等于功能限的规范限，同时，通过工件或设备买方的假定不确定度，定义单独的合同限来缩小规范限，如图 6-38 所示。这种做法允许买方按进货检验而不按卖方出具的合格证明来拒收所有的可能不合格的物料。由于与理想状态相比这种方法给卖方提供了更加严格的合同限，所以该方法可能会导致物料价格上涨

（续）

方　法	解　释
规范的缩小量	考虑测量不确定度、设计者对已确定功能限的信心、对制造商的信心等因素，功能限被缩小了一定的数量，以得到规范限。该缩小量通常没有明确规定，同一企业内部的设计者之间可能会有所不同，对于同一设计者，不同的设计之间也会有所不同 在大多数情况下，若功能限及其缩小量没有明确的书面说明，采用通过假定测量不确定度缩小规范的方法

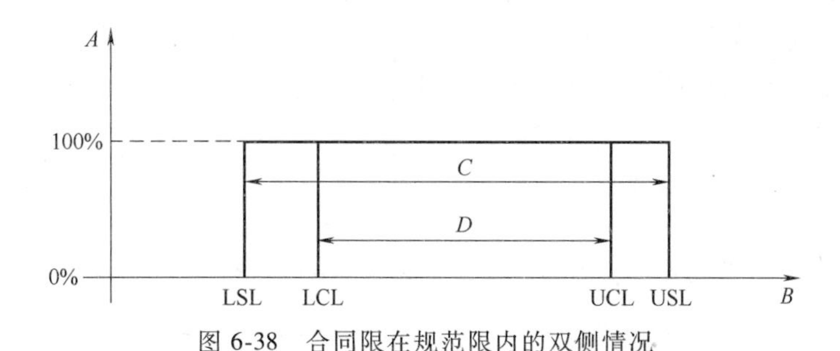

图 6-38　合同限在规范限内的双侧情况

A—工件特征的功能水平　B—特征值　C—工件合格　D—合同内可接受的工件
USL—上规范限　LSL—下规范限　LCL—下合同限　UCL—上合同限

理想情况下，功能限是根据表 6-40、表 6-41 中覆盖的条文对于所有产品属性的功能水平来确定的。这些决策是基于明确的政策或技术上的考虑而做出的。

按预定工艺批量生产确定工件涉及生产件批准程序（PPAP），PPAP 由一系列先进的产品质量规划工具组成，是被行业内的主要客户认可的供应商产品工件工艺。其实质是，PPAP 的供应商应根据初步规范制造一批工件。这些工件随后被测量和试验。如果这些工件符合规范并且所有的功能完好，那么制造工艺和工艺参数就会被锁定，将来供应商的产品不但应满足规范要求，而且还应使用获得认可的制造工艺和工艺参数。

PPAP 如果对制造工艺施加了严格且不必要的限制，将会导致工件成本增加。PPAP 的优点是可以在缺少关于工件的相关工程资源及知识的情况下获取工件的功能要求。

6.4.5　其他判定规则

GB/T 18779.1 针对判定产品拒收还是接受时应考虑不确定度的情况，并且在这一过程中应运用严格的判定法则。该标准明确指出，产品的供应商应使用严格的验收程序以售出产品。客户也应使用其自定义的测量不确定度，拒收不满足要求的产品。以上描述中缺省规则采用严格的不确定度释义。

如果供应商或客户的测量结果位于不确定区域（过渡区域），则无法提供判定结果。对于那些成为产品经销商的客户来说，缺少位于过渡区测量结果的决策结果尤其麻烦。

合同规范限可以记录在合同中，也可以提供与功能图不同的合同图，或者以合适的方式进行功能图和合同图的结合。

6.4.5.1　其他判定规则应具备的条件

其他判定规则应具备以下条件：

1）有明确的判定接受、拒收以及过渡区域位置的方法。

2）确保每个区域都对应一个文件式的判定规则，以判断测量结果属于哪个区域。接受区和拒收区可依照定义判断，而任何过渡区也应有相应的判定方法。

如果测量过程是由协议双方一致明确规定，规定如下：

1）说明在同样的工件或仪器上重复测量同一个特征的过程。

2）说明剔除某个数据的原因，即剔除“离群值”的判定方法。

6.4.5.2 其他判定规则的选取过程

其他判定规则的选取过程实际上是一个商业决策，包含以下因素：

1）拒收一个符合规范的产品所需的成本。

2）误收一个不符合规范的产品所需的成本。

3）与测量过程相关的测量不确定度。

4）被关注的产品特征的分布。

5）测量的成本。

应该认识到，预估失误成本（ECE）等于失误的概率乘以失误的成本。一旦其他判定规则形成，就应确定其应用过程中的责任，尤其是应确定客户或供应商对应的特定的规则。同时应考虑测量不确定度，在某些情况下，当制定替代判定规则时，可能需考虑不同的测量不确定度。GB/T 18779 系列中的其他部分将处理这种情况。

6.5 指示式测量仪器的检验不确定度

GB/T 18779.5—2020 等同采用 ISO 14253-5：2015《产品几何技术规范（GPS） 工件与测量设备的测量检验 第5部分：指示式测量仪器的检验不确定度》，规定了评估指示式测量仪器检测值不确定度的概念和术语，提供了评估指示式测量仪器检测值不确定度的方法。

检测值不确定度与测量工件时，由指示式测量仪器引起的测量不确定度是不同的。GB/T 18779 的本部分中仅涉及前者。

6.5.1 评估指示式测量仪器检测值不确定度术语的定义

评估指示式测量仪器检测值不确定度术语的定义及解释见表 6-42。

表 6-42 评估指示式测量仪器检测值不确定度术语的定义及解释

术　语	定义及解释
检测 (test)	（对于 GPS 指示式测量仪器）依据检测协议进行的测量准备、测量、数学计算以及决策行为 在一个检测协议中不一定包含所有的测量步骤，如图 6-39 所示。检测常被用来检验 GPS 指示式测量仪器的技术参数。指示式测量仪器的技术参数可通过一个或多个最大允许误差(MPE)表示。检测的典型案例是验收检测和复检检测
检测实例 (test instance)	产生检测结果的检测设备、装置、测量序列、环境和仪器条件等的组合

（续）

术　语	定义及解释
许可检测实例 (permissible test instance)	按照检测协议,采用替代方案和特定条款的检测实例 当检测协议允许替代方案时,替代方案既可以是离散的,也可以是连续的。例如:坐标测量机(CMM)检验中量块的选取是离散的;满足检测条件要求的环境温度是连续的。当检测协议明确指定测量次数时,就会出现特定条款。例如,条款中明确规定重复测量的次数 检测可能同时需要替代方案和特定条款。例如,根据检测合作方的要求(替代方案),在有限数量的配置(特定条款)中选择检测设备对指示式测量仪器进行检测 替代方案有两个用途: 1)为了适应实际条件。例如,使用现有的检测设备替代原来的检测设备,或符合检测环境条件要求的任何实际环境 2)在检测之前对检测细节不加以详细说明,以鼓励指示式测量仪器的制造商(为了避免仪器被拒收)提供符合要求的指示式测量仪器。例如:检测步骤的细节可能在检测时由检测合作方确定,迫使制造商对任何可能的步骤选项提供全部符合要求的指示式测量仪器
被测量 (test measurand)	被测量是指示式测量仪器许可检测实例中的计量特性,其大小由检测值估计得到 被测量是在检测协议中定义的。一份好的检测协议能够以最少的检测工作量及成本来定义有代表性的被测量并对其进行估计。被测量的定义最终是由检测协议制定者(例如标准委员会)结合商业条件确定的。在定义阶段结束后,将不再考虑商业条件方面的因素:一旦定义好一个被测量,就完全确定了检测值及检测值的不确定度评定方法 一份检测协议可能允许多个许可检测实例,以适应实际环境及限制实验成本。对于每一个检测实例,被测量都有其定义,不同的许可检测实例可能会有不同的被测量
检测协议 (test protocol)	预先定义的详细检测规范,对被测量、要求的检测条件以及判定规则给出了定义 检测协议可由相关的标准定义。当没有标准时,可由检测方或者检测合作方定义。检测方和检测合作方在检测前应对检测协议达成一致。在 GB/T 18779.1 中给出了默认的判定规则,定义替代判定规则的指导参见 GB/T 18779.6。明确的检测协议对于检测的有效性来说是至关重要的。特别地,许可检测实例集合的定义需要在完备性与实际经济可行性之间进行折中。由于 GB/T 18779.1 中的默认规则是严格和保守的,在这种情况下指示式测量仪器的检验接近绝对意义上的验证
被测量的示值 (measured test indication)	检测中得到的结果,根据检测操作集由该结果得到检测值 根据检测协议中的条款,检测值可基于单一或多个被测量的示值得到
检测操作集 (test operator)	根据规定的数学和(或)统计方法,在检测中应用于被测量的示值以获得检测值的一组有序操作 每一个检测值都依据一个检测操作集得到。当一个检测有多个检测值时就需要同样数目的检测操作集。在序列当中的操作可大致分为四类:剔除异常值、降噪、统计及其他数学运算 1)剔除异常值,例如:剔除被测量的示值里位于99%分位以外的示值;当不超过2%的示值不能满足规范要求时,重复三次该测量 2)降噪,例如:选取重复测量值的中值;进行(空间)频率分析并剔除所有高于某一预定义阈值的波长 3)统计,例如:选取被测量的示值的均值;绝对值中的最大值 4)其他数学运算,例如:根据示值得到的坐标计算获得高斯(最佳拟合)球面,并计算每个示值到球体中心的距离;在一条线上扫描,计算被测量的示值的均值

（续）

术 语	定义及解释
检测值 (test value)	在检测中测量得到的量值,用以估计被测量的大小 检测值是基于被测量的示值,并依据检测操作集得到。因为受检测协议的限制,检测值通常不能完全反映指示式测量仪器的性能。一个检测值可能从多个被测量的示值中依据检测操作集得到。一个检测可能产生多个检测值。例如,一个检测可能对指示式测量仪器的多个计量特性具有最大允许误差要求,导致多个检测值。 图 6-39 所示为一个具有单一最大允许误差(MPE)的检测的例子。当检测中涉及多个最大允许误差时,对每个最大允许误差重复步骤 3~7。还可能会存在没有可用于比较的最大允许误差的情况。例如,当指示式测量仪器废弃后又被修复时,或当原始最大允许误差在复检检测之前按照公司要求被调整以满足实际需求时。在这些情况下,不能用步骤 5~7,并且检测将随着检测值的确定而结束
检测值不确定度 (test value uncertainty)、 检测不确定度 (test uncertainty)	与检测值相关联的测量不确定度 检测值不确定度不是被检指示式测量仪器性能的一种度量;仪器的性能是通过检测值反映的。检测值不确定度通常用在判定规则中,通常由检测仪器检测方控制和负责,检测方通常提供和使用检测设备。当替代的检测设备由检测合作方提供时,见表 6-45 中使用的替代检测设备 检测值不确定度不包含在许可检测实例中由检测值可能的非唯一性所引起任何定义不确定度。依据检测协议,检测对于任何许可检测实例都是有效的,对于每个许可检测实例都有唯一的检测被测量 检测值不确定度既不反映在评定计量特性时检测协议的有效性,也不反映在不同的许可检测实例中检测值的复现性
检测设备 (test equipment)	在检测中使用的测量系统及其附件,而非被检指示式测量仪器及其附件 示例 1:在千分尺的检测中,检测设备可能是一套量块 示例 2:在坐标测量机(CMM)的检测中,检测设备可能是带有支架的经校准过的检测长度标准器和标准球
与仪器相关的输入量 (instrument-related input quantity)	与指示式测量仪器相关联的影响检测值的输入量 示例 1:指示式测量仪器的温度分布(包括其在空间和时间上的梯度) 示例 2:由检测设备的重量引起指示式测量仪器的变形从而导致的应变分布
与检测设备有关的输入量 (test equipment-related input quantity)	与检测设备相关联的影响检测值的输入量 示例 1:检测设备的温度分布(包括其在空间和时间上的梯度) 示例 2:在检测中检测设备和指示式测量仪器之间的相对位移(漂移和扭摆),以及由装夹引起的检测设备的应变 在检测指示式测量仪器时,指示式测量仪器的角色与用其测量零件时是相反的(被测仪器与测量仪器)。对零件测量来说,可用一个已知精度的指示式测量仪器来测量零件的一个未知特性。但是在本部分中,已知精度的检测设备被用来测量未知精度的指示式测量仪器的检测值。因此,与检测设备有关联的输入量是影响量,而与仪器相关联的输入量则不是
检测方(tester)	执行检验检测的一方
检测合作方 (tester counterpart)	在检测中,除检测方以外的另外一方 在验收检测中,检测合作方可能是客户,也可能是供应商,或第三方。在复核检测中,检测合作方是用户,或第三方
检测方责任准则 (tester responsibility criterion)	认可输入量作为检测值不确定度分量的准则,该准则仅在检测方直接或间接控制检测值不确定度时适用。例如,检测设备的热稳定性以及检测设备的调试是由检测方直接控制不确定度分量的 检测设备的校准不确定度是由检测方间接控制不确定度分量的,即使这些检测值是由校准实验室而不是检测方确定的,检测方仍能决定选取哪种检测设备(当允许替代方案时),选择哪家校准实验室来间接控制

（续）

术 语	定义及解释
用户提供的量值 （user-provided quantity value）	在常规操作中指示式测量仪器的用户提供的量值，它对于指示式测量仪器实现预定功能是必要的 指示式测量仪器的用户提供的量值对预估的系统误差进行补偿。例如，用户提供零件/制品材料的热膨胀系数（CTE）补偿其热膨胀。并非所有的指示式测量仪器都需要用户提供的量值。用户提供的量值可以赋予一个缺省值，用户甚至可能并没有意识到有这些缺省值。例如，材料热膨胀系数在实际补偿时可能缺省设定为 $11.5\times10^{-6}K^{-1}$，这是钢的典型热膨胀系数，除非用户主动输入另一量值。指示式测量仪器可能会让用户在预定义值的列表中选取一个量值，如在其软件界面中。当对指示式测量仪器进行检测时，检测方需要提供用户提供的量值（如果有的话）

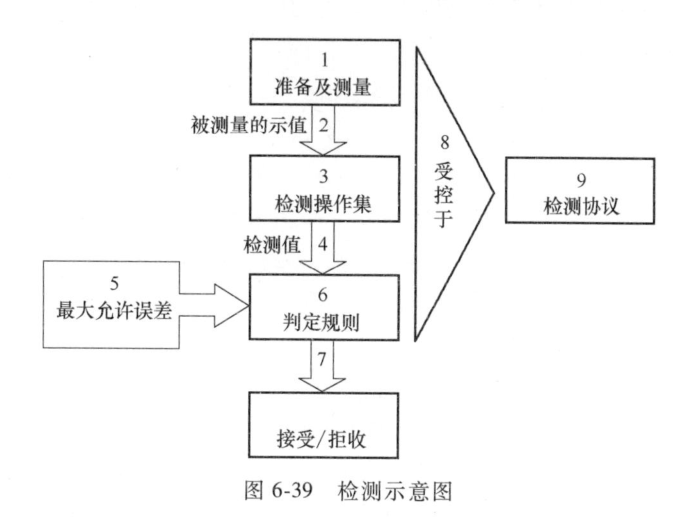

图 6-39 检测示意图

6.5.2 评估指示式测量仪器检测值不确定度的通则

1）GB/T 18779.1 中对合格（或不合格）的判定规则给出了一致的判断方法，不管规范是与工件相对应（被动测量），还是与指示式测量仪器相对应（主动测量）。除非用明确的公差（对工件而言）以及最大允许误差（对仪器而言）代替通用术语规范，否则对这两种情况不予区别。

2）检测所需的所有信息都包括在零件规范中（如技术图样）。检测方可以（如基于经济性）在多种测量仪器和测量技术之间进行选择，以检测给定零件是否符合规范。各种替代的检测方法用来得到不同不确定度范围内的相同检测值。

3）当检测指示式测量仪器时，检测的目的是评估指示式测量仪器的计量特性。

4）由于环境可能在所要求的检测条件下变化，从而对性能产生影响。不同的许可检测实例可能产生不同的检测值。原则上来说，应当对所有可能的测量任务及环境条件进行检测，但这通常是不可能的，在经济上也是不可行的。

5）为了使检测可行、明确、有价值，应该给出检测协议。检测协议应明确被测量以及完成检测需要满足的条件，例如，测量程序、检测设备等。检测协议是完备性和实际经济可行性之间的折中，通常无法考虑在最大允许误差规定下覆盖的所有变量。为了减轻由于成本而导致的覆盖范围的不足，检测协议有时允许对于验收检测提供一系列可用的测量程序，以便用户在检测时自由地选择其中的一个。这种方式鼓励仪器制造商制造指示式测量仪器符合系列中的任何测量程序。一份好的检测协议应在有限的工作量和经济成本下覆盖指示式测量仪器的大部分性能。

6）一旦各方同意使用一个检测协议，则在该协议中规定的任何替代方案及条款都是允许的。随之而来的问题是，由不同的许可检测实例而导致的检测值的变化是否应当计入检测值不确定度。例如，如果检测协议对测量次数进行了限定，增多测量次数将会产生不同的检测值，这种变化是否应当计入检测值不确定度之中也成为问题。

6.5.3 指示式测量仪器的被测量

6.5.3.1 被测量应当计入检测值不确定度分量的建议

被测量是指示式测量仪器许可检测实例中的计量特性，其大小由检测值估计得到，通常在考虑检测值不确定度的情况下，与明确规定的最大允许误差比较从而决定接受或拒收该指示式测量仪器。每一个许可检测实例定义对应的被测量。

如果被测量是在所有可能的检测实例的全部检测值之上定义的，那么检测值的变动也应当是构成检测值不确定度的一部分。相反地，如果被测量是在单一许可检测实例上定义的，这意味着变动不在被测量的定义范围之内，因此不是构成检测值不确定度的一部分。每个许可检测实例对应一个被测量；各方对检测协议达成一致，同意只对一个被测量进行检测，且该被测量被看作代表了指示式测量仪器的性能。

6.5.3.2 被测量定义中的输入量处理

1）一个被测量的定义可能以两种不同的方式包含附加的输入量（如环境温度），即以取符合检测条件要求的任意量值方式和以指定确切的量值的方式。在检测协议中，前者可能会有如下说明：检测应在所要求的检测条件下进行；凡是在规定检测条件内的任何检测条件都是同等有效的，且足以完成有效的测试。后者可能会有如下说明：被测量被定义为输入量 X 的确切量值 x，即假设 X 的取值正好为 x。

2）允许在符合检测条件要求的任意输入量值是一个替代方案，当输入量在规定检测条件下取任何量值时进行检测，每个检测条件对应一个许可检测实例，从而得到一个特定的被测量。检测协议将其中每个被测量都视作具有唯一值，因此由不同的输入量得到的被测量之间的变动就不是不确定度的来源，而是对不同被测量的测量。通常，所有这些被测量（在规定检测条件下）都是由单独的最大允许误差（MPE）给出技术规范。

示例1：检测是在规定检测条件范围内的环境温度下进行的，例如，在（20±5）℃的范围内，且空间梯度不大于2℃/m。

示例2：检测是由受过充分训练以及熟练的检测人员进行的，例如，具有由第三方认可的专业技能。其中设置检测人员技能的门槛可能是困难且不明确的，但是该原则仍然清楚地表明，只要达到一定技能水平，则允许操作实际的检测实例，且不产生检测值不确定度分量。

3）当检测协议要求输入量是具体值时，被测量就被精确地定义为一个预定义的输入量值，目的是在被测量的定义中避免包括变动的影响。在实际检测中，输入量不会精确等于预定义的输入量值，即两者可能很接近，但并不完全相等。因此，实际输入量与预定义的输入量值之间存在一个偏差（希望比较小）：检测值应被校正为被测量中定义的确切值，并且该校正将构成检测值不确定度的一个分量。

示例 3：被测量是在环境温度为 20℃且没有空间温度梯度（即空间温度梯度为 0℃/m）的条件下定义的。

示例 4：被测量是在假设检测设备没有质量（即质量为 0）的情况下定义的。

在检测协议中，有些输入量值是隐含的，不需要预定义。例如，在检测协议中不会明确表述正确装夹参考标准。如果需要明确表述，检测协议中可能会有如下说明：被测量是在参考标准没有因松动或不恰当的装夹而引起摇摆或应变的条件下定义的。因此，除了不言自明的情况，建议尽可能少地在检测协议中使用隐式规范以避免误解。

4）给输入量一个可允许的变化范围使得检测变得更容易，但是复现性会较差。而明确一个精确的输入量值后，复现性会更好，但检测成本会更高，也可能会对后来最大允许误差的使用造成限制。

5）当输入量与检测设备相关联时，输入量完全由检测方负责和控制，并且检测方应当能够预测输入量的影响，且对其进行修正，并能够评估相关联的检测值不确定度。

6）当被测量保留定义为与仪器相关的输入量的预定义输入量值时，所需的修正值及其不确定度与被检测的指示式测量仪器有关。这种情况下：

① 检测是为了通过实验来检验指示式测量仪器的性能，而不是预测其性能。相反地，所要求的修正是建立在预测的基础上的。

② 被检指示式测量仪器应被尽可能地看作是黑匣子；相反，在一定程度上，应当打开黑匣子以进行预测及修正。

③ 在检测过程中，只有当指示式测量仪器对输入量的影响进行修正之后，对指示式测量仪器所做的相对于最大允许误差 MPE 的检验才会持续有效。这就要求检测方（在检测时）与用户（在正常使用时）进行补偿。当用户不准备或不想这么做时，例如，当用简单的手持式指示式测量仪器时，实际的示值误差可能会比由检验得到的最大允许误差 MPE 的预测值要大（甚至大得多）。

6.5.4 检测方责任准则

检测方要对检测中任何可能的不足负责，并且将其以不确定度的形式表示。检测方只对他们能控制的部分承担责任，且该部分被作为检测值不确定度分量计入。这构成了检测方责任准则：任何输入量仅在被检测方直接或间接控制时才可以成为检测值不确定度分量。示例见表 6-43。

表 6-43　检测方责任准则示例

序号	示　例
示例 1	检测中的参考标准是通过装夹来固定的，例如：圆度仪中的半球或坐标测量机中的步距规。在检测协议中定义的被测量是在假定参考标准没有相对于指示式测量仪器的摇摆的情况下定义的，即摇摆不属于检测协议中的替代方案。因此，应当考虑由（松的）装夹引起的检测值不确定度分量，作为对被测量不完善的反映。由检测方责任准则得出同样的结论：装夹是完全由检测方控制的，检测方通过适当的检测值不确定度分量承担其责任
示例 2	指示式测量仪器设定的额定操作环境温度应在（20±5）℃范围内，并且该仪器不要求任何由用户提供的量值。检测协议设定检测条件与额定操作条件相同，允许在该温度范围内的任一温度下进行检测。该条款使得在该温度范围内实施的任何检测都成为许可检测实例，并且完善了对应的被测量。因此，实际环境温度并不会构成检测值不确定度分量，因为实际的被测量就在该温度下定义的。由检测方责任准则得出同样的结论：检测协议允许在规定检测条件下的任何温度，因此，检测方不需要对其负责，也不需要计入检测值不确定度分量

（续）

序号	示　例
示例 3	与例 2 相同，但仪器的软件要求将零件的热膨胀系数作为由用户提供的量值以补偿热膨胀。如例 2 中一样，实际的环境温度不应计入检测值的不确定度分量（在规定的检测条件下）。然而，此时应当考虑由热膨胀系数而引入的检测值不确定度分量，因为热膨胀系数的灵敏系数是零件温度的函数。应当测量并记录实际环境温度，并相应地评估热膨胀系数的灵敏系数
示例 4	当检测发生在检测合作方的场所时，要求的对实际环境温度的修正引入了一个检测值不确定度分量。然而，检测方无法控制检测合作方的场所的环境温度，这与检测方责任准则不符
示例 5	与例 4 相反，当检测发生在检测方的场所时，这种情况常常发生在手持式指示式测量仪器的售前检测（在制造商的实验室）中。检测方控制着环境温度，这消除了与检测方责任准则的冲突
示例 6	检测是由受过充分训练及熟练的检测人员进行的，例如，具有由第三方认可的专业技能。这通常是手动操作的指示式测量仪器的情况，如关节臂式坐标测量机。考虑了检测人员技能熟练程度的替代方案不再需要计入一个特定的检测不确定度分量。然而，检测人员对自己的技能负责，这与检测方责任准则不符

关于判断输入量是否构成检测值不确定度分量，由检测方责任准则得出与被测量的定义同样的结论，除非发生以下两种情况之一时：

1）当检测协议用与仪器相关的精确输入量值定义被测量时，检测方应当评估其修正值及评价其不确定度。根据被测量的定义，该输入量构成了检测值不确定度分量。然而，可能会有检测方无法控制输入量的情况，这会导致检测方责任准则中未能包括应有的检测值不确定度分量。

2）当检测协议用规定检测条件之内的与检测设备有关的输入量值定义被测量时，替代检测设备免除了检测方对特定的检测值不确定度分量的责任。然而，检测设备通常是由检测方提供的，检测方对其负责，从而导致检测方责任准则包括了应当被排除在外的检测不确定度分量。

在决定输入量是否应计入检测值不确定度分量时，通常而言，仅有检测方责任准则已经足够了。但是当以上两种情况之一发生时，仅有检测方责任准则就不够了。此时，判定时应优先考虑被测量的定义（见表 6-44）。

在有疑问或争议的情况下，应优先考虑 6.5.3.2 节所述的方法，并作为参考。

表 6-44　不同情况下针对输入量的检测方责任准则的可靠性

名称	相关性	针对输入量定义被测量	
		输入量取在规定检测条件下的任何量值	输入量取精确量值
输入量	与检测设备相关	不能确保其完全可靠（可能出现误包括）	可靠
	与仪器相关	可靠	不能确保其完全可靠（可能出现误排除）

6.5.5　指示式测量仪器检测中的具体问题

在评估指示式测量仪器检测值不确定度时可能会出现的具体问题见表 6-45。

表 6-45　指示式测量仪器检测中的具体问题

误差项目	具 体 问 题
指示式测量仪器的误差	指示式测量仪器在测量时会引入误差。在通常的操作中,即当被测量是被测零件的某些特性时,这些误差会影响测量结果的准确度,因此需要计入与零件测量相关联的测量不确定度 当检测指示式测量仪器时,仍然存在这些误差。然而,检测协议定义的被测量此时与指示式测量仪器相关。因此,其引入的误差构成了被测量的一部分(除非在检测协议中有特殊说明),且不包含在与检测值相关联的检测值不确定度中
用户提供的量值的误差	应判定由用户提供的不精确的量值(如安装了只能测量空气温度和气压的气象站的干涉系统的空气湿度)而产生的误差是否构成了检测值不确定度分量 一些指示式测量仪器可能需要由用户提供的量值以使仪器按照设计来运行。这些量值属于会影响被测量的量(如零件热膨胀系数或者影响量) 指示式测量仪器利用由用户提供的量值来补偿估计的系统误差(如被测零件相对于指示式测量仪器标尺的热膨胀差异)。由用户提供的量值的任何误差都会导致指示式测量仪器的示值误差,或者当仪器被检测时,检测值将会产生误差 指示式测量仪器可能会运行其他无需用户干预的自动补偿方式。例如,对传感器的非线性补偿或坐标测量机(CMM)的几何误差补偿 当检测方检测指示式测量仪器时,如果指示式测量仪器的使用说明书或依照常规做法要求的话,检测方会提供由用户提供的量值。在这种情况下,指示式测量仪器的规范应视为由用户提供的量值中没有误差。因此,由用户提供的量值会引入一个检测值不确定度分量。这与检测方责任准则中的规定是一致的,因为检测方对由用户提供的量值负责 一些指示式测量仪器可能支持用户通过在预定义值或情形的列表中做选择来提供由用户提供的量值(如软件的交互界面)。若某个选项(如“其他”)支持用户实际输入由用户提供的量值,检测方将会按此进行操作,即使该量值在列表中也被提到;否则就选取最接近的选项。在以上任何一个情形中,与检测值不确定度相关的不确定度分量应基于检测人员对该量值的理解进行评价,而不是基于列表选项中的信息 示例:一个指示式测量仪器可能需要用户在预定义材料列表中选择被测零件的热膨胀系数。检测方知道检测中使用的参考标准是由热膨胀系数为 $10.9\times10^{-6}K^{-1}$、标准不确定度为 $0.2\times10^{-6}K^{-1}$ 的钢组成的。如果有选项要求输入实际值,检测方将输入 $10.9\times10^{-6}K^{-1}$,否则就选取选项“钢”。在这两种情况下,检测值不确定度的输入量不确定度分量均为 $0.2\times10^{-6}K^{-1}$ 无须由用户提供的量值的自动补偿方式被视为指示式测量仪器的有机构成部分,并且假定其规范中已包含这些补偿。这些分量不构成检测值不确定度分量。这也符合检测方责任准则,因为在这种情况下检测方不承担责任。 指示式测量仪器用软件或其他可调节的方式来补偿估计的系统误差。为了传递用户提供的输入量值的不确定度,应采用软件补偿或可调节的抵消系统误差的基本方程作为分析模型。若基本方程未知,则应当联系指示式测量仪器的制造商。作为替代方案,在简明案例中,当存在一个得到广泛认可的修正模型时,可能会基于检测方的经验和知识来假定基本方程(如热膨胀线性模型)
使用替代检测设备	在接收检测中,允许检测合作方提供检测替代设备,检测值不确定度应按下述方式处理: 原则上说,所有经过校准的检测设备在其校准的不确定度范围内是等效的。因此,在检测中检测合作方可能会希望使用特定的检测设备以进一步保证检测的透明性 尽管检测设备在名义上是等价的,各方提供的检测设备还是可能会具有不同的校准不确定度。当检测合作方的不确定度比检测方的大时,检测结果可能会依据判定规则而发生改变 当检测合作方建议使用替代检测设备时,应当对使用两种检测设备情况下的两种完整的检测值不确定度概算进行评价。如有必要,双方应就温度值及其他被视为能代表实际情况的环境参数达成协议。只有当检测合作方的不确定度不大于检测方的不确定度时,检测方才应当使用检测合作方的检测设备。在任何情况下,都应使用与实际选择的检测设备相关联的检测值不确定度 想使用等效检测设备的检测合作方应当书面记录符合检测要求的设备校准内容,尤其是校准不确定度。由于检测方通常使用自己的检测仪器进行检测,使用检测合作方的检测仪器可能需要花费额外的时间和工作量。在合同商议阶段,双方应就额外的花费及两种检测值不确定度概算达成一致 在所有情况中,检测方对检测值不确定度负责,包括由检测设备引入的不确定度分量,即使其由检测合作方提供

6.6 仪器和工件接受/拒收的通用判定规则

GB/T 18779.6—2020 等同采用 ISO 14253-6：2012《产品几何技术规范（GPS） 工件与测量设备的测量检验 第6部分：仪器和工件接受/拒收的通用判定规则》，给出了当 GB/T 18779.1 的缺省规则可能在经济方面不是最优的情况下的判定规则。它适用于处于考虑中的单一计量特性，可应用于任何概率分布函数或成本函数。

6.6.1 仪器和工件接受/拒收的通用判定规则术语的定义

GB/T 18779.1 提供了一个缺省判定规则，按照该规则，如果测得值表征应接受某产品，则具有很高的概率可以保证该产品的相应被测量符合规范。将判定规则由缺省规则改成针对特定任务的规则，需要有关双方达成协议。

仪器和工件接受/拒收的通用判定规则术语的定义及解释见表 6-46。

表 6-46 仪器和工件接受/拒收的通用判定规则术语的定义及解释

术语	定义及解释
接受限 (acceptance limit)	允许的测得值上限或下限 对工件而言，接受限通常称为判定限。对于简单接受判定规则的情况，接受限等于规范限
接受带 (acceptance zone)、 接受区间 (acceptance interval)	允许的测得值区间 除非规范中另有说明，接受限归属于接受区间。在 GB/T 18779.1 中，由缺省判定规则定义的严格接受带（笼统地讲）可称作合格带，如果某产品的测量结果位于此区内，则该产品的合格概率很高。由于测量不确定度的存在，在接受带内的测得值并不一定与（真正的）合格特性相对应
二态判定规则 (binary decision rule)	只有接受或拒收两种可能的判定规则
合格 (符合，conforming)	量的真值在公差带或规范带内或在其边界上
用户风险 (consumer's risk)	某特定被接受的产品是不合格品的概率 在 ISO/IEC 指南 98-4 中，这被称作"特定风险"
判定规则 (decision rule)	阐述根据相应产品规范和测量结果，接受或拒收产品时，如何进行测量不确定度分配的书面规则
保护带 (guard band)	介于公差限与相应接受限之间的区间 本部分中，术语"公差限"与"规范限"含义相同
测量能力指数 C_m (measurement capability index)	该指数等于公差除以 n 倍标准测量不确定度，其中标准测量不确定度与相应特性的测得值相关 在本部分中，取 $n=4$；因此，测量参量具有宽度为 T 的双侧公差带，则 $C_m=T/(4u_m)$，其中 u_m 是与相应参量测量相关的标准不确定度
不合格 (不符合，nonconforming)	量的真值在公差带或规范带的边界之外 在 GB/T 18779 中，假定被测量的真值本质上是唯一的
过程分布 (process distribution)	制造过程形成的特征值可合理信任的概率分布 该分布的形式，可以由大样本测量特性的频率分布（通常用直方图表示）推断获得
过程能力指数 C_p (process capability index)	用于描述与特定公差相关的工艺能力的指数 这个定义是特别针对 GB/T 18779 的，属于特殊案例。相对而言，ISO 21747 中给出的定义更通用在 GB/T 18779 中，过程分布集中在公差（即规范）带的中间部位，该指数等于公差带宽度与 6 倍产品分布标准偏差的比值
生产者风险 (producer's risk)	某特定被拒收的产品是合格品的概率 在 ISO/IEC 指南 98-4 中也被称作特定生产者风险

（续）

术语	定义及解释
宽松拒收 (relaxed rejection)	拒收带变大的拒收规则,此时拒收带有部分在规范带内部,规范限向内附带了一个保护带的值 宽松拒收会使拒收带增大,从而导致拒收产品是不合格品的概率降低。在二态判定规则中,严格接受和宽松拒收同时发生
宽松接受 (relaxed acceptance)	接受带变大的接受规则,此时接受带有部分在规范带外部,规范限向外附带了一个保护带的值 宽松接受宜谨慎应用,因为它会使接受带的范围变大,从而导致接受产品是合格品的概率降低。在二态判定规则中,宽松接受和严格拒收同时发生。宽松保护带的大小(单位为 mm)应为具体的数值而不是% U,以避免劣质的计量(U 很大)增加可接受工件的数量。如图 6-40b 所示
拒收带 (rejection zone) 拒收区间 (rejection interval)	不允许的测得值区间 在 GB/T 18779.1 中,由缺省判定规则定义的严格拒收带(笼统地讲)可称作不合格带,如果某产品的测量结果位于此区内,则该产品的不合格概率很高
简单接受 (simple acceptance)	接受带等于规范带的接受规则 一个常见的二态判定规则,表现为简单接受和简单拒收同时发生
简单拒收 (simple rejection)	拒收带等于规范带外所有区间的拒收规则 一个常见的二态判定规则,表现为简单接受和简单拒收同时发生
严格接受 (stringent acceptance)、 保守接受 (guarded acceptance)	接受带变小接受规则,接受带全部在规范带内部,规范限向内附带了一个保护带的值 严格接受会使接受带的范围变小,从而提升了接受产品是合格品的概率。在二态判定规则中,严格接受和宽松拒收同时发生。缺省规则 GB/T 18779.1 是一个保护带等于 100% U 的严格接受的示例。如图 6-40a 所示
严格拒收 (stringent rejection)	拒收带变小的拒收规则,拒收带全部在规范带外部,规范限向外附带了一个保护带的值 严格拒收会使拒收带的范围变小,从而提升了拒收产品是不合格品的概率。在二态判定规则中,宽松接受和严格拒收同时发生
过渡带 (transition zone)	既不属于接受带也不属于拒收带的特征值范围 过渡区可能不止一个,每一个都宜单独标志。在二态判定规则中,没有过渡区
不确定度区间 (uncertainty interval)	与测量结果有关的[测量]区间,期望能够包含可合理赋予被测量值分布的绝大部分 不确定度区间也被称为覆盖区间,其宽度通常是扩展不确定度的两倍。重复测量平均值的不确定度区间可能会随着增加测量次数的增加而变小

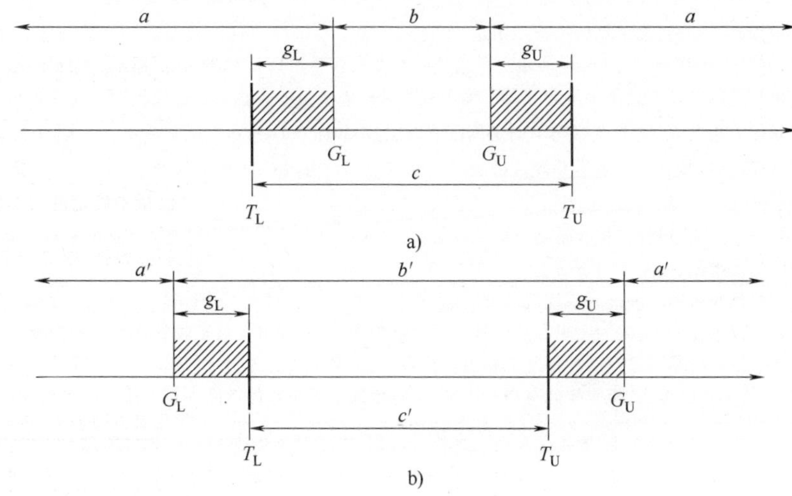

图 6-40　测量工件的严格接受带和宽松接受带

a）严格接受带　b）宽松接受带

a—宽松拒收带　b—严格拒收带　c—规范带　a'—严格拒收带　b'—宽松接受带　c'—规范带

G_U—上判定限　G_L—下判定限　T_U、T_L—公差限　g_U、g_L—保护带

6.6.2 仪器和工件接受/拒收的判定规则

仪器和工件接受/拒收的判定规则见表 6-47。

表 6-47 仪器和工件接受/拒收的判定规则

项目	判定规则
保护带	考虑判定规则的经济性影响时，存在着一个连续体，变化范围可以从非常严格（保守）的接受规则到非常宽松的接受规则。为了表述这个连续体，引入了保护带的概念。保护带（g），使测量接受限（也称为判定限）相对规范限（即公差限）发生偏移，如图 6-40a 所示。为了方便起见，这个偏移量通常表示为相关测量结果的扩展不确定度的百分数。测量结果不确定度的计算是基于计量体系而进行的一项技术行为，但保护带的计算则是基于测量的经济性而进行的一项商业行为 出于接受/拒收的目的，除测量不确定度外，保护带还可以包括一个未修正的偏差项。在校准报告中，测量不确定度描述是不允许包含这些内容的；但在接受/拒收判定中，可以包含这些内容，因为对被测量的值和不确定度的分配，不传递给任何后续测量活动
接受带	增加保护带可以增加被接受产品符合规范的概率，这种情况称为严格接受，如图 6-40a 所示。GB/T 18779.1 缺省判定规则是一个保护带等于 100%扩展不确定度的严格接受示例 严格接受缩小了接受区间的大小，同时增加了对被接受产品符合规范的置信度 测量工件的严格接受带，用上判定限（G_U）和下判定限（G_L）定义，而且 G_U 和 G_L 均位于 T_U 和 T_L 以内，T_U 和 T_L 是指公差限，用于定义规范（公差）带。同时，图 6-40a 中给出了两个宽松的拒收带。公差限和判定限之间的偏移为保护带 g_U 和 g_L。严格接受判定规则，降低了接受不合格工件的概率 虽然许多保护带的设计目的是用于严格接受，但在某些情况下，也会被用于反向效果。为了增加可接受产品的数量，可以使用图 6-40b 所示的保护带，这种情况称为宽松接受。如果一个产品规范已经被赋予了一个值，且超出了目前的计量技术水平，则可能会发生这种情况。可能一个严格接受的保护带将导致没有接受带，即可接受的产品为零，因此，为了接受一部分合理的产品，可能需要使用宽松接受。同样，如果接受一个不合格品的成本近似于其生产成本，那么采用宽松接受可以接受更多的产品，从而增加利润。“宽松接受”意味着：增大了接受区间的尺寸，同时降低了被接受产品符合规范的置信度 测量工件的宽松接受带，用上判定限（G_U）和下判定限（G_L）定义，而且 G_U 和 G_L 均位于公差限以外。同时，图 6-40b 中给出了两个严格的拒收带。公差限和判定限之间的偏移为保护带 g_U 和 g_L 根据以往经验，最常见的接受规则是：接受测量结果不超过（包括）规范限的产品。这个规则（有零保护带）称作简单接受，如图 6-41 所示。严格接受和宽松接受通过保护带来处理测量不确定度的分配问题，而简单接受的处理方式则是限制测量不确定度相对于规范带的大小。这是应用测量能力指数 C_m 来实现的，测量能力指数 C_m 为规范带与不确定度区间的比值，如图 6-41 所示。通常应用 4∶1 简单接受，这时不确定度区间（宽度为 $2U$）的宽度是规范带的 1/4，即 $C_m=4$。由图 6-41 所示的测量结果可判产品接受
拒收带	对于二态判定规则，拒收带是接受带的对应。因此，在简单接受的情况下，简单拒收带涵盖所有超过规范限的测得值，如图 6-41 所示 宽松拒收带则扩展进入了规范区域内部，它是严格接受的对应，如图 6-40a 所示。“宽松拒收”意味着：拒收带的范围变大了，因为它现在扩展进入了规范带内；同时降低了被拒收的产品不符合规范的置信度 严格拒收带则开始在某种程度上超出规范限，它是宽松接受的对应，如图 6-40b 所示。“严格拒收”意味着：与简单拒收相比，拒收带的范围变小了；同时增加了被拒收的产品不符合规范的置信度
过渡区	在某些高级的情况下，除接受和拒收之外，可以有更多其他的选择。这要借助过渡带的应用来实现，过渡带位于接受带和拒收带之间。每一个过渡带的位置和判定结果都应在判定规则中进行文件记录。图 6-42 所示是严格接受带、简单拒收带和过渡带的示例。在过渡带中测量结果的处理方式是降低产品等级（例如 2 级），并降低价格和保修进行销售。被测工件的严格接受区，用上判定限（G_U）和下判定限（G_L）来定义，而且 G_U 和 G_L 均位于公差限以内。同时，图 6-42 中给出了两个简单拒收带和两个过渡带。公差限和判定限之间的偏移为保护带 g_U 和 g_L

（续）

项目	判定规则
判定规则要求	一个完整的判定规则应具有四个要素： 1）明确定义每个区间的范围 2）明确分配每个区间对应的结果（如拒收产品） 3）重复测量的处理方法 4）剔除数据（如“异常值”）的处理方法 例如，如果一个测量结果恰好位于拒收带内，通常的做法是重复进行测量。如果第二次结果位于接受带内，则应做出决定——接受或者拒收该产品。对于重复测量，一个合理的办法是将两次测量结果取平均值，并根据平均值所在的区间进行判定。应规范重复测量的处理方法，这样，在本例中，如果第二次测量结果恰好位于接受带内，但是平均值仍然在拒收带内，操作人员就不会继续测量（并接着计算平均值），直到达到期望的结果 同样，判定规则应有一个处理“异常值”（即被剔除的测量结果）的方法，不能仅仅因为测量结果产生了不希望的判定结果就将其剔除。合理的方法是，要求有文件记录剔除数据的原因（如测量结果被剔除是由于卡车通过产生的振动）

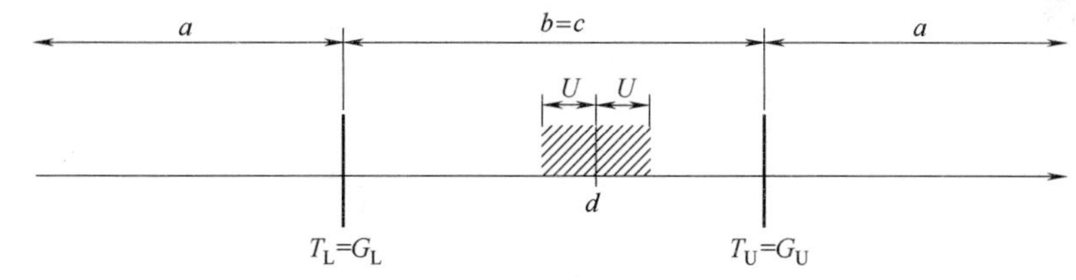

图 6-41　运用 4∶1 比例的简单接受和简单拒收

a—简单拒收带　b—简单接受带　c—规范带　d—测量结果

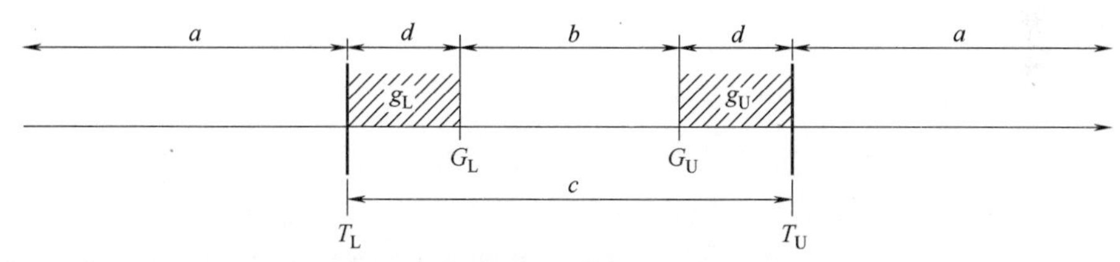

图 6-42　由判定限定义的严格接受带、简单拒收带和过渡带

a—简单拒收带　b—严格接受带　c—规范限定带　d—过渡带

6.6.3　仪器和工件接受/拒收的判定规则示例

6.6.3.1　示例 1：过程能力指数 $C_p=2/3$，测量能力指数 $C_m=2$

一个高精度工件由生产设备制造、检验并安装到组装件中，由于图样上规定的公差很小，假设生产过程中 $C_p=2/3$，其中 $C_p=T/(6u_p)$，T 是工件的公差，u_p 是生产分布的一个标准偏差。再假设这个小的公差导致测量能力指数为 2，即 $C_m=2$，其中 $C_m=T/(4u_m)$，u_m 是与测量相关的一个标准不确定度（有时称之为 2∶1 的测量比）。需要指出的是，这些小的公差 $C_m=2$ 的值可能通过很多测量（C_m 均小于 2）的算术平均值得到，但是要通过对这些由随机效应产生的不确定度因素进行平均，得到最终（平均）结果的 $C_m=2$ 值。该产品的制造商和客户已经讨论过这个问题，并且同意由缺省规则做出改变，并基于对情况的经济分析，选择一个判定规则。

（1）成本模型

本示例的成本模型见表 6-48。假设接受一件合格品的净利润（销售价格减去所有成本）为 0.5 美元（货币单位是任意的，比如可能是数千欧元；在这个问题中，只需要利润和成本的相对价值）。拒收一件产品的净损失是 1 美元，这和产品本身是否合格无关，因为这两种情况，判定结果（拒收导致该产品报废）是相同的，因此损失与生产成本相同。

下面给出六个不同的接受不合格品的案例。这些案例范围，从接受一件不合格品的成本只有置换成本而没有任何其他负面影响（见表 6-48 中的示例 A），到有非常重大的影响（见表 6-48 中的示例 F）。表 6-48 的示例 F 中，接受不合格品的成本是生产成本的 50 倍：可能因为一个缺陷产品，将不得不重建整个复杂的装配；或者，可能因为一个安全关键部件出现问题，存在潜在的诉讼成本。整个过程中每个工件的净利润率计算，是用接受一个合格品获得的利润乘以其相关概率减去其他三种结果的净损失乘以它们各自的概率，如表 6-49 中最后六行所示（1000 件）。

表 6-48　成本模型

判定结果	合格	不合格
接受	+0.5	示例 A：-1 示例 B：-2 示例 C：-5 示例 D：-10 示例 E：-20 示例 F：-50
拒收	-1	-1

（2）判定规则结果

表 6-49 列出了八种不同的判定规则，其涵盖的范围，从不检查（相当于 100%接受，即具有无限宽保护带的宽松接受），到一个保护带等于 100%扩展测量不确定度的严格接受。后一个规则是 GB/T 18779.1 的缺省规则。表 6-49 的前四行给出，在每个判定规则下，对应“接受合格品”“接受不合格品”“拒收合格品”和“拒收不合格品”的工件比例。同时，表中也给出了在每个判定规则下成本函数（见表 6-48）的经济结果。

示例 A：这是一种极端情况，接受一个不合格品的成本就是其置换成本（即生产成本），在本例中，为 1 美元。在这种情况下，显而易见“不检查”规则是经济上最优的决策，因为除接受不合格品的置换成本之外，没有任何其他处罚了。

示例 B 和示例 C：当接受一个不合格品的成本开始增加时，在经济上将倾向于宽松接受判定规则，因为该规则拒收了一些不合格品，否则会导致成本发生。

示例 D：接受一个不合格品的成本是其生产成本的 10 倍，此时，在经济上更加倾向于简单接受的判定规则。对于这种成本结构，严格接受会拒收太多的合格品，从而减少收益；而宽松接受又会接受太多的不合格品，从而过度增加成本。

示例 E 和示例 F：当接受不合格品的成本变得相对较大时，在经济上更倾向于严格接受的判定规则。因为该规则拒收了很大比例的不合格品，否则的话，如果（因为测量不确定度）这些不合格品被接受，将会产生巨大的成本。

在示例 F 中，此时接受不合格品的成本非常高，所以 75%U 的严格接受是最佳选择。这说明了拥有这样一个判定规则的价值，具有非常高的概率，保证所有被接受的产品都是符合要求的。例如，高成本可能与安全关键部件相关，如果该部件在服务中出现问题，可能会产生巨大的诉讼成本。

表 6-49　示例 1 的结果矩阵

判定/ 真值	100%U 严格接受	75%U 严格接受	25%U 严格接受	0%U 简单接受	25%U 宽松接受	75%U 宽松接受	100%U 宽松接受	不检查
接受/合格	0.6286	0.7353	0.8758	0.9140	0.9361	0.9521	0.9538	0.9545
接受/不合格	0.0003	0.0011	0.0066	0.0124	0.0197	0.0340	0.0389	0.0455
拒收/合格	0.3259	0.2192	0.0787	0.0405	0.0184	0.0024	0.0007	0.0000
拒收/不合格	0.0452	0.0444	0.0389	0.0331	0.0258	0.0115	0.0066	0.0000
示例	净利润(每 1000 件)							
	100%U 严格接受	75%U 严格接受	25%U 严格接受	0%U 简单接受	25%U 宽松接受	25%U 宽松接受	25%U 宽松接受	不检查
示例 A： 成本 = 1 美元	-57.14	103.01	313.74	370.96	404.20	428.19	430.77	431.75
示例 B： 成本 = 2 美元	-57.48	101.90	307.09	358.57	384.51	394.23	391.91	386.25
示例 C： 成本 = 5 美元	-58.48	98.58	287.14	321.40	325.42	292.33	275.32	249.75
示例 D： 成本 = 10 美元	-60.16	93.04	253.90	259.46	226.95	122.51	81.01	22.25
示例 E： 成本 = 20 美元	-63.51	81.96	187.41	135.57	30.00	-217.14	-307.62	-432.76
示例 F： 成本 = 50 美元	-73.56	48.72	-12.06	-236.09	-560.84	-1236.09	-1473.49	-1797.76

注：1. 结果矩阵给出了在 $C_p = 2/3$，$C_m = 2$ 的情况下，在不同的判定规则下，接受或拒收一个合格或不合格品的结果。
2. 表中还给出了每个规则和示例的净利润（每 1000 件），每个示例中最获利的结果用粗体字显示。

6.6.3.2　示例 2：过程能力指数 $C_p = 1$，测量能力指数 $C_m = 4$

改进示例 1 中的生产和测量技术，使得 $C_p = 1$，$C_m = 4$；成本结构与表 6-48 相同。表 6-50 列出了针对每种不同成本结构，八种不同判定规则下的结果。

虽然判定规则的趋势与示例 1 相同（同样地，随着接受不合格品成本的增加，而更趋向于严格接受），但是此时不同规则的利润却更加一致。这样的结果是因为过程能力指数 $C_p = 1$，从而生产的不合格品要少很多。此外，测量能力指数 $C_m = 4$，改进了判定过程，从而减少了错误的检验判定。

表 6-50　改进后的结果矩阵

判定/ 真值	100%U 严格接受	75%U 严格接受	25%U 严格接受	0%U 简单接受	25%U 宽松接受	75%U 宽松接受	100%U 宽松接受	不检查
接受/合格	0.9648	0.9775	0.9912	0.9943	0.9960	0.9971	0.9973	0.9973
接受/不合格	0.0000	0.0001	0.0004	0.0007	0.0012	0.0020	0.0023	0.0027
拒收/合格	0.0325	0.0198	0.0061	0.0030	0.0013	0.0002	0.0000	0.0000
拒收/不合格	0.0027	0.0026	0.0023	0.0020	0.0015	0.0007	0.0004	0.0000

（续）

示例	净利润（每 1000 件）							
	100%U 严格接受	75%U 严格接受	25%U 严格接受	0%U 简单接受	25%U 宽松接受	75%U 宽松接受	100%U 宽松接受	不检查
示例 A：成本=1 美元	447.26	466.19	486.73	491.44	493.99	495.71	495.89	495.95
示例 B：成本=2 美元	447.24	466.13	486.33	490.70	492.82	493.70	493.59	493.25
示例 C：成本=5 美元	447.18	465.93	485.14	488.49	489.31	487.67	486.70	485.15
示例 D：成本=10 美元	447.08	465.60	483.16	484.81	483.46	477.63	475.21	471.65
示例 E：成本=20 美元	446.88	464.93	479.19	477.43	471.77	457.54	452.24	444.65
示例 F：成本=50 美元	446.27	462.94	467.29	455.32	436.70	397.26	383.32	363.66

注：1. 结果矩阵给出了在 $C_p=1$，$C_m=4$ 的情况下，在不同的判定规则下，接受或拒收一个合格或不合格品的结果。
2. 表中还给出了每个规则和示例的净利润（每 1000 件），每个示例中最获利的结果用粗体字显示。

6.6.3.3 示例 3：未知生产分布的测量

示例 1 和示例 2 的好处是，在检验测量之前，工件的生产分布是已知的。事实上，即使 $C_p=2/3$，在检验之前，就已知平均工件有 95%的合格概率。检验的目的是为了进一步降低接受不合格工件的概率，而其成本主要是合格工件的拒收。

有的时候，有关工件的前期信息是未知的，已知信息只有公差、测量结果和测量不确定度。（对于测量仪器，类似的参量为最大允许误差 MPE，测试结果和测试不确定度）。在本例中，因为未知大多数工件是合格的，所以为了确保接受的不合格品不超过指定的水平，所需的保护带将会比前面的示例大很多。通过建立保护带，可以将已知的置信水平分配给每个单独的测量结果。假设这个产品的制造商和客户已经就问题进行过协商，同意由缺省的判定规则做出改变，并选择一个基于对情况经济分析的判定规则，则在表 6-51 中，给出了置信水平和相关严格接受保护带之间的关系（假设测量不确定度符合高斯分布）。

表 6-51 置信水平和相关严格接受保护带的关系

置信水平	0.80	0.85	0.90	0.95	0.977	0.99	0.999
保护带（%U）	42%	52%	64%	82%	100%	116%	155%

注：接受合格工件（测量值位于判定限上）的置信水平与相应的保护带之间的关系，用扩展测量不确定度的百分比表示。

例如，为了完成一个特殊用途的装配，需要一个单独的工件，而这个工件是“照原样”购买的，没有提供任何额外信息，即生产分布是未知的。假设由于合同的时间限制，装配应立即完成，因此没有额外的时间来购买额外的工件。在这个时间点，工件和接近完成的装配都是“沉没成本”，也就是说，资金已经用于制造它们，除非装配完成并出售，否则它们将毫无价值。一个合格的工件将完成装配，该装配可以按价格 P 出售；但是，一个不合格的工件将造成的损失为 L，且 $L \gg P$，因为不合格的工件不仅会损坏整个装配，还会产生法律责任。假如 c 为工件合格的概率，则 $(1-c)$ 是工件不合格的概率。

一个合理的判定规则需要保证 $cP-(1-c)L>0$，即可以预期获利，因此有 $c>L/(P+L)$。

假设在这个示例中，$L/P=43$，则 c 的最小值是 0.977，应用表 6-51，对应于 100%U 的保护带。因此，一个至少具有 100%U 保护带的严格接受判定规则才是恰当的。此外，这可以说明公式 $c=L/(P+L)$ 收益最大利润，因此在产品生产分布未知时，可提供最佳的保护带。

6.7　GB/T 18779 各部分之间的关系

GB/T 18779 是产品几何技术规范（GPS）通用标准，影响 GPS 标准矩阵模型链环中的 C（要素特征）、D（符合与不符合）、E（测量）、F（测量设备）和 G（校准）五个链环，给出的默认判定规则适用于所有 GPS 文件。

GB/T 18779 系列标准主要阐述了考虑测量不确定度的情况下，工件与测量设备的验收策略及合格与否的验收判定规则。该系列标准的 6 部分内容既相互关联又相互独立，共同构成工件与测量设备的验收策略和合格判定规则的内容，它们之间的关系如下：

1）第 1 部分：按规范验证合格或不合格的判定规则，给出了工件或测量设备合格验证的策略，规定了考虑测得值的测量不确定度，工件或测量设备按 GPS 规范验证是否合格的默认判定规则，处理按 GPS 规范验证可能出现的既不能判定合格也不能判定不合格的情况。该部分影响 GPS 标准矩阵模型链环中的 D（符合与不符合）。

2）第 2 部分：GPS 测量、测量设备校准和产品验证中的测量不确定度评估指南，给出了基于 GUM（测量不确定度表示指南）的 GPS 领域测量不确定度评估指南；提供了不确定度管理程序（PUMA）和测量不确定度评估的实用迭代方法，以及依据测量不确定度 U_E 满足指定目标不确定度 U_T 要求（即 $U_E<U_T$），评估测量不确定度、制定或验证（或二者）测量程序（含测量条件）等内容。该部分影响 GPS 标准矩阵模型链环中的 D（符合与不符合）、E（测量）、F（测量设备）和 G（校准）四个链环。

3）第 3 部分：关于测量不确定度表述达成共识的指南，给出了顾客与供方在解决测量不确定度表述存在争议时达成友好共识的途径和具体操作程序。该部分影响 GPS 标准矩阵模型链环中的 D（符合与不符合）、E（测量）、F（测量设备）和 G（校准）四个链环。

4）第 4 部分：判定规则中功能限与规范限的基础，此部分内容是第 1 部分内容的补充，给出了第 1 部分判定规则的主要假设，并探讨了这些判定规则应是默认规则的原因，以及在应用不同判定规则前应考虑的因素。该部分影响 GPS 标准矩阵模型链环中的 C（要素特征）、D（符合与不符合）、E（测量）、F（测量设备）和 G（校准）五个链环。

5）第 5 部分：指示式测量仪器的检验不确定度，此部分内容为指示式测量仪器检验与仪器示值有关的计量特性时的不确定度评估指导，规定了检测协议确定后如何评估检测值不确定度。例如，对测微计的检验，检查其示值误差（受 MPE 限制）和测量力（受 MPL 限制）。本部分不适用检验仪器示值之外的其他计量特性，这些量的检验不确定度可以采用 GB/T 18779.2，不需要 GB/T 18779.5 的进一步指导。该部分影响 GPS 标准矩阵模型链环中的 F（测量设备）。

6）第 6 部分：仪器和工件接受/拒收的通用判定规则，此部分内容是第 1 部分内容的补充，给出了当第 1 部分默认判定规则在经济条件方面不是最佳情况下的判定规则。该部分影响 GPS 标准矩阵模型链环中的 E（测量）、F（测量设备）和 G（校准）三个链环。

第7章

GPS测量设备及校准标准图解

测量设备和校准是新一代GPS标准体系中的两个重要链环，影响GPS通用矩阵中的链环F和链环G。测量设备是实现产品测量过程所必需的测量仪器、软件、测量标准、标准样品（标准物质）或辅助设备或它们的组合，其技术水平影响和制约着制造业的发展。特别是随着精密加工技术的发展，三维数字设计和制造技术的广泛应用，以及越来越多复杂形状零件的高效加工，数字化测量技术已成为新一代GPS标准体系的核心，而坐标测量技术更成为其中的关键部分。近年来先后颁布了多项涉及GPS测量设备基础，以及典型的数字化测量技术和仪器相关标准。本章主要介绍这些相关标准及其应用问题，内容体系及涉及的标准如图7-1所示。

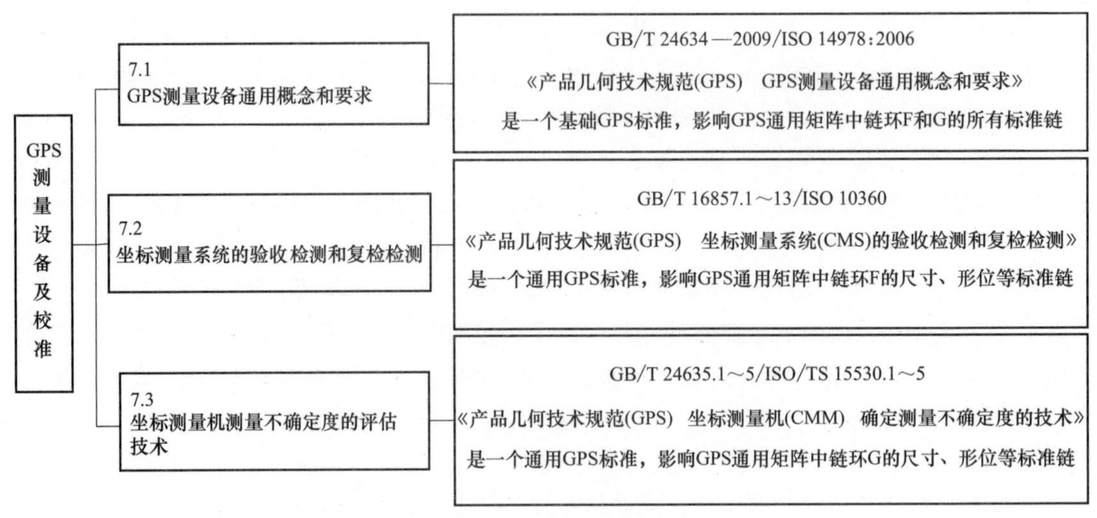

图7-1 本章的内容体系及涉及的标准

7.1 GPS测量设备通用概念和要求

GB/T 24634—2009等同采用ISO 14978：2006《产品几何技术规范（GPS）GPS测量设备通用概念和要求》，规定了GPS测量设备（如千分尺、卡尺、指示表、高度规、量块）特性的通用要求、校准、术语和定义。本标准是定义和描述测量设备设计特性和计量特性的基础，也是制定 GPS 测量设备标准发展和内容的指南。

7.1.1　GPS 测量设备术语的定义

GPS 测量设备术语的定义及解释见表 7-1。

表 7-1　GPS 测量设备术语的定义及解释

术语	定义及解释
测量设备 ME(measuring equipment)	测量设备是为完成指定并已定义的测量所需要的全部测量仪器、测量标准、参考物质和辅助设备或上述的任意组合 测量设备不应与测量系统混淆，测量系统是一套用于特定测量的测量设备。由各种测量设备组成的测量系统示例如下图所示 指示测量仪表(百分表) 材料量具(量块) 辅助设备(测量架)
指示式测量仪器(indicating measuring instrument)	指示式测量仪器是显示示值的测量设备 显示可以是模拟的(连续的或不连续的)或数字的。可以同时显示多个量值。指示式测量仪器还可以提供记录 示例：机械式指示表、数显卡尺、千分尺
实物量具(material measure)	实物量具是使用时以固定形态复现，或提供给定量的一个或多个已知值的器具 示例：量块、角度块、光滑极限量规、功能量规、表面粗糙度样块、卷尺等
单一特性测量设备(mono-characteristic measuring equipment)	可用单一计量特性表征的测量设备称为单一特性测量设备 单一特性测量设备是与实际的多特性测量设备对比而提出的一个简化的理论概念。在评估不确定度因素时，可以将多特性测量设备假设为一个单一特性测量设备，视为一个“黑箱”
多特性测量设备(multi characteristic measuring equipment)	用两个或两个以上计量特性表征的测量设备称为多特性测量设备 所有 GPS 测量设备都是多特性测量设备

（续）

术语	定义及解释
测量过程（measurement process）	测量过程是构成测量的一组相互关联的资源、活动和影响 资源可以是人或物
预期使用（intended use）	预期使用是使用特定测量设备的测量过程 了解预期使用，通常可以减少需校准的计量要求数量。了解需要校准的计量要求的最大允许误差（MPE）的预期使用，通常可以将其调整到更经济且更少限制的值
校准（calibration）	测量设备在规定的条件下，为确定测量仪器或测量系统所指示的量值，或是实物量具或参考所代表的量值，与对应的由标准所复现的量值之间关系的一组操作 校准结果既可给出被测量的示值，还可确定示值的修正值。校准还可以确定其他计量特性，如影响量的作用。校准结果记录在校准证书或是校准报告中
计量特性校准（calibration of a metrological characteristic）	在规定的条件下，确定计量特性量值与对应由标准所复现的量值之间关系的一组操作 计量特性可以作为量来定义和校准，这个量也许需要经过数学或几何转换才能与测量设备的测量结果相符 示例：用外径千分尺测量面的平面度和平行度
整体校准（global calibration）	对测量设备全部计量特性的校准 整体校准一般应用在不知道测量设备预期使用的校准场合，或新测量设备交货期间，为验证约定技术要求进行的验收检测。在企业内部计量系统的日常操作中，通常不需要做整体校准
与任务相关的校准（task-related calibration）	只对在预期使用中影响测量不确定度的那些计量特性的校准 通常与任务相关的校准只包括对预期使用中主要影响测量不确定度的计量特性的校准。执行与任务相关的校准时，可选用比整体校准更经济的校准程序。与任务相关的校准还可用于特定不确定度概算中已提供信息（量值和条件）的优化
计量特性 MC（metrological characteristic）	<测量设备>可能影响测量结果的测量设备特性 测量设备通常具有多个计量特性。计量特性作为一个直接（短期）的不确定度因素对测量结果产生影响，是校准项目，以数值表示，其单位有可能与实际测量设备的测量结果单位不同
设计特性 DC（design characteristic）	该特性不会直接影响测量结果，但有可能因其他原因对测量设备的使用产生影响 设计特性可能会影响互换性，线性刻度和数字输出的可读性以及到耐磨损性等。有的设计特性可能会影响测量设备的长期测量能力（有影响的设计特性），如耐磨损性和抗环境干扰能力等；有的设计特性对测量没影响（无影响的设计特性）
计量要求 MR（metrological requirement）	对测量设备计量特性的要求 计量要求既可以根据被测产品/被测特性的规定要求确定，也可以根据通用原则确定。计量要求既可以以最大允许误差（MPE）的形式提出，也可以以计量特性允许限（MPL）的形式提出。测量设备通常有多个与其各计量特性相对应的计量要求
设计要求 DR（design requirement）	对测量设备设计特性的要求 设计要求既可以根据测量设备的预期使用或者通用原则确定，也可以根据标准确定，还可以以尺寸、材料要求和接口协议等形式提出
（示值）误差[error（of indication）]	测量设备示值与相应输入量的真值之差 因为真值是不可能确定的，实际中使用的是约定真值，本概念主要应用于与参考标准相比较的测量仪器。就实物量具而言，示值就是赋予它的值
实际计量特性值（value of the actual metrological characteristic）	通过校准或检定计量特性所获得的值

（续）

术语	定义及解释
计量特性误差（偏差值）[error（deviation value）of a metrological characteristic]	表征实际计量特性的误差值（计量特性的实际值与其理想值之差） 计量特性误差的单位有可能与实际测量设备的测量结果单位不同
最大允许误差 MPE（maximum permissible errors）	<测量设备>对给定的测量设备，规范、规程等所允许的误差极限值 本术语仅适用于单一计量特性的测量设备
计量特性允许限 MPL（permissible limits of a metrological characteristic）	对给定的测量设备，规范、规程等所允许的计量特性极限值 MPL 可以是一个值、一组值或是一个函数（MPL 函数）
计量特性最大允许误差 MPE（maximum permissible errors for a metrological characteristic）	对给定的测量设备，规范、规程等所允许的计量特性误差的极限值 MPE 可以是一个值、一组值或是一个函数（MPE 函数）
重复性（repeatability）	在相同测量条件下，重复测量同一个被测量，测量仪器提供相近示值的能力 相同的测量条件是指观测者引起的变化减少到最小、相同的测量程序、在相同条件下使用相同的测量设备、相同的位置、在短时间内重复 重复性可用示值的分散性定量地表示
计量特性的重复性（repeatability of a metrological characteristic）	在相同测量条件下，重复测量某一特定计量特性，测量设备提供相近值的能力
滞后（hysteresis）	测量设备的示值或其特性值取决于前一个激励方向的值的特性 滞后还可能取决于激励方向改变后的移动距离
鉴别力（阈）[discrimination（threshold）]	使测量仪器产生未察觉响应变化的最大激励变化，这种激励变化应缓慢而单调地进行 鉴别力可能取决于噪声（内部的或外部的）或摩擦，也可能与激励值有关
（显示装置的）分辨力[resolution（of a displaying device）]	显示装置能被有效辨别的最小示值差 对于数字式显示装置，分辨力就等于其量化步距
量化步距（digital step）	在数字式显示装置中，末位有效数字的最小可能变化
模拟标尺（analogue scale）	a）直尺示例　　b）圆标尺示例 图中： 1—标尺分度，标尺上任何两相邻标尺标记之间的部分 2—标尺间隔，图 a 中为 0.1cm，图 b 中为 0.01mm 3—标尺间距，图 a 中为 0.1cm，图 b 约为 1mm 4—标尺长度，图 a 中标尺长度是 7cm，图 b 中约为 100mm 5—标尺范围，图 a 为 0~7cm，图 b 中为 0~100mm； 标尺量程，图 a 中为 7cm，图 b 中为 1mm 6—标尺标记的单位，图 a 中是 cm，图 b 中是 mm 7—度盘面 8—标尺数字标识 9—刻度标记 10—指示器

（续）

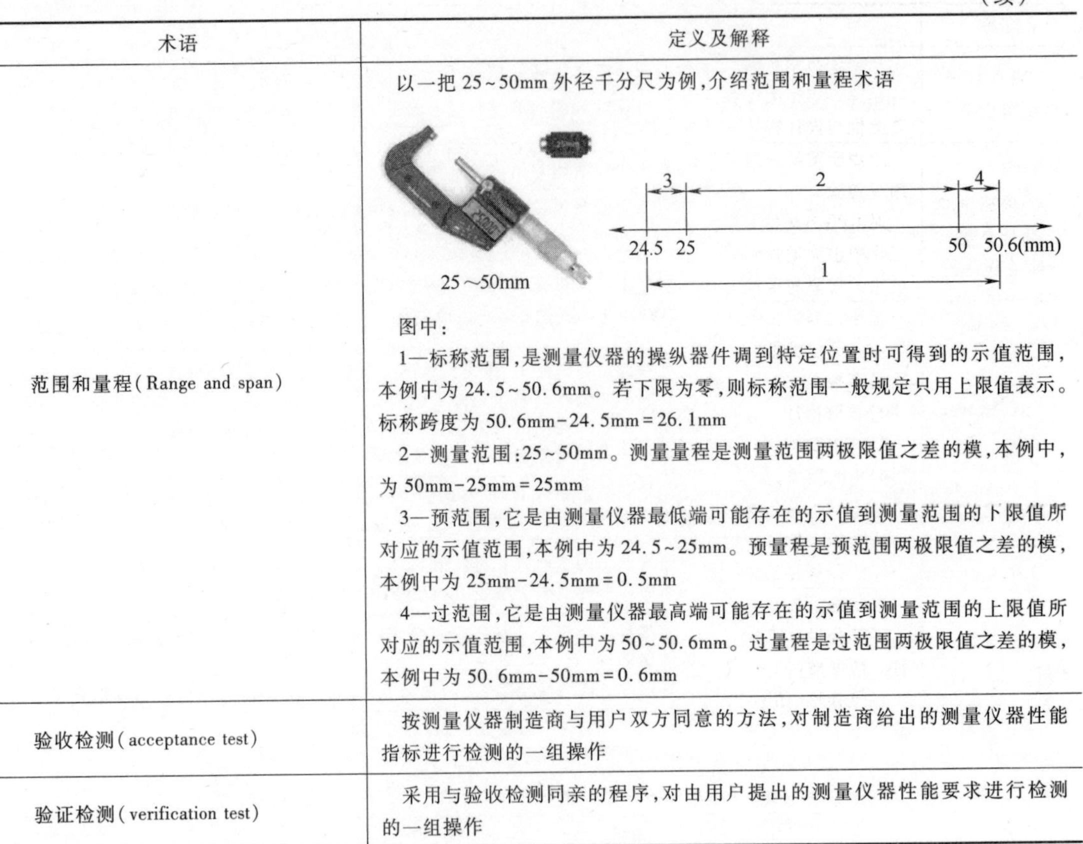

术语	定义及解释
范围和量程(Range and span)	以一把25~50mm外径千分尺为例,介绍范围和量程术语 图中: 1—标称范围,是测量仪器的操纵器件调到特定位置时可得到的示值范围,本例中为24.5~50.6mm。若下限为零,则标称范围一般规定只用上限值表示。标称跨度为50.6mm-24.5mm=26.1mm 2—测量范围:25~50mm。测量量程是测量范围两极限值之差的模,本例中,为50mm-25mm=25mm 3—预范围,它是由测量仪器最低端可能存在的示值到测量范围的下限值所对应的示值范围,本例中为24.5~25mm。预量程是预范围两极限值之差的模,本例中为25mm-24.5mm=0.5mm 4—过范围,它是由测量仪器最高端可能存在的示值到测量范围的上限值所对应的示值范围,本例中为50~50.6mm。过量程是过范围两极限值之差的模,本例中为50.6mm-50mm=0.6mm
验收检测(acceptance test)	按测量仪器制造商与用户双方同意的方法,对制造商给出的测量仪器性能指标进行检测的一组操作
验证检测(verification test)	采用与验收检测同亲的程序,对由用户提出的测量仪器性能要求进行检测的一组操作

7.1.2 测量设备的设计特性

测量设备的设计特性，即使其对测量结果（即测量误差和测量不确定度）没有短期影响，也应予以关注。重要的设计特性应服从于测量设备的制造者或供应商和（或）用户或顾客提出的技术要求，很多重要的设计特性是根据测量设备的类型、设计和预期使用确定的。有的设计特性可能会对测量设备的长期测量能力产生影响，如磨损可能会影响某些计量特性。

测量设备的设计特性见表7-2。

表7-2 测量设备的设计特性

名称	描 述
标准	相对重要的设计特性应按各类测量设备的GPS特定标准进行标准化 为保证互换性,标准化只应局限于最重要的设计特性,以免限制了测量技术和测量设备的发展。各类测量设备的GPS特定标准均可选用设计特性下述的两个层次/选项: 1)列出制造商或供应商有明确规定的设计特性,如果需要并且可能的话,标注出标称值 2)列出设计特性及其相关值和(或)将标准化的公差极限值 如果设计特性是最重要设计特性的话,就应按两个层次或选项之一进行标准化,并应在各自的具体情况(测量设备)中被评价和确定 就一般情况而言,根据规定和(或)选定的极限值判断设计特性合格与否时,应采用GB 18779.1中的规则

（续）

名称	描述
商业用测量设备	在提供给用户的产品文件、数据表等有关产品信息中，GPS测量设备的制造商和供应商至少应给出在相应具体标准中提及的设计特性 提供与设计特性有关的附加信息对制造商或供应商有利。顾客可能对附加的设计特性有特殊要求
公司内部使用测量设备	应用于贸易中的设计特性和可能以MPE值或MPL值形式表示的要求，在公司日常工作中不一定使用或检验。 对GPS具体测量设备的设计特性和可能在GB(ISO)标准中规定的设计特性要求，在计量体系的日常工作中也无须强制验证，除非单位/公司做出强制验证的具体决定。一般来说，单位或公司可以根据本机构的需要和条件为各类测量设备确定设计特性，做出这些技术决定时，应考虑成本和数据表的交换
指示式测量设备	指示式测量设备的典型设计特性与测量设备使用中设计特性的重要性有关，在一般情况下，特殊的用途和测量设备的特殊类型使其具有非常特殊的设计特性。应考虑以下设计特性： 1)互换性，如整体测量和局部测量、测量范围、定位和(或)安装系统等，以及相关的几何量或公差 2)抗磨损性，如测量设备相关零件的材料、硬度等 3)环境防护，如防水、防尘、电气防护、防腐蚀 4)电气要求，如接口协议、电源等 5)专用的执行机构，如起重/提升机构、连接装置 6)工作条件限制，如最大传输速度、温度范围、动力和气源的稳定性 7)专用辅助设备，如平板、V形块，定位装置
实物量具	对实物量具而言，典型的设计特性与实物量具使用中设计特性的重要性有关，下面以例子的形式列出了部分设计特性和应考虑的理由，在一般情况下，特殊类型的测量设备使其具有非常特殊的设计特性。应考虑以下特性： 1)互换性，如整体测量和局部测量、测量范围、测量空间、定位和(或)安装系统等，以及相关的几何量或公差 2)抗磨损性，如实物量具相关零件的材料、硬度等 3)环境防护，如耐腐蚀 4)工作条件限制，如湿度、化学环境 5)专用辅助设备，如平板、V形块，定位装置

7.1.3 测量设备的计量特性

测量设备的计量特性见表7-3。

表7-3 测量设备的计量特性

名称	描述
概述	测量设备计量特性的重要性体现在使用测量设备时，它对测量设备产生的误差和不确定度因素的控制方面，以及对测量不确定度的评估方面。单个计量特性对测量不确定度的影响是由测量过程(检验操作算子)确定的。对实际计量特性及其值量级的了解可以作为设计测量过程(见GB/T 18779.2)和选择测量设备的基础 评估测量不确定度时，计量特性的重复性是一个重要信息。计量特性重复性应以相关变量的标准偏差表示
测量设备的标准	与GPS特定测量设备有关的通用计量特性，已在与各类测量设备有关的标准中予以确定、标明(借助于名称和符号)和定义 所有MPE或MPL涉及的特定计量特性均应以指定符号作为其下角标表示，从而避免不必要的重复 每个选定计量特性的校准均应在足够数量的不同位置和标称长度(标尺位置)内以及由校准过程引入的测量不确定度足够小的情况下完成。确定足够数量的点(在测量设备和标尺上)和满足要求的测量不确定度应在实际设备(测量仪器和测量标准)、环境条件和要求等因素的基础上进行 足够的点数和标尺上点的位置的选择取决于示值误差波长和幅度的变化。长波长、小幅度比短波长、大幅度需要的点少。因此，需要的点数取决于测量仪器的实际设计

（续）

特性	描　　述
测量设备的标准	所有计量特性及其 MPE 或 MPL 都是在 20℃的条件下评价的，除非指定了其他温度 所有计量特性及其 MPE 值或 MPL 值都适用于特定测量设备的规定工作条件，如测量力、运行速度等。工作条件是由特定测量设备标准给出的 所有计量特性及其 MPE 值或 MPL 值均适用于空间所有可能的方向，除非在特定 GB（ISO）标准中对方向有特殊限制 应根据测量设备的日常应用来选择特定测量设备标准中提到的计量特性。为得到最佳测量结果和规范的使用，MPE 或 MPL 的定义和选择需要明确的测量条件，还应尽量与日常使用情况相符 除少数例子之外（如 ISO 1938 和 ISO 3650），具体的测量设备标准中应不包括 MPE 和 MPL 的任何数值，但作为对标准使用者的指导应包括 MPE 值或 MPL 值的空表格。MPE（或 MPL）的数值在验收检测时，通常由制造商详细说明；在验证检测时，由用户详细说明。一般说来，根据规定和（或）选定的 MPE 值或 MPL 值判断合格与否时，应用 GB/T 18779.1 中的规则
测量设备（商业）	验收检测时，应由制造商或供应商提供计量特性的 MPE 值或 MPL 值或其函数。制造商也可能会增加附加的计量特性信息及其 MPE 值或 MPL 值，也可能会设定一些本标准或特定测量设备标准中没有规定的限制和使用条件。有关 MPE 值或 MPL 值、附加计量特性、条件和限制的信息应由制造商以数据表格或其他文件形式给出。消费者应在数据表上记下这些要求
测量设备（公司内部使用）	消费者应借助于不确定度概算确定和理解主要计量特性（见 GB/T 18779.2 中的例子）。在不确定度评估过程中可以采用专家意见和以前的知识。还可在采用专家意见和以前知识评估的不确定度概算基础上确定校准程序 不论是通过研究，还是依据以前的知识，计量特性校准都应考虑计量特性的重复性。出于经济原因的考虑，这应成为校准程序的第一步 内部校准和验证检测时，计量特性的 MPE 值或 MPL 值或是其函数应由用户给出
计量特性的确定、定义和选择	测量设备的计量特性可以用多种方法来选择和定义。就可能性而言，计量特性及其要求（MPE 或 MPL）的定义，包括必要的测量条件的选择和阐述，应考虑以下情况： 1）测量设备常规的预期使用（如常用的 GPS 操作和 GPS 操作算子），以常规的不确定度概算为指导 2）计量特性之间的相关性 3）测量过程中设备的测量不确定度 4）与测量设备内在的物理原理相关性 5）在设备维护和误差确定中的使用 6）与测量设备特定零件和（或）功能的相关性 7）测量原理或方法 8）与其他计量特性量级的比较 在特定情况下，为更好地符合测量设备的安装需要和预期使用，由测量设备使用者规定计量特性的其他条件比标准中给出的更好

7.1.4 指示式测量设备通用计量特性的确定

指示式测量设备通用计量特性的确定见表 7-4。

表 7-4　指示式测量设备通用计量特性的确定

名称	描　　述
标尺间隔（读数分辨力）	在模拟测量设备中，标尺间隔、读数分辨力，或标尺间隔和分辨力两者都是相关的计量特性，都应在特定测量设备的标准中予以规定 标尺间隔或模拟分辨力和数字读出器的量化步距越小，测量设备的不确定度贡献因素极限值就越小
量化步距	量化步距是数字式读出器的分辨力，因此是强制性信息

（续）

名称	描　述
示值误差	示值误差予以定义并规定 MPE 函数，最为重要的是规定测量条件。例如： 1）固定零点还是浮动零点 2）单向移动还是双向移动（含滞后） 3）其他条件，如空间方向、最大移动速度等 在特定测量设备的标准中，MPE 函数可以以 MPE 函数上点的参数符号（没有值）组成的方程式和（或）给出符号的表格（但参数值处为空格）的形式给出
示值误差范围 h（Error-of-indication span）	示值误差范围是在指定范围（通常是测量范围）内，示值浮动零点误差规定为常数 MPE 函数的简化方法
滞后	示值的滞后应理解为在规定范围内，从两个不同移动方向测量同一个真值得到的两个示值之间的平均差。如果没规定范围，那它就是测量范围。变量的标准偏差或单个滞后值中的最大值同样重要 为了简化，滞后可以包含在涉及双向移动的示值误差的 MPE 函数中。滞后还可能影响相关的其他计量特性
有关温度的特性	以“有效温度膨胀系数”形式表示的温度膨胀特性，反映了温度对被测量和（或）零点的影响。如果必要的话，应给出规定值的不确定度 对某些测量设备来说，表示测量设备温度变化的时间常数 T_c 是个重要信息，应作为附加信息给出，时间常数被定义为在稳定的温度条件和正常操作下，测量设备与周围环境空气等的温度差减少50%所需的时间
测量力特性	如果相关的话，测量力的 MPL 值或 MPL 函数应是一个计量要求。考虑到互换性，特定测量设备的测量力值还可作为设计要求在标准中给出 在许多情况下，测量力的重复性是一个重要的特性，不过它的影响一般已包含在示值重复性中了。仅在特别情况下，才需要特别注意测量力的重复性。重力如空间方位的影响是一个重要特性，如果需要的话，应予以规定，方位和重力可以影响零点误差和示值误差曲线的形状。GPS 标准中的通用要求是，给出的计量特性和 MPL 应适用于测量设备在空间中的任意方位 侧向力对接触几何形状有效部位的影响可能会是一个问题，如有必要的话，应予以规定并详细说明
触点几何形状	触点的几何形状（如磨圆、截断面、表面结构等）可能会影响测量结果，如有必要的话，应作为要求予以规定
其他可能存在的计量特性	若干附带的计量特性，例如： 1）视差（指示器、标尺标记） 2）临界值（黏滑运动） 3）时间稳定性［如三坐标机（形状等）、发光二极管］ 4）响应特性（速度、时间） 5）锁定机构
辅助设备	在测量期间，测量设备被安装在辅助设备上时，辅助测量设备也会增加不确定度因素。因此辅助设备也要符合计量特性要求。测量台架是测量环中的一个重要部分，如图 7-2 所示。测量受到测台架刚度、温度及测量台架的温度梯度的影响

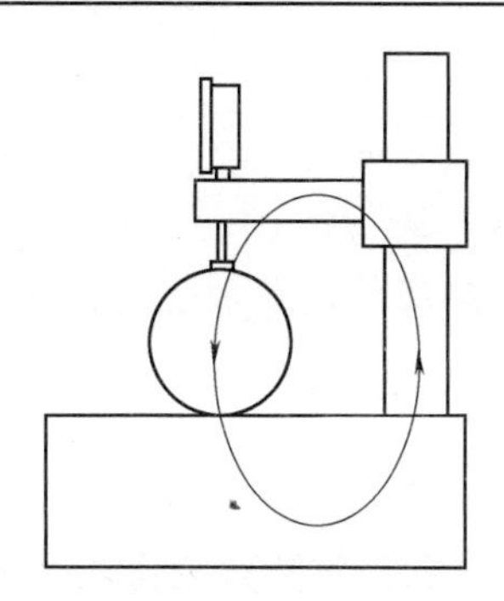

图 7-2　辅助设备中的测量环

7.1.5 实物量具通用计量特性的确定

实物量具通用计量特性的确定见表 7-5。

表 7-5 实物量具通用计量特性的确定

名称	描述
标尺间隔（读数分辨力）	对于带刻度的实物量具，标尺间隔或读数分辨力，或者是标尺间隔和分辨力都应在规范中给出
要素的形状特性	给出的实物量具几何要素的形状规范应参考 GB/T 1182 和其他 GPS 标准。若有可能，实物量具的形状特性和对应被测量本身的形状误差就应相互独立的定义。在某些情况下，需要利用最大实体要求（见 GB/T 16671—2009）将尺寸和几何规范结合起来
要素的相对方位特性	给出的角度规范（实物量具要素间的相对方位）应引用 GB/T 1182、GB/T 17851 和其他 GPS 标准。若有可能，实物量具的角度特性和对应被测量本身的误差就应相互独立的定义。某些情况下，就需要利用最大实体要求（见 GB/T 16671）将尺寸和几何规范结合起来
有效温度膨胀胀系数	以"有效温度膨胀系数"形式表示的温度膨胀特性，反映了温度对实物量具几何特性的影响，如有必要的话，应给出规定值的不确定度。对某些实物量具而言，表示实物量具温度变化的时间常数 T_c 是个重要信息，应作为附加信息给出，时间常数应定义为在稳定的温度条件和正常操作下，实物量具与周围环境空气等的温度差减少 50% 所需的时间
长期稳定性	对专用的实物量具，测量设备的稳定性是一个与时间相关的、重要的计量特性。在这种情况下，该特性应包含在专用实物量具的标准中。如标准量块、阶梯量规和高精度线纹尺
其他可能存在的计量特性	若干附带的计量特性，如有效弹性模量、位灵敏度和支撑灵敏度、测量力灵敏度和重力灵敏度、触点的几何形状效应

7.1.6 计量特性的表示和规范类型

测量设备的计量特性可描述为：单一特性值或误差，以及系列特性值或误差、系列特性值或误差的函数。

单一特性值可以建立在某个参考点上，也可以与其无关，这取决于特性的性质。系列特性值通常有相对应的值，如另一个参数的名义值或真值，在图表中（以名义值为例）组成坐标点（一对值）。连接图表中各点的线就形成代表某段范围内特性的特性曲线或误差曲线（见图 7-3），在该范围内选择的参考点不同，特性曲线或误差曲线的值也就不同。

7.1.6.1 特性曲线的表示（固定零点和浮动零点）

最常用的特性曲线是指示式测量设备的各类示值误差曲线。曲线极少用于表示其他特性，指示表的测量力是极少特例中的一个，选择固定零点曲线还是浮动零点曲线取决于特性的性质和（或）校准的方法。

（1）固定零点或固定参考点

特性曲线最常用的画法是把零标志点作为固定零点（见表 7-6 和图 7-3）。

当固定零点从零标志点移动到测量设备实际范围中的其他测量点时，误差曲线在图表中竖直移动，并且最大和最小示值误差都分别发生变化，图 7-4 中是把零标志点移动到 6mm、10mm 处。

（2）浮动零点或浮动参考点

当零点是浮动的时候，从误差曲线直接得到易理解的信息与实际测量过程不相符。不仅在使用数字指示测量设备时，浮动零点是经常采用的程序步骤，就是在使用模拟式设备（如线纹尺和机械式指示表）时，也经常采用浮动零点。

表 7-6 同一测量设备使用不同参考点时的示值误差示例

公称长度/mm	0	1	2	3	4	5	6	7	8	9	10
参考点/mm	示值误差/μm										
0	0	7	11	8	16	16	24	21	7	2	-7
6	-24	-17	-13	-16	-8	-8	0	-3	-17	-22	-31
10	7	14	18	15	23	23	31	28	14	9	0

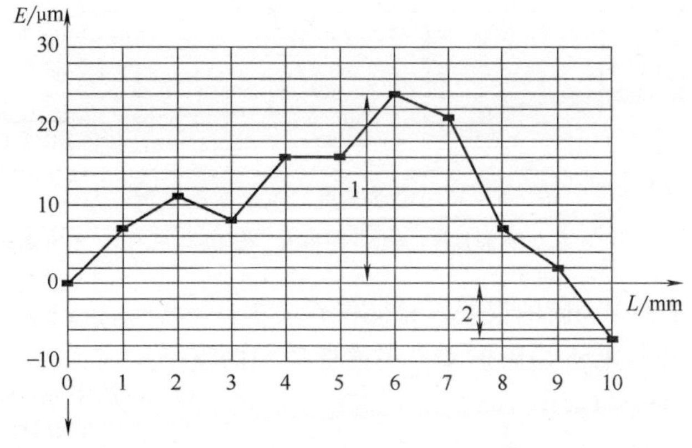

图 7-3 示值误差曲线示例（固定零点为零参考点）

1—最大示值误差 2—最小示值误差 *L*—公称长度 *E*—示值误差

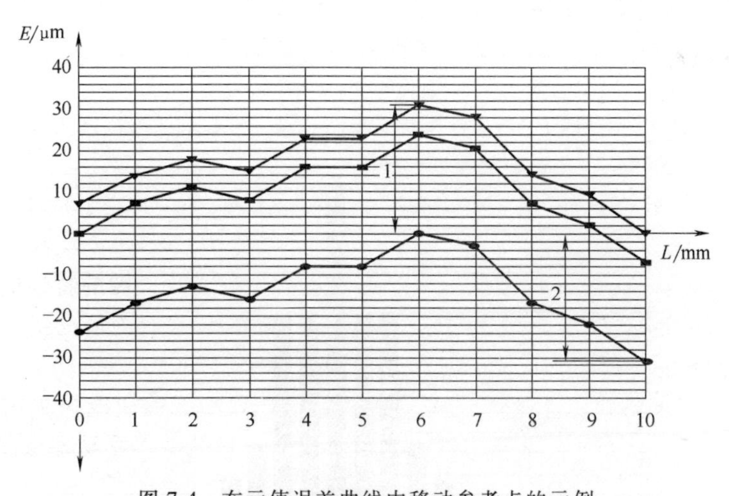

图 7-4 在示值误差曲线中移动参考点的示例

1—最大示值误差 2—最小示值误差 *L*—公称长度 *E*—示值误差

注：图中固定零点分别在标志点 0、6mm、10mm 处，数据见表 7-6。

图 7-5 是把图 7-3 中给出的固定零点误差曲线的数据转换成浮动零点误差曲线表示的一个示例。

浮动零点误差是建立在某个尺寸的任意被测长度上的，不仅是在到参考点的长度上，浮动零点误差可以从固定零点误差曲线中获得。以表 7-6 和图 7-3 的固定零点误差曲线为例：

1）测量被测长度为 1mm 的误差，在整个 10mm 测量长度内可以得到 10 个不同的误差。

2）2mm 的误差，可以得到 9 个。

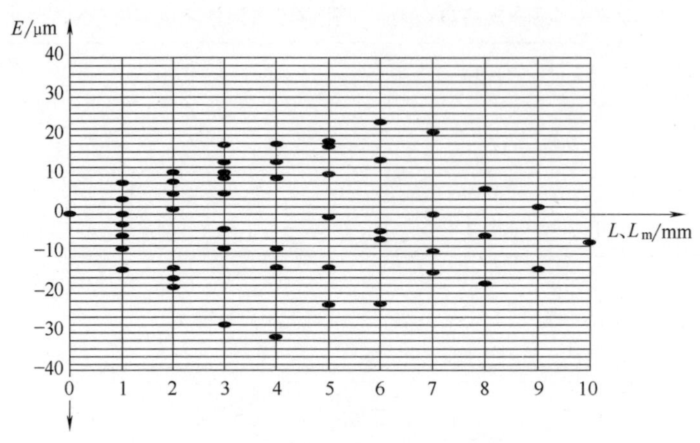

图 7-5 采用浮动零点的示值误差示例

L_m—被测长度 L—公称长度 E—示值误差

3）测量被测长度为 10mm 的误差，只能得到一个。

最大浮动零点误差应始终是固定零点误差曲线中的整个示值误差范围（见图 7-3）。不同被测长度上误差值的分布取决于固定零点误差曲线的形状和详细信息，图 7-5 仅给出一个示例。

7.1.6.2 基于统计学的特性表示

当浮动零点表示的数据量很大时，示值误差还可以频率分布的形式表示（见图 7-6）。一个频率分布图只表示一个被测长度。这种表示方法通常用于一组相同测量设备和（或）较短的被测长度。

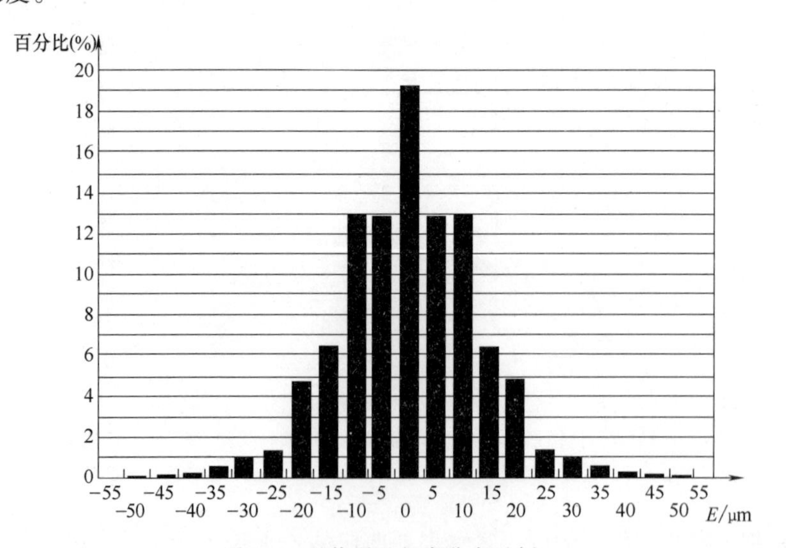

图 7-6 示值误差频率分布示例

E—误差

注：浮动零点，被测长度 1mm。

显而易见，频率分布也可以其标准偏差的形式表示。在图 7-6 的例子中，标准偏差大约为 13.0μm。根据 GUM 或 GB/T 18779.2，标准偏差可以直接作为不确定度概算中的不确定度因素。对于与测量设备的测量范围有关的大量被测长度，频率分布可能会变成更难评估的分布类型。

7.1.6.3　计量特性规范

（1）单值计量特性规范

在GPS领域，测量设备的单值特性规范应以MPE值或MPL值的形式定义并给出。

在某些情况下，设计特性仅由标称值规定。MPE值或MPL值既可以单边规范（特性的USL或LSL）的形式给出，也可以双边规范（特性的USL和LSL）的形式给出。如果以MPE值或MPL值形式给出单值特性规范，则其适用于GB/T 18779。

（2）定义在某一范围内的计量特性规范

GPS领域中，在某一范围内定义的测量设备特性规范应以连续函数的MPE函数或MPL函数形式定义并给出：

$$\text{MPE}=f(\text{相关参数})$$

标注MPE值或MPL值时，对称情况应标注“±”号；单边情况应使用“+”号或“-”号，不对称情况应使用“+”号和“-”号。

在一个测量范围内定义的测量设备的计量特性的规范限应定义为MPE或MPL功能。MPE或MPL函数在给定的测量范围内最好是连续的和线性的。

MPE函数或MPL函数允许以单边规范（即USL或LSL）或双边规范（即USL和LSL）的形式给出。示值误差、相关特性和MPE或MPL函数通常是以对称规范的形式给出，以限制误差的绝对值（见图7-7~图7-9）。更通用的方式是用双边MPL规范限制其他特性，示例如图7-10所示。

MPE或MPL函数可以用于固定零点误差和浮动零点误差的测量设备特性的规范。一组MPE标准偏差可以作为一种特殊方法用于制定技术要求。一般地说，如果以MPE或MPL函数的形式给出定义在某一范围内的计量特性规范，则其适用于GB/T 18779.1。

1）MPE函数是一个常数值或一组常数值。最简单的MPE函数是测量范围内的常数 c。

$$\text{上限 MPE}=c$$

$$\text{下限 MPE}=-c$$

当 $c>0$ 时，如图7-7所示。

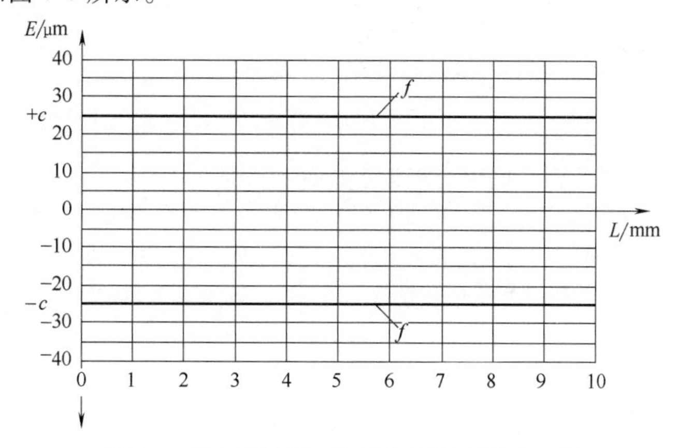

图7-7　具有常数值 c 的对称MPE函数的示例

L—公称长度　E—示值误差　f—MPE函数

2）MPE 函数是比例值。MPE 函数可以表示为常数 a 和比例值 b 的组合：

$$上限\ MPE=+(a+Lb)$$

$$下限\ MPE=-(a+Lb)$$

式中，L 为公称长度；$a>0$，$b>0$。

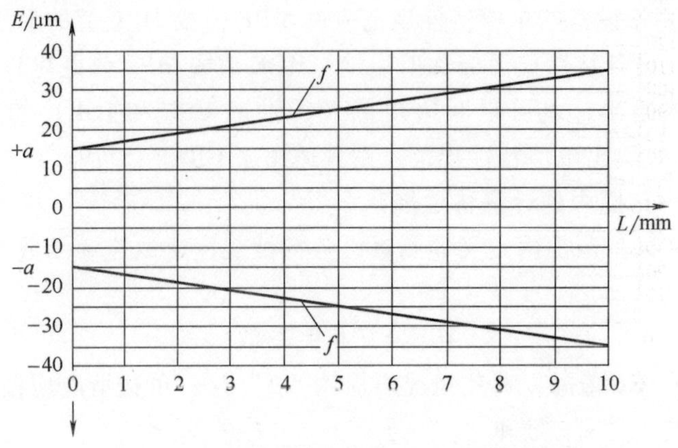

图 7-8　具有比例值的对称 MPE 函数的示例

L—公称长度　E—示值误差　f—MPE 函数

3）MPE 函数是比例值和最大值。MPE 函数可以表示为常数 a、比例值 b 和最大值 c 的组合：

$$上限\ MPE=(a+Lb),其中\ 0<L\leqslant L_1$$

$$下限\ MPE=-(a+Lb),其中\ 0<L\leqslant L_1$$

$$上限\ MPE=c,其中\ L>L_1$$

$$下限\ MPE=-c,其中\ L>L_1$$

在固定零点情况下，L 为到参考点的距离；在浮动零点，且 $a>0$，$b>0$ 的情况下，L 为被测长度。

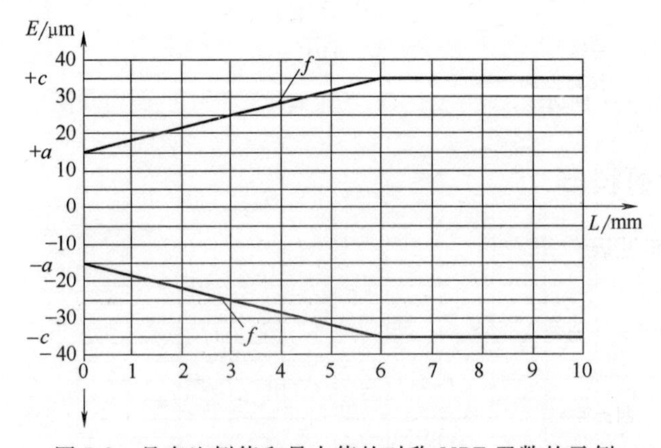

图 7-9　具有比例值和最大值的对称 MPE 函数的示例

（3）计量特性的双边 MPL 函数

$$MPL(USL)=(a_1+Lb)$$

$$MPL(LSL)=-(a_1+Lb)$$

图 7-10 举例说明了为不同于计量特性误差的特性范围下定义和给出双边规范（MPL 函数）的通用方法。采用固定零点并以零点作为参考点的情况下，应始终使用这种方法。

图 7-10 在测量范围内采用两个 MPL 函数限制特性值的双边 MPL 规范示例

7.1.6.4 定义在二维或三维空间范围中的计量特性规范

以上给出的 MPE 函数或 MPL 函数也适用于二维和三维空间范围（面积和体积），如图 7-11 所示。对二维空间仪器和三维空间仪器，只适用于浮动零点。

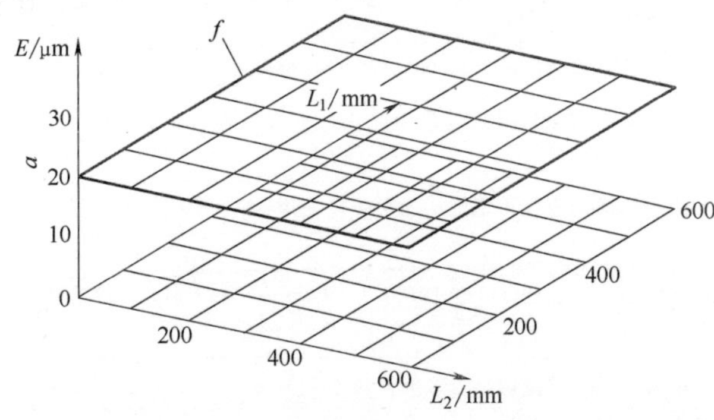

图 7-11 在整个区域内由常数 MPE = a 形成的二维空间 MPE 要求的示例

L_1—长度标志 1 L_2—长度标志 2 E—示值误差 f—MPE 函数

7.1.7 计量特性的校准

计量特性的校准见表 7-7。

表 7-7 计量特性的校准

项目	校准要求
测量仪器的制造商和供应商	制造商和(或)供应商应校准其提出的计量特性，并证明其符合规定的 MPE 值
测量仪器的使用者	根据测量仪器的预期使用选择必要的计量特性，并通过校准(或验证检测)完成验证。计量特性的校准值应说明相关的测量不确定度，并且计量特性的校准值应根据有效的 MPE 值判断合格 在测量仪器的正常使用中，为了根据设定要求(MPL 和 MPE)检验测量仪器的性能，经常可能适度地限制要求(不同的 MPE)的数量和所用设备的范围

（续）

项目	校准要求
测量不确定度	测量不确定度结果的可接受性影响检验测量仪器特定计量特性函数所需点的数量，还影响检验该计量特性与特定 MPE 值或 MPE 函数的符合性。点的数量越大，测量不确定度越小。点的数量越小，测量不确定度越大。因此所需点的数量取决于测量不确定度的可接受程度
标识	特定测量设备的 GPS 标准应包括一项要求，即所有测量设备应标有耐用的连续标识，使用唯一的字母数字标识，以识别单个测量设备或测量设备的一部分 制造商的序列号是串行标识的一个例子。无法标识的，应当制作专门程序，以确保项目的身份。对于特定的测量设备，标准可能要求附加标记。任何标记应是易读的、经久耐用的，并应放置在测量设备表面不影响计量质量的地方

7.1.8 特定测量设备 GPS 标准中对条款的通用最小要求和指导

特定测量设备的 GPS 标准应遵守的内容要素见表 7-8。

表 7-8 特定测量设备的 GPS 标准应遵守的内容要素

内容要素	要求和指导
标准的名称	标准的名称应遵循的格式：产品几何技术规范（GPS）尺寸测量设备标准、仪器的名称设计特性和计量特性
目录	标准应包括一个目录清单
前言	采用经适当修改后的类似 ISO/IEC 指导部分 2 形式的标准前言
引言	引言的前两段应采用 ISO/TC 213 的标准引言和阅读本标准时，对要用到的 GB/T 24634（ISO 14978）的最小指导
范围	下面的标准句应作为范围中的第一段使用：本标准详细说明了《仪器名称》最重要的计量特性和设计特性
规范性引用文件	至少应引用本标准、GB/T 18779.1、GB/T 18779.2、JJF 1059 和 JJF 1001—1998 在本标准中已引用的其他标准不必重复引用
术语和定义	只给出与特定测量设备有关的专用术语和定义，通用术语和定义应引用本标准或 JJF 1001
设计特性	就确定特定测量设备设计特性而言，应只给出与重要设计特性有关的那些设计特性（如互换性）的标准化值及其可能的公差，不包括多余的限制设计特性的标准化
计量特性及其 MPE 和 MPL	就使用者需求的特定测量设备最重要计量特性的确定和定义而言，计量特性和实际选择的定义应建立在该设备最常用状态下的不确定度概算评估基础上，并应明确给出该特性定义所需的条件 当遇到测量设备由于不同的使用情况导致不同组的计量特性和定义时，在标准的主体中应当选择和说明最常用的一种，其他的可能性可以放在规范性附录中，若计量特性已被本标准中包括和定义，则应引用本标准中的相应条款 对每个计量特性应给出相应的 MPE 或 MPL 的合适定义，如有必要，应当给出从 MPE 或 MPL 到不确定度因素之间可能的“转换” 除少数例外（如 ISO 1938 和 ISO 3650），标准中应包括计量特性或相应的 MPE，和 MPL 的非标准化值
用于计量特性校准的测量标准	对应于每一个已确定的计量特性，就应有相应的测量标准。（如果存在）应引用可能的 GB/T（或 ISO）标准，否则设备标准中可能已包括测量标准
与规范一致性验证	在标准中应包括一个标题为“与规范的一致性”的独立条款，该条款的正文如下 根据规范检验是否合格时，应采用 GB/T 18779.1 不确定度评估应按 GUM 进行，更具体的方法应按 GB/T 18779.2 进行

（续）

内容要素	要求和指导
计量特性校准	对每一个最重要的计量特性，在标准的资料性附录中至少以概要和指导的方式给出一个可能的校准方法，校准方法（检验操作算子）不影响计量特性（规范操作算子）的定义 标准中给出的校准方法存在一定风险，即使是一个概要，也将对使用者为他们的应用选择“最佳”校准程序产生负面影响。校准方法不能限制或改变规定的要求
规范性/资料性附录	如果可能和必要的话，可以对特定计量特性的校准给出不确定度概算的概要。问题是不确定度概算与特定的测量、校准程序密切相关，而校准程序不可能详细地给出
资料性附录——与GPS矩阵模型的关系	应包括与GB/T相关的附录
参考文献	应附加一个参考书目条款，至少应包括GB/T 20308

7.1.9 测量设备要求数据表

既然测量设备GPS标准不包括对所有设计特性的要求，而且根本不包括计量特性的要求值，那么使用者仅查阅特定的标准条款来确定其测量设备的要求就是不可能的。使用者可参考特定标准、相应特性（设计特性和计量特性）的定义和本标准中的补充条件来选择要求值。借助一个可填数据的表格并参照特定标准，每一个使用者都可以对特定类型测量设备提出单独的要求。

表7-9给出了测量设备要求数据表，是对所有GPS测量设备标准中给出的特定数据表的模版，目的是为潜在厂商的测量仪器规范与消费者需要的计量特性和设计特性间的沟通提供一种手段。某些情况下，数据表可以由使用者填写并传送到公司的购买代理。

表7-9 测量设备要求数据表

项目	数据表内容
测量设备的名称和标号	1）设备的名称（通用名） 2）测量设备可能包括的零部件标号 3）附件等
购买要求	1）可能的供应商 2）价格范围 3）特殊要求（文件、校准证书等）
引用的ISO标准	引用相关标准可采用“本数据表中设计特性和计量特性的定义见实际测量设备的特定标准和GB/T 24634（ISO 14978）”来叙述 注：在引用实际测量设备的特定标准时，一定要引用本标准，因为更多特性的通用定义仅在本标准中给出，而不在单独的特定标准中
设计特性要求	所有相应设计特性均来自特定标准、（空格）要求值和单位 注：使用者可以减少或增加设计特性和设计要求的条目
计量特性要求	1）所有相应计量特性均来自特定标准、（空格）要求值和单位。注：使用者可以减少，增加或改变计量特性和计量要求的条目 2）在标准条件下，对特定标准或GB/T 24634（ISO 14978）中给出的测量设备功能和（或）计量特性要求的可能改变或限制
公司相关信息和要求	1）公司名称 2）部门或公司组织其他部分标识 3）根据QA要求的责任人 4）数据表版本、日期等 5）其他相关QA要求

7.2　坐标测量系统的验收检测和复检检测

7.2.1　坐标测量系统的验收检测和复检检测标准简介

GB/T 16857 等效采用 ISO 10360《产品几何技术规范（GPS）　坐标测量系统（CMS）的验收检测和复检检测》系列标准，重点研究验证坐标测量机的验收检测和复检检测方法、合格判定规则、验收检测和复检检测的应用。GB/T 16857 的制定填补了我国坐标测量机验收检测和复检检测标准的空白，有助于各相关坐标测量机制造商统一检测方法，提升出厂坐标测量机性能的一致性和稳定性，为坐标测量机的验收检测和复检检测，提供了强有力的技术支撑。

GB/T 16857 主要规定了不同种类坐标测量系统的验收检测和复检检测，标准共分为 14 个部分，14 个部分内容相互关联又各自独立，共同构成了坐标测量系统验收检测和复检检测的内容，如图 7-12 所示。本节仅对已发布国家标准的内容进行介绍。

图 7-12　GB/T 16857 系列标准

7.2.2　坐标测量系统的布局特点

坐标测量系统的机械结构复杂而多样，有多种分类，了解这些分类方法，有益于坐标测量系统的选型与应用。表 7-10 参考 GB/T 16857. 1—2002 给出了几种常用坐标测量系统的总体结构布局及其特点。

表 7-10　坐标测量系统的总体结构布局及特点

序号	布局名称	原理示意图	机构简图	系统特点
1	固定工件台悬臂式	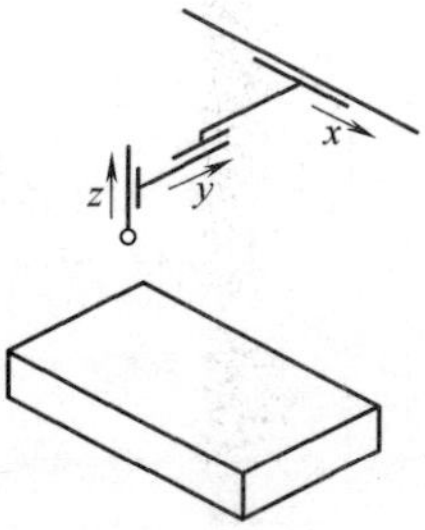	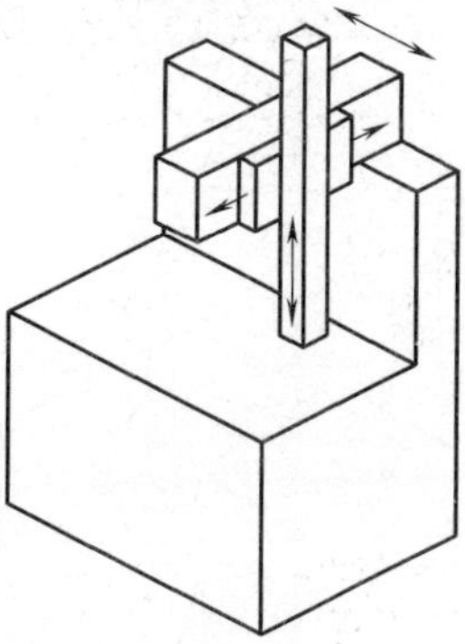	三轴正交形式。装有探测系统的第一部分装在第二部分上并相对其做垂直运动 第一和第二部分的总成相对第三部分做水平运动 第三部分以悬臂状被支撑在一端，并相对机座做水平运动，机座承载工件 一般用于小型 CMM
2	移动桥式	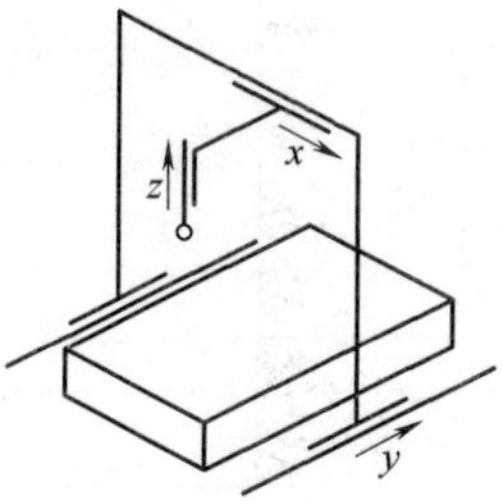	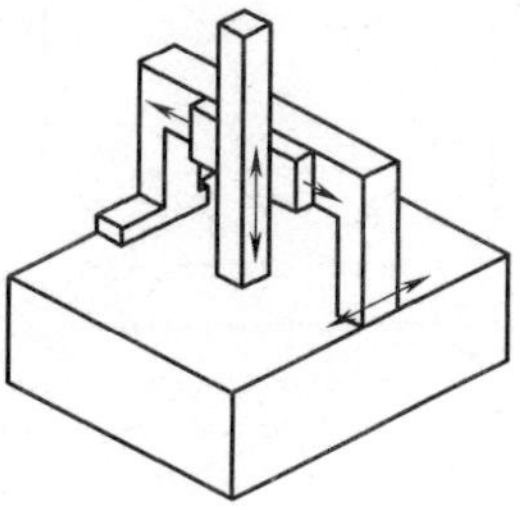	三轴正交形式。装有探测系统的第一部分装在第二部分上并相对其做垂直运动 第一和第二部分的总成相对第三部分做水平运动 第三部分被架在机座的对应两侧的支柱支承上，并相对机座做水平运动，机座承载工件 一般用于中小型 CMM
3	龙门式	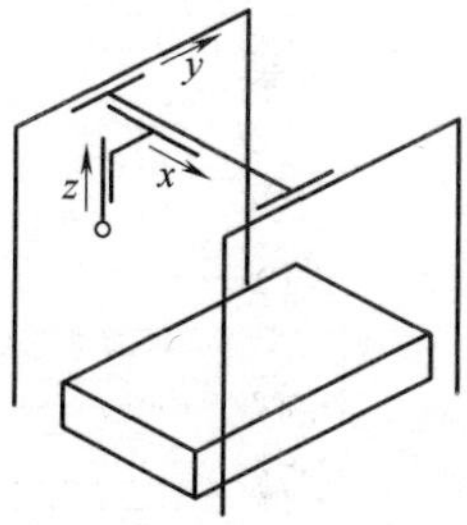	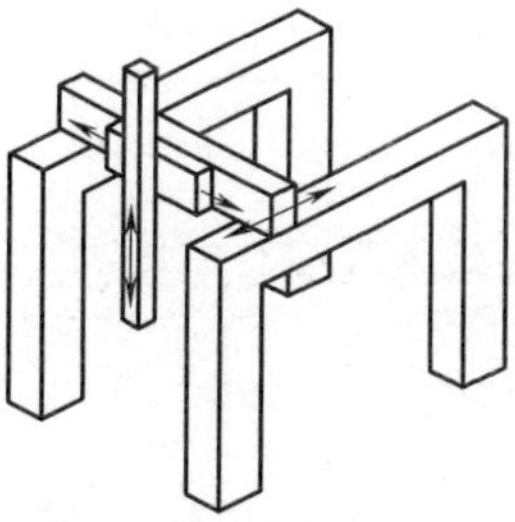	三轴正交形式。装有探测系统的第一部分装在第二部分上并相对其做垂直运动 第一和第二部分的总成相对第三部分做水平运动 第三部分在机座两侧的导轨上做水平运动，机座承载工件 一般用于大型 CMM
4	L 型桥式	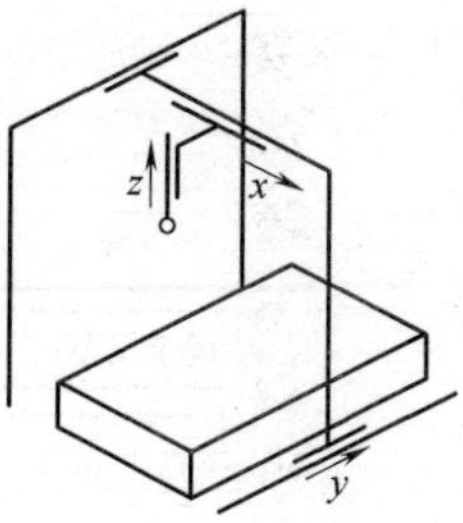	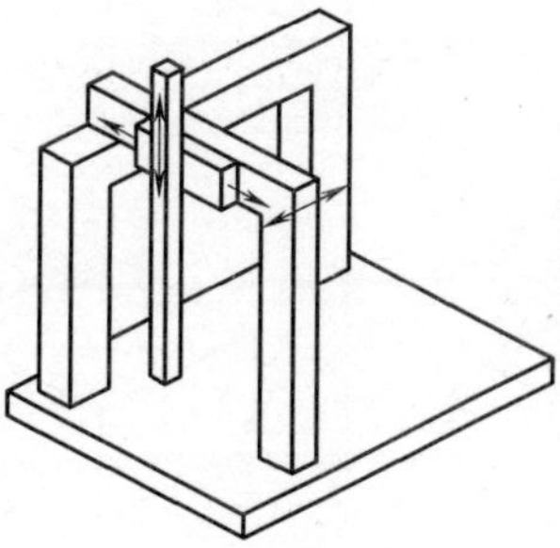	三轴正交形式。装有探测系统的第一部分装在第二部分上并相对其做垂直运动 第一和第二部分的总成相对第三部分做水平运动 第三部分在机座平面或低于平面上的一条导轨和在机座上另一条导轨的两条导轨上做水平运动，机座承载工件 常用于大中型 CMM
5	固定桥式	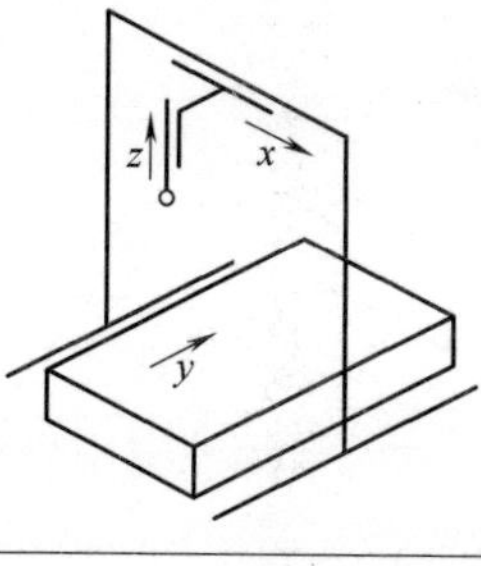	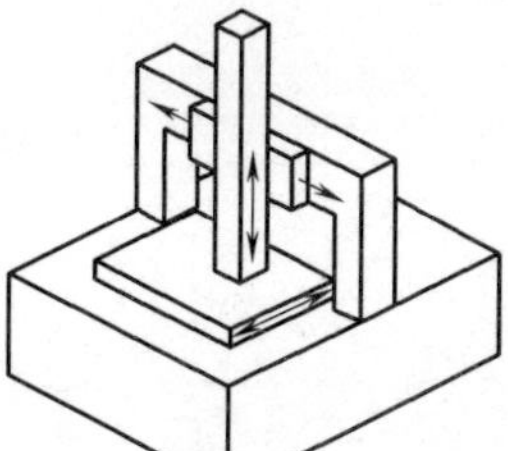	三轴正交形式。装有探测系统的第一部分装在第二部分上并相对其做垂直运动 第一和第二部分的总成沿着牢固装在机座两侧的桥架上端做水平运动，在第三部分上安装工件 常用于大中型 CMM

（续）

序号	布局名称	原理示意图	机构简图	系统特点
6	移动工作台悬臂式	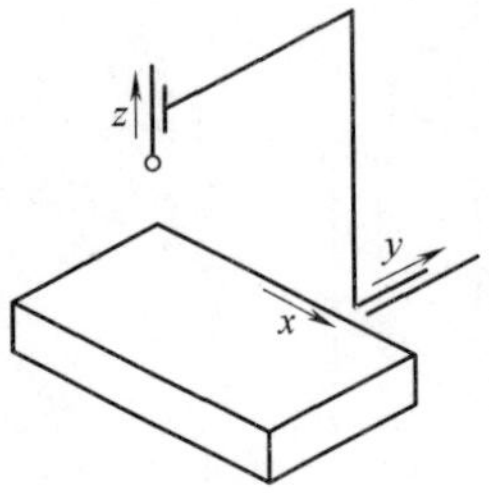	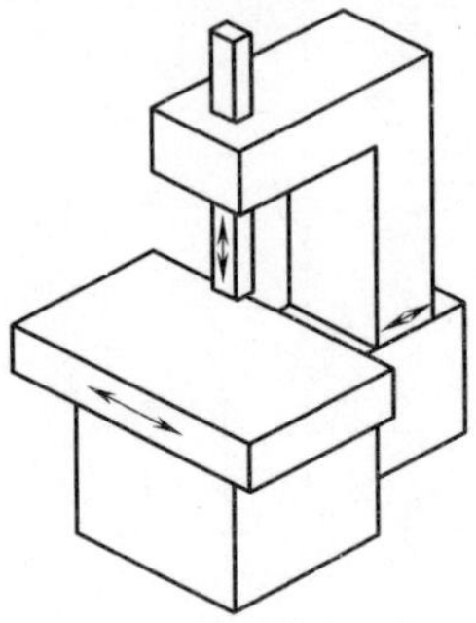	三轴正交形式。装有探测系统的第一部分装在第二部分上并相对其做垂直运动 第二部分以悬臂状被支承在一端，并相对机座做水平运动 第三部分相对机座做水平运动并在其上安装工件
7	柱式	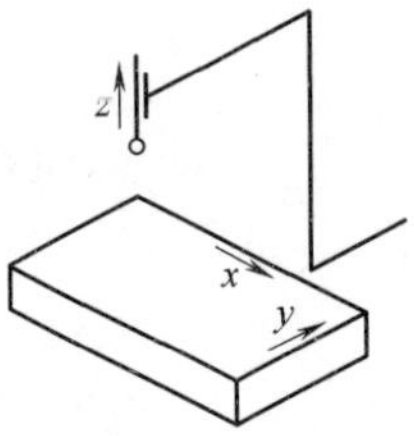	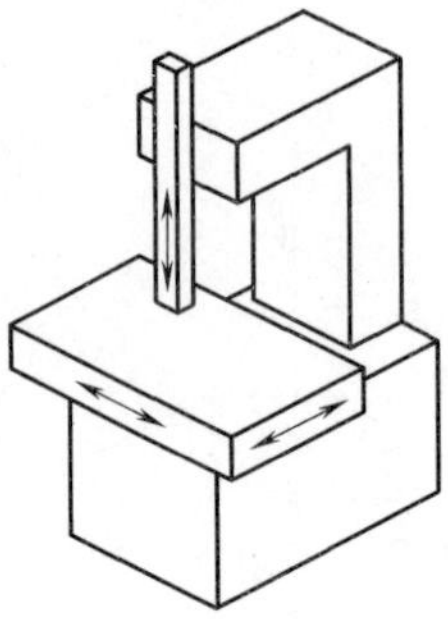	有两个可移动组成部分 装有探测系统的第一部分装在相对机座做垂直运动。第二部分装在机座上并相对其沿水平方向运动，在该部分上安装工件
8	水平悬臂移动式	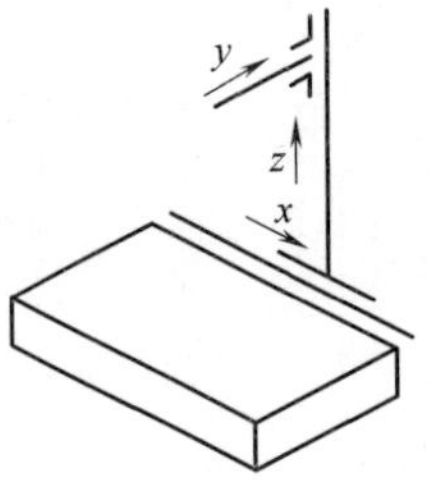	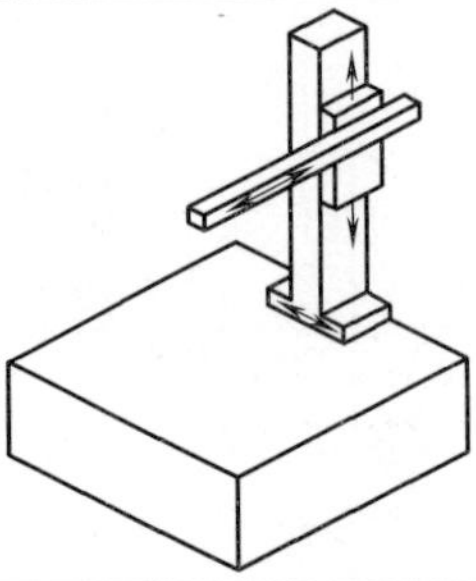	三轴正交形式。装有探测系统的第一部分装在第二部分上并相对其做水平运动 第一和第二部分的总成相对第三部分做垂直运动 第三部分相对机座做水平运行，并在其上安装工件
9	固定工作台水平悬臂	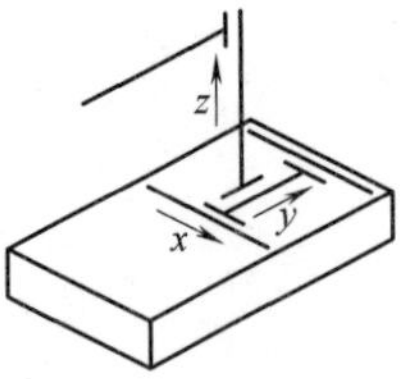	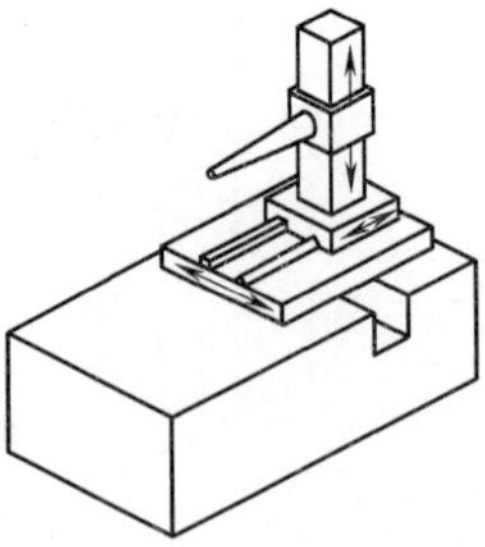	三轴正交形式。装有探测系统的第一部分在水平方向以悬臂状被支承在一端，并相对第二部分做垂直运动 第二部分相对第三部分做水平运动 第三部分相对机座做水平运行，并在其上安装工件
		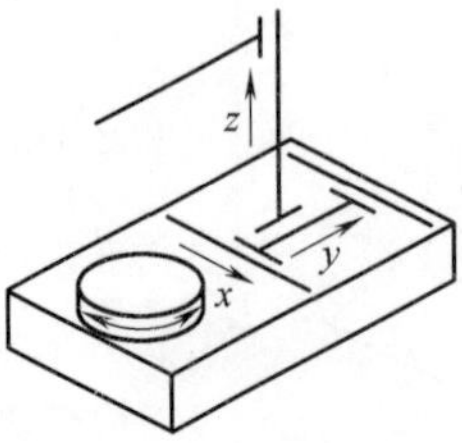	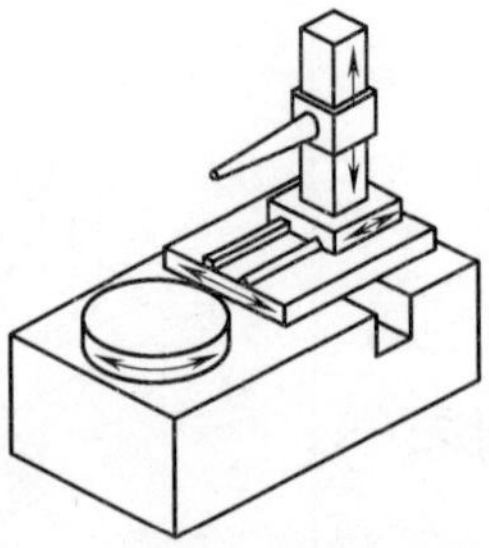	在机座上轴线为垂直的转台，工件装在转台上

（续）

序号	布局名称	原理示意图	机构简图	系统特点
10	移动工作台水平悬臂			三轴正交形式。装有探测系统的第一部分在水平方向以悬臂状被支承在一端，第一部分装在第二部分上并相对其做垂直运动 第一、第二部分的总成和第三部分相对机座做水平运动。工件装在第三部分上

7.2.3　测量线性尺寸坐标测量机的检测

（1）检测参数

1）长度测量误差 E_L（length measurement error）是当坐标测量机的探针偏置为 L、对已校准的检测长度的每一个端点采用单点（或相当的）探测方式测量时的示值误差。图 7-13 所示为万向探测系统的探针偏置示例。

2）长度测量误差重复精度 R_0（repeatability range of the length measurement error）是坐标测量机的探针偏置为 0 时，三次检测长度测量误差的重复精度（最大值与最小值之差）。

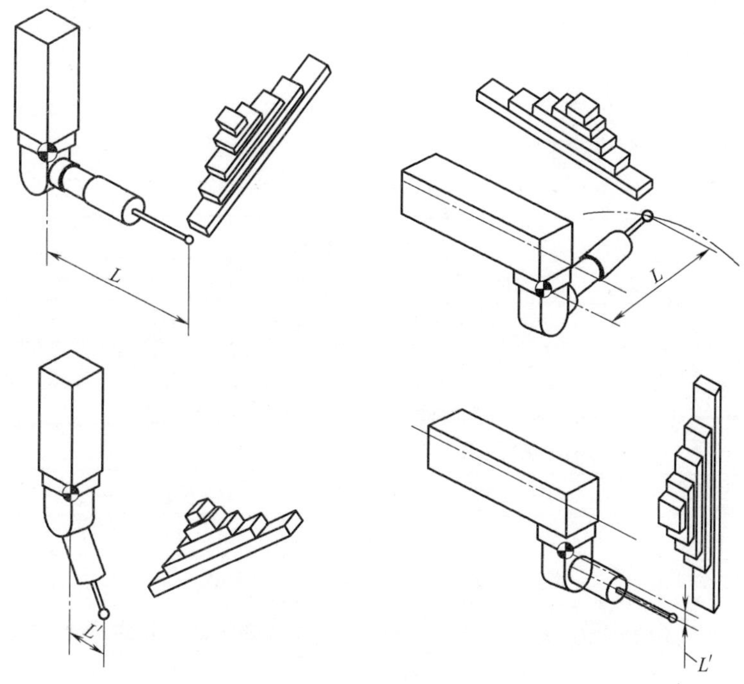

图 7-13　万向探测系统的探针偏置示例

注：$L' \approx 0$mm

（2）验收检测和复检检测的原理

使用已校准的检测长度（可溯源到米），在默认的探针偏置（0 和 150mm）下，确定坐标测量机的长度测量误差 E_L 和长度测量误差重复精度 R_0 满足规定的长度测量最大允许误差 $E_{0,MPE}$、$E_{150,MPE}$ 和重复精度最大允许限 $R_{0,MPL}$ 的要求。

从探针针头中心到参考点间的距离（垂直于探测轴）称为探针偏置，示例如图 7-13 所示。参考点由制造商定义，如果没有已知的由制造商定义的参考点，用户选择靠近探测系统安装位置的点作参考点。评价应是对 5 个不同尺寸已校准的检测长度进行测量，每个尺寸测量 3 次，将示值与校准值做比较，示值通过将点到点长度测量投影到基准方向上计算得出。

（3）测量设备

每个方位的已校准的检测长度的最大长度至少是沿着坐标测量机测量线方向最大行程的 66%，所以空间对角线方位的检测长度的最大长度要大于轴向方位的检测长度的最大长度。已校准的检测长度之间的长度应显著不同，在测量线上均布。例如，1m 测量线所使用的均布的已校准的检测长度为：100mm、200mm、400mm、600mm、800mm。

除非制造商特殊说明，已校准的检测长度都默认为常规温度膨胀系数（CTE）材料。

（4）验收检测和复检检测的程序

探针偏置为 0 时，在空间 7 个位置，对一组包含 5 个不同尺寸已校准的检测长度（如块规）进行测量，如图 7-14 所示，每种尺寸测量 3 次。总共的测量次数为：$5\times3\times7=105$。

7 个方位中的 4 个应是空间对角线，用户可以指定剩余的 3 个方位，默认的方位是平行于坐标测量机的三个坐标轴。E_0 在测量空间的方向见表 7-11。

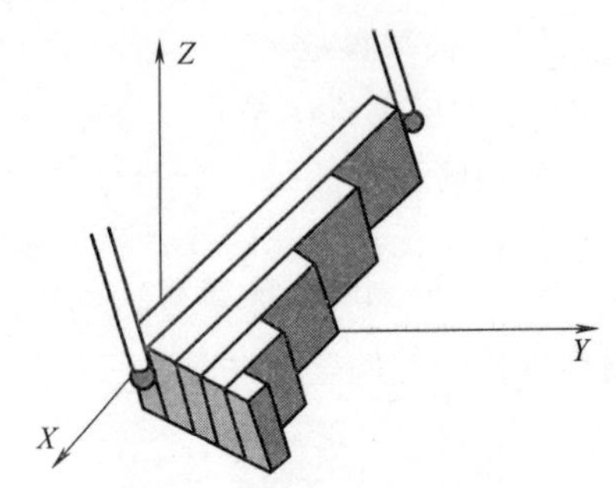

图 7-14　长度测量示值误差 E_L 的双向测量示例

表 7-11　E_0 在测量空间的方向

方位序号	在测量空间的方向	必需或默认
1	沿空间对角线从点(1,0,0)到(0,1,1)	必需
2	沿空间对角线从点(1,1,0)到(0,0,1)	必需
3	沿空间对角线从点(1,1,0)到(1,0,1)	必需
4	沿空间对角线从点(0,0,0)到(1,1,1)	必需
5	平行于机器标尺从点(0,1/2,1/2)到(1,1/2,1/2)	默认
6	平行于机器标尺从点(1/2,0,1/2)到(1/2,1,1/2)	默认
7	平行于机器标尺从点(1/2,1/2,0)到(1/2,1/2,1)	默认

注：此表中，坐标系（X，Y，Z）中测量空间对角点假设为（0，0，0）和（1，1，1）。

探针偏置的默认值是 150mm（±15mm）时，探针偏转置的方向是沿着坐标测量机的一个轴线、垂直于已校准的检测长度所定义的测量线。对每个测量，用户可以指定探针偏置沿正轴向或负轴向，即 1A 或 1B 方位时选+X 或-X，2A 或 2B 方位时选+Y 或-Y（见图 7-15）。因此，表 7-12 中规定的 4 种检测长度方位和测头方向有 8 组可能的组合，用户可以选择任意 2 组进行测试。对每个检测长度方位和测头方向的组合，需要检测 5 个不同的已校准的检测长度，每个检测 3 次，所以对 2 组所选择的组合，共需要执行 30 次测量。

表 7-12　E_{150} 在测量空间的方向

方位序号	在测量空间的方向
1A	沿 YZ 平面的对角线从点(1/2,0,0)到(1/2,1,1)
1B	沿 YZ 平面的对角线从点(1/2,0,1)到(1/2,1,0)
2A	沿 XZ 平面的对角线从点(0,1/2,0)到(1,1/2,1)
2B	沿 XZ 平面的对角线从点(0,1/2,1)到(1,1/2,0)

注：此表中，坐标系（X，Y，Z）中测量空间对角点假设为（0，0，0）和（1，1，1）。

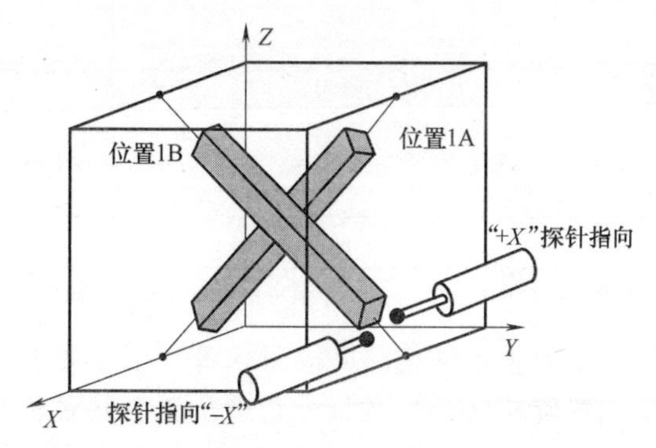

图 7-15　检测 E_{150} 时 4 个检测长度方位中的 2 个和 4 个测头方向中的 2 个

(5) 应用

长度测量示值误差适用于距离、直径和位置公差的测量。

7.2.4　配置转台的轴线为第四轴的坐标测量机的检测

(1) 验收检测和复检检测的原理

通过测定安置在转台上两个检测球中心的被测坐标的变量，证实坐标测量机的径向四轴误差 FR、切向四轴误差 FT 和轴向四轴误差 FA 的示值误差是否在规定的最大允许径向四轴误差 MPE_{FR}、最大允许切向四轴误差 MPE_{FT} 和最大允许轴向四轴误差 MPE_{FA} 范围内。

用检测球的中心来测定径向、切向和轴向三项四轴误差，每个检测球中心的位置用转台上的工件坐标系统表示，如图 7-16a 所示。以转台的不同的角度位置进行一系列测量而测得安置在转台上的每个检测球中心，如图 7-17 所示。

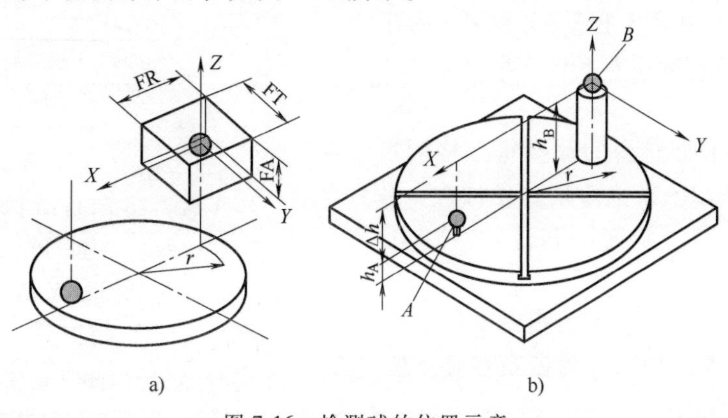

图 7-16　检测球的位置示意

（2）测量器具

两个检测球 A 和 B 的直径均不小于 10mm 且不大于 30mm，其形状经校准。

（3）验收检测和复检检测的程序

1）把转台上检测球 A 放置在尽可能接近表 7-13 所列的半径 r 处的转台面上。检测球 B 放置在检测球 A 对面的约同一半径 r 和近似直径方向的高度差 Δh 处，如图 7-16b 所示。

表 7-13　转台上检测球的位置

组合序号	高度差 Δh/mm	半径 r/mm
1	200	200
2	400	200
3	400	400
4	800	400
5	800	800

注：缺省值必须由制造商指定上列组合中的一个，另一个值可由制造商和用户商定。

2）先以检测球 B 的中心为坐标原点，从检测球 B 在其初始位置（位置 0）上开始检测，然后以一组 7 个角度位置旋转转台，在每个角度位置上测量检测球 A 的位置；再以相反方向 7 个角度位置旋转转台，在每个角度位置上测量检测球 A 的位置，如图 7-17 所示。

3）先以检测球 A 的中心为坐标原点，以同一方向 7 个角度位置旋转转台，在每个角度位置上测量检测球 B 的位置；再以相反方向 7 个角度位置旋转转台，在每个角度位置上测量检测 B 的位置，如图 7-17 所示。

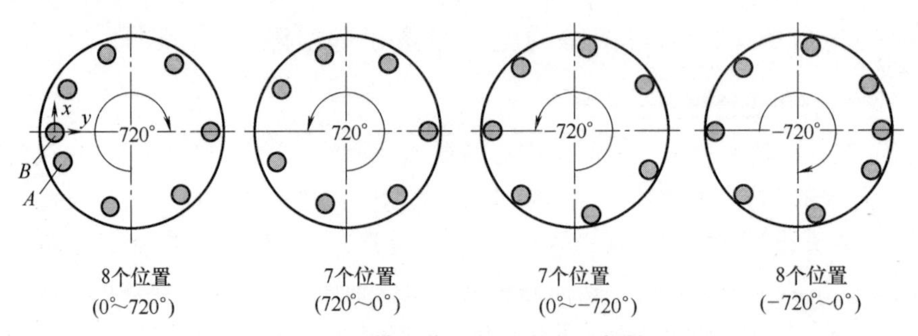

图 7-17　转台旋转角度位置示意图

4）计算球 A 和球 B 上 X、Y 和 Z 的范围。

5）计算三项四轴误差 FR、FT、FA。

（4）应用

示例：在配有旋转台的测量机上检测齿轮误差，如图 7-18 所示。齿轮合格的条件为：转台误差 FR（径向），FT（切向）和 FA（轴向）满足以下条件：

1）FT≤F_p/5，式中 F_p 为齿距累积公差。

2）FR≤F_r/5，式中 F_r 为齿圈跳动公差。

3）FA，不提供。

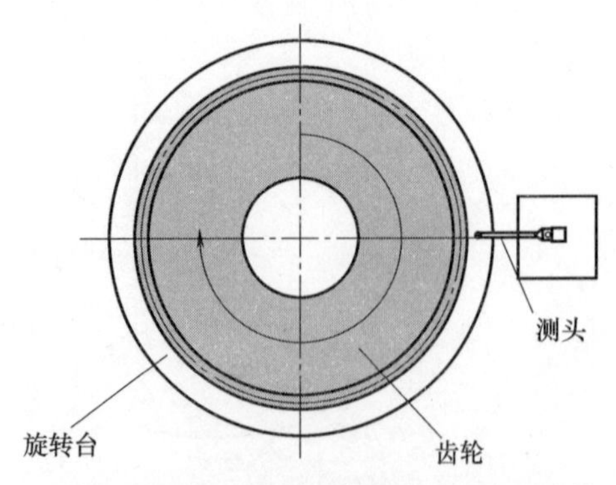

图 7-18　在配有旋转台的测量机上检测齿轮误差的俯视图

7.2.5　在扫描模式下使用的坐标测量机的检测

(1) 验收检测和复检检测的原理

GB/T 16857.4—2003 标准主要规定检测坐标测量机的扫描性能，包括：扫描探测误差 T_{ij} 和扫描检测时间 τ_{ij}。

具体检测方法是：在扫描模式下使用的坐标测量机应使用标称直径为 3mm 的球端探针进行检测。确定扫描探测误差 T_{ij} 应不超过最大允许扫描探测误差 MPE_{Tij}；扫描检测时间 τ_{ij} 应不超过最大允许扫描检测时间 $MPT_{\tau ij}$。

扫描探测误差 T_{ij} 和扫描检测时间 τ_{ij} 中的下标分别为：i =H 或 L，j =P 或 N，其中，H 为高点密度、L 为低点密度、P 为预定路径扫描、N 为非预定路径扫描。由此对应的最大允许扫描探测误差和最大扫描检测时间为：

1）在预定路径上扫描，以采集高点密度（HP）：对应 MPE_{THP} 和 $MPT_{\tau HP}$。

2）在预定路径上扫描，以采集低点密度（LP）：对应 MPE_{TLP} 和 $MPT_{\tau LP}$。

3）在非预定路径上扫描，以采集高点密度（HN）：对应 MPE_{THN} 和 $MPT_{\tau HN}$。

4）在非预定路径上扫描，以采集低点密度（LN）：对应 MPE_{TLN} 和 $MPT_{\tau LN}$。

(2) 测量器具

钢制检测球：标称直径为 25mm、表面粗糙度 Ra 不大于 0.05μm、硬度不低于 800HV。检测球的直径和形状需经校准。

(3) 验收检测和复检检测的程序

最大允许扫描探测误差 $MPE_{T_{ij}}$，通过测定检测球径向距离 R 值的范围确定；最大允许扫描检测时间 $MPT_{\tau ij}$，通过监控、记录检测所经过的时间确定。检测球的中心和半径通过扫描检测球上四个目标扫描平面确定（见图 7-19）。图 7-19 中，目标扫描平面 1 在平分球体的面的圆上；目标扫描平面 2 与目标扫描平面 1 是相距 8mm 的平行平面；目标扫描平面 3 通过球体的极点；目标扫描平面 4 是离极点 8mm 的平面；目标扫描平面 2、3、4 相互垂直。E 为探测轴的轴线；探针轴偏离探针轴轴线的 α 角，建议 α 角约为 45°。

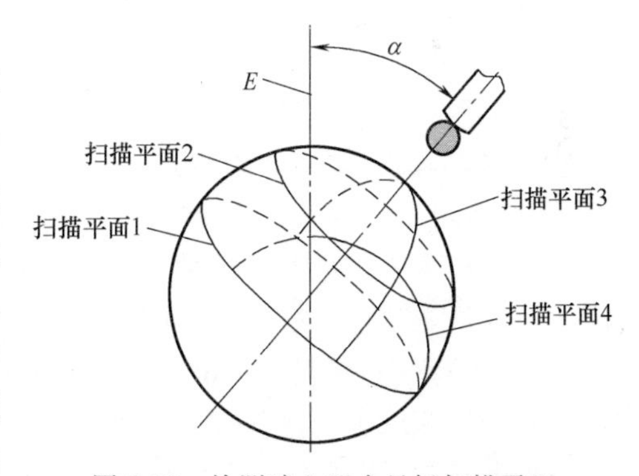

图 7-19　检测球上四个目标扫描平面

按四条修正扫描线测得的全部扫描点计算出高斯（最小二乘）球（拟合要素）的中心。计算测得的每个扫描点的径向距离 R。由计算得到的径向距离 R 的范围算出扫描探测误差。

记录第一扫描顺序起始中间点到第四扫描顺序结束中间点所经过的时间为扫描检测时间 τ_{ij}。

(4) 应用

扫描探测误差应用在所有有关形状的测量，例如：直线度、平面度、圆度、圆柱度、轮廓度等。

7.2.6 使用单探针或多探针探测系统的坐标测量机的检测

(1) 检测参数

1) 单探针形状误差 (single-stylus form error) P_{FTU}。用单探针以离散点的方式对检测球进行测量 (见图 7-20), 用最小二乘法处理各点, 得到的高斯拟合球半径变化范围。检测球可以放置在 CMM 测量空间内的任何位置。

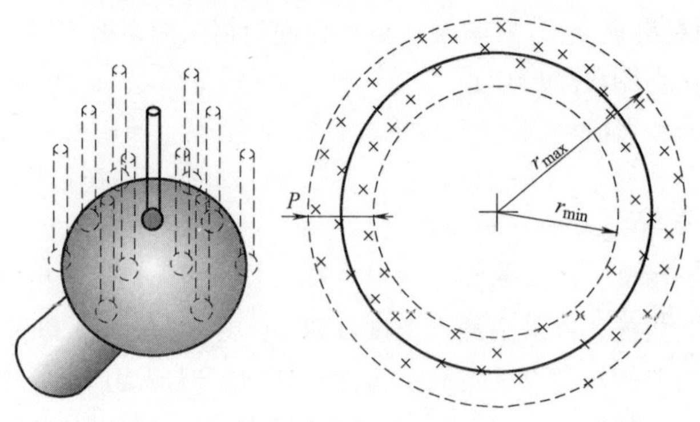

图 7-20 探测误差 P

2) 单探针尺寸误差 (single-stylus size error) P_{STU}。用单探针以离散点的方式对检测球进行测量, 用最小二乘法处理各点, 得到的高斯拟合球直径与检测球标称直径的差值。检测球可以放置在 CMM 测量空间内的任何位置。

3) 多探针形状误差 (multi-stylus form error) P_{FTj}。用 5 个不同的探针以离散点的方式在同一个检测球上进行测量, 用最小二乘法处理各点, 得到的高斯拟合球半径最大变化范围。检测球可以放置在 CMM 测量空间内的任何位置。

4) 多探针尺寸误差 (multi-stylus size error) P_{STj}。用 5 个不同的探针以离散点的方式在同一个检测球上进行测量, 用最小二乘法处理各点, 得到的高斯拟合球直径与检测球标称直径的差值。检测球可以放置在 CMM 测量空间内的任何位置。

5) 多探针位置误差 (multi-stylus location value) P_{LTj}。用 5 个不同的探针以离散点的方式对同一个检测球进行测量, 用最小二乘法处理各点, 得到的高斯拟合球球心坐标 X、Y、Z 最大变化范围。检测球可以放置在 CMM 测量空间内的任何位置。

(2) 参数符号说明

4 个字符联合组成了各 MPE、MPL 的误差和差值, 它们按照相应位置 1~4 被引用。其中:

1) 位置 1 的字符, 说明误差的性质, 即 P 表示与探测系统相关。

2) 位置 2 的字符, 说明测量误差的类型, 即 F 表示形状误差; L 表示位置误差; S 表示尺寸误差。

3) 位置 3 的字符, 说明所使用测头的类型, 即 T 接触式 (Tactile) 探测。

4) 位置 4 的字符, 说明所使用多探测系统的类型, 即 E 使用经验标定的万向系统; I 使用推理标定的万向系统; M 固定式多探针 (星形); N 固定式多测头; U 单探针; jE、I、M、N 中的任意一个。

示例 1: 单探针尺寸误差 P_{STU}, 字母 P 表示探测系统误差, 下标 S 表示这是一个尺寸误差，下标 T 表示接触式探测，下标 U 表示单探针。

示例 2：多探针尺寸误差 P_{STj}，有 P_{STE}、P_{STI}、P_{STM}、P_{STN} 四种。

（3）验收检测和复检检测的原理

单探针形状误差 P_{FTU} 不能超过其最大允许单探针形状误差 $P_{FTU,MPE}$。

在固定式多探针探测系统中，如图 7-21a 所示，多探针形状误差 P_{FTM}、尺寸误差 P_{STM} 和位置差值 P_{LTM} 不能超过各自对应的最大允许误差 $P_{FTM,MPE}$、$P_{STM,MPE}$ 和最大允许差值 $P_{LTM,MPL}$。

在固定式多测头系统中，如图 7-21a 所示，多探针形状误差 P_{FTN}、尺寸误差 P_{STN} 和位置差值 P_{LTN} 不能超过各自对应的最大允许误差 $P_{FTN,MPE}$、$P_{STN,MPE}$ 和最大允许差值 $P_{LTN,MPL}$。

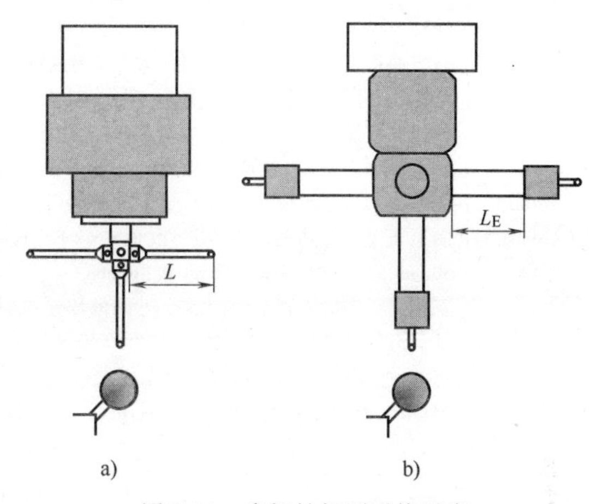

图 7-21　多探针探测系统示意
a）固定式多测头系统　b）万向探测系统

在使用经验标定的万向探测系统中，如图 7-21b 所示，多探针形状误差 P_{FTE}、尺寸误差 P_{STE} 和位置差值 P_{LTE} 不能超过各自对应的最大允许误差 $P_{FTE,MPE}$、$P_{STE,MPE}$ 和最大允许差值 $P_{LTE,MPL}$。

（4）测量器具

尺寸实物标准器（即检测球）的直径不小于 10mm 且不大于 50mm，其形状需校准。

（5）验收检测和复检检测的程序（见表 7-14）

表 7-14　验收检测和复检检测的程序

探测系统	验收检测和复检检测的程序	检测数据分析
单探针系统	在检测球上探测 25 个点，这些点应检测球上均匀分布，且至少覆盖半个球面，这些点的位置由用户确定，如果没有规定，探测点的分布建议如下： 1）1 个点在检测球的极点（由探针方向确定）上 2）与极点垂线成 22.5°的球面上均匀分布 4 个点 3）与极点垂线成 45°的球面上均匀分布 8 个点，且相对于前者旋转 22.5° 4）与极点垂线成 67.5°的球面上均匀分布 4 个点，且相对于前者旋转 22.5° 5）与极点垂线成 90°（即在球的赤道上）的球面上均匀分布 8 个点，且相对于前者旋转 22.5°	使用全部 25 次测量值计算出高斯（即最小二乘）拟合球 计算 25 次测量中每次的高斯半径 R，计算 $P_{FTU}=R_{max}-R_{min}$ 22.5°　22.5°　22.5°　22.5°　极点 22.5°

（续）

探测系统	验收检测和复检检测的程序	检测数据分析
固定式多测头和多探针探测系统	当使用多探针系统时，构建一个“星形探针系统”，其中1根探针平行于测头轴线，其余4根探针在一个垂直于该轴线的平面内，且互成90°。从测头到探针连接点的距离应该最小（符合制造商的建议），一般用和坐标测量机配套的探针。这5根探针的长度 L 应相等并由坐标测量机制造商规定，其值可从以下数值中选择：10mm、20mm、30mm、50mm、100mm、200mm 和 400mm 检测程序的原则是使用5个不同的固定探针测量检测球的形状、尺寸和位置。每个探针在检测球上探测25个点，5个探针总共探测125个点。这些点应在检测球上均匀分布，至少覆盖半个球面。它们的位置由用户决定	由每单个探针所采集的25点为一组，拟合生成一个最小二乘拟合球，总共得到5个拟合球 计算出所有5个拟合球的球心坐标（X,Y,Z）的范围。其在3个坐标方向上变化范围的最大值作为探测系统相应的位置差值 P_{LTM} 或 P_{LTN} 用5个探针采集的所有125个点生成一个最小二乘拟合球，记录拟合球直径和实物标准器的尺寸校准值之差的绝对值，得到多探针系统相应的尺寸误差 P_{STM} 或 P_{STN} 记录125个点相对于最小二乘拟合球心的半径变化范围 $R_{max}-R_{min}$，即 P_{FTM} 或 P_{FTN}
万向探测系统	万向探测系统在5个不同的转角位置测量检测球的形状、尺寸和位置 在每个转角位置，对检测球测量25个点，5个位置总共125点	每个转角位置所采集的25点为一组，拟合生成一个最小二乘拟合球，总共得到5个拟合球 计算出所有5个拟合球的球心坐标（X,Y,Z）的变化范围。按其在3个坐标方向上变化范围的最大值作为探测系统相应的位置差值 P_{LTE} 或 P_{LTI} 取全部5个转角位置所采集的125点生成一个最小二乘拟合球，记录拟合球直径和实物标准器的尺寸校准值之差的绝对值，得到多探针系统相应的尺寸误差 P_{STE} 或 P_{STI} 记录125个点相对于最小二乘拟合球心的半径变化范围 $R_{max}-R_{min}$，即 P_{FTE} 或 P_{FTI}

7.3 坐标测量机测量不确定度的评估技术

坐标测量机是一个复杂的 GPS 测量设备，评估坐标测量机的不确定度有时需要应用到比 GB/T 18779.2 中的更先进的技术。GB/T 24635 系列标准中提到的技术与 GB/T 18779.2、JJF 1059.2 中提到的技术一致。该技术专为坐标测量机开发，但也可以应用到其他 GPS 测量设备上。

GB/T 24635 系列标准修改采用 ISO/TS 15530《产品几何技术规范（GPS） 坐标测量机（CMM） 确定测量不确定度的技术》，该系列标准旨在为使用坐标测量机时对特定任务的测量不确定度评估提供专业的术语、技术和指南。这些技术允许评估影响特定任务的不确定度来源，包括坐标测量系统、采样策略、环境效应、操作者因素和其他的影响实际测量结果的因素。GB/T 24635 分为五个部分，如图 7-22 所示。

7.3.1 GB/T 16857 和 GB/T 24635 中坐标测量机计量特性之间的关系

根据坐标测量机的预期用途及特定任务不确定度评定方法的选定，决定了计量特性的选择。图 7-23 给出了坐标测量机计量特性和测量不确定度之间的关系。表 7-15 所列为 GB/T

图 7-22 GB/T 24635 系列标准及内容

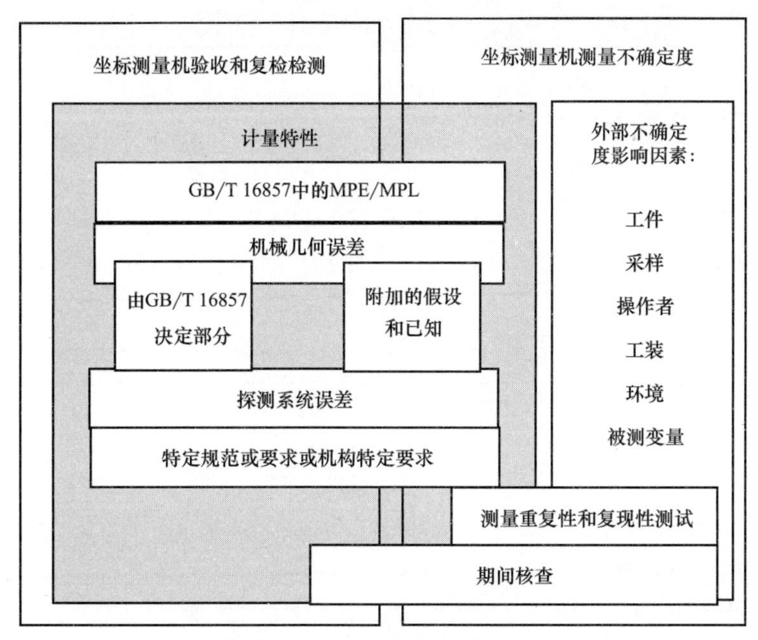

图 7-23 坐标测量机计量特性和测量不确定度之间的关系

16857 系列标准与参考元件的关系；表 7-16 所列为 GB/T 16857 系列标准与测量设备之间关系。

表 7-15 GB/T 16857 系列标准与参考元件的关系

标准	MPE/MPL	不确定度影响因素
GB/T 16857.2	E_L	坐标测量机及测头标尺，包括材料、热膨胀系数、分辨率、线性误差、插值和滞后
GB/T 16857.3	FR，FT，FA	旋转工作台的标尺（如果配备）
GB/T 16857.4	T_{ij}	扫描测头的标尺（如果配备）
GB/T 16857.5	P_{FTE}，P_{STE}，P_{LTE} 或 P_{FTI}，P_{STI}，P_{LTI}	万向测头系统的标尺（如果配备）

表 7-16 GB/T 16857 系列标准与测量设备之间关系

标准	MPE/MPL	不确定度影响因素
GB/T 16857.2	E_L	残余刚体几何误差、静态非刚体误差、动态机械几何误差、在极限温度范围内的温度影响、参考球的直径和形状、测针尺寸的标定、系统滞后、对工件载荷敏感度

（续）

标准	MPE/MPL	不确定度影响因素
GB/T 16857.2	R_0，E_L	系统重复性
GB/T 16857.3	FR，FT，FA	旋转轴误差
GB/T 16857.4	T_{ij}	连续接触扫描误差
GB/T 16857.5	P_{FTU}	在探测系统极限范围内的单探针探测误差（不包括尺寸误差，包括重复性和系统误差）
	P_{FTE}，P_{STE}，P_{LTE} 或 P_{FTI}，P_{STI}，P_{LTI}	探测系统-万向系统误差
	P_{FTM}，P_{STM}，P_{LTM}	探测系统-固定多测针误差
	P_{FTN}，P_{STN}，P_{LTN}	探测系统-固定多探头误差

7.3.2 应用已校准的工件或标准

GB/T 24653.3 规定了对使用坐标测量机和已校准工件得到的测量结果进行测量不确定度评估的方法，提供了针对坐标测量机测量的简化不确定度评估的实验方法，该方法（替代测量）采用与实际测量一样的方式，使用尺寸及形状与实际工件替代未知的被测工件。该方法需要的相似要求见表 7-17。

表 7-17 在测量不确定度评估期间所使用的被测工件或标准件和已校准工件或标准件的相似性要求

项　目	要　求	
尺寸特征	尺寸差异	<10%（≥250mm） <25mm（≤250mm）
	角度差异	±5°以内
形状误差及表面结构	预期的功能特性相似	
材料（如热膨胀、弹性、硬度）	预期的功能特性相似	
测量策略	完全相同	
探针配置	完全相同	

实际的测量评估是一个循环过程（见图 7-24），它包括工件安装和对工件的一次或多次测量，被测工件的位置和方向可以在不确定度评估测量所覆盖的范围内自由选取，这种过程称为“非替代测量方法”。有时还会使用核查标准（如量块）先对坐标测量机系统误差进行修正，该过程称为“替代测量方法”。

为了获得足够数量的采样，不确定度评估至少需要 10 次测量循环，同时对已校准工件将要进行至少 20 次测量。即如果每个循环只测量一个已校准工件，至少要进行 20 个测量循环。比较理想的是这些测量应分布在较长的时间区域内，

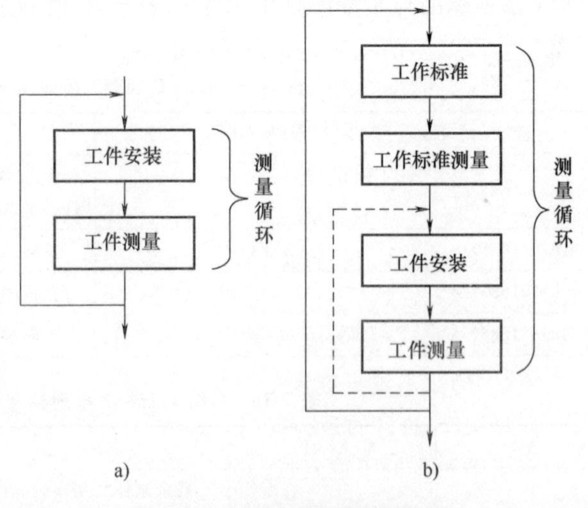

图 7-24 不确定度测量循环过程
a）非替代方法 b）替代方法

以便考虑这方面因素的影响。采用 GB/T 24653.3 标准时，主要考虑的测量不确定度分量见表 7-18。

表 7-18 GB/T 24653.3 方法中的不确定度因素及在不确定度评估中的考虑

不确定度因素名称	评估方法(根据 GUM)	表示方法
坐标测量机的几何误差	A	用综合方式评估 u_p
坐标测量机的温度		
坐标测量机的零点漂移		
工件的温度		
探测系统的系统误差		
坐标测量机的重复性		
坐标测量机的标尺分辨力		
坐标测量机的温度梯度		
探测系统的随机误差		
测头更换不确定度		
由操作过程导致的误差(如夹持、安装等)		
由污物引起误差		
由测量策略引起误差		
已校准工件的校准	B	u_{cal}
工件和已校准工件间在表面粗糙度、形状、膨胀系数、弹性等方面的变化	A 或 B	u_w

注：1. 表中的不确定度因素可能没有包括全部。

2. 表中，u_p 为测量过程的标准不确定度；u_{cal} 为已校准工件或标准件的标准不确定度，它由校准证书给出：u_w 为由工件或标准件影响引入的标准不确定度。

7.3.3 应用仿真技术评估特定任务的测量不确定度

GB/T 24635.4 给出了用于评估特定任务测量不确定度的仿真技术的信息描述，并规定了基于仿真技术的不确定度评估软件（uncertainty evaluating software，UES）用于坐标测量机测量时，对制造商和用户的要求。

7.3.3.1 不确定度评估软件 UES 的要素

UES 所采用的测量过程模型描述了输入量（包括被测量和影响量）与输出测量结果之间的数学关系。由于 UES 不要求用闭合的数学表达式描述模型，因此模型中可以包含数值算法，如相关特征的计算或测量点的过滤。这使得 UES 特别适合于复杂的测量过程，如坐标测量。坐标测量机上的一些测量所使用的 UES 模型可以用流程图（见图 7-25）来描述，其中绘制了测量过程的影响量。

7.3.3.2 测试不确定度评估软件 UES 的方法

测试 UES 的目的是验证当说明部分声明的所有影响量在允许范围内变化时，由 UES 考虑所有影响因素的不确定度计算获得的扩展不确定度包含了大部分（通常为 95%）的测量误差。

为了测试 UES 对于被测量的能力，以圆柱体的直径作为被测量。理想情况下，在各种

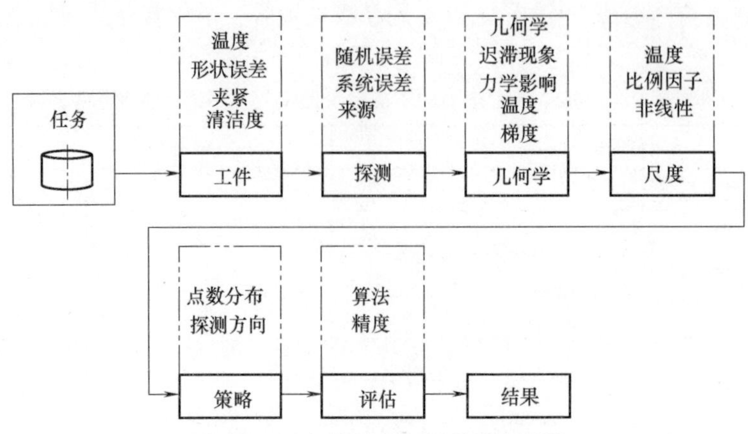

图 7-25　坐标测量机上测量的流程图

温度条件下，在很多不同的坐标测量机上测量一个经过校准的圆柱体，其中每台坐标测量机具有说明部分所允许的不同几何误差和探测误差组合。同时，在每台坐标测量机上，要测量很多具有不同长径比和形状误差的圆柱体，对每个圆柱体，要在许多不同的位置和方向上使用不同的探针和采样策略进行测量。将所有这些测量中所获得的误差与 UES 计算获得的扩展不确定度进行比较。显然，这个单一被测量的测试会涉及大量坐标测量机的数千次测量，实际测试的成本太高。因此，UES 测试通常采用包括实际测试和软件测试的测试组合。

（1）单个坐标测量机的实际测试

该技术使用已校准的工件进行多次实际测量，将所得到的对校准值偏离的统计结果与由 UES 报告的不确定度进行比较。图 7-26 所示为在坐标测量机上对单个圆柱体进行测量的示例。在测量过程中，圆柱可以放置在测量空间的不同位置和方向（图 7-26 所示的位置 1 到位置 4）。此外，可以采用不同的探头配置进行各种测量。

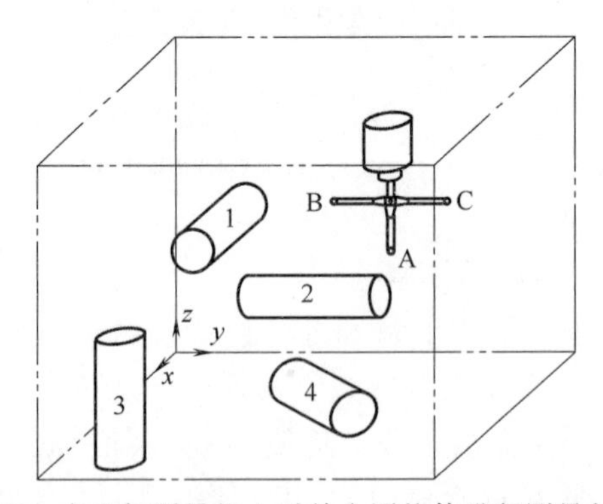

图 7-26　在坐标测量机上对单个圆柱体进行测量的示例

（2）计算机辅助验证和评估（computer-aided verification and evaluation，CVE）

在 CVE 测量过程中的真值是已知的，从而可以发现模拟测量的误差。UES 为该测量产生一个不确定度，通过简单的比较可以确定模拟测量的误差是否包含在被测软件报告的不确定度区间内。图 7-27 以流程图的形式展示了一个简单 CVE 过程。图 7-28 给出了 CVE 在点到点长度测量中的应用。

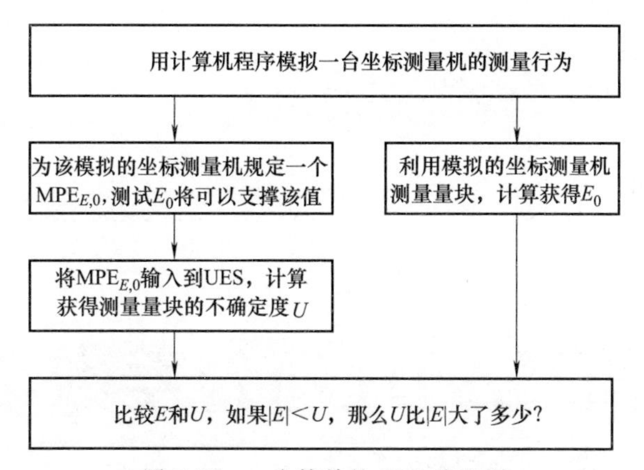

图 7-27　一个简单的 CVE 流程图

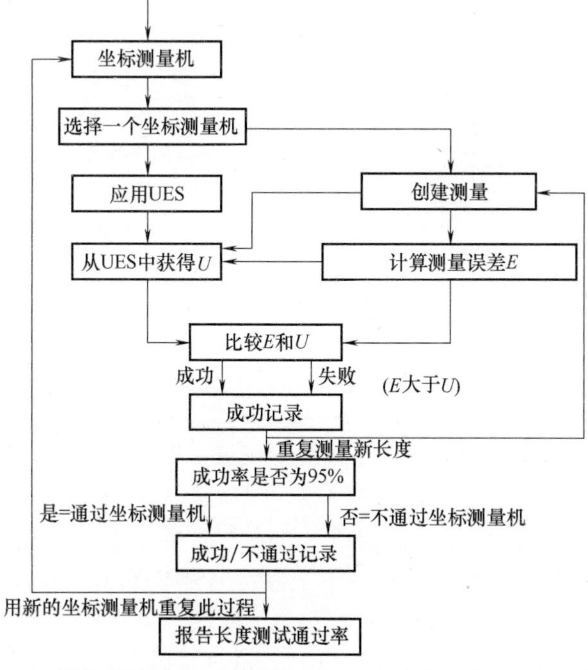

图 7-28　计算机辅助验证和评估 CVE 在点对点长度测量中的应用

第8章 新一代GPS的几何公差数学建模和几何误差检验中的不确定度分析

GPS体系贯穿产品的设计、制造、计量认证全过程，通过GPS不确定度概念的扩展，以及操作、算子技术的引入和应用，为实现GPS的数字化规范统一、过程整体资源的优化配置奠定了必要的理论和技术基础。本章以几何公差的数学建模和几何误差检验中的不确定度传递模型为例，介绍GPS数字化理论的应用。

8.1 几何公差数学建模

8.1.1 几何公差的数学定义

几何公差包括形状公差（直线度、平面度、圆度、圆柱度等）、方向公差（平行度、垂直度、倾斜度）、位置公差（同轴度、对称度、位置度）和跳动公差（圆跳动、全跳动）。几何公差的数学建模是将公差的概念具体化为一系列数学方程，即确定公差带变动范围及公差带范围内要素的几何变动的数学描述。本节参考ASME Y14.5.1—2019 *Mathematical Definition of Dimensioning and Tolerancing Principles*，以及ISO 12180.1：2011、ISO 12181.1：2011、ISO 12780.1：2011、ISO 12781.1：2011，给出几何公差的数学定义。

8.1.1.1 形状公差的数学定义

形状公差的数学定义见表8-1。

表8-1 形状公差的数学定义

项目特征	图例	公差带的数学定义
素线直线度	0.02 a) 图样标注	公差带为两平行直线之间的区域，间距为 t。公差带内所有的点 $\boldsymbol{P}$ 满足以下方程： $$\left\|\hat{\boldsymbol{T}}\times(\boldsymbol{P}-\boldsymbol{A})\right\|\leqslant\frac{t}{2}$$ 式中，$\boldsymbol{A}$ 是公差带中心线上的任意一点；$\hat{\boldsymbol{T}}$ 是公差带中心线的方向矢量

（续）

项目特征	图例	公差带的数学定义
素线直线度	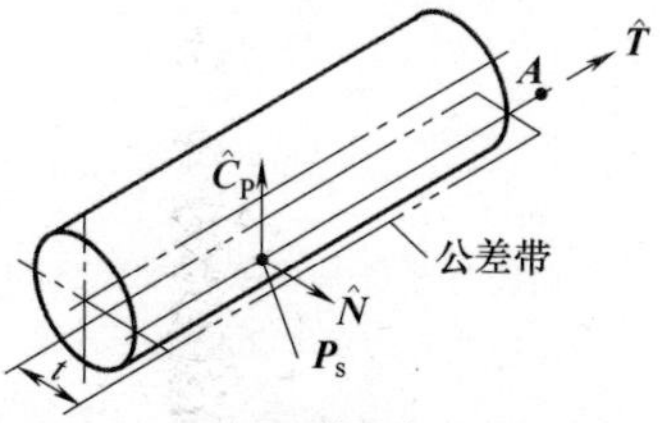 b) 公差带定义	公差带为两平行直线之间的区域，间距为 t。公差带内所有的点 $\boldsymbol{P}$ 满足以下方程： $$\lvert \hat{\boldsymbol{T}}\times(\boldsymbol{P}-\boldsymbol{A}) \rvert \leqslant \frac{t}{2}$$ 式中，$\boldsymbol{A}$ 是公差带中心线上的任意一点；$\hat{\boldsymbol{T}}$ 是公差带中心线的方向矢量
平面直线度	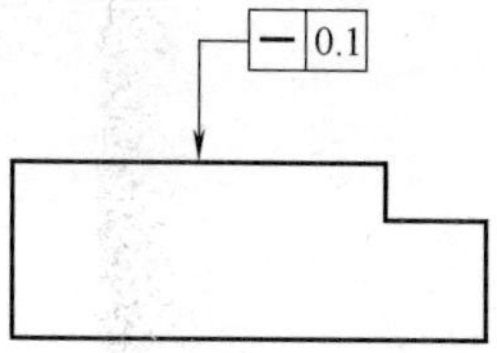 a) 图样标注 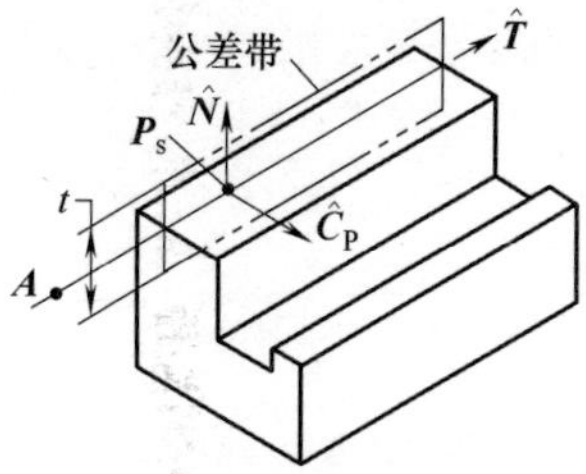 b) 公差带定义	公差带为两平行直线之间的区域，间距为 t。公差带内所有的点 $\boldsymbol{P}$ 满足以下方程： $$\lvert \hat{\boldsymbol{T}}\times(\boldsymbol{P}-\boldsymbol{A}) \rvert \leqslant \frac{t}{2}$$ 且 $$\hat{\boldsymbol{C}}_{\mathrm{P}}\cdot(\boldsymbol{P}-\boldsymbol{P}_{\mathrm{S}})=0$$ $$\hat{\boldsymbol{C}}_{\mathrm{P}}\cdot(\boldsymbol{A}-\boldsymbol{P}_{\mathrm{S}})=0$$ $$\hat{\boldsymbol{C}}_{\mathrm{P}}\cdot\hat{\boldsymbol{T}}=0$$ 式中，$\boldsymbol{A}$ 是公差带中心线上的任意一点；$\hat{\boldsymbol{C}}_{\mathrm{P}}$ 是公差带切平面的法线，垂直于 N，且垂直于 $\hat{\boldsymbol{T}}$；$\hat{\boldsymbol{T}}$ 是公差带中心线的方向矢量；$\boldsymbol{P}_{\mathrm{S}}$ 是被测表面上的点
轴线直线度	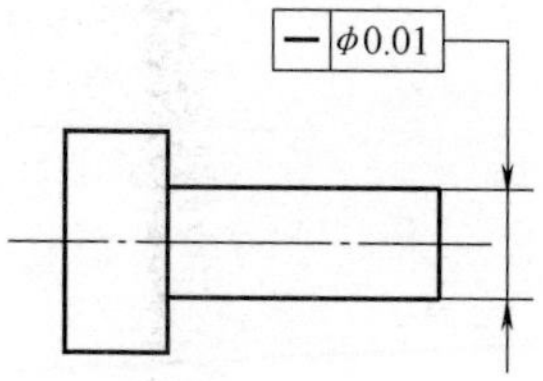 a) 图样标注 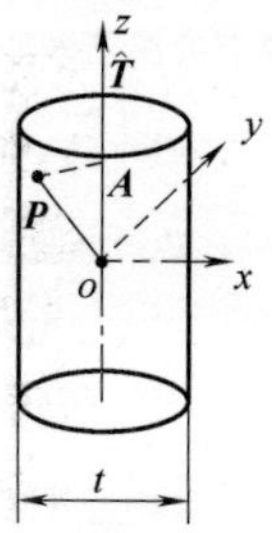 b) 公差带定义	公差带是一个圆柱，直径为 t。公差带内所有的点 $\boldsymbol{P}$ 满足以下方程： $$\lvert \hat{\boldsymbol{T}}\times(\boldsymbol{P}-\boldsymbol{A}) \rvert \leqslant \frac{t}{2}$$ 式中，$\boldsymbol{A}$ 是公差带轴线上的任意一点；$\hat{\boldsymbol{T}}$ 是公差带轴线的方向矢量

（续）

项目特征	图例	公差带的数学定义
平面度	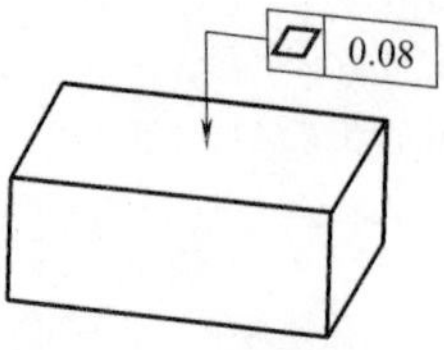 a) 图样标注 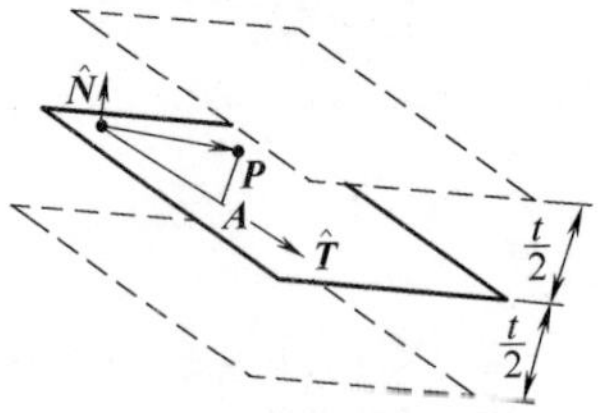 b) 公差带定义	平面度公差带是两平行平面之间的区域，间距为 t。公差带内所有的点 $\boldsymbol{P}$ 满足以下方程： $\lvert \hat{\boldsymbol{T}}\cdot(\boldsymbol{P}-\boldsymbol{A})\rvert \leqslant \frac{t}{2}$ 式中，$\boldsymbol{A}$ 是公差带中心面上的任意一点；$\hat{\boldsymbol{T}}$ 是公差带中心面的方向矢量
圆度	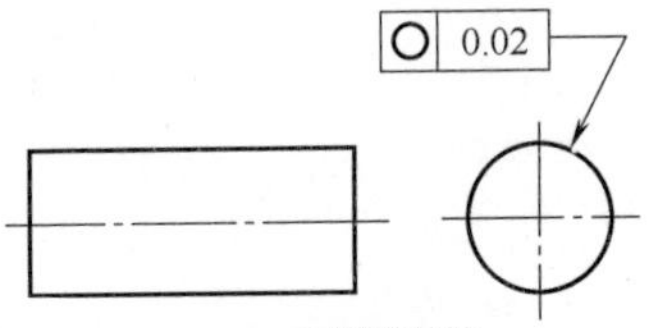 a) 图样标注 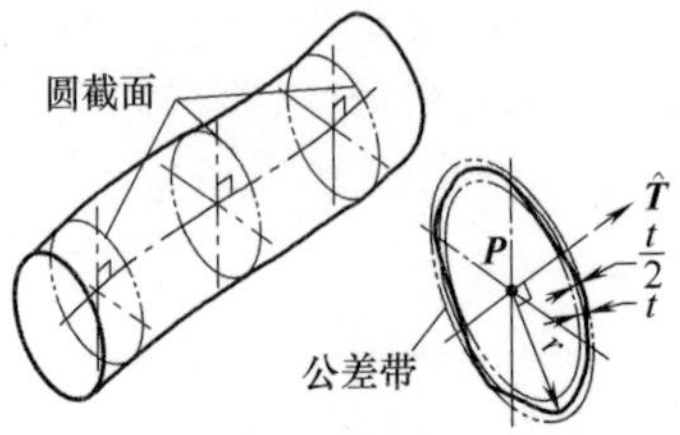 b) 公差带定义	圆度公差带是两同心圆之间的区域，间距为 t。公差带内所有的点 $\boldsymbol{P}$ 满足以下方程： $\hat{\boldsymbol{T}}\cdot(\boldsymbol{P}-\boldsymbol{A})=0$ 且 $\lvert\,\lvert \boldsymbol{P}-\boldsymbol{A}\rvert - r\rvert \leqslant \frac{t}{2}$ 式中，$\boldsymbol{A}$ 是公差带中心面上的任意一点；$\hat{\boldsymbol{T}}$ 是一个单位矢量，对于一个圆柱或圆锥，在 $\boldsymbol{A}$ 点与脊柱相切，对于球，以 $\boldsymbol{A}$ 为中心沿径向指向各个方向；r 是从圆心到被测圆弧的半径
圆柱度	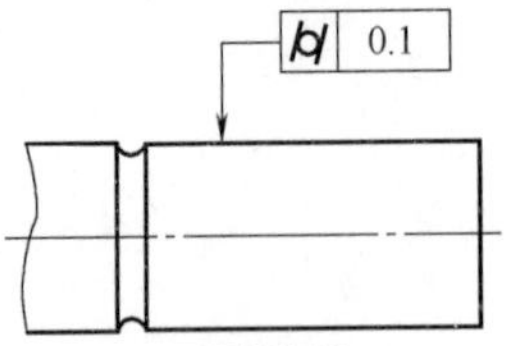 a) 图样标注 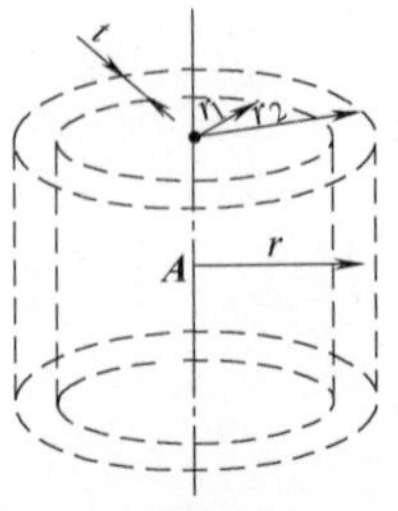 b) 公差带定义	圆柱度公差带是两同轴圆柱之间的区域，间距为 t。公差带内所有的点 $\boldsymbol{P}$ 满足以下方程： $\lvert\,\lvert \hat{\boldsymbol{T}}\times(\boldsymbol{P}-\boldsymbol{A})\rvert - r\rvert \leqslant \frac{t}{2}$ 式中，$\boldsymbol{A}$ 是圆柱轴线上的任意一点；$\hat{\boldsymbol{T}}$ 是圆柱轴线的方向矢量；r 是从圆柱轴线到公差带中心的半径

8.1.1.2 方向公差的数学定义

常见的方向公差带形状有两平行平面和圆柱两种形式，方向公差的数学定义见表 8-2。

表 8-2 方向公差的数学定义

项目特征	图例	公差带的数学定义
方向公差带为两平行平面	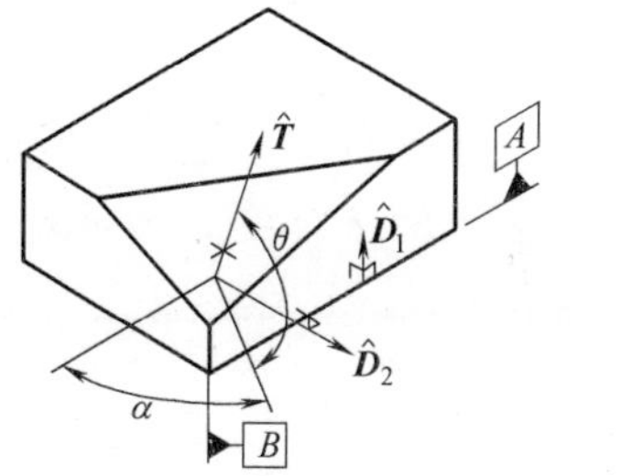 a) 平面方向公差带与第一基准和第二基准的关系 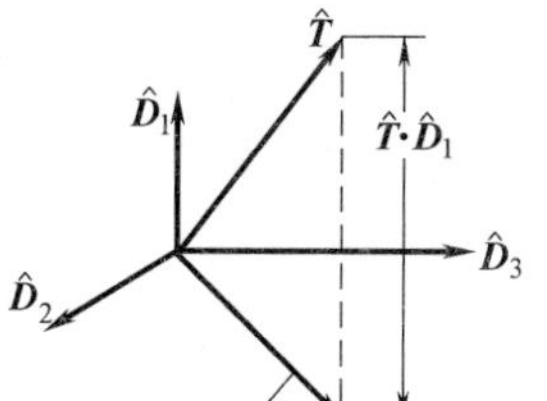 $T_P=\hat{T}-\hat{D}_1(\hat{T}\cdot\hat{D}_1)$，一般式 $\hat{T}'=\frac{T_P}{\lvert T_P\rvert}=\frac{\hat{T}-\hat{D}_1(\hat{T}\cdot\hat{D}_1)}{\lvert\hat{T}-\hat{D}_1(\hat{T}\cdot\hat{D}_1)\rvert}$，标准式 b) 公差矢量在第一基准面上的投影	如果方向公差带形状为两平行平面，公差带内所有的点 $\boldsymbol{P}$ 满足以下方程： $\lvert\hat{\boldsymbol{T}}\cdot(\boldsymbol{P}-\boldsymbol{A})\rvert\leqslant\frac{t}{2}$ 式中，$\boldsymbol{A}$ 是公差带中心面上的任意一点；$\hat{\boldsymbol{T}}$ 是公差带中心面的方向矢量；t 是公差带的大小 如果 $\hat{\boldsymbol{D}}_1$ 是第一基准的方向向量，那么 $\lvert\hat{\boldsymbol{T}}\cdot\hat{\boldsymbol{D}}_1\rvert=\begin{cases}\lvert\cos\theta\rvert,\text{如果第一基准为轴线}\\\lvert\sin\theta\rvert,\text{如果第一基准为平面}\end{cases}$ 式中，θ 是第一基准和公差带方向矢量之间的夹角，如左图 a 所示 如果有第二基准，且公差带进一步被第二基准的方向向量 $\hat{\boldsymbol{D}}$ 限制，那么 $\lvert\hat{\boldsymbol{T}}\cdot\hat{\boldsymbol{D}}_2\rvert=\begin{cases}\lvert\cos\alpha\rvert,\text{如果第二基准为轴线}\\\lvert\sin\alpha\rvert,\text{如果第二基准为平面}\end{cases}$ $\hat{\boldsymbol{T}}'$是 $\hat{\boldsymbol{T}}$ 在垂直于 $\hat{\boldsymbol{D}}_1$ 的平面上的标准化投影，如左图 b 所示；α 是第二基准与 $\hat{\boldsymbol{T}}'$之间的夹角，如左图 a 所示 $\hat{\boldsymbol{T}}'$可由下式得到： $\hat{\boldsymbol{T}}'=\frac{\hat{\boldsymbol{T}}-(\hat{\boldsymbol{T}}\cdot\hat{\boldsymbol{D}}_1)\hat{\boldsymbol{D}}_1}{\lvert\hat{\boldsymbol{T}}-(\hat{\boldsymbol{T}}\cdot\hat{\boldsymbol{D}}_1)\hat{\boldsymbol{D}}_1\rvert}$
方向公差带为圆柱	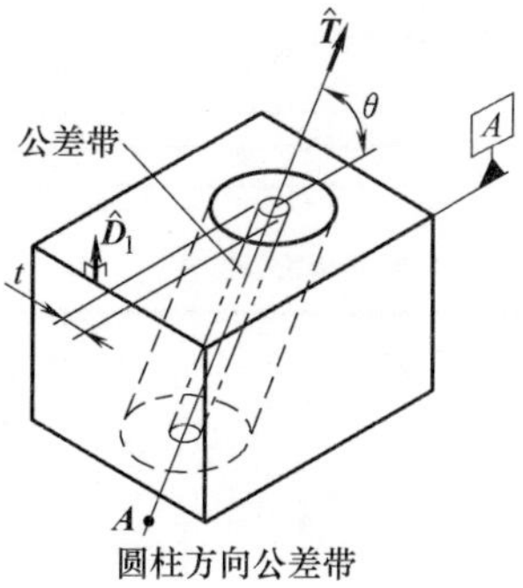 圆柱方向公差带	方向公差带为圆柱，公差带内所有的点 $\boldsymbol{P}$ 满足以下方程： $\lvert\hat{\boldsymbol{T}}\times(\boldsymbol{P}-\boldsymbol{A})\rvert\leqslant\frac{t}{2}$ 式中，$\boldsymbol{A}$ 是公差带轴线上的任意一点；$\hat{\boldsymbol{T}}$ 是公差带轴线的方向矢量；t 是公差带区域的直径 如果 $\hat{\boldsymbol{D}}_1$ 是第一基准的方向矢量，那么 $\lvert\hat{\boldsymbol{T}}\cdot\hat{\boldsymbol{D}}_1\rvert=\begin{cases}\lvert\cos\theta\rvert,\text{第一基准如果为轴线}\\\lvert\sin\theta\rvert,\text{第一基准如果为平面}\end{cases}$ 式中，θ 是第一基准和公差带轴线方向矢量之间的夹角 如果有第二基准，且公差带进一步被第二基准的方向向量 $\hat{\boldsymbol{D}}_2$ 限制，那么 $\lvert\hat{\boldsymbol{T}}\cdot\hat{\boldsymbol{D}}_2\rvert=\begin{cases}\lvert\cos\alpha\rvert,\text{第二基准如果为轴线}\\\lvert\sin\alpha\rvert,\text{第二基准如果为平面}\end{cases}$ $\hat{\boldsymbol{T}}'$是 $\hat{\boldsymbol{T}}$ 在垂直于 $\hat{\boldsymbol{D}}_1$ 的平面上的标准化投影；α 是第二基准与 $\hat{\boldsymbol{T}}'$之间的基本角 $\hat{\boldsymbol{T}}'$可由下式得到： $\hat{\boldsymbol{T}}'=\frac{\hat{\boldsymbol{T}}-(\hat{\boldsymbol{T}}\cdot\hat{\boldsymbol{D}}_1)\hat{\boldsymbol{D}}_1}{\lvert\hat{\boldsymbol{T}}-(\hat{\boldsymbol{T}}\cdot\hat{\boldsymbol{D}}_1)\hat{\boldsymbol{D}}_1\rvert}$

8.1.1.3 位置公差的数学定义

(1) 尺寸要素的位置公差

尺寸要素的位置公差可以应用最大实体要求（MMR）、最小实体要求（LMR）或独立原则（RFS）。位置公差可以用实际要素的曲面法来解释，也可以用实际包络面拟合得到的中心点、中心线或中心平面的解析几何法来解释，这两种方法分别称为曲面法和解析几何法。

1）曲面法。假设被测要素的中心要素的方位是理想的，如图 8-1 所示中的理想位置轴线/中心平面，它一般由基准要素建立。位置公差带上的所有点 $\boldsymbol{P}$ 满足表 8-3 中的公式。其中，$r(\boldsymbol{P})$ 表示点 $\boldsymbol{P}$ 到理想位置的距离；b 为位置公差带的尺寸参数（半径或半宽度），b 的取值见表 8-4。

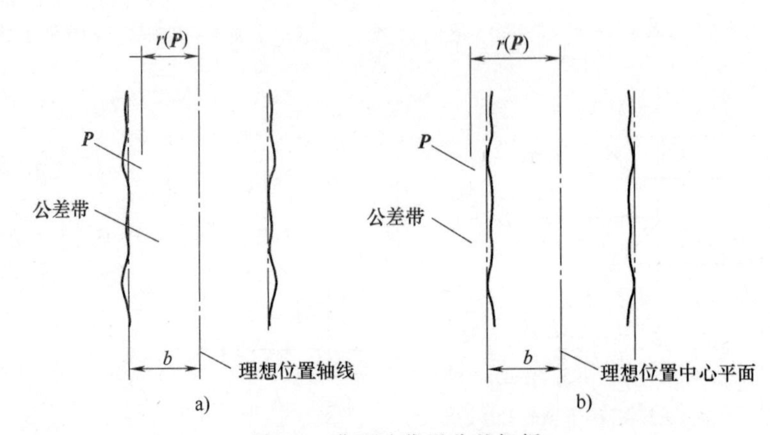

图 8-1 曲面法位置公差解析

a）外要素的位置度公差带示例 b）内要素的位置度公差带示例

表 8-3 曲面法位置度公差带的定义

要素类型	公差要求/公差原则	
	采用最大实体要求或独立原则	采用最小实体要求
内要素	$r(\boldsymbol{P}) \leqslant b$	$r(\boldsymbol{P}) \geqslant b$
外要素	$r(\boldsymbol{P}) \geqslant b$	$r(\boldsymbol{P}) \leqslant b$

表 8-4 曲面法位置公差带尺寸参数 *b* 的取值

要素类型	最大实体要求	独立原则	最小实体要求
内要素	$r_{\mathrm{MMC}}-\frac{t_0}{2}$	$r_{\mathrm{AM}}-\frac{t_0}{2}$	$r_{\mathrm{LMC}}+\frac{t_0}{2}$
外要素	$r_{\mathrm{MMC}}+\frac{t_0}{2}$	$r_{\mathrm{AM}}+\frac{t_0}{2}$	$r_{\mathrm{LMC}}-\frac{t_0}{2}$

注：表中，r_{MMC} 是被测要素处于最大实体状态时的半径；r_{AM} 是被测要素的半径；r_{LMC} 是被测要素处于最小实体状态时的半径；t_0 是被测要素的位置公差值。

2）解析几何法。假定被测要素具有完美形状，如图 8-2 所示，位置公差带主要控制被测要素的方位变动。位置公差带上所有点 $\boldsymbol{P}$ 满足：

$$r(\boldsymbol{P}) \leqslant b$$

式中，b 是公差带的半径或半宽度，b 值由表 8-5 中的值确定。

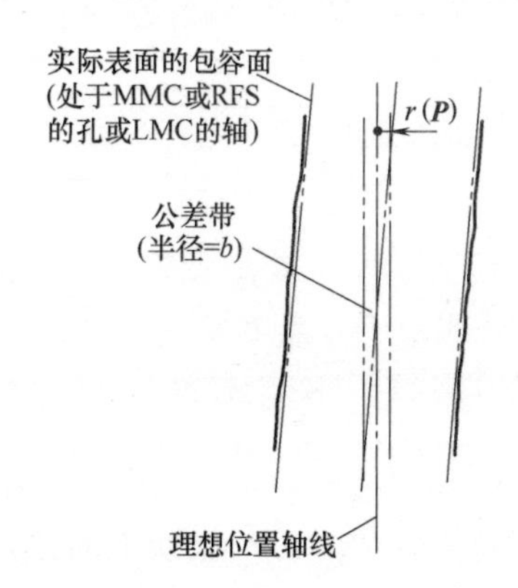

图 8-2　解析几何法位置度公差带示例

表 8-5　解析几何法位置公差带的尺寸参数 b 的取值

要素类型	最大实体要求	独立原则	最小实体要求
内要素	$\frac{t_0}{2}+(r_{AM}-r_{MMC})$	$\frac{t_0}{2}$	$\frac{t_0}{2}+(r_{LMC}-r_{AM})$
外要素	$\frac{t_0}{2}+(r_{MMC}-r_{AM})$	$\frac{t_0}{2}$	$\frac{t_0}{2}+(r_{AM}-r_{LMC})$

注：表中，r_{MMC} 是被测要素处于最大实体状态时的半径；r_{AM} 是被测要素的半径；r_{LMC} 是被测要素处于最小实体状态时的半径；t_0 是被测要素的位置公差值。

（2）延伸位置公差带

图 8-3 所示为是延伸位置公差带示意图，延伸公差带的方向和位置是由基准体系确定的，延伸公差带的理想位置轴线垂直于参照平面。延伸位置公差带的形状是一个圆柱或两平行平面，公差带内所有的点 $\boldsymbol{P}$ 满足表 8-6 中的定义，其中 w 为公差带的尺寸参数。

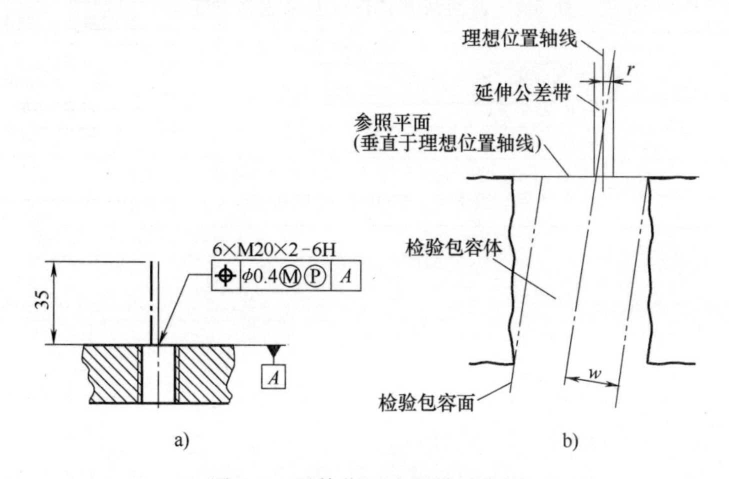

图 8-3　延伸位置公差带示意图
a）图样标注　b）公差带定义

表 8-6 延伸位置公差带的定义

要素类型	公差要求/公差原则	
	采用最大实体要求或独立原则	采用最小实体要求
内要素	$r(\boldsymbol{P})\leqslant w$	$r(\boldsymbol{P})\geqslant w$
外要素	$r(\boldsymbol{P})\geqslant w$	$r(\boldsymbol{P})\leqslant w$

注：采用最大实体要求时，$w=r_{\mathrm{MMC}}$；采用独立原则时，$w=r_{\mathrm{AM}}$；采用最小实体要求时，$w=r_{\mathrm{LMC}}$。

（3）圆锥形位置公差带

假设只考虑被测要素的表面形状误差，被测要素的方向是理想的，如图 8-4a 所示。圆锥位置公差带是由满足表 8-7 中公式的所有点 $\boldsymbol{P}$ 定义。其中，$b(\boldsymbol{P})$ 是高度 $\boldsymbol{P}$ 处公差带的半径。半径 $b(\boldsymbol{P})$ 与位置公差带尺寸参数 r_1 和 r_2 有关：

$$b(\boldsymbol{P})=r_1[1-r(\boldsymbol{P})]+r_2r(\boldsymbol{P})$$

式中，$r(\boldsymbol{P})=\dfrac{(\boldsymbol{P}-\boldsymbol{P}_1)\cdot(\boldsymbol{P}_2-\boldsymbol{P})}{|\boldsymbol{P}_2-\boldsymbol{P}_1|^2}$是 $\boldsymbol{P}$ 在 $\boldsymbol{P}_1$ 和 $\boldsymbol{P}_2$ 轴线上的位置，因此 $r(\boldsymbol{P}_1)=0$，$r(\boldsymbol{P}_2)=1$。r_i（$i=1$，2）的取值见表 8-8。

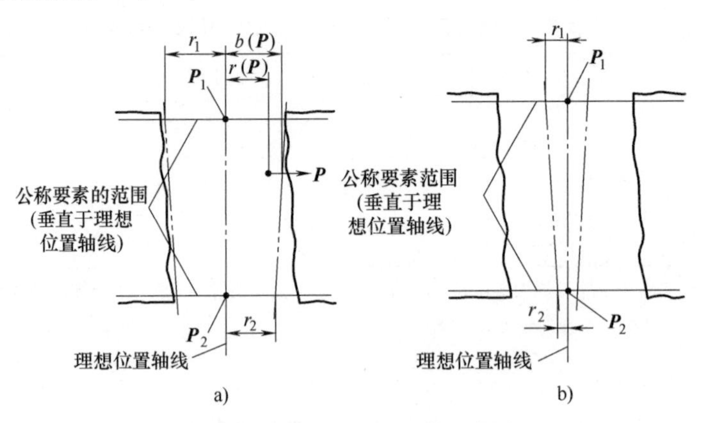

图 8-4 圆锥形位置公差带示意图

a）曲面法 b）解析几何法

表 8-7 曲面法圆锥形位置公差带的定义

要素类型	公差要求/公差原则	
	采用最大实体要求或独立原则	采用最小实体要求
内要素	$r(\boldsymbol{P})\leqslant b(\boldsymbol{P})$	$r(\boldsymbol{P})\geqslant b(\boldsymbol{P})$
外要素	$r(\boldsymbol{P})\geqslant b(\boldsymbol{P})$	$r(\boldsymbol{P})\leqslant b(\boldsymbol{P})$

表 8-8 曲面法 r_i 的取值

要素类型	最大实体要求	独立原则	最小实体要求
内要素	$r_{\mathrm{MMC}}-\dfrac{t_i}{2}$	$r_{\mathrm{AM}}-\dfrac{t_i}{2}$	$r_{\mathrm{LMC}}+\dfrac{t_i}{2}$
外要素	$r_{\mathrm{MMC}}+\dfrac{t_i}{2}$	$r_{\mathrm{AM}}+\dfrac{t_i}{2}$	$r_{\mathrm{LMC}}-\dfrac{t_i}{2}$

注：表中，r_{MMC} 为被测要素处于最大实体状态时的半径；r_{AM} 为被测要素的半径；r_{LMC} 为被测要素素处于最小实体状态时的半径；t_0 为被测要素的位置公差值。

假定被测要素表面具有完美形状，如图 8-4b 所示。圆锥形公差带内上所有的点 $\boldsymbol{P}$ 满足：

$$r(\boldsymbol{P})\leqslant b(\boldsymbol{P})$$

式中，$b(\boldsymbol{P})$ 是沿轴线在高度 $\boldsymbol{P}$ 处公差带的半径。半径 $b(\boldsymbol{P})$ 与位置公差带尺寸参数 r_1 和 r_2 有关，r_1 和 r_2 的取值见表 8-9。

表 8-9　解析法 r_i 的取值

要素类型	最大实体要求	独立原则	最小实体要求
内要素	$\frac{t_i}{2}+(r_{AM}-r_{MMC})$	$\frac{t_i}{2}$	$\frac{t_i}{2}+(r_{LMC}-r_{AM})$
外要素	$\frac{t_i}{2}+(r_{MMC}-r_{AM})$	$\frac{t_i}{2}$	$\frac{t_i}{2}+(r_{AM}-r_{LMC})$

注：表中，r_{MMC} 为被测要素处于最大实体状态时的半径；r_{AM} 为被测要素的半径；r_{LMC} 为被测要素处于最小实体状态时的半径；t_0 为被测要素的位置公差值。

8.1.1.4　跳动公差的数学定义

跳动公差带的数学定义见表 8-10。

表 8-10　跳动公差带的数学定义

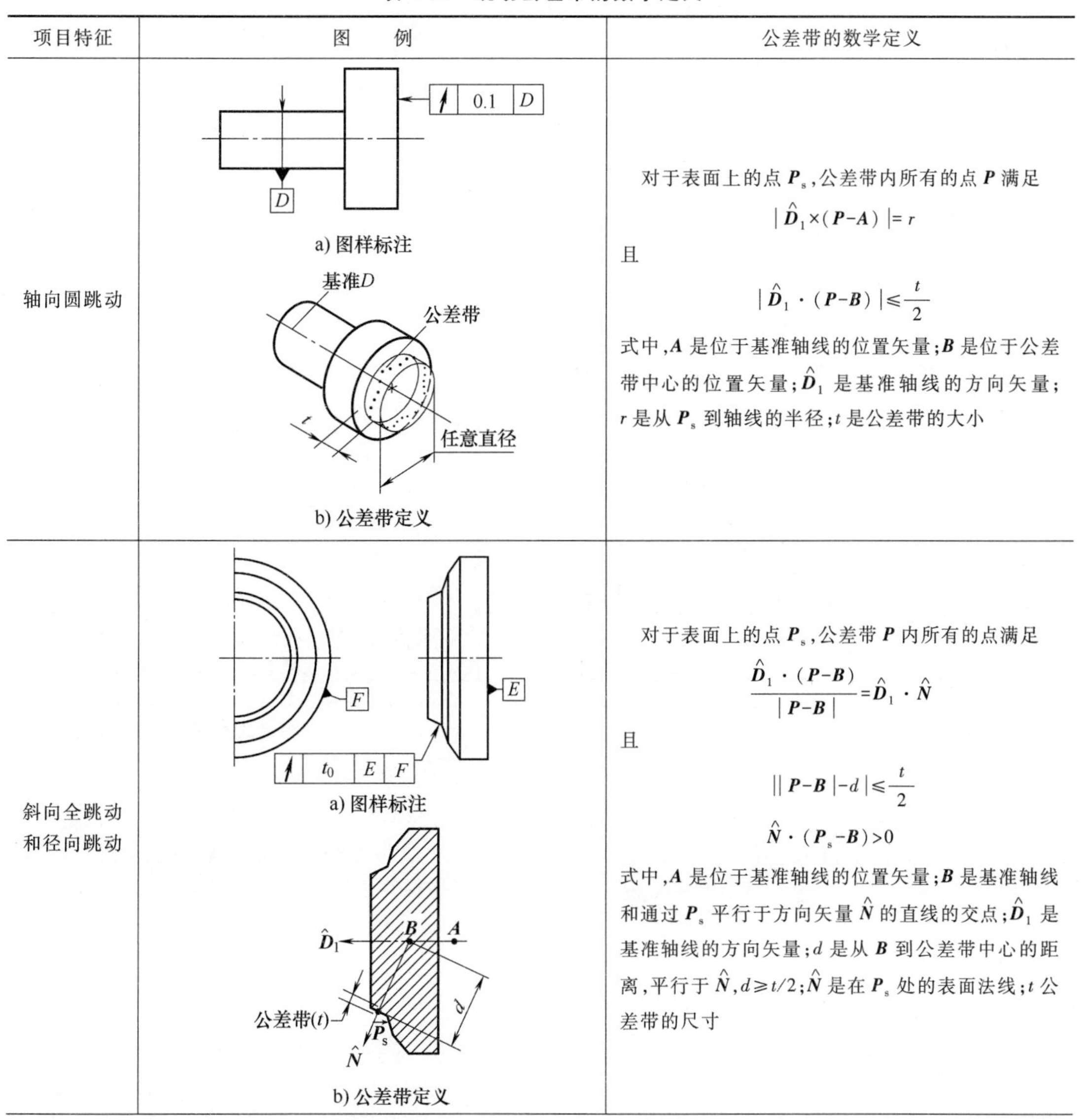

项目特征	图　例	公差带的数学定义
轴向圆跳动	a) 图样标注 b) 公差带定义	对于表面上的点 $\boldsymbol{P}_s$，公差带内所有的点 $\boldsymbol{P}$ 满足 $\lvert \hat{\boldsymbol{D}}_1\times(\boldsymbol{P}-\boldsymbol{A})\rvert=r$ 且 $\lvert \hat{\boldsymbol{D}}_1\cdot(\boldsymbol{P}-\boldsymbol{B})\rvert\leqslant\frac{t}{2}$ 式中，$\boldsymbol{A}$ 是位于基准轴线的位置矢量；$\boldsymbol{B}$ 是位于公差带中心的位置矢量；$\hat{\boldsymbol{D}}_1$ 是基准轴线的方向矢量；r 是从 $\boldsymbol{P}_s$ 到轴线的半径；t 是公差带的大小
斜向全跳动和径向跳动	a) 图样标注 b) 公差带定义	对于表面上的点 $\boldsymbol{P}_s$，公差带 $\boldsymbol{P}$ 内所有的点满足 $\frac{\hat{\boldsymbol{D}}_1\cdot(\boldsymbol{P}-\boldsymbol{B})}{\lvert\boldsymbol{P}-\boldsymbol{B}\rvert}=\hat{\boldsymbol{D}}_1\cdot\hat{\boldsymbol{N}}$ 且 $\lvert\lvert\boldsymbol{P}-\boldsymbol{B}\rvert-d\rvert\leqslant\frac{t}{2}$ $\hat{\boldsymbol{N}}\cdot(\boldsymbol{P}_s-\boldsymbol{B})>0$ 式中，$\boldsymbol{A}$ 是位于基准轴线的位置矢量；$\boldsymbol{B}$ 是基准轴线和通过 $\boldsymbol{P}_s$ 平行于方向矢量 $\hat{\boldsymbol{N}}$ 的直线的交点；$\hat{\boldsymbol{D}}_1$ 是基准轴线的方向矢量；d 是从 $\boldsymbol{B}$ 到公差带中心的距离，平行于 $\hat{\boldsymbol{N}}$，$d\geqslant t/2$；$\hat{\boldsymbol{N}}$ 是在 $\boldsymbol{P}_s$ 处的表面法线；t 公差带的尺寸

（续）

项目特征	图　　例	公差带的数学定义
端面全跳动	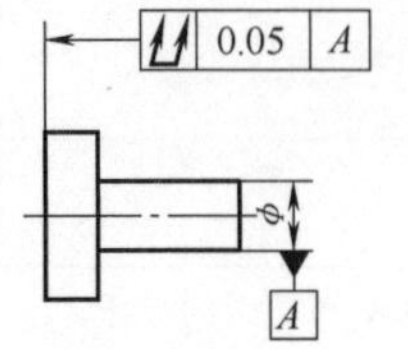 a) 图样标注 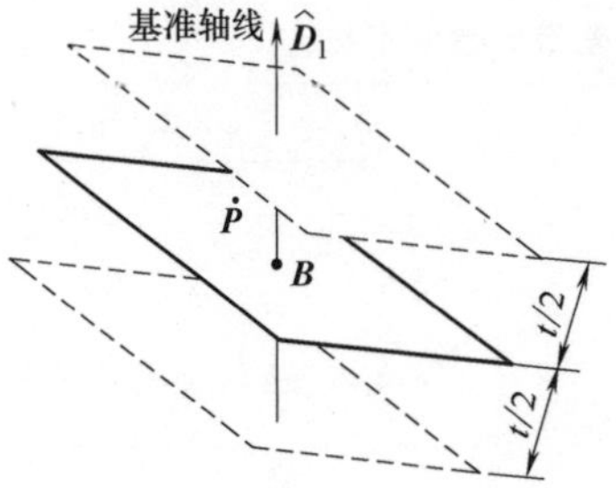 b) 公差带定义	公差带内所有的点 ***P*** 满足 $$\left\| \hat{\boldsymbol{D}}_1 \cdot (\boldsymbol{P}-\boldsymbol{B}) \right\| \leqslant \frac{t}{2}$$ 式中，***B*** 是位于公差带中心面上的位置矢量；$\hat{\boldsymbol{D}}_1$ 是基准轴线的方向矢量；t 是公差带的尺寸
径向全跳动	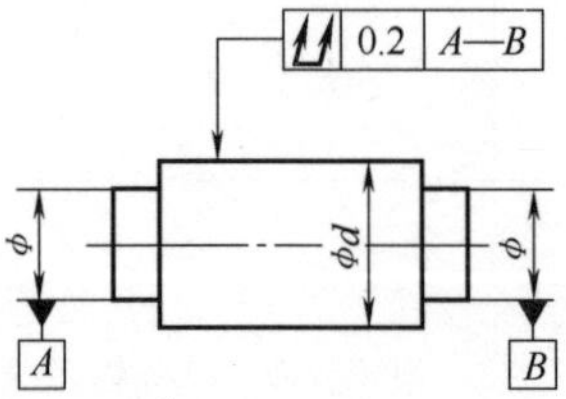 a) 图样标注 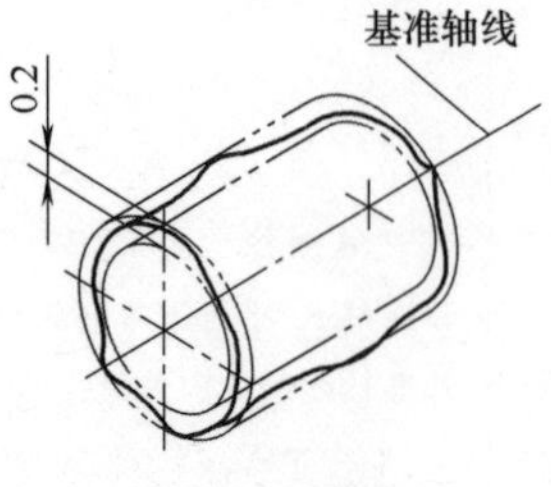 b) 公差带定义	假设基准轴线由位置向量 ***A*** 和方向向量 $\hat{\boldsymbol{D}}_1$ 定义，设 ***B*** 为基准轴线上的一个点，位于理想几何形状定义的理想轮廓线上，r 为从基准轴线点 ***B*** 到理想轮廓线的距离。那么，$\boldsymbol{C}(\boldsymbol{B}, r)$ 表示期望理想轮廓线。对于每一个可能的 $\boldsymbol{C}(\boldsymbol{B}, r)$，全跳动公差带内所有的点 ***P*** 满足 $$\left\| \boldsymbol{P}-\boldsymbol{P}' \right\| \leqslant \frac{t}{2}$$ 式中，***P'*** 是点 ***P*** 通过围绕基准轴旋转 $\boldsymbol{C}(\boldsymbol{B}, r)$ 在表面上产生的投影；t 是公差带的大小

8.1.2　几何公差带的旋量矩阵和约束方程

常见的几何公差带为：两平行直线之间的区域、两等距曲线之间的区域、两同心圆之间的区域、圆内的区域、球内的区域、圆柱面内的区域、两同轴圆柱之间的区域、两平行平面之间的区域和两平行曲面之间的区域，见表 8-11。

基于 GPS 恒定度和 SDT（small displacement torsor）矢量的定义，每一种几何公差带都可以用三个平动矢量和三个转动矢量精确地表示。假设 d_x、d_y、d_z 分别表示局部坐标系 x、y、z 轴上的微小平动量，θ_x、θ_y、θ_z 分别表示局部坐标系 x、y、z 轴上的微小旋转量，则几何公差带的旋量矩阵和约束方程见表 8-11。

表 8-11　常见的几何公差带及其数学模型

公差带	图示	旋量矩阵	约束方程
两平行直线之间的区域	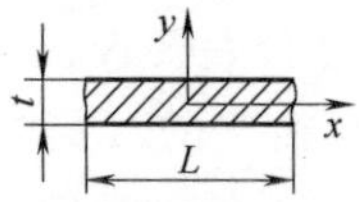	$\begin{pmatrix} 0 & 0 \\ 0 & d_y \\ \theta_z & 0 \end{pmatrix}$	$\lvert\theta_z\rvert \leqslant \frac{t}{L}$ $\lvert d_y\rvert \leqslant \frac{t}{2}$
两等距曲线之间的区域	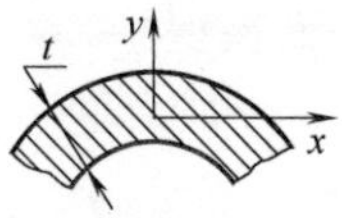	$\begin{pmatrix} 0 & d_x \\ 0 & d_y \\ \theta_z & 0 \end{pmatrix}$	—
两同心圆之间的区域	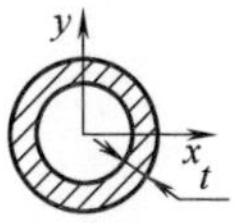	$\begin{pmatrix} 0 & d_x \\ 0 & d_y \\ 0 & 0 \end{pmatrix}$	$d_x^2+d_y^2 \leqslant \frac{t^2}{4}$
圆内的区域	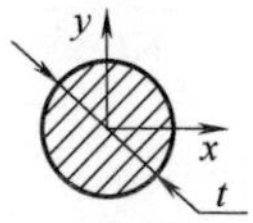	$\begin{pmatrix} 0 & d_x \\ 0 & d_y \\ 0 & 0 \end{pmatrix}$	$\lvert d_x\rvert \leqslant \frac{t}{2}$，$\lvert d_y\rvert \leqslant \frac{t}{2}$ $d_x^2+d_y^2 \leqslant \frac{t^2}{4}$
球内的区域	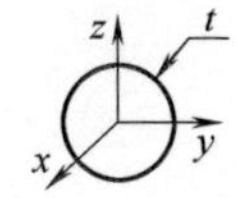	$\begin{pmatrix} 0 & d_x \\ 0 & d_y \\ 0 & d_z \end{pmatrix}$	$d_x^2+d_y^2+d_z^2 \leqslant \frac{t^2}{4}$
圆柱面内的区域	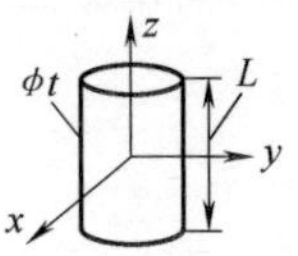	$\begin{pmatrix} \theta_x & d_x \\ \theta_y & d_y \\ 0 & 0 \end{pmatrix}$	$\lvert\theta_x\rvert \leqslant \frac{t}{L}$，$\lvert\theta_y\rvert \leqslant \frac{t}{L}$ $\lvert d_x\rvert \leqslant \frac{t}{2}$，$\lvert d_y\rvert \leqslant \frac{t}{2}$ $d_x^2+d_y^2 \leqslant \frac{t^2}{4}$
两同轴圆柱之间的区域	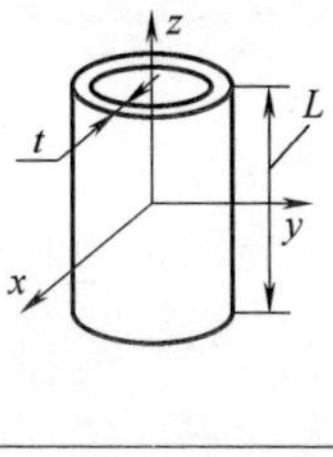	$\begin{pmatrix} \theta_x & d_x \\ \theta_y & d_y \\ 0 & 0 \end{pmatrix}$	$\lvert\theta_x\rvert \leqslant \frac{t}{L}$，$\lvert\theta_y\rvert \leqslant \frac{t}{L}$ $\lvert d_x\rvert \leqslant \frac{t}{2}$，$\lvert d_y\rvert \leqslant \frac{t}{2}$ $\lvert\theta_x\rvert \cdot \frac{L}{2}+\lvert d_y\rvert \leqslant \frac{t}{2}$ $\lvert\theta_y\rvert \cdot \frac{L}{2}+\lvert d_x\rvert \leqslant \frac{t}{2}$

（续）

公差带	图示	旋量矩阵	约束方程
两平行平面之间的区域	z L₂ L₁ y x t	$\begin{bmatrix}\theta_x & 0\\ \theta_y & 0\\ 0 & d_z\end{bmatrix}$	$\vert\theta_x\vert\leqslant\frac{t}{L_2}$，$\vert\theta_y\vert\leqslant\frac{t}{L_1}$ $\vert d_z\vert\leqslant\frac{t}{2}$
两平行曲面之间的区域	t	$\begin{pmatrix}\theta_x & d_x\\ \theta_y & d_y\\ \theta_z & d_z\end{pmatrix}$	—

8.1.3 典型恒定类别几何要素的数学模型

在工程实际中，同一几何要素上即有尺寸公差要求，又有几何公差要求，两者之间可能是相关的（即存在相关要求），也可能是相互独立的（即遵守独立原则）。下面介绍几种尺寸公差与形状公差之间相互独立的圆柱面和平面的数学模型。

8.1.3.1 尺寸公差和圆柱度公差综合的圆柱面模型

设圆柱度公差值为 T_F，如图 8-5 所示，公差带内任一点坐标为 $P(x, y, z)$，理想圆柱面的半径为 R，z 轴方向与圆柱面的法矢量 $\boldsymbol{W}$ 方向一致。由表 8-1 可知，公差带内所有的点 P 满足以下方程：

$$\left|\,|\boldsymbol{W}\times PO|-R\right|\leqslant\frac{T_F}{2} \tag{8-1}$$

$$-\frac{T_F}{2}\leqslant\sqrt{(y+d_y+z\cdot\theta_x)^2+(x+d_x+z\cdot\theta_y)^2}-R\leqslant\frac{T_F}{2} \tag{8-2}$$

式中，d_y 为 y 方向的微小平动量；d_x 为 x 方向的微小平动量；θ_x 为绕 x 轴的微小旋转动量；θ_y 为绕 y 轴的微小旋转动量。

由表 8-11 可知，它们满足以下关系式：

$$\begin{cases}-\dfrac{T_F}{2}\leqslant d_y\leqslant\dfrac{T_F}{2}\\ -\dfrac{T_F}{2}\leqslant d_x\leqslant\dfrac{T_F}{2}\\ -\dfrac{T_F}{4L}\leqslant\theta_y\leqslant\dfrac{T_F}{4L}\\ -\dfrac{T_F}{4L}\leqslant\theta_x\leqslant\dfrac{T_F}{4L}\end{cases}$$

设 T_S 是圆柱的尺寸公差，T_{SH} 是尺寸上偏差，T_{SL} 是尺寸下偏差，如图 8-6 所示。尺寸公差带和圆柱度公差带至少有一部分区域是重叠的，当圆柱度公差带相对尺寸公差带的倾角为最大时，其控制点 A 为 $\left(R+\dfrac{T_{SH}}{2},\ L\right)$、$B$ 为 $\left(R-\dfrac{T_{SH}}{2},\ -L\right)$，此时有交线方程：

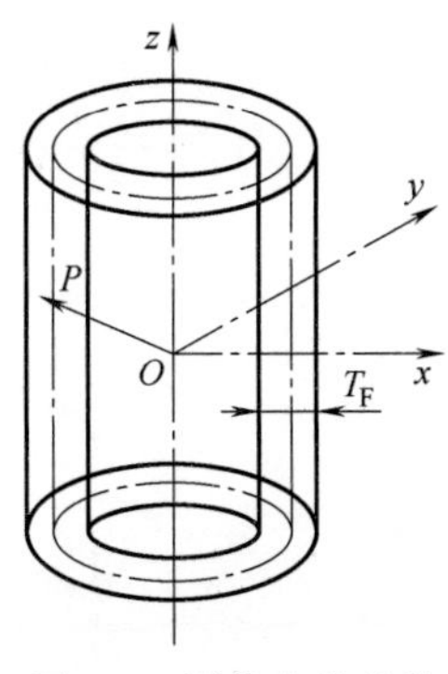

图 8-5　圆柱度公差带

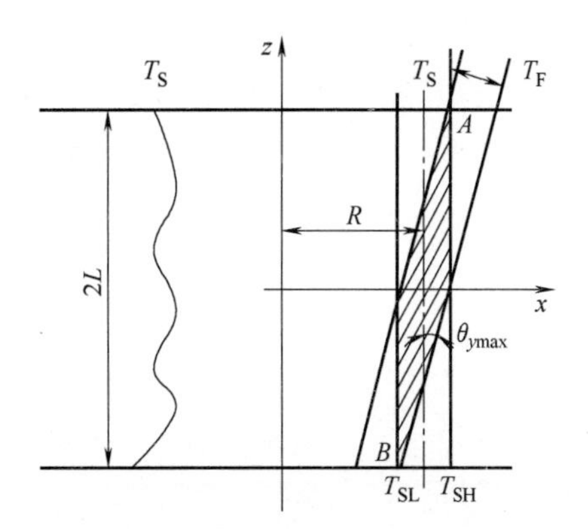

图 8-6　圆柱度公差带处于极限位置

$$x = R + d_x + z \cdot \theta_{ymax}$$

又由于圆柱度公差带与其 xOz 平面的交线是间距为 T_F 的平行直线，则代入两控制点的坐标得到两平行直线方程为

$$\begin{cases} R + \dfrac{T_{SH}}{2} = R + d_x + L \cdot \theta_{ymax} \\ R - \dfrac{T_{SH}}{2} - \dfrac{T_F}{\cos\theta_{ymax}} = R + d_x - L \cdot \theta_{ymax} \end{cases} \tag{8-3}$$

式中，θ_{ymax} 是微小转角，$\theta_{ymax} \approx 0$，因此 $\cos\theta_{ymax} \approx 1$。

整理（8-3）可得

$$\theta_{ymax} = \frac{T_S + T_F}{2 \cdot L} \tag{8-4}$$

同理可得

$$\theta_{xmax} = \frac{T_S + T_F}{2 \cdot L} \tag{8-5}$$

由此可得到圆柱面公差带坐标系各自由度变量的变动范围为

$$\begin{cases} -\dfrac{T_S + T_F}{2 \cdot L} \leqslant \theta_x \leqslant \dfrac{T_S + T_F}{2 \cdot L} \\ -\dfrac{T_S + T_F}{2 \cdot L} \leqslant \theta_y \leqslant \dfrac{T_S + T_F}{2 \cdot L} \\ \dfrac{T_{SL}}{2} - T_F \leqslant d_x \leqslant \dfrac{T_{SH}}{2} \\ \dfrac{T_{SL}}{2} - T_F \leqslant d_y \leqslant \dfrac{T_{SH}}{2} \end{cases} \tag{8-6}$$

约束为：

$$\begin{cases} \dfrac{T_{SL}}{2} - T_F \leqslant d_x + z \cdot \theta_y \leqslant \dfrac{T_{SH}}{2} \\ \dfrac{T_{SL}}{2} - T_F \leqslant d_y - z \cdot \theta_x \leqslant \dfrac{T_{SH}}{2} \end{cases} \tag{8-7}$$

8.1.3.2 尺寸公差和轴线直线度公差综合的圆柱面模型

在如图 8-7 所示的局部坐标系中，设轴线直线度公差值大小为 T_F，坐标系原点 O 位于理想直线 L 中点，z 轴与 L 的方向矢量 $\boldsymbol{W}$ 一致，点 $P(x, y, z)$ 为公差带内的任一点。由表 8-1 可知，点 P 应满足如下关系：

$$|\boldsymbol{W}\times\boldsymbol{PO}| \leqslant \frac{T_F}{2}$$

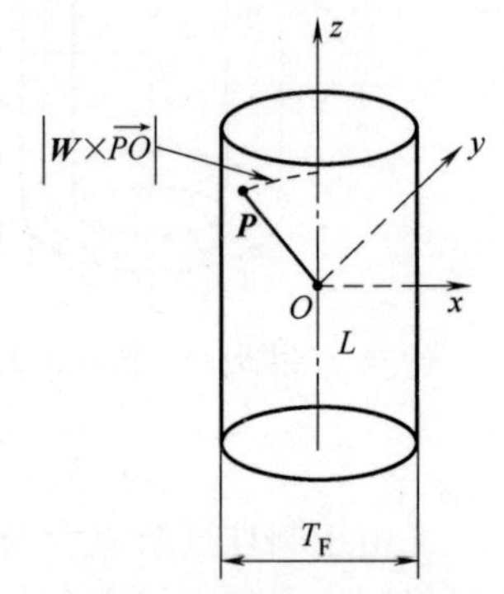

图 8-7 任意方向上直线度公差带及其局部坐标系

由新一代 GPS 恒定度知，轴线 L 有四个自由度：沿 x 轴、y 轴的微小平动 d_x、d_y，绕 x 轴、y 轴的微小旋动 θ_x、θ_y，轴线 L 的变动方程为

$$\begin{cases} x = d_x + z\cdot\theta_y \\ y = d_y - z\cdot\theta_x \end{cases} \tag{8-8}$$

设直线在 x、y 方向上给定的尺寸公差带分别为 T_{Sx}、T_{Sy}，设上下极限分别为 T_{SHx}、T_{SLx}、T_{SHy}、T_{SLy}，直线度公差带与尺寸公差带的空间关系如图 8-8 所示。

当直线度公差带边界处于极大值时，公差带在 xOz 平面的投影如图 8-9 所示。直线度公差带的极限控制点是 $A(T_{SHx}, l)$、$B(-T_{SLx}, -l)$，由于直线度公差带必须处于间距为 T_F 的平行直线内，则将控制点代入方程（8-8）可得

$$\begin{cases} -T_{SHx} = d_x + l\cdot\theta_{y\max} \\ -T_{SLx} - \dfrac{T_F}{\cos\theta_{y\max}} = d_x - l\cdot\theta_{y\max} \end{cases} \tag{8-9}$$

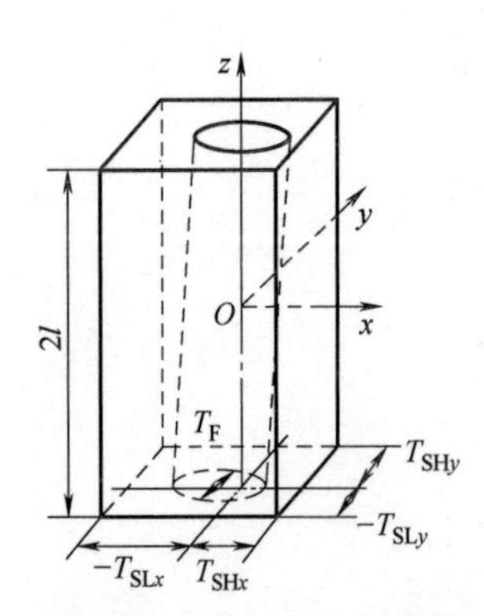

图 8-8 直线度公差带与尺寸公差带空间关系

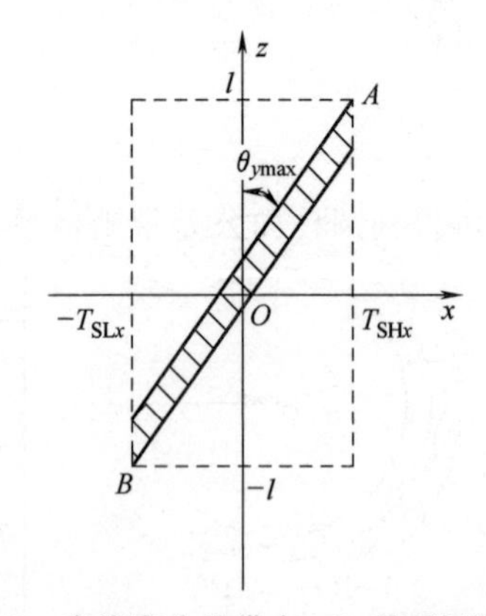

图 8-9 直线度公差带在 xOz 平面极限位置

由于 $\theta_{y\max}$ 为微小变动量，所以 $\theta_{y\max}\approx 1$，代入式（8-9）可得

$$\theta_{y\max} = \frac{T_{SHx}+T_{SLx}+T_F}{2\cdot l} \tag{8-10}$$

同理得

$$\theta_{x\max} = \frac{T_{SHy}+T_{SLy}+T_F}{2\cdot l} \tag{8-11}$$

由此可得到圆柱面公差带坐标系各自由度变量的变动范围为

$$\begin{cases} -\dfrac{T_{SHy}+T_{SLy}+T_F}{2\cdot l}\leqslant\theta_x\leqslant\dfrac{T_{SHy}+T_{SLy}+T_F}{2\cdot l} \\ -\dfrac{T_{SHx}+T_{SLx}+T_F}{2\cdot l}\leqslant\theta_y\leqslant\dfrac{T_{SHx}+T_{SLx}+T_F}{2\cdot l} \\ -\dfrac{T_F}{2}-T_{SLx}\leqslant d_x\leqslant\dfrac{T_F}{2}+T_{SLx} \\ -\dfrac{T_F}{2}-T_{SLy}\leqslant d_y\leqslant\dfrac{T_F}{2}+T_{SLy} \end{cases} \tag{8-12}$$

约束方程为

$$\begin{cases} -\dfrac{T_F}{2}-T_{SLx}\leqslant d_x+z\cdot\theta_y\leqslant\dfrac{T_F}{2}+T_{SLx} \\ -\dfrac{T_F}{2}-T_{SLy}\leqslant d_y-z\cdot\theta_x\leqslant\dfrac{T_F}{2}+T_{SLy} \end{cases} \tag{8-13}$$

8.1.3.3　尺寸公差和圆度公差综合的圆柱面模型

设圆度公差值为 T_F，理想圆的半径为 R，圆心为坐标原点 O，P 为圆度公差带内任一点，如图 8-10 所示。根据圆度公差的定义，由表 8-1 可知，点 P 应满足如下关系：

$$||PO|-R|\leqslant\frac{T_F}{2}$$

设尺寸上、下极限偏差分别为 T_{SH}、T_{SL}，由图 8-11 可知，圆度公差带移动到极限位置，这时极限控制点的坐标为 $A\left(-R-\dfrac{T_{SL}}{2},\ 0\right)$、$B\left(R+\dfrac{T_{SL}}{2},\ 0\right)$，且 A、B 两点为圆度公差边界上的极限点，故满足：

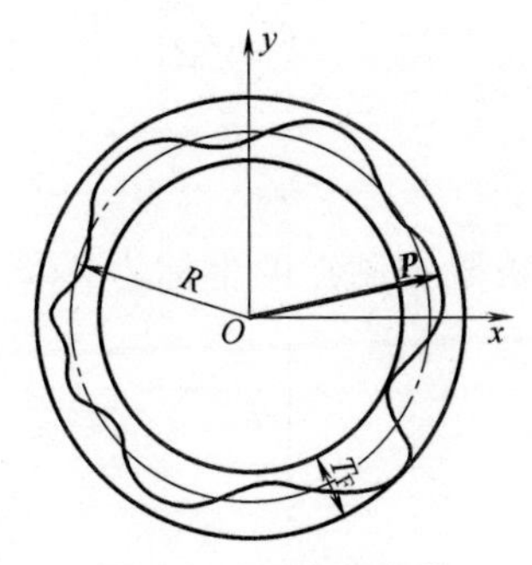

图 8-10　圆度公差带

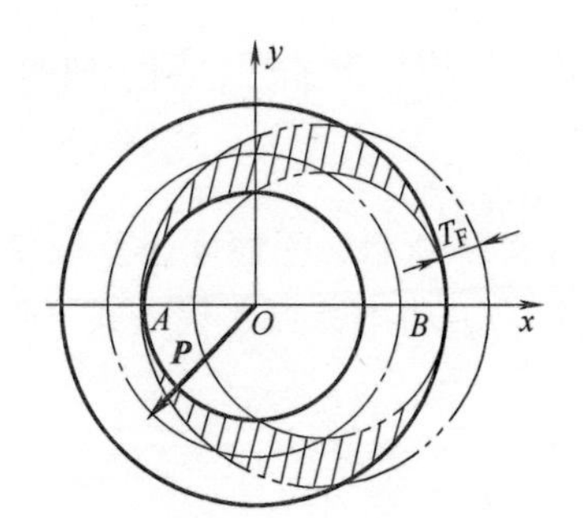

图 8-11　圆度公差带变动极大值

$$\begin{cases} \left(-R-\dfrac{T_{SL}}{2}-d_{x\max}\right)^2+(d_y)^2=\left(R+\dfrac{T_F}{2}\right)^2 \\ \left(-R+\dfrac{T_{SL}}{2}-d_{x\max}\right)^2+(d_y)^2=\left(R-\dfrac{T_F}{2}\right)^2 \end{cases} \tag{8-14}$$

整理式（8-14）可得

$$d_{x\max}=\frac{T_{\mathrm{SH}}^2-T_{\mathrm{SL}}^2+4R(T_{\mathrm{SH}}-T_{\mathrm{SL}}+2T_{\mathrm{F}})}{4(4R+T_{\mathrm{SH}}+T_{\mathrm{SL}})}$$

同理可得

$$d_{y\max}=\frac{T_{\mathrm{SH}}^2-T_{\mathrm{SL}}^2+4R(T_{\mathrm{SH}}-T_{\mathrm{SL}}+2T_{\mathrm{F}})}{4(4R+T_{\mathrm{SH}}+T_{\mathrm{SL}})} \tag{8-15}$$

由此可得到圆截面公差带坐标系各自由度变量的变动范围为

$$\begin{cases}-\dfrac{T_{\mathrm{SH}}^2-T_{\mathrm{SL}}^2+4R(T_{\mathrm{SH}}-T_{\mathrm{SL}}+2T_{\mathrm{F}})}{4(4R+T_{\mathrm{SH}}+T_{\mathrm{SL}})}\leqslant d_x\leqslant\dfrac{T_{\mathrm{SH}}^2-T_{\mathrm{SL}}^2+4R(T_{\mathrm{SH}}-T_{\mathrm{SL}}+2T_{\mathrm{F}})}{4(4R+T_{\mathrm{SH}}+T_{\mathrm{SL}})}\\ -\dfrac{T_{\mathrm{SH}}^2-T_{\mathrm{SL}}^2+4R(T_{\mathrm{SH}}-T_{\mathrm{SL}}+2T_{\mathrm{F}})}{4(4R+T_{\mathrm{SH}}+T_{\mathrm{SL}})}\leqslant d_y\leqslant\dfrac{T_{\mathrm{SH}}^2-T_{\mathrm{SL}}^2+4R(T_{\mathrm{SH}}-T_{\mathrm{SL}}+2T_{\mathrm{F}})}{4(4R+T_{\mathrm{SH}}+T_{\mathrm{SL}})}\end{cases} \tag{8-16}$$

约束方程为

$$\left|\sqrt{(x+d_x)^2+(y+d_y)^2}-R\right|\leqslant\frac{T_{\mathrm{F}}}{2} \tag{8-17}$$

8.1.3.4 平面度公差的数学模型

如图 8-12 所示，设平面长度为 $2a$、宽度为 $2b$，平面度公差为 T_{F}，以公差带中心面的中心为坐标原点，平面的法线方向 $\boldsymbol{W}$ 与 z 轴正向方向一致，$P(x, y, z)$ 为公差带内的任一点。由表 8-1 可知，点 P 应满足如下关系：

$$|\boldsymbol{W}\times PO|\leqslant\frac{T_{\mathrm{F}}}{2} \tag{8-18}$$

根据新一代 GPS 恒定度，理想平面具有 θ_z、d_x 和 d_y 三个恒定度。自由度和恒定度是相对应的，由此可得到平面变动方程为

$$z=d_z+x\cdot\theta_y+y\cdot\theta_x \tag{8-19}$$

令式（8-19）中 $y=0$，则平面与 xOz 平面的交线方程为

$$z=d_z+x\cdot\theta_y \tag{8-20}$$

如图 8-13 所示，平面度公差带变动处于极大值，则极限控制点的坐标为 $A(a, -T_{\mathrm{SL}})$，$B(-a, T_{\mathrm{SH}})$。将坐标点 A 代入式（8-20）得直线 l_1 的方程为

$$-T_{\mathrm{SL}}=d_z+a\cdot\theta_{y\max}$$

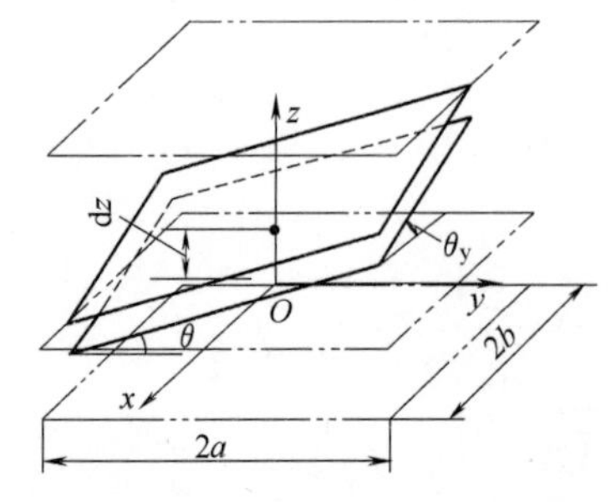

图 8-12 尺寸公差带与平面公差带的空间关系

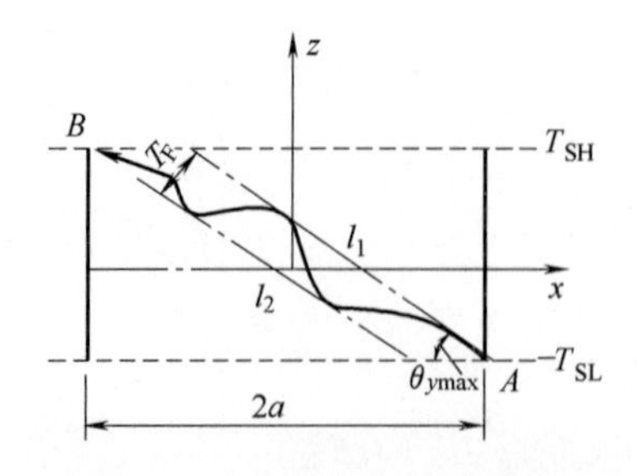

图 8-13 xOz 平面极限位置示意图

直线 l_1 与 l_2 平行，且间距为 T_F，则 l_2 的方程为

$$T_{SH}+\frac{T_F}{\cos\theta_{ymax}}=d_z-a\cdot\theta_{ymax} \tag{8-21}$$

式中，θ_{ymax} 是微小旋转量，$\theta_{ymax}\approx 0$，因此 $\cos\theta_{ymax}\approx 1$。整理式（8-21）可得

$$\theta_{ymax}=-\frac{T_F+T_{SL}+T_{SH}}{2\cdot a},\ \theta_{xmax}=-\frac{T_F+T_{SL}+T_{SH}}{2\cdot b} \tag{8-22}$$

因此，平面的数学模型为

$$\begin{cases} -\dfrac{T_F+T_{SL}+T_{SH}}{2\cdot a}\leqslant\theta_y\leqslant\dfrac{T_F+T_{SL}+T_{SH}}{2\cdot a} \\ -\dfrac{T_F+T_{SL}+T_{SH}}{2\cdot b}\leqslant\theta_x\leqslant\dfrac{T_F+T_{SL}+T_{SH}}{2\cdot b} \\ -T_{SL}-T_F\leqslant d_z\leqslant T_{SH} \end{cases} \tag{8-23}$$

约束方程为

$$-T_{SL}-T_F\leqslant d_z+y\cdot\theta_x-x\cdot\theta_y\leqslant T_{SH} \tag{8-24}$$

8.1.4　典型几何特征数字化建模系统

基于前述数字化建模理论基础的研究，郑州大学精度设计与测控技术研发团队研制了产品典型几何特征肤面模型的生成系统，该系统的主界面如图 8-14 所示。

在图 8-14 所示的主界面中选择具体的公差项目，可进入带有该公差要求的典型几何形体肤面模型生成模块。

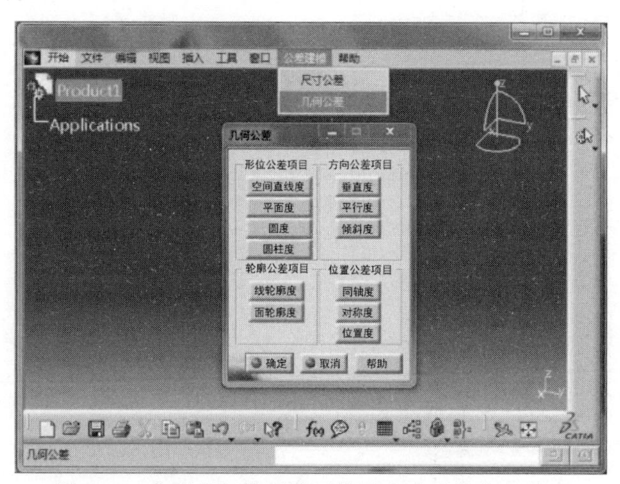

图 8-14　典型几何特征肤面模型生成系统的主界面

下面以几种典型几何特征肤面模型生成为例进行介绍。

（1）考虑圆柱度公差要求的圆柱肤面模型

圆柱面具有圆柱度要求，在图 8-14 所示的界面中选择圆柱度，进入“圆柱度建模”对话框，如图 8-15 所示。根据零件的功能要求，分析得到圆柱度公差、圆柱直径、尺寸上极限偏差和尺寸下极限偏差等参数。

基于式（8-6）和式（8-7）建立圆柱面数学模型，分别在变动范围内和约束条件下，确定唯一的满足条件的 θ_x、θ_y、d_x、d_y 值，采用蒙皮技术生成多个变动圆柱体。图 8-16 所示

为生成的其中一个圆柱度肤面模型示例。

得到圆柱面肤面模型后，还需要考虑工件的材料、加工方式、机床误差、刀具误差、热变形误差等对模型进行修约。本书对此不进行讨论。

在产生的肤面模型上，可以通过提取、滤波、拟合、评估等操作获得特征值进行圆柱度规范设计，如图 8-17 和图 8-18 所示。

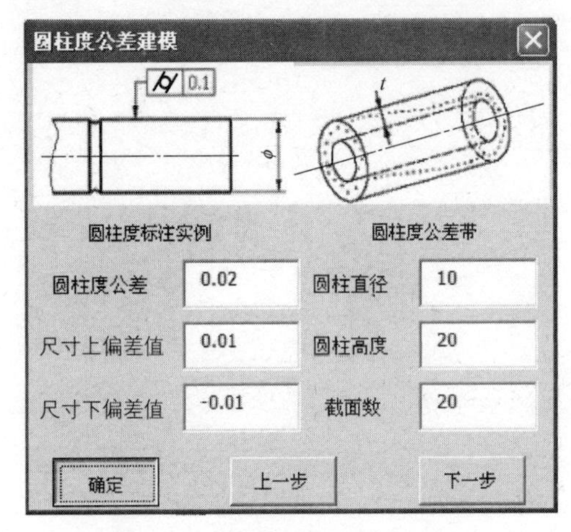

图 8-15 “圆柱度建模”对话框

注：图中“尺寸上偏差值”和“尺寸下偏差值”分别应为“尺寸上极限偏差”和“尺寸下极限偏差”，为与软件保持一致，此处未做修改。后图中处理方法相同。

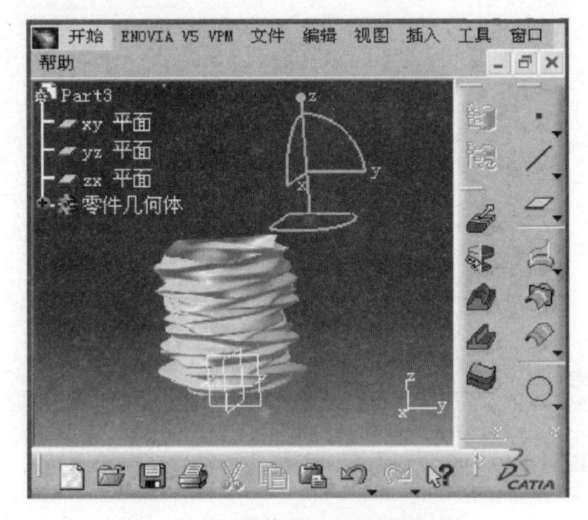

图 8-16 圆柱度肤面模型示例

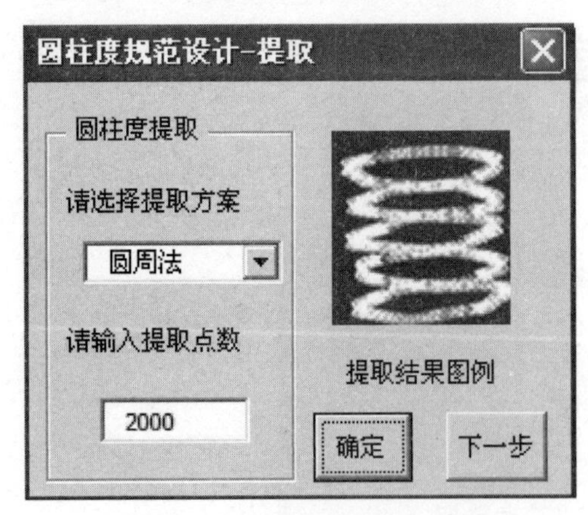

图 8-17 圆柱度规范设计-提取

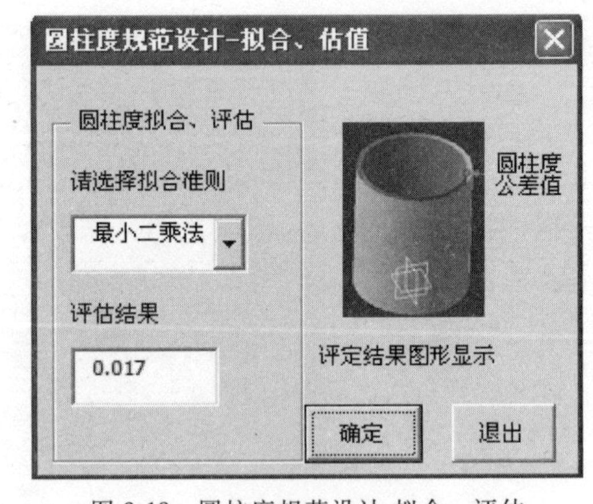

图 8-18 圆柱度规范设计-拟合、评估

（2）考虑空间直线度公差要求的圆柱肤面模型

在图 8-14 所示主界面中选择空间直线度，进入“空间直线度建模”对话框，如图 8-19 所示，根据零件的功能要求，分析得到空间直线度公差、圆柱直径、尺寸上极限偏差和尺寸下极限偏差等参数。

基于式（8-12）和式（8-13）建立圆柱面数学模型，采用蒙皮技术生成多个变动圆柱体。图 8-20 所示为生成的其中一个空间直线度肤面模型示例。

在产生的肤面模型上，可以通过提取、滤波、拟合、评估等操作获得特征值进行空间直线度规范设计，如图 8-21 和图 8-22 所示。

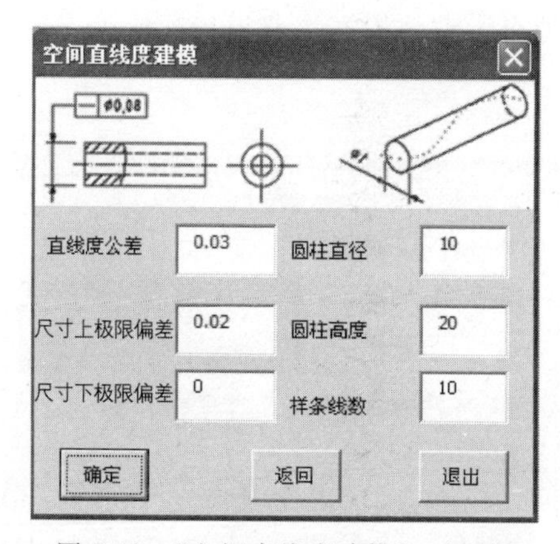

图 8-19 “空间直线度建模”对话框

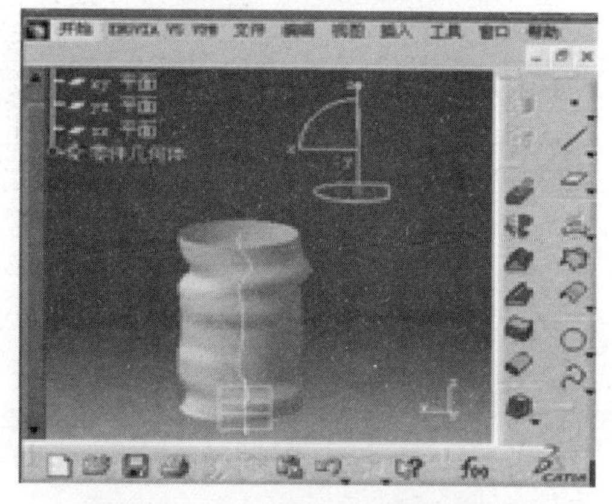

图 8-20 空间直线度肤面模型示例

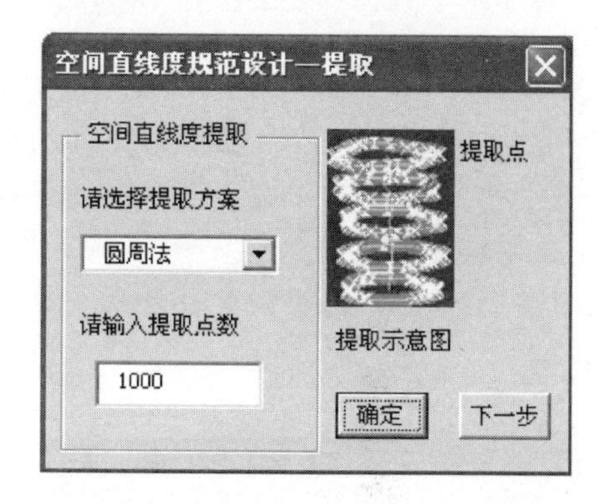

图 8-21 空间直线度规范设计-提取

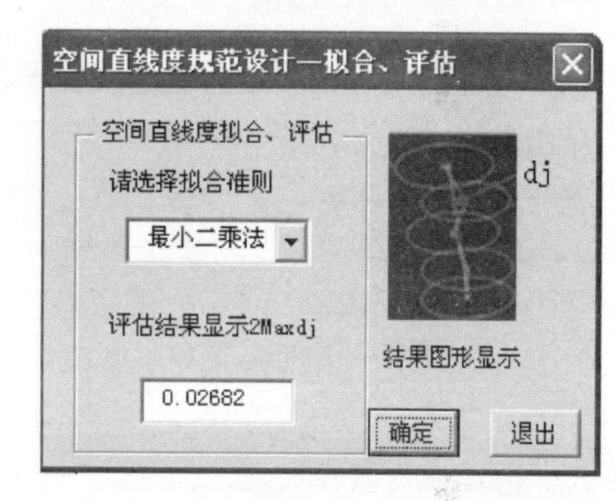

图 8-22 空间直线度规范设计-拟合、评估

(3) 考虑平面度公差要求的平面肤面模型

在图 8-14 所示主界面中选择平面度，进入“平面度规范表面模型”对话框，如图 8-23 所示。根据零件的功能要求，得到平面度公差，平面的宽度、长度，尺寸上极限偏差和尺寸下极限偏差等基本参数。

基于式（8-23）和式（8-24）建立平面数学模型，采用蒙皮技术生成多个变动表面。图 8-24 所示为生成的其中一个平面度肤面模型示例。

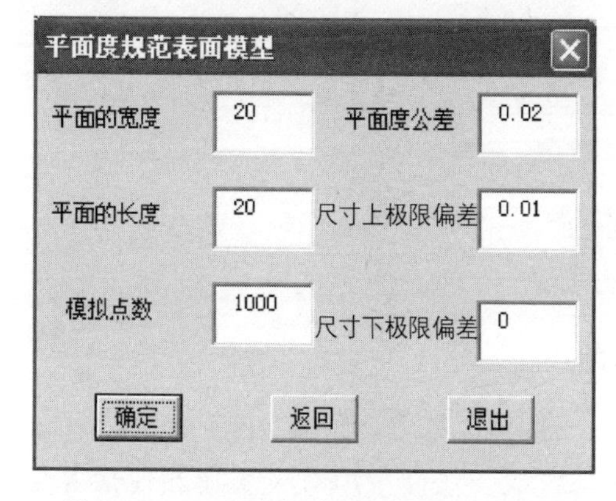

图 8-23 “平面度规范表面模型”对话框

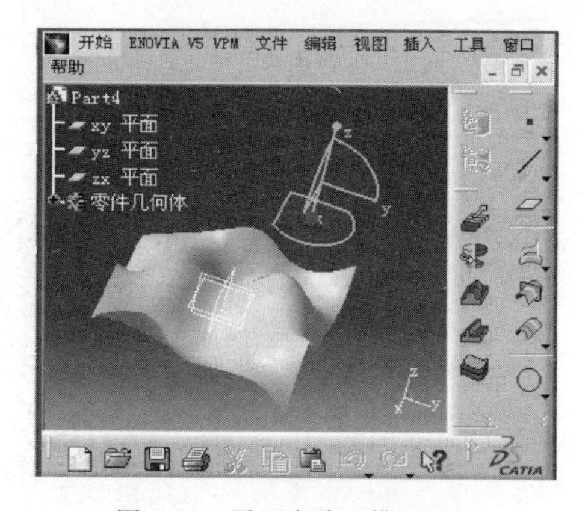

图 8-24 平面度肤面模型示例

在产生的肤面模型上，可以通过提取、滤波、拟合、评估等操作获得特征值进行平面度规范设计，如图 8-25 和图 8-26 所示。

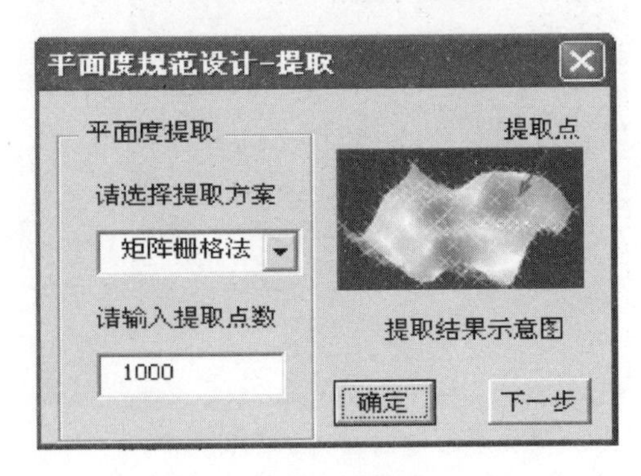

图 8-25 平面度规范设计-提取

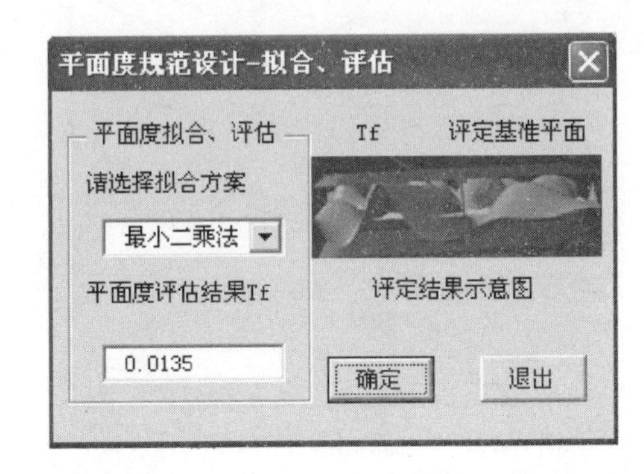

图 8-26 平面度规范设计-拟合、评估

(4) 考虑圆度公差和空间直线度要求的圆柱肤面模型

在图 8-14 所示主界面中同时选择空间直线度和圆度，系统进行公差建模的组合，并进入“直线度和圆度组合公差”对话框，如图 8-27 所示。根据零件的功能要求，得到空间直线度、圆度、圆柱的直径、尺寸上极限偏差和尺寸下极限偏差等参数。

基于式（8-6）和式（8-7）建立数学模型，采用蒙皮技术生成多个变动表面。图 8-28 所示为生成的其中一个直线度和圆度组合肤面模型示例。

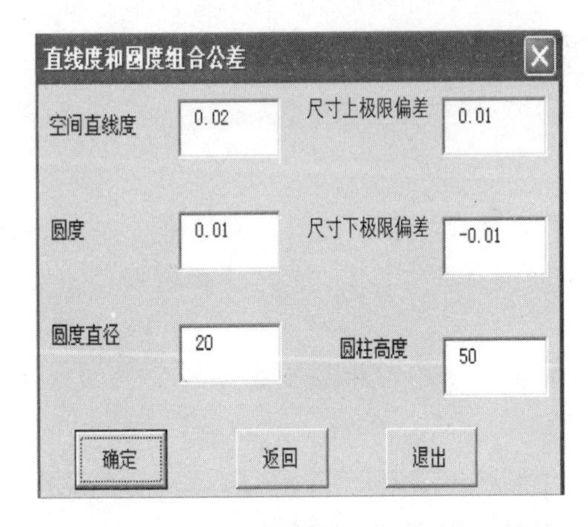

图 8-27 直线度和圆度组合公差对话框

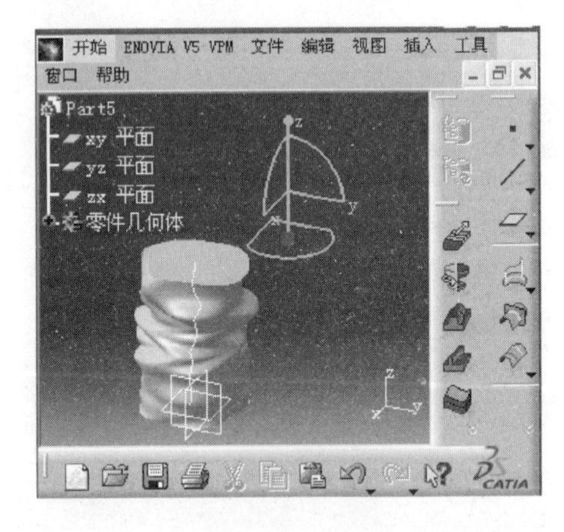

图 8-28 直线度和圆度组合肤面模型示例

8.2 几何误差检验中的不确定度分析

8.2.1 几何误差检验中的不确定度传递模型

按照 ISO 12180.2：2011、ISO 12181.2：2011、ISO 12780.2：2011、ISO 12781.2：2011 等 GPS 标准，几何误差的完整检验算子是由分离、提取、滤波、拟合、集成和评估等多个操作组成的有序集合。在实际检验中，每一个要素操作都包含一定的不确定度，且前一个要

素操作的不确定度会传递到后一个要素操作，从而影响几何误差评定的准确性，造成产品的误收或误废。

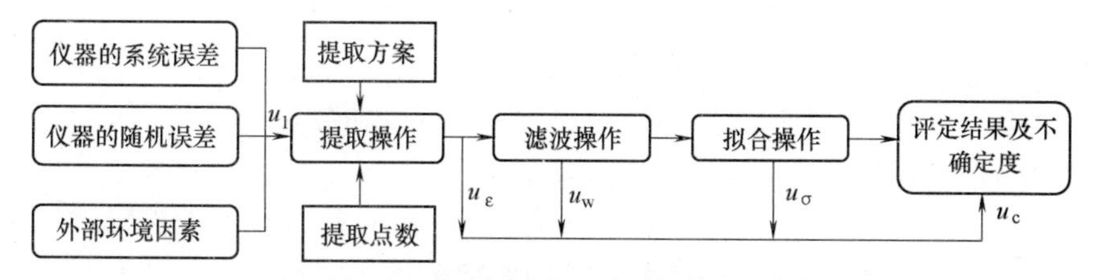

图 8-29　几何误差检测的不确定度传递模型

图 8-29 所示为几何误差检测认证过程中的不确定度传递模型。在几何误差的测量认证过程中，提取操作、滤波操作和拟合操作是影响几何误差测量结果的三大关键操作。其中，提取操作由借助三坐标测量机、高精度圆柱度仪、光学测量仪器等测量设备完成；由测量仪器、测量人员、测量环境等因素引起的测量不确定度 u_1 附加在原始测量数据上，经提取操作产生不确定度的 u_ε 向后续要素操作传递。在滤波操作中，采用特定的规则获取所需要的特征，滤波模型和参数的不同选择将产生不确定度 u_w。拟合操作需根据各类型表面选择适用拟合准则和优化算法，这些参数的选择不同也将产生不确定度 u_σ。同时，拟合操作是对滤波操作所得数据进行的操作，因此滤波操作产生的不确定度会按一定的规律传递到拟合操作上，进而影响几何误差评定结果的不确定性。

假设上述各不确定度分量两两相互无关，按照 GUM 的测量不确定度合成公式，几何误差计量认证过程中的总不确定度 u_c 可表示为

$$u_c = \sqrt{u_1^2 + u_w^2 + u_\varepsilon^2 + u_\sigma^2} \tag{8-25}$$

8.2.2　滤波操作的不确定度传递模型

假设 $\boldsymbol{Z} = (z_1 \quad z_2 \quad \cdots \quad z_i \quad \cdots \quad z_{n-1} \quad z_n)$ 为输入轮廓，$\boldsymbol{W} = (w_1 \quad w_2 \quad \cdots \quad w_i \quad \cdots \quad w_n)$ 表示滤波后的输出轮廓，$\boldsymbol{S} = (s_{-m+1} \quad s_{-m+2} \quad \cdots \quad s_0 \quad s_1 \quad \cdots \quad s_{m-2} \quad s_{m-1})$ 表示线性滤波器，则滤波过程用离散线性卷积可表示为

$$w_i = \sum_{k=-m+1}^{m-1} z_{i+k} s_{k+m} \tag{8-26}$$

由式（8-26）及输入向量的协方差矩阵可推导出输出向量的协方差矩阵，从而确定输入不确定度和输出不确定度之间的传递关系。

输入向量 $\boldsymbol{Z}$ 的协方差矩阵为

$$\boldsymbol{C}_{(Z)} = \begin{pmatrix} D(z_1) & \mathrm{Cov}(z_1, z_2) & \cdots & \mathrm{Cov}(z_1, z_n) \\ \mathrm{Cov}(z_2, z_1) & D(z_2) & \cdots & \mathrm{Cov}(z_2, z_n) \\ \vdots & \vdots & & \vdots \\ \mathrm{Cov}(z_n, z_1) & \mathrm{Cov}(z_n, z_2) & \cdots & D(z_n) \end{pmatrix}_{n\times n} \tag{8-27}$$

其中，每个轮廓点的不确定度为

$$u_{(z_1)}=\sqrt{D(z_i)}=u_1$$

各轮廓点之间的不确定为

$$u_{(z_1,z_j)}=\sqrt{\mathrm{Cov}(z_i,z_j)}$$

根据式（8-27）计算输出向量 $\boldsymbol{W}$ 的协方差矩阵中各元素：

$$\begin{aligned}\mathrm{Cov}(w_i,\ w_j)&=E[(w_i-E(w_i))(w_j-E(w_j))]\\&=E(w_i\times w_j)-E(w_i)\times E(w_j)=E[w_i\times w_j-E(w_i)\times E(w_j)]\\&=E\Big[\Big(\sum_k s_{i-k}z_k\Big)\Big(\sum_l s_{j-l}z_l\Big)-E\Big(\sum_k s_{i-k}z_k\Big)\times E\Big(\sum_l s_{j-l}z_l\Big)\Big]\\&=\sum_k s_{i-k}\sum_l s_{j-l}E(z_k\times z_l)-\sum_k s_{i-k}\sum_l s_{j-l}E(z_k)\times E(z_l)\\&=\sum_k s_{i-k}\sum_l s_{j-l}E[(z_k-E(z_k))(z_l-E(z_l))]\\&=\sum_k s_{i-k}\sum_l s_{j-l}\mathrm{Cov}(z_k,\ z_l)\end{aligned}\tag{8-28}$$

即

$$\mathrm{Cov}(w_i,w_j)=\sum_k s_{i-k}\sum_l s_{j-l}\mathrm{Cov}(z_k,z_l)\tag{8-29}$$

由于一般情况下测量过程为等精度测量，所以 $D(z_k)=D(z_l)=D(z)=u^2(z_k)$，又因为 $\boldsymbol{Z}$ 的各分量之间线性无关，则

$$\mathrm{Cov}(z_k,z_l)=\begin{cases}u^2(z) & k=l\\0 & k\neq l\end{cases}\tag{8-30}$$

式（8-30）可化简为

$$\mathrm{Cov}(w_i,w_j)=\begin{cases}u^2(z)\times\sum_k s_k^2 & i=j\\ \\0 & i\neq j\end{cases}\tag{8-31}$$

所以输出向量 $\boldsymbol{W}$ 各分量 w_i 的不确定度 $u(w_i)$ 的计算公式为

$$u(w_i)=\sqrt{D(w_i)}=\sqrt{\mathrm{Cov}(w_i,w_i)}=u(z)\times\sqrt{\sum_k s_k^2}=u_1\times\sqrt{\sum_k s_k^2}\tag{8-32}$$

式中，u_1 是由测量仪器引起的 GPS 执行不确定度；s_k 是滤波器，如选用高斯滤波器，则 s_k 可表示为

$$s_k=\frac{\Delta x}{a\lambda_c}\exp\left[-\pi\left(\frac{k\Delta x}{a\lambda_c}\right)^2\right]\tag{8-33}$$

式中，Δx 是采样间隔；$a=\sqrt{\dfrac{\ln 2}{\pi}}=0.4697$；$\lambda_c$ 是截止波长。

8.2.3 拟合操作的不确定度传递模型

按照新一代 GPS 的规定，产品几何误差拟合操作中的拟合方法有多种，包括最小二乘法、最小区域法、最小内切法和最大外接法等。其中，最小二乘是最常用的拟合原则。

下面以几种典型形状误差的最小二乘拟合为例，给出拟合操作的不确定度传递模型。

8.2.3.1 圆度的最小二乘测量不确定度评定

设圆轮廓上各点的测量值用极坐标表示为（δ_i，φ_i），转化为直角坐标：

$$\begin{cases} x_i = \delta_i \cos\varphi_i \\ y_i = \delta_i \sin\varphi_i \end{cases} \tag{8-34}$$

假设点的个数为 m，则最小二乘拟合圆心 $O(a,\ b)$ 表示如下：

$$\begin{cases} a = \dfrac{2}{m}\sum_{i=1}^{m}\delta_i\cos\varphi_i \\ b = \dfrac{2}{m}\sum_{i=1}^{m}\delta_i\sin\varphi_i \end{cases} \tag{8-35}$$

最小二乘拟合圆半径 r 为

$$r = \frac{1}{m}\sum_{i=1}^{m}\delta_i \tag{8-36}$$

首先求出 a、b 的不确定度 u_a、u_b 为

$$\begin{cases} u_a = \dfrac{2}{m}u_{lb}\sqrt{\sum\cos^2\varphi_i} \\ u_b = \dfrac{2}{m}u_{lb}\sqrt{\sum\sin^2\varphi_i} \end{cases} \tag{8-37}$$

则圆拟合轮廓各点偏差 Δ_i 为

$$\Delta_i = \sqrt{(x_i-a)^2+(y_i-b)^2}-r \tag{8-38}$$

设

$$\begin{cases} \varepsilon_1 = x_i - a \\ \varepsilon_2 = y_i - b \\ \varepsilon_3 = r \end{cases} \tag{8-39}$$

则

$$\Delta_i = \sqrt{\varepsilon_1^2+\varepsilon_2^2}-\varepsilon_3 \tag{8-40}$$

现根据 u_{lb} 推导出 ε_1、ε_2、r 相对应的不确定度 u_{ε_1}、u_{ε_2}、u_r 的计算公式，从式（8-38）中可以看出，a 与 x_i 相关，又由式（8-39）可得

$$\begin{cases} \dfrac{\partial\varepsilon_1}{\partial x_i} = 1 \\ \dfrac{\partial\varepsilon_1}{\partial a} = -1 \end{cases}$$

相应地

$$\begin{aligned} u_{\varepsilon_1} &= \sqrt{u_{a_j}^2+u_{x_{R_j}}^2+2u(a_j,x_{R_j})} \quad (a_j, x_R\text{ 强相关}) \\ &= \sqrt{u_a^2+u_{x_i}^2-2u_a u_{x_i}} = |u_a - u_{x_i}| \end{aligned}$$

因为在实际测量中，$m \gg 4$，所以

$$u_{\varepsilon_1} = \left(1-\frac{2\sqrt{\sum\cos^2\varphi_i}}{m}\right)u(w_i)$$

同理

$$u_{\varepsilon_2}=\left(1-\frac{2\sqrt{\sum\sin^2\varphi_i}}{m}\right)u(w_i) \tag{8-41}$$

由于轮廓滤波数据的不确定度为 $u(w_i)$，δ_i 之间相互独立，则 r 的不确定度 u_r 为

$$u_{\varepsilon_3}=\frac{\sqrt{m}}{m}u(w_i) \tag{8-42}$$

由式（8-42）进一步可知，Δ_i 函数具有明显的非线性。利用 GB/T 18779.2 给出的不确定度传递公式计算 Δ_i 的不确定度时，应把泰勒级数的高阶项考虑进去，Δ_i 的不确定度 u_{nh} 为

$$u_{nh}=\left\{\sum_{k=1}^{N}\left(\frac{\partial\Delta_i}{\partial\varepsilon_k}\right)^2u_{\varepsilon_k}+\sum_{k=1}^{N}\sum_{j=1}^{N}\left[\frac{1}{2}\left(\frac{\partial^2\Delta_i}{\partial\varepsilon_k\partial\varepsilon_j}\right)^2+\frac{\partial\Delta_i}{\partial\varepsilon_k}\frac{\partial^3\Delta_i}{\partial\varepsilon_k\partial\varepsilon_j^2}\right]u^2(\varepsilon_k)u^2(\varepsilon_j)\right\}^{\frac{1}{2}}\quad N=3 \tag{8-43}$$

由于式（8-43）是关于 ε_1、ε_2、ε_3 导数的表达式，需要进一步求出各变量导数，然后得出 u_{nh} 的最终表达式，对简化后的式（8-40）中的各变量求偏导。

令 $\begin{cases}\nabla_1=\varepsilon_1^2+\varepsilon_2^2\\ \nabla_2=\varepsilon_3^2\end{cases}$

则

$$\begin{cases}\dfrac{\partial\Delta_i}{\partial\varepsilon_1}=\dfrac{1}{2}\ \nabla_1^{-\frac{1}{2}}\times2\varepsilon_1=\varepsilon_1\times\nabla_1^{-\frac{1}{2}}\\ \dfrac{\partial\Delta_i}{\partial\varepsilon_2}=\dfrac{1}{2}\ \nabla_1^{-\frac{1}{2}}\times2\varepsilon_2=\varepsilon_2\nabla_1^{-\frac{1}{2}}\\ \dfrac{\partial\Delta_i}{\partial\varepsilon_3}=-\dfrac{1}{2}\ \nabla_2^{-\frac{1}{2}}\times2\varepsilon_3=-1\end{cases} \tag{8-44}$$

$$\begin{cases}\dfrac{\partial^2\Delta_i}{\partial\varepsilon_1^2}=\nabla_1^{-\frac{1}{2}}+\varepsilon_1\left(-\dfrac{1}{2}\right)\ \nabla_1^{-\frac{3}{2}}\times2\varepsilon_1\\ \qquad=\nabla_1^{-\frac{1}{2}}-\varepsilon_1^2\nabla_1^{-\frac{3}{2}}=\nabla_1^{-\frac{3}{2}}(\nabla_1-\varepsilon_1^2)=\varepsilon_2^2\nabla_1^{-\frac{3}{2}}\\ \dfrac{\partial^2\Delta_i}{\partial\varepsilon_2^2}=\varepsilon_1^2\nabla_1^{-\frac{3}{2}}\\ \dfrac{\partial^2\Delta_i}{\partial\varepsilon_3^2}=0\end{cases} \tag{8-45}$$

$$\begin{cases}\dfrac{\partial^2\Delta_i}{\partial\varepsilon_1\partial\varepsilon_2}=\varepsilon_1\left(-\dfrac{1}{2}\right)\ \nabla_1^{-\frac{3}{2}}\times2\varepsilon_2=-\varepsilon_1\varepsilon_2\nabla_1^{-\frac{3}{2}}\\ \dfrac{\partial^2\Delta_i}{\partial\varepsilon_2\partial\varepsilon_1}=\varepsilon_2\left(-\dfrac{1}{2}\right)\ \nabla_1^{-\frac{3}{2}}\times2\varepsilon_1=-\varepsilon_1\varepsilon_2\nabla_1^{-\frac{3}{2}}\end{cases} \tag{8-46}$$

$$\begin{cases}\dfrac{\partial^3\Delta_i}{\partial\varepsilon_1^3}=\varepsilon_2^2\left(-\dfrac{3}{2}\right)\ \nabla_1^{-\frac{5}{2}}\times 2\varepsilon_1=-3\varepsilon_1\varepsilon_2^2\nabla_1^{-\frac{5}{2}}\\ \dfrac{\partial^3\Delta_i}{\partial\varepsilon_2^3}=\varepsilon_1^2\left(-\dfrac{3}{2}\right)\ \nabla_1^{-\frac{5}{2}}\times 2\varepsilon_2=-3\varepsilon_1^2\varepsilon_2\nabla_1^{-\frac{5}{2}}\\ \dfrac{\partial^3\Delta_i}{\partial\varepsilon_3^3}=0\end{cases} \tag{8-47}$$

$$\begin{cases}\dfrac{\partial^3\Delta_i}{\partial\varepsilon_1\partial\varepsilon_2^2}=-\left\{\varepsilon_1\nabla_1^{-\frac{3}{2}}+\varepsilon_1\varepsilon_2\left(-\dfrac{3}{2}\right)\ \nabla_1^{-\frac{5}{2}}\times 2\varepsilon_2\right\}=-(\varepsilon_1^3-2\varepsilon_1\varepsilon_2^2)\ \nabla_1^{-\frac{5}{2}}\\ \dfrac{\partial^3\Delta_i}{\partial\varepsilon_2\partial\varepsilon_1^2}=-(\varepsilon_2^3-2\varepsilon_2\varepsilon_1^2)\ \nabla_1^{-\frac{5}{2}}\end{cases} \tag{8-48}$$

由于 ε_1、ε_2 与 ε_3 之间的相关性不大，为了简化计算，取相应交叉项的偏导为零，将上述各偏导项带入式（8-48），得到 u_{nh} 的最终表达式：

$$\begin{aligned}u_{nh}=\Bigg\{&\frac{\varepsilon_1^2}{\varepsilon_1^2+\varepsilon_2^2}u_{\varepsilon 1}^2+\frac{\varepsilon_2^2}{\varepsilon_1^2+\varepsilon_2^2}u_{\varepsilon 2}^2+u_{\varepsilon 3}^2+\left[\frac{1}{2}\left(\frac{\partial^2\Delta_i}{\partial\varepsilon_1\partial\varepsilon_1}\right)^2+\frac{\partial\Delta_i}{\partial\varepsilon_1}\frac{\partial^3\Delta_i}{\partial\varepsilon_1\partial\varepsilon_1^2}\right]u^2(\varepsilon_1)u^2(\varepsilon_1)+\\&\left[\frac{1}{2}\left(\frac{\partial^2\Delta_i}{\partial\varepsilon_1\partial\varepsilon_2}\right)^2+\frac{\partial\Delta_i}{\partial\varepsilon_1}\frac{\partial^3\Delta_i}{\partial\varepsilon_1\partial\varepsilon_2^2}\right]u^2(\varepsilon_1)u^2(\varepsilon_2)+\\&\left[\frac{1}{2}\left(\frac{\partial^2\Delta_i}{\partial\varepsilon_2\partial\varepsilon_1}\right)^2+\frac{\partial\Delta_i}{\partial\varepsilon_2}\frac{\partial^3\Delta_i}{\partial\varepsilon_2\partial\varepsilon_1^2}\right]u^2(\varepsilon_2)u^2(\varepsilon_1)+\\&\left[\frac{1}{2}\left(\frac{\partial^2\Delta_i}{\partial\varepsilon_2\partial\varepsilon_2}\right)^2+\frac{\partial\Delta_i}{\partial\varepsilon_2}\frac{\partial^3\Delta_i}{\partial\varepsilon_2\partial\varepsilon_2^2}\right]u^2(\varepsilon_2)u^2(\varepsilon_2)+\\&\left[\frac{1}{2}\left(\frac{\partial^2\Delta_i}{\partial\varepsilon_3\partial\varepsilon_3}\right)^2+\frac{\partial\Delta_i}{\partial\varepsilon_3}\frac{\partial^3\Delta_i}{\partial\varepsilon_3\partial\varepsilon_3^2}\right]u^2(\varepsilon_3)u^2(\varepsilon_3)\Bigg\}^{\frac{1}{2}}\end{aligned} \tag{8-49}$$

化简得

$$\begin{aligned}u_{nh}=\Bigg\{&\frac{\varepsilon_1^2}{\varepsilon_1^2+\varepsilon_2^2}u_{\varepsilon 1}^2+\frac{\varepsilon_2^2}{\varepsilon_1^2+\varepsilon_2^2}u_{\varepsilon 2}^2+u_{\varepsilon 3}^2+\Bigg[\left(\frac{1}{2}\varepsilon_2^4-3\varepsilon_1{}^2\varepsilon_2^2\right)u_{\varepsilon_1}^4+\\&(5\varepsilon_1^2\varepsilon_2^2-\varepsilon_1^4-\varepsilon_2^4)\ u_2\varepsilon_1u_{\varepsilon_2}^2+\left(\frac{1}{2}\varepsilon_1^4-3\varepsilon_1^2\varepsilon_2^2\right)u_{\varepsilon_2}^4\Bigg]\times\frac{1}{(\varepsilon_1^2+\varepsilon_2^2)^3}\Bigg\}^{\frac{1}{2}}\end{aligned} \tag{8-50}$$

8.2.3.2 圆柱度的最小二乘测量不确定度评定

设圆柱测量时取 m 个采样截面，每个采样截面轮廓上又等角度间隔地提取 n 个离散采样点 $P_{ij}(x_{ij},\ y_{ij},\ z_j)(i=1,\ 2,\ \cdots,\ m;\ j=1,\ 2,\ \cdots,\ n)$。将这些离散采样点的坐标转化到极坐标下，则各点坐标为 $P_{ij}(\Delta r_{ij},\ \theta_i,\ z_j)$。其中，$\Delta r_{ij}$ 为各个离散采样点处的半径增量；θ_i 为各个离散采样点处的角度；$\theta=\dfrac{2\pi}{m}(i-1)$；$z_j$ 为各个离散截面的 Z 坐标值。

最小二乘基准圆柱轴线为 L。设 L 与 XOY 坐标平面交点为 $A_0(x_0,\ y_0,\ 0)$，L 的方向向量为 $S\{p,\ q,\ 1\}$，则 L 的方程为

$$\begin{cases} x_j = x_0 + pz_j \\ y_j = y_0 + qz_j \end{cases} \tag{8-51}$$

其中，

$$\begin{cases} x_0 = \dfrac{2}{mn}\sum_{i=1}^{m}\sum_{j=1}^{n}\Delta r_{ij}\cos\theta_i \\ y_0 = \dfrac{2}{mn}\sum_{i=1}^{m}\sum_{j=1}^{n}\Delta r_{ij}\sin\theta_i \\ p = \dfrac{2\sum_{i=1}^{m}\sum_{j=1}^{n}\Delta r_{ij}\cos\theta_i}{m\sum_{j=1}^{n} z_j^2} \\ q = \dfrac{2\sum_{i=1}^{m}\sum_{j=1}^{n}\Delta r_{ij}\sin\theta_i}{m\sum_{j=1}^{n} z_j^2} \end{cases} \tag{8-52}$$

设最小二乘基准圆柱半径为 R，各采样点到最小二乘圆柱轴线 L 的径向偏差为 ε_{ij}。根据最小二乘法原理，有目标函数：

$$F(R, x_0, y_0, p, q) = \sum_{i=1}^{m}\sum_{j=1}^{n}\varepsilon_{ij}^2 = \min \tag{8-53}$$

则

$$\sum_{i=1}^{m}\sum_{j=1}^{n}\varepsilon_{ij}^2 = \sum_{i=1}^{m}\sum_{j=1}^{n}(r_{ij} - R - x_0\cos\theta_i - pz_j\cos\theta_i - y_0\sin\theta_i - qz_j\sin\theta_i)^2 = \min \tag{8-54}$$

又因为 $r_{ij}=r_0+\Delta r_{ij}$，由已知条件可知，

$$R = r_0 + \frac{\sum_{i=1}^{m}\sum_{j=1}^{n}\Delta r_{ij}}{mn} \tag{8-55}$$

令 $\Delta R = \dfrac{\sum_{i=1}^{m}\sum_{j=1}^{n}\Delta r_{ij}}{mn}$，则

$$\varepsilon_{ij} = \Delta r_{ij} - \Delta R_{ij} - x_0\cos\theta_i - pz_j\cos\theta_i - y_0\sin\theta_i - qz_j\sin\theta_i \tag{8-56}$$

于是用最小二乘圆柱准则评估度圆柱度误差值 f 为

$$f = \max(\varepsilon_{ij}) - \min(\varepsilon_{ij}) \tag{8-57}$$

假设增量 Δr_{ij} 引起的不确定度表示为 $u_{\Delta r}$，采样点角度 θ_i 引起的不确定度表示为 u_θ。按照 GUM 建议的公式，对式（8-52）求导，得

$$u_{x_0} = \frac{2}{mn}\sqrt{\sum_{i=1}^{m}\cos^2\theta_i u_{\Delta r}^2 + \sum_{i=1}^{m}\sum_{j=1}^{n}(\Delta r_{ij}\sin\theta_i)^2 u_\theta^2} \tag{8-58}$$

$$u_{y_0} = \frac{2}{mn}\sqrt{\sum_{i=1}^{m}\sin^2\theta_i u_{\Delta r}^2 + \sum_{i=1}^{m}\sum_{j=1}^{n}(\Delta r_{ij}\cos\theta_i)^2 u_\theta^2} \tag{8-59}$$

$$u_p=\frac{2\sqrt{\sum_{i=1}^{m}\sum_{j=1}^{n}(z_j\cos\theta_i)^2u_{\Delta r}^2+\sum_{i=1}^{m}\sum_{j=1}^{n}(\Delta r_{ij}z_j\sin\theta_i)^2u_\theta^2}}{m\sum_{j=1}^{n}z_j^2} \tag{8-60}$$

$$u_q=\frac{2\sqrt{\sum_{i=1}^{m}\sum_{j=1}^{n}(z_j\sin\theta_i)^2u_{\Delta r}^2+\sum_{i=1}^{m}\sum_{j=1}^{n}(\Delta r_{ij}z_j\cos\theta_i)^2u_\theta^2}}{m\sum_{j=1}^{n}z_j^2} \tag{8-61}$$

假设在采样点 $P_{11}(\Delta r_{11},\theta_1,z_1)$ 处有最大值 $\max(\varepsilon_{ij})$，在采样点 $P_{22}(\Delta r_{22},\theta_2,z_2)$ 处有最小值 $\min(\varepsilon_{ij})$，则圆柱度误差 f 为

$$\begin{aligned}f=\varepsilon_{11}-\varepsilon_{22}=&\Delta r_{11}-\Delta R_{11}-x_0\cos\theta_1-pz_1\cos\theta_1-y_0\sin\theta_1-qz_1\sin\theta_1-\\&(\Delta r_{22}-\Delta R_{22}-x_0\cos\theta_2-pz_2\cos\theta_2-y_0\sin\theta_2-qz_2\sin\theta_2)\end{aligned} \tag{8-62}$$

按照 GUM 的不确定度传递模型，可以得到圆柱度误差的不确定度 u_f 的传递模型为

$$\begin{aligned}u_f^2=&\left(2+\frac{2}{mn}\right)2u_{\Delta r}^2+(p\cos\theta_1+q\sin\theta_1)^2u_{z_1}^2+(p\cos\theta_2+q\sin\theta_2)^2u_{z_2}^2+(\cos\theta_2-\cos\theta_1)^2u_{x_0}^2+\\&(\sin\theta_2-\sin\theta_1)^2u_{y_0}^2+(z_2\cos\theta_2-z_1\cos\theta_1)^2u_p^2+(z_2\sin\theta_2-z_1\sin\theta_1)^2u_q^2+\\&2(\cos\theta_2-\cos\theta_1)(\sin\theta_2-\sin\theta_1)u_{x_0}u_{y_0}\rho_{x_0y_0}+\\&2(\cos\theta_2-\cos\theta_1)(z_2\cos\theta_2-z_1\cos\theta_1)u_{x_0}u_p\rho_{x_0p}+\\&2(z_2\cos\theta_2-z_1\cos\theta_1)(z_2\sin\theta_2-z_1\sin\theta_1)u_{x_0}u_q\rho_{x_0q}+\\&2(\sin\theta_2-\sin\theta_1)(z_2\cos\theta_2-z_1\cos\theta_1)u_{y_0}u_p\rho_{y_0p}+\\&2(\sin\theta_2-\sin\theta_1)(z_2\sin\theta_2-z_1\sin\theta_1)u_{y_0}u_q\rho_{y_0q}+\\&2(z_2\cos\theta_2-z_1\cos\theta_1)(z_2\sin\theta_2-z_1\sin\theta_1)u_pu_q\rho_{pq}+\\&(x_0\sin\theta_2+pz_2\sin\theta_2+y_0\cos\theta_2+qz_2\cos\theta_2-x_0\sin\theta_1-\\&pz_1\sin\theta_1-y_0\cos\theta_1-qz_1\cos\theta_1)^2u_\theta^2\end{aligned} \tag{8-63}$$

式中，u_{z_1}，u_{z_2} 是 z 坐标值的测量不确定度；u_{x_0}，u_{y_0}，u_p，u_q 是见式（8-58）~式（8-61）；$\rho_{x_0y_0}$，ρ_{x_0a}，ρ_{x_0b}，ρ_{y_0a}，ρ_{y_0b} 是相关系数。

8.2.3.3　空间直线度的最小二乘测量不确定度评定

由圆柱度误差评定时得到的最小二乘轴线 L 对被测实际轴线进行拟合。在式（8-51）中，此时最小二乘轴线 L 方程中的系数可写为

$$\begin{cases}x_0=\dfrac{\sum a_jz_j\sum z_j-\sum z_j^2\sum a_j}{(\sum z_j)^2-n\sum z_j^2}\\ y_0=\dfrac{\sum b_jz_j\sum z_j-\sum z_j^2\sum b_j}{(\sum z_j)^2-n\sum z_j^2}\\ p=\dfrac{\sum a_j\sum z_j-n\sum a_jz_j}{(\sum z_j)^2-n\sum z_j^2}\\ q=\dfrac{\sum b_j\sum z_j-n\sum b_jz_j}{(\sum z_j)^2-n\sum z_j^2}\end{cases} \tag{8-64}$$

各采样截面轮廓的最小二乘圆心 O_j 至最小二乘轴线 L 的距离为

$$d_j=\sqrt{(a_j-x_j)^2+(b_j-y_j)^2}=\sqrt{[a_j-(x_0+pz_j)]^2+[b_j-(y_0+qz_j)]^2} \tag{8-65}$$

按照空间直线度误差的定义，得到空间直线度误差的最小二乘评定模型：

$$f_{LS}=2\min(\max d_j) \tag{8-66}$$

假设按一定的优化方法改变 x_0、y_0 值，找到满足式（8-65）的最小二乘圆心为 $O_1(a_1, b_1, z_1)$，则空间直线度误差为

$$f_{LS}=2\sqrt{(a_1-x_0-pz_1)^2+(b_1-y_0-qz_1)^2} \tag{8-67}$$

令：

$$\varepsilon_1=a_1-x_0-pz_1, \varepsilon_2=b_1-y_0-qz_1 \tag{8-68}$$

则：

$$f_{LS}=2\sqrt{\varepsilon_1^2+\varepsilon_2^2} \tag{8-69}$$

假设 ε_1、ε_2 是彼此独立的，其测量不确定度分别为 u_{ε_1}、u_{ε_2}。由式（8-69）可知，f_{LS} 是明显的非线性函数，因此按照 GB/T 18779.2 及 GUM 建议的基本不确定度传递公式计算 f_{LS} 的不确定度时，还要考虑包括泰勒级数的高阶项。设 ε_1、ε_2 对其平均值对称分布，则要考虑的高阶项为

$$\sum_{i=1}^{N}\sum_{j=1}^{N}\left\{\frac{1}{2}\left[\frac{\partial^2 f}{\partial\varepsilon_i\partial\varepsilon_j}\right]^2+\frac{\partial f}{\partial\varepsilon_i}\frac{\partial^3 f}{\partial\varepsilon_i\partial\varepsilon_j^2}\right\}u^2(\varepsilon_i)u^2(\varepsilon_j) \tag{8-70}$$

即 f_{LS} 不确定度 u_f 的计算公式为

$$u_f=\left[\frac{4\varepsilon_1^2}{\varepsilon_1^2+\varepsilon_2^2}u_{\varepsilon1}^2+\frac{4\varepsilon_1^2}{\varepsilon_1^2+\varepsilon_2^2}u_{\varepsilon2}^2+\frac{2\varepsilon_2^4-12\varepsilon_1^2\varepsilon_2^2}{(\varepsilon_1^2+\varepsilon_2^2)^3}u_{\varepsilon1}^4+\frac{2\varepsilon_1^4-12\varepsilon_1^2\varepsilon_2^2}{(\varepsilon_1^2+\varepsilon_2^2)^3}u_{\varepsilon2}^4+\frac{20\varepsilon_2^2\varepsilon_1^2-4\varepsilon_1^4-4\varepsilon_2^4}{(\varepsilon_1^2+\varepsilon_2^2)^3}u_{\varepsilon1}^2u_{\varepsilon2}^2\right]^{\frac{1}{2}} \tag{8-71}$$

下面推导 u_{ε_1} 和 u_{ε_2} 的计算公式。

（1）最小二乘圆心坐标值 a_j、b_j 的不确定度 u_{aj}、u_{bj}

最小二乘圆心是通过测量截面轮廓上多个测量点后用最小二乘拟合得到的。分析测量方法可知，对 u_{aj}、u_{bj} 影响显著的因素主要有采样截面轮廓上直接测量点的测量重复性引入的不确定度 u_0，测量仪器计量性能的局限性引入的不确定度 u_1，其他随机影响因素引入的不确定度 u_2。即

$$\begin{cases} u_{aj}=\sqrt{\dfrac{4u_0^2}{m^2}\displaystyle\sum_{i=1}^{m}\cos^2\theta_{ij}+u_1^2+u_2^2} \\ u_{bj}=\sqrt{\dfrac{4u_0^2}{m^2}\displaystyle\sum_{i=1}^{m}\sin^2\theta_{ij}+u_1^2+u_2^2} \end{cases} \tag{8-72}$$

（2）x_0、y_0、p 和 q 的测量不确定度 u_{x0}、u_{y0}、u_p 和 u_q

Z 坐标轴的方向坐标值对测量结果的影响很小，可将其视为常量。x_0、y_0、p 和 q 的测

量不确定度 u_{x0}、u_{y0}、u_p 和 u_q 可通过对式（8-64）求导及不确定度传递公式求得。

$$\begin{cases} u_{x0} = \sqrt{\sum_{k=1}^{n}\left(\frac{\partial x_0}{\partial a_k}\right)^2 u_{ak}^2} \\ u_{y0} = \sqrt{\sum_{k=1}^{n}\left(\frac{\partial y_0}{\partial b_k}\right)^2 u_{bk}^2} \\ u_p = \sqrt{\sum_{k=1}^{n}\left(\frac{\partial p}{\partial a_k}\right)^2 u_{ak}^2} \\ u_q = \sqrt{\sum_{k=1}^{n}\left(\frac{\partial q}{\partial b_k}\right)^2 u_{bk}^2} \end{cases} \tag{8-73}$$

其中

$$\frac{\partial x_0}{\partial a_k} = \frac{\partial y_0}{\partial b_k} = \frac{z_k \sum z_j - \sum z_j^2}{(\sum z_j)^2 - n\sum z_j^2}$$

$$\frac{\partial p}{\partial a_k} = \frac{\partial q}{\partial b_k} = \frac{\sum z_j - nz_k}{(\sum z_j)^2 - n\sum z_j^2}$$

(3) 求 u_{ε_1} 和 u_{ε_2}

式（8-68）中，a_1 是假设满足式（8-66）的最小二乘圆心，与 x_0 和 p 不相关。x_0 与 p 是得到最小二乘轴线的假设，两者之间的相关系数设为 ρ_{x0p}。则

$$u_{\varepsilon_1} = \sqrt{u_{a1}^2 + u_{x0}^2 + z_1 u_p^2 + 2z_1\rho_{x0p}u_{x0}u_p} \tag{8-74}$$

同理可得

$$u_{\varepsilon_2} = \sqrt{u_{b1}^2 + u_{y0}^2 + z_1 u_q^2 + 2z_1\rho_{y0q}u_{y0}u_q} \tag{8-75}$$

将式（8-74）和式（8-75）代入式（8-72），即可求得空间直线度的不确定度 u_f。

8.2.4　实例分析

实测一阶梯轴零件如图 8-30 所示，ϕ50mm 轴段的功能要求为在孔中无泄漏地连续运转 2000h。根据工作条件，轴段尺寸为 ϕ50h7Ⓔ，圆柱度公差要求 $t=0.04$mm。采用 JCS042-A 高精度圆柱度仪进行测量，按照截面等间距圆周线测量法进行数据的提取。

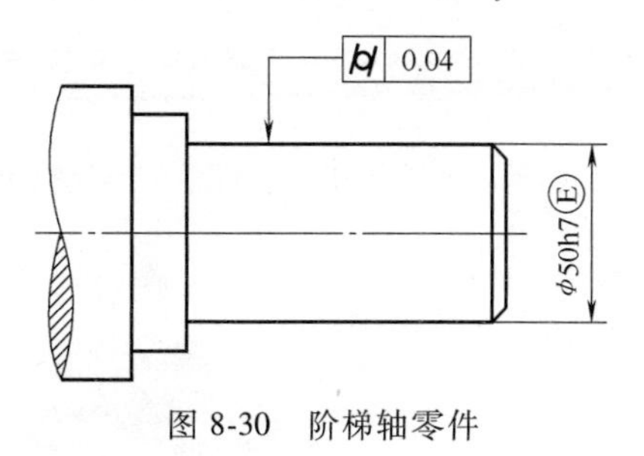

图 8-30　阶梯轴零件

8.2.4.1　几何误差值评估

几何误差评估采用郑州大学精度设计与测控技术研发团队开发的基于新一代 GPS 的几何误差数字化检验系统。该系统的流程图、主界面、评定参数及方法选择分别如图 8-31～图 8-34 所示。该系统既可以单独运行，也可与三坐标测量机、高精度圆（柱）度仪、光学测量仪器等集成，实现产品几何误差的数字化计量。

8.2.4.2 圆柱度仪和提取操作产生的不确定度

参考 6.2.4 节，圆柱度仪和提取操作的主要不确定度 u_1 的影响因素和不确定度见表 8-12 中。

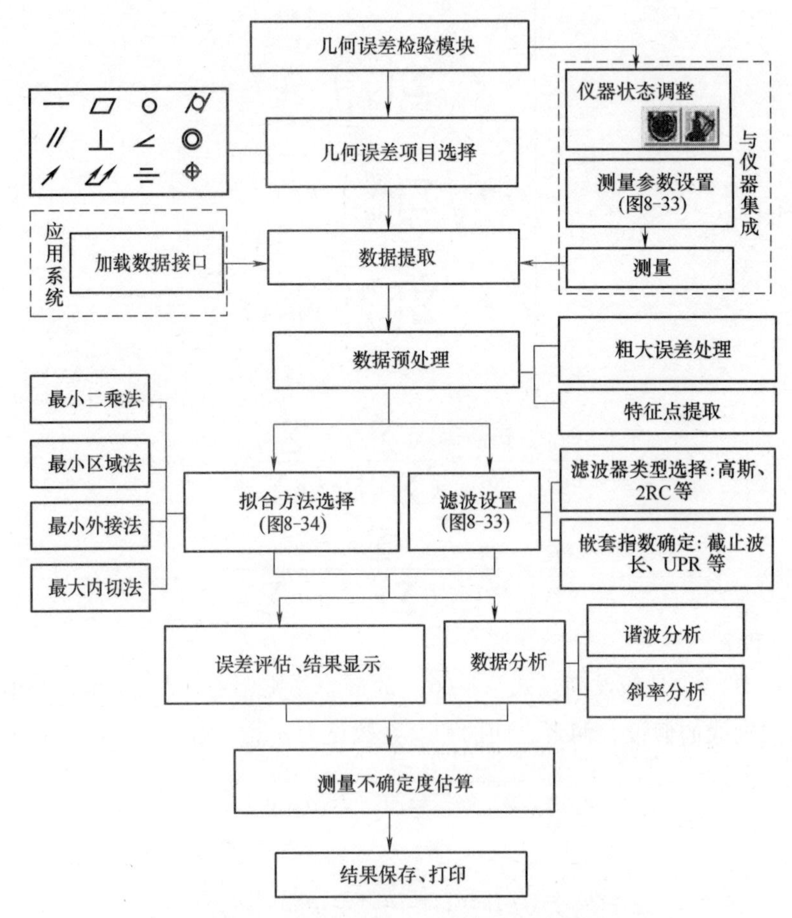

图 8-31 几何误差数字化检验系统的流程图

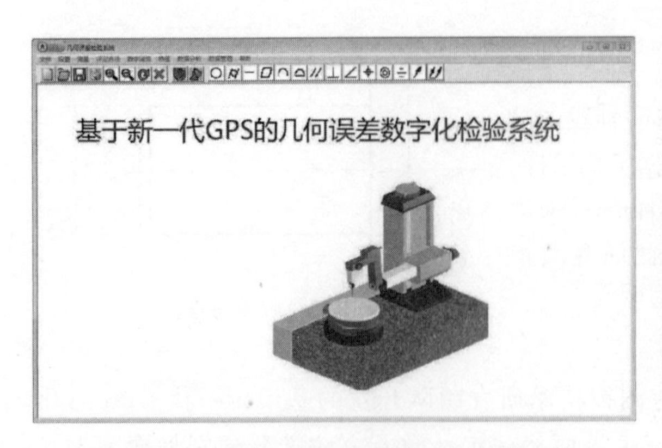

图 8-32 基于新一代 GPS 的几何误差数字化检验系统——主界面

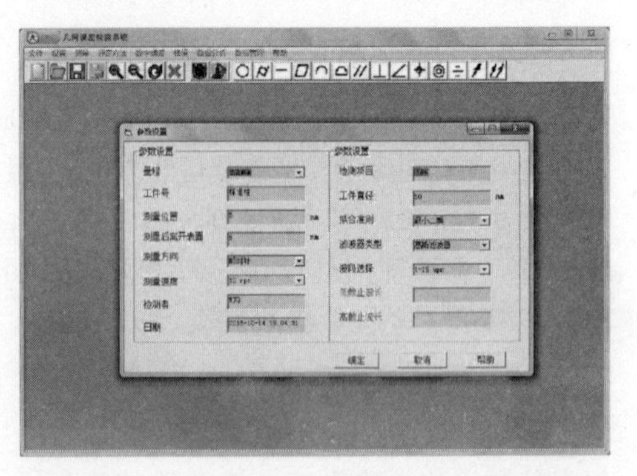

图 8-33 基于新一代 GPS 的几何误差数字化检验系统——参数设置

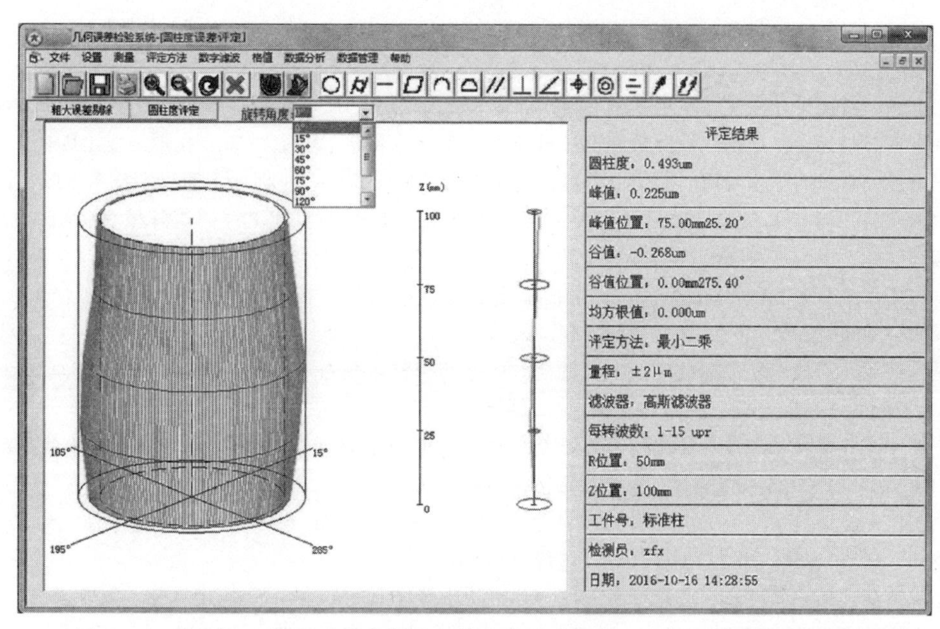

图 8-34　基于新一代 GPS 的几何误差数字化检验系统——评定参数及方法选择

表 8-12　不确定度 u_1 概算汇总

不确定度分量	特征	分布类型	不确定度
分辨力/μm	0.01	矩形分布	0.0058
示值误差	6%	正态分布	0.03
仪器径向误差/μm	0.05+0.0003H	正态分布	0.04
仪器轴向误差/μm	0.05	正态分布	0.05
立柱相对于主轴的平行度	0.3μm/100mm	矩形分布	0.173
立柱相对于主轴的直线度	0.4μm/100mm	矩形分布	0.23
重复性误差	3%(100mm)	正态分布	0.15
提取操作引起的不确定/μm	0.1	正态分布	0.05
合成标准不确定度 u_1/μm			0.336

8.2.4.3　滤波操作产生的不确定度

采用式（8-32）计算由滤波操作引起的不确定度 u_w，结果见表 8-13。

8.2.4.4　拟合操作产生的不确定度

在拟合操作中，采用最小二乘拟合准则而不是规范中要求的最小区域拟合准则，则由式（8-58）式（8-61）计算拟合操作的不确定度 u_{x0}，u_{y0}，u_p、u_q，结果见表 8-13。

8.2.4.5　计算圆柱度误差最小二乘评估不确定度值

由式（8-63）计算圆柱度误差最小二乘评估不确定度值 u_f，结果见表 8-13。

表 8-13　不同操作参数下的不确定度评定结果　　（单位：μm）

滤波参数	u_w	u_{x0}	$u_y(\times10^{-4})$	$u_p(\times10^{-4})$	u_q	u_f
λ_c=15 UPR	0.0291	0.0612	0.061	3.084	3.05	0.3484
λ_c=50 UPR	0.0532	0.0613	0.0607	3.084	3.05	0.1557
λ_c=150 UPR	0.0922	0.0613	0.0607	3.085	3.05	0.1039
λ_c=500 UPR	0.1683	0.0614	0.0609	3.085	3.059	0.2896

参考文献

[1] 张琳娜. 精度设计与质量控制基础 [M]. 3版. 北京：中国质检出版社，2011.

[2] 张琳娜，赵凤霞，郑鹏. 机械精度设计与检测标准应用手册 [M]. 北京：化学工业出版社，2015.

[3] 张琳娜，赵凤霞，李晓沛. 简明公差标准应用手册 [M]. 2版. 上海：上海科学技术出版社，2010.

[4] 全国产品几何技术规范标准化技术委员会. 产品几何技术规范（GPS） 矩阵模型：GB/T 20308—2020 [S]. 北京：中国标准出版社，2020.

[5] 全国产品尺寸和几何技术规范标准化技术委员会. 产品几何技术规范（GPS） 总体规划：GB/Z 20308—2006 [S]. 北京：中国标准出版社，2006.

[6] 全国产品几何技术规范标准化技术委员会. 产品几何技术规范（GPS） 基础 概念、原则和规则：GB/T 4249—2018 [S]. 北京：中国标准出版社，2018.

[7] 全国产品几何技术规范标准化技术委员会. 产品几何技术规范（GPS） 规范和检验中使用的要素：GB/T 38760—2020 [S]. 北京：中国标准出版社，2020.

[8] 全国产品几何技术规范标准化技术委员会. 产品几何技术规范（GPS） 特征和条件 定义：GB/T 38761—2020 [S]. 北京：中国标准出版社，2020.

[9] 全国产品几何技术规范标准化技术委员会. 产品几何技术规范（GPS）通用概念：第1部分 几何规范和检验的模型：GB/T 24637.1—2020 [S]. 北京：中国标准出版社，2020.

[10] 全国产品几何技术规范标准化技术委员会. 产品几何技术规范（GPS） 通用概念：第2部分 基本原则、规范、操作集和不确定度：GB/T 24637.2—2020 [S]. 北京：中国标准出版社，2020.

[11] 全国产品几何技术规范标准化技术委员会. 产品几何技术规范（GPS） 通用概念：第3部分 被测要素 GB/T 24637.3—2020 [S]. 北京：中国标准出版社，2020.

[12] 全国产品几何技术规范标准化技术委员会. 产品几何技术规范（GPS） 通用概念：第4部分 几何特征的GPS偏差量化 GB/T 24637.4—2020 [S]. 北京：中国标准出版社，2020.

[13] Geometrical Product Specifications (GPS) Inspection by measurement of workpieces and measuring equipment: Part 1 Decision rules for verifying conformity or nonconformity with specifications: ISO14253-1: 2017 [S]. Geneva: ISO, 2017.

[14] Geometrical product specifications (GPS) Inspection by measurement of workpieces and measuring equipment: Part 2 Guidance for the estimation of uncertainty in GPS measurement, in calibration of measuring equipment and in product verification: ISO 14253-2: 2011 [S]. Geneva: ISO, 2011.

[15] Geometrical product specifications (GPS) Inspection by measurement of workpieces and measuring equipment: Part 2 Guidelines for achieving agreements on measurement uncertainty statements: ISO 14253-3: 2011 [S]. Geneva: ISO, 2011.

[16] 全国产品几何技术规范标准化技术委员会. 产品几何技术规范（GPS） 工件与测量设备的测量检验：第4部分 判定规则中功能限与规范限的基础：GB/T 18779.4—2020 [S]. 北京：中国标准出版社，2020.

[17] 全国产品几何技术规范标准化技术委员会. 产品几何技术规范（GPS） 工件与测量设备的测量检验：第5部分 指示式测量仪器的检验不确定度：GB/T 18779.5—2020 [S]. 北京：中国标准出版社，2020.

[18] 全国产品几何技术规范标准化技术委员会. 产品几何技术规范（GPS） 工件与测量设备的测量检验：第6部分 仪器和工件接受/拒收的通用判定规则：GB/T 18779.6—2020 [S]. 北京：中国标准出版社，2020.

[19] 全国产品尺寸和几何技术规范标准化技术委员会. 产品几何技术规范（GPS） GPS测量设备通用概念和要求：GB/T 24634—2009 [S]. 北京：中国标准出版社，2010.

[20] 全国产品尺寸和几何技术规范标准化技术委员会. 产品几何量技术规范（GPS） 坐标测量机的验收检测和复检检测：第1部分 词汇：GB/T 16857.1—2002 [S]. 北京：中国标准出版社，2003.

[21] 全国产品几何技术规范标准化技术委员会. 产品几何技术规范（GPS） 坐标测量机的验收检测和复检检测：第2部分 用于测量线性尺寸的坐标测量机：GB/T 16857.2—2017 [S]. 北京：中国标准出版社，2017.

[22] 全国产品尺寸和几何技术规范标准化技术委员会. 产品几何技术规范（GPS） 坐标测量机的验收检测和复检检测：第3部分 配置转台的轴线为第四轴的坐标测量机：GB/T 16857.3—2009 [S]. 北京：中国标准出版社，2010.

[23] 全国产品尺寸和几何技术规范标准化技术委员会. 产品几何技术规范（GPS） 坐标测量机的验收检测和复检检测：第4部分 在扫描模式下使用的坐标测量机：GB/T 16857.4—2003 [S]. 北京：中国标准出版社，2003.

[24] 全国产品几何技术规范标准化技术委员会. 产品几何技术规范（GPS） 坐标测量机的验收检测和复检检测：第5部分 使用单探针或多探针接触式探测系统的坐标测量机：GB/T 16857.5—2017 [S]. 北京：中国标准出版社，2017.

[25] 全国产品尺寸和几何技术规范标准化技术委员会. 产品几何技术规范（GPS） 坐标测量机的验收检测和复检检测：第6部分 计算高斯拟合要素的误差的评定：GB/T 16857.6—2006 [S]. 北京：中国标准出版社，2007.

[26] Geometrical product specifications (GPS) Acceptance and reverification tests for coordinate measuring systems (CMS): Part 7 CMMs equipped with imaging probing systems: ISO 10360-7: 2011 [S]. Geneva: ISO, 2011.

[27] Geometrical product specifications (GPS) Acceptance and reverification tests for coordinate measuring systems (CMS): Part 8 CMMs with optical distance sensors: ISO 10360-8: 2013 [S]. Geneva: ISO, 2013.

[28] Geometrical product specifications (GPS) Acceptance and reverification tests for coordinate measuring systems (CMS): Part 9 CMMs with multiple probing systems: ISO 10360-9: 2013 [S]. Geneva: ISO, 2013.

[29] 全国产品几何技术规范标准化技术委员会.《产品几何技术规范（GPS） 坐标测量机的验收检测和复检检测：第901部分 配置多影像探测系统的坐标测量机：GB/T 16857.901—2020 [S]. 北京：中国标准出版社，2020。

[30] Geometrical product specifications (GPS) Acceptance and reverification tests for coordinate measuring systems (CMS): Part 10 Laser trackers: ISO 10360-10: 2021 [S]. Geneva: ISO, 2021.

[31] Geometrical product specifications (GPS) Acceptance and reverification tests for coordinate measuring systems (CMS): Part 11 Industrial CT: ISO 10360-11: 2022 [S]. Geneva: ISO, 2022.

[32] Geometrical product specifications (GPS) Acceptance and reverification tests for coordinate measuring systems (CMS): Part 12 Articulated arm coordinate measurement machines (CMM): ISO 10360-12: 2016 [S]. Geneva: ISO, 2016.

[33] 全国产品几何技术规范标准化技术委员会. 产品几何技术规范（GPS） 坐标测量机（CMM） 确定测量不确定度的技术：第1部分 概要和计量特性：GB/T 24635.1—2020 [S]. 北京：中国标准出版社，2020.

[34] 全国产品尺寸和几何技术规范标准化技术委员会. 产品几何技术规范（GPS） 坐标测量机（CMM） 确定测量不确定度的技术：第3部分 应用已校准工件或标准件：GB/T 24635.3—2009 [S]. 北京：中国标准出版社，2010.

[35] 全国产品尺寸和几何技术规范标准化技术委员会. 产品几何技术规范（GPS） 坐标测量机（CMM） 确定测量不确定度的技术：第4部分 应用仿真技术评估特定任务的测量不确定度：GB/T 24635.4—2020 [S]. 北京：中国标准出版社，2020.

[36] Geometrical product specifications (GPS) Cylindricity: Part 1 Vocabulary and parameters of cylindrical form: ISO 12180.1: 2011 [S]. Geneva: ISO, 2011.

[37] Geometrical product specifications (GPS) Cylindricity: Part 2 Specification operators: ISO 12180.2: 2011 [S]. Geneva: ISO, 2011.

[38] Geometrical product specifications (GPS) Roundness: Part 1 Vocabulary and parameters of roundness: ISO 12181.1: 2011 [S]. Geneva: ISO, 2011.

[39] Geometrical product specifications (GPS) Roundness: Part 2 Specification operators: ISO 12180.2: 2011 [S]. Geneva: ISO, 2011.

[40] Geometrical product specifications (GPS) Straightness: Part 1 Vocabulary and parameters of straightness: ISO 12780.1: 2011 [S]. Geneva: ISO, 2011.

[41] Geometrical product specifications (GPS) Straightness: Part 2 Specification operators: ISO 12780.2: 2011 [S]. Geneva: ISO, 2011.

[42] Geometrical product specifications (GPS) Flatness: Part 1 Vocabulary and parameters of flatness: ISO 12781.1: 2011 [S] Geneva: ISO, 2011.

[43] Geometrical product specifications (GPS) Flatness: Part 2 Specification operators: ISO 12781.2: 2011 [S]. Geneva: ISO, 2011.

[44] Mathematical Definition of Dimensioning and Tolerancing Principles: ASME Y14.5.1: 2019 [S]. New York: ASME, 2019.

[45] 常永昌. GPS操作算子技术及其在几何公差中的应用研究 [D]. 郑州: 郑州大学, 2005.

[46] 黄瑞. GPS测量不确定度评定系统的关键技术研究 [D]. 郑州: 郑州大学, 2005.

[47] 庆科维. 产品几何误差计量过程的关键操作技术研究 [D]. 郑州: 郑州大学, 2007.

[48] 郑玉花. 基于GPS的几何误差数字化计量系统及提取技术的研究 [D]. 郑州: 郑州大学, 2008.

[49] 尚俊峰. 基于GPS的不确定度评定关键技术及其应用研究 [D]. 郑州: 郑州大学, 2011.

[50] 周鑫. 基于GPS的典型几何特征数字化建模及规范设计研究 [D]. 郑州: 郑州大学, 2012.

[51] 张坤鹏. 基于新一代GPS的三维公差设计关键技术研究 [D]. 郑州: 郑州大学, 2014.

[52] 金少搏. 面向产品几何精度设计的肤面建模和公差分析技术研究 [D]. 郑州: 郑州大学, 2017.

[53] 孙烁. 基于GPS的肤面模型构建及公差分析技术研究 [D]. 郑州: 郑州大学, 2019.